职业本科院校公共基础课通用教材

概率论与数理统计（职业本科版）

主　编　张诗静　　陈骑兵

副主编　王　惠　　张　敏

参　编　张榆浇　　刘林铖　　姚晓辉

北京理工大学出版社

BEIJING INSTITUTE OF TECHNOLOGY PRESS

图书在版编目（CIP）数据

概率论与数理统计：职业本科版 / 张诗静，陈骑兵
主编 . -- 北京：北京理工大学出版社，2025.8.
ISBN 978 - 7 - 5763 - 5725 - 7

Ⅰ . O21
中国国家版本馆 CIP 数据核字第 2025YG4404 号

责任编辑：李春伟　　**文案编辑**：李春伟
责任校对：周瑞红　　**责任印制**：施胜娟

出版发行 / 北京理工大学出版社有限责任公司

社　　址 / 北京市丰台区四合庄路 6 号

邮　　编 / 100070

电　　话 / (010) 68914026（教材售后服务热线）
　　　　　　　(010) 63726648（课件资源服务热线）

网　　址 / http://www.bitpress.com.cn

版 印 次 / 2025 年 8 月第 1 版第 1 次印刷

印　　刷 / 三河市天利华印刷装订有限公司

开　　本 / 787 mm × 1092 mm　1/16

印　　张 / 20.25

字　　数 / 476 千字

定　　价 / 59.80 元

前　　言

在大数据与人工智能蓬勃发展的时代，概率论与数理统计作为数据科学的核心基础，正成为高等职业教育中培养技术技能型人才的重要课程．本教材立足职业本科教育定位，紧密围绕"岗课赛证"融合育人目标，以"理论够用、实践为重、素养为要"为编写原则，着力打造一本兼具职业特色、思政元素与升学衔接的创新型教材．

一、职业导向：案例驱动，对接真实职业场景

本教材深度融入智能制造技术、电气自动化技术、新能源汽车技术、机器学习、人工智能等专业领域背景，每章精选 3~5 个典型行业案例，如"自动驾驶汽车传感器的故障诊断""半导体晶圆缺陷控制的概率优化模型""人工智能图像识别中的特征相关性分析"等，将概率理论与工业 4.0、智能装备、新能源技术等前沿场景深度结合．每个案例均遵循"问题建模—数学求解—工程应用"的逻辑链条，培养学生运用概率工具解决职业岗位实际问题的能力．例如，在"二维随机变量的函数分布"章节，通过"新能源汽车电池续航里程的概率分析"案例，引导学生掌握正态分布在工程可靠性评估中的应用；在"中心极限定理"章节，结合"通信系统信号传输的误差分析"，强化学生对极限理论在信号处理中的工程认知．

二、结构创新：分层架构，构建多维学习体系

本教材采用"三阶递进"结构设计，助力学生从基础认知到应用创新．

1. 知识建构层：每章开篇设置"概率统计人物"专栏，介绍柯尔莫哥洛夫、高斯、切比雪夫等学者的学术贡献与科学精神，融入"严谨求实、探索创新"的课程思政元素．例如，通过"棣莫弗－拉普拉斯定理的发展历程"，展现数学家在赌博问题中提炼科学规律的思维过程，培养学生的科学探究精神．

2. 能力提升层：独创"知识点思维导图＋学习目标＋章节重难点"三维导航系统，帮助学生快速定位核心内容．各章节穿插"概率统计故事"，如"赌桌上的数学革命""洛杉矶劫案的概率误用"等，以趣味化方式诠释理论知识的实际价值．

3. 实践赋能层：全书嵌入 26 个 Python 语言实验，涵盖"模拟抛硬币实验""彩票中奖概率计算""正态分布的参数估计"等实操项目，配套 Jupyter Notebook 代码示例，强化学生

数据处理与编程建模能力，无缝对接大数据分析、机器学习等岗位技能需求．

三、升学衔接：考研筑基，打通学历提升通道

针对职业本科学生升学需求，本教材在以下方面精准赋能．

1. 考研真题融入：每章设置"考研真题选讲"板块，精选近 10 年经典考题，如"二维随机变量的协方差计算""中心极限定理的应用场景分析"等，同步解析解题思路与考点分布，为备考奠定理论基础．

2. 理论深度适配：在保证职业教育必需的理论够用度基础上，适度拓展概率论公理化体系、参数估计等内容深度，例如，详细推导"最大似然估计法的工程应用步骤""正态分布的线性组合性质"等．

3. 学习资源衔接：配套"知识点二维码"，链接考研强化视频、典型错题解析等资源，构建"教材＋真题＋拓展"的立体化备考体系．

四、素养培育：思政贯穿，强化职业胜任力

本教材将思政元素有机融入知识体系：通过"中国古代概率思想萌芽""许宝騄等数学家的报国事迹"等厚植家国情怀，借助"质量控制中的概率应用""金融风险分析中的统计思维"等培养学生精益求精的工匠精神与风险防范意识，利用"大数据时代的概率伦理"等案例引导学生树立数据安全与科学决策的职业素养．

本教材适用于职业本科计算机类、电子信息类、装备制造类、智能制造类、交通运输类、土木水利类、经管类、财经商贸类等专业，既可为"概率论与数理统计"课程提供丰富的教学资源，也可作为数据分析师、质量工程师、人工智能应用工程师等职业岗位的考前培训教材．期望通过理论与实践的深度融合、职业能力与学历提升的双向赋能，助力学生在数字经济时代掌握"数据驱动决策"的核心能力，成为兼具科学素养与实践能力的高素质技术技能人才．

感谢所有参与本教材编写的老师．张诗静、陈骑兵负责整体架构与内容规划，王惠、张敏、张榆浇、刘林铖、姚晓辉参与审核和编写．全体编写人员共同努力完成此书，期望助力读者学习．教材中难免有疏漏之处，恳请使用本教材的师生提出宝贵意见．

编　者

2025 年 4 月

目　　录

第1章 随机事件与概率

概率统计人物

安德雷·柯尔莫哥洛夫（Andrey Kolmogorov，1903.04.25—1987.10.20），苏联数学家，20 世纪最有影响力的数学家之一. 他在概率论、算法信息论和拓扑学等方面做出了重大贡献，他的论著总计有 230 多种，涉及的领域包括实变函数论、测度论、集论、积分论、三角级数、数学基础论、拓扑空间论、泛函分析、概率论、数理统计、信息论、动力系统、统计力学等多个分支. 他七次荣膺列宁勋章，并被授予苏联社会主义劳动英雄的称号，他还是列宁奖金和国家奖金的获得者. 他于 1980 年荣获了沃尔夫奖，于 1986 年荣获了罗巴切夫斯基奖. 正是柯尔莫哥洛夫把概率论建立在了公理化的基础上. 这项工作让他有了"概率论中的欧几里得"的美誉. 作为现代概率论的创始人，他的一生颇有"随机"的意味，其中，著名的一个随机理论被称为"随机游走"（random walk）或者说是"醉汉漫步"（drunkard's walk）. 时至今日，这一模型已经广泛应用于股价建模、分子扩散、神经活动和种群动力学等方面，也可以用来解释遗传学中的"基因漂变"是如何导致某一基因（如眼睛颜色）在人群中普遍存在的.

在日常生活和科学研究中，随机性和不确定性无处不在. 比如，出门时是否会遇到熟人、是否会遇到交通堵塞等，这些都是日常生活中的随机事件. 概率论作为数学的一个重要分支学科，主要研究随机现象的统计规律性，在自然科学、社会科学、数据科学、工程技术以及金融经济等众多领域都有广泛的应用，为处理不确定性问题提供了一套严谨的理论和方法，用以描述和分析无处不在的随机性.

例如，在金融领域，投资者无法准确预测自己的股票价格是否会持续增长，尽管可以根据过去的数据进行一定的预测，但由于未来的某些事件（如经济危机、自然灾害或意外的公司丑闻）是未知的，因此无法做出完全准确的预测，这时可以通过建立概率分布模型，对不同风险事件发生的概率进行预测和分析，做好风险管理；在工程领域，工程师需要评估桥梁等建筑结构在不同荷载条件下的可靠性，考虑各种不确定因素，包括材料性能的变异、荷载的随机性等，从而优化设计，确保结构在规定的使用寿命内安全可靠；在机械领域，需要对机械做故障诊断，分析机械故障发生的可能性，通过对大量历史故障数据的统计分析，建立故障的概率模型，结合实时监测数据，利用贝叶斯推理等方法，计算出当前机械部件发生故障的概率，实现早期故障预警和诊断，提高设备的可靠性和维修效率；在电气自动化技术领域，由于电力系统中的负荷变化、故障发生等具有随机性，需要评估电力系统在不同工况下的稳定性，分析系统电压、频率等参数的波动范围和稳定概率，为电力系统的运行调度和控制提供依据，保障电力供应的安全稳定；在智能制造领域，对于智能机器人的任务规划，需要考虑复杂环境中的不确定性，如物体的位置及形状、障碍物的分布等，通过建立环境地图的概率模型，机器人可以根据实时感知信息，计算出不同路径的通行概率和任务完成概率，选择最优的行动方案，提高机器人的自主性和适应性.

本章将探讨随机事件的基本概念及其概率的计算方法. 通过理解样本空间、事件及其概率，能够更好地预测和解释各种不确定现象. 在此过程中，将接触到一些重要的概率理论工具和方法，如条件概率、独立性、贝叶斯方法等.

第1章随机事件与概率思维导图　　　　第1章随机事件与概率重难点及学习目标

1.1　样本空间与随机事件

赌博中的公平，必须用数字而非直觉来衡量.

——皮埃尔·德·费马

概率统计人物

皮埃尔·德·费马（Pierre de Fermat, 1601—1665），法国律师，被誉为"业余数学家之王". 他不仅对微积分和解析几何的建立有所贡献，在概率论领域也做出了开创性的贡献. 1654 年，法国贵族梅雷骑士向数学家帕斯卡提出"比赛中断时如何公平分配赌注"

的难题．帕斯卡与费马通过书信展开讨论，费马用组合数学列举所有可能结果，帕斯卡则用递归思维计算期望值，两人共同建立了概率计算的基本框架．这场关于赌局的思考，不仅解决了实际问题，更开创了概率论这一数学分支，奠定了统计学、金融学等现代学科的基础．从赌桌到科学殿堂，帕斯卡与费马的智慧碰撞证明：伟大的理论往往始于对现实问题的好奇探索．

1.1.1　随机试验与样本空间

在自然界和人类社会中，存在两类不同的现象．

其中一类现象，例如，在 1 个标准大气压下，水加热到 100 ℃时必然会沸腾，在 0 ℃时必然会结冰；同性的电荷必然互相排斥，异性的电荷必然互相吸引；在没有外力作用的条件下，做匀速直线运动的物体必然继续保持匀速直线运动．这些现象均是在一定条件下必然会发生的．同时，也有很多现象在一定条件下必然不会发生，这些现象本质上是相同的，即都可以根据条件准确判断结果．这类现象称为**确定性现象**．

另一类现象与确定性现象有着本质的不同．例如，抛一枚均匀硬币，可能出现正面，也可能出现反面；某厂生产的同一类灯泡的寿命会有所差异；某地区每年的降雨量不尽相同．这些现象都有一个共同的特点，即对一次试验或观测而言，它有可能出现这种结果，也有可能出现那种结果，呈现出一种偶然性．这类现象称为**非确定性现象**，又称**随机现象**．

随机现象的结果不能事前预测，但在相同条件下，通过大量重复试验或观测，结果会呈现出某种规律性．例如，抛一枚均匀硬币，大量重复试验后出现正面和出现反面的次数之比大约是 1:1；某厂生产的同一类灯泡的寿命总是分布在某个数值附近等等．这种在大量重复试验或观测中呈现出的固有规律性称为随机现象的**统计规律性**．概率论与数理统计正是研究随机现象及其统计规律性的一门数学学科．

例 1.1　观测下列几个试验．

E_1：运行一个图像识别算法，对随机选取的 100 张动物图片进行分类，观测正确分类的图片数量．

E_2：在自动化生产线上，随机抽取一个机械臂装配的零件，检测装配是否符合精度标准．

E_3：启动一个智能语音交互系统，对 20 组不同口音的语音指令进行识别，观察成功执行指令的次数．

E_4：记录工业机器人在一个工作班次内完成的任务数量．

E_5：选取一款智能翻译软件，输入 50 组不同语境的外文句子，观察准确翻译的句子数量．

这些试验具有下列 3 个特点：

（1）可以在相同条件下重复进行；

（2）每次试验的可能结果不止一个，但能事先明确试验的所有可能结果；

（3）在每次试验前不能确定哪一个结果会出现.

在概率论中，把具有以上 3 个特点的试验称为**随机试验**，简称**试验**，记为 E.

对于随机试验，人们感兴趣的是试验的所有可能结果，将试验 E 的所有可能结果组成的集合称为 E 的**样本空间**，记为 Ω. 样本空间的每一个元素，即试验 E 的每一个结果，称为**样本点**，记为 ω.

例如，在抛掷一枚均匀硬币的试验中，有两个可能结果，即出现正面或出现反面，分别用"正面"和"反面"表示两个可能结果，因此这个随机试验有两个样本点，样本空间 $\Omega = \{$正面、反面$\}$.

例 1.2 写出例 1.1 中随机试验的样本空间.

E_1：样本空间 $\Omega = \{0，1，2，\cdots，100\}$，因为正确分类的图片数量最少是 0 张，最多是 100 张.

E_2：样本空间 $\Omega = \{$符合精度标准，不符合精度标准$\}$，抽检结果只有这两种情况.

E_3：样本空间 $\Omega = \{0，1，2，\cdots，20\}$，成功执行指令的次数最少为 0 次，最多为 20 次.

E_4：样本空间 $\Omega = \{0，1，2，3，\cdots\}$，完成的任务数量可以是 0 以及任意的自然数.

这个样本空间有无穷多个样本点，但这些样本点可以与自然数集——对应，称其样本点数为可列无穷多个.

E_5：样本空间 $\Omega = \{0，1，2，\cdots，50\}$，准确翻译的句子数量最少是 0 句，最多是 50 句.

1.1.2　随机事件

在随机试验中，可能发生也可能不发生的结果称为**随机事件**，简称**事件**，常用大写字母 $A，B，C，\cdots$ 表示. 若 A 表示投掷一枚骰子出现 1 点这一事件，则记 $A = \{$投掷一枚骰子出现 1 点$\}$.

随机事件是样本空间 Ω 的子集. 事件有以下 4 种类型：

（1）**必然事件**. 在每次试验中，一定出现的事件称为必然事件，记为 Ω；

（2）**不可能事件**. 在每次试验中，一定不可能出现的事件称为不可能事件，记为 $\varnothing$；

例如，测量某地区 6 岁男童身高的试验，身高小于 0 是不可能事件，身高大于 0 是必然事件.

（3）**基本事件**. 每次试验中出现的基本结果，称为基本事件，**基本事件即为一个样本点**.

（4）**复合事件**. 含有两个及两个以上样本点的事件称为复合事件.

例 1.3　投掷一枚均匀的骰子，若记事件 $A = \{$出现的点数为奇数$\}$，$B = \{$出现的点数小于 5$\}$，$C = \{$出现的点数为小于 5 的偶数$\}$，$D = \{$出现的点数大于 6$\}$，则 $A，B，C，D$ 都是随机事件，也可表示为：$A = \{1，3，5\}$，$B = \{1，2，3，4\}$，$C = \{2，4\}$，D 为不可能事件，即 $D = \varnothing$. 若记事件 $A_n = \{$出现 n 点$\}$，$n = 1,2,3,4,5,6$. 显然，$A_1，A_2，\cdots，A_6$ 都是基本事件；$A，B，C$ 都是复合事件.

1.1.3 事件之间的关系及运算

在一个样本空间中有多个事件,事件与事件之间存在一定的关系.每个事件都是样本点的集合,因此,事件间的关系与运算可以按照集合与集合之间的关系与运算来处理.

下面假设试验 E 的样本空间为 Ω,且 $A,B,C,A_1,A_2,\cdots,A_n$ 是 E 的事件.

1. 包含与相等

如果事件 A 发生必然导致事件 B 发生,则称**事件 B 包含事件 A,事件 A 是事件 B 的子事件**,记为 $A \subset B$.

如例1.3中,$\{2,4\} \subset \{1,2,3,4\}$,即事件 $C \subset B$,所以 C 是 B 的子事件,事件 B 包含事件 C.

如果事件 A 包含事件 B,同时事件 B 也包含事件 A,即 $B \subset A$ 且 $A \subset B$,则称**事件 A 与事件 B 相等**,或称 A 与 B 等价,记为 $A = B$.

对任一事件 A 总有 $\varnothing \subset A \subset \Omega$.

2. 和事件

事件 A 与事件 B 中**至少有一个发生**的事件,称为**事件 A 与事件 B 的和事件**,记为 $A \cup B$. 即

$$A \cup B = \{A \text{ 发生或 } B \text{ 发生}\} = \{A,B \text{ 中至少有一个发生}\}$$

事件 A,B 的和是由 A 与 B 的样本点合并而成的事件.

如例1.3中,$A = \{1,3,5\}$,$B = \{1,2,3,4\}$,则 $A \cup B = \{1,2,3,4,5\}$.

类似地,n 个事件的和为 $A_1 \cup A_2 \cup \cdots \cup A_n$,或记为 $\bigcup\limits_{k=1}^{n} A_k$.

3. 积事件

事件 A 与事件 B **同时发生**的事件,称为**事件 A 与事件 B 的积事件**,又称事件 A 与事件 B 的交,记为 $A \cap B$ 或 AB. 即

$$A \cap B = \{A \text{ 发生且 } B \text{ 发生}\} = \{A,B \text{ 同时发生}\}$$

事件 A,B 的积事件是由 A 与 B 的公共样本点所构成的事件.

如例1.3中,$A = \{1,3,5\}$,$B = \{1,2,3,4\}$,则 $AB = \{1,3\}$.

类似地,n 个事件的积为 $A_1,A_2,\cdots,A_n$,或记为 $\bigcap\limits_{k=1}^{n} A_k$.

4. 差事件

事件 A 发生而事件 B 不发生的事件,称为**事件 A 与事件 B 的差事件**,记为 $A - B$,表示 A 发生而 B 不发生.

事件 A 与 B 的差事件是由属于 A 且不属于 B 的样本点所构成的事件.

如例1.3中,$A = \{1,3,5\}$,$B = \{1,2,3,4\}$ 则 $A - B = \{5\}$,$B - A = \{2,4\}$.

5. 互不相容事件

如果事件 A 与事件 B **不能同时发生**即 $AB = \varnothing$ 则称**事件 A 与事件 B 互不相容**,或称事件 A 与事件 B 互斥.

如例1.3中,$A = \{1,3,5\}$,$C = \{2,4\}$,则 A,C 是互不相容的.

同一随机试验的基本事件都是两两互不相容的.

6. 对立事件

试验中"A 不发生"这一事件，称为 A 的**对立事件**或 A 的**逆事件**，记为 $\overline{A}$.

一次试验中，A 发生则 $\overline{A}$ 必不发生，而 $\overline{A}$ 发生则 A 必不发生，因此 A 与 $\overline{A}$ 满足关系

$$A \cup \overline{A} = \Omega, \quad A\overline{A} = \varnothing.$$

如例 1.3 中，$A = \{1, 3, 5\}$，$B = \{1, 2, 3, 4\}$ 则 $\overline{A} = \{2, 4, 6\}$，$\overline{B} = \{5, 6\}$.

由差事件、积事件和逆事件的定义显然有 $A - B = A - AB = A\overline{B}$.

事件间的关系与运算可用维恩图（见图 1.1）直观地表示. 图中方框表示样本空间 Ω，圆 A 和圆 B 分别表示事件 A 和事件 B.

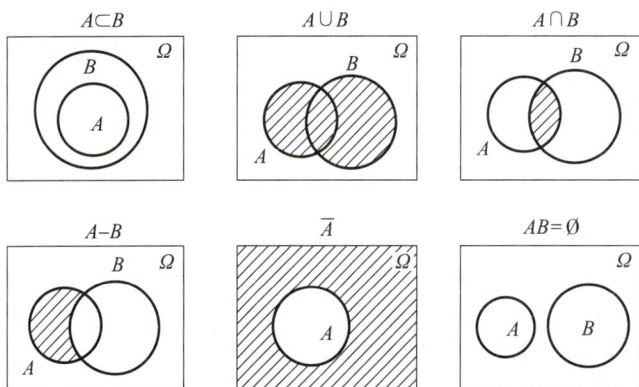

图 1.1　维恩图

事件的运算满足如下运算律：

1. 交换律

$$A \cup B = B \cup A.$$

2. 结合律

$$(A \cup B) \cup C = A \cup (B \cup C),$$
$$(A \cap B) \cap C = A \cap (B \cap C).$$

3. 分配律

$$(A \cup B) \cap C = (A \cap C) \cup (B \cap C)$$
$$(A \cap B) \cup C = (A \cup C) \cap (B \cup C).$$

4. 对偶律（De Morgan 定律）

$$\overline{A \cup B} = \overline{A} \cap \overline{B},$$
$$\overline{A \cap B} = \overline{A} \cup \overline{B}.$$

对偶律还可推广到多个事件的情况. 一般地，对 n 个事件 $A_1, A_2, \cdots, A_n$，有

$$\overline{A_1 \cup A_2 \cup \cdots \cup A_n} = \overline{A}_1 \cap \overline{A}_2 \cap \cdots \cap \overline{A}_n,$$
$$\overline{A_1 \cap A_2 \cap \cdots \cap A_n} = \overline{A}_1 \cup \overline{A}_2 \cup \cdots \cup \overline{A}_n.$$

微课 1：事件的
关系

对偶律表明，"至少有一个事件发生"的对立事件是"所有事件都不发生"，"所有事件都发生"的对立事件是"至少有一个事件不发生".

5. 吸收律

若 $A \subset B$，则 $A \cup B = B, AB = A$.

例 1.4　某人连续三次购买体育彩票，每次一张. 假设 A, B, C 分别表示第一、第二、第三次所买的彩票中奖的事件. 试用 A, B, C 及其运算表示下列事件：

（1）第三次未中奖；

（2）只有第三次中了奖；

（3）恰有一次中奖；

（4）至少有一次中奖；

（5）至少有两次中奖；

（6）至多中奖两次.

解　（1）$\bar{C}$；

（2）$\bar{A}\bar{B}C$；

（3）$A\bar{B}\bar{C} \cup \bar{A}B\bar{C} \cup \bar{A}\bar{B}C$；

（4）$A \cup B \cup C$ 或 $\overline{\bar{A}\bar{B}\bar{C}}$；

（5）$AB \cup AC \cup BC$ 或 $AB\bar{C} \cup A\bar{B}C \cup \bar{A}BC \cup ABC$；

（6）$\overline{ABC}$.

事件的关系及运算与集合的关系及运算是一致的，但在概率论中有特定的语言表示. 事件关系与集合关系的比较列于表 1.1.

表 1.1　事件关系与集合关系的比较

记号	概率论	集合论
Ω	样本空间、必然事件	全集
$\varnothing$	不可能事件	空集
ω	样本点、基本事件	点（元素）
A	随机事件	Ω 的子集
$A \subset B$	事件 A 发生导致事件 B 发生	A 为 B 的子集
$A = B$	两事件相等	两集合相等
$A \cup B$	两事件 A、B 至少发生一个	两集合 A, B 的并集
AB	两事件 A、B 同时发生	两集合 A, B 的交集
$A - B$	事件 A 发生而事件 B 不发生	两集合 A, B 的差集
$\bar{A}$	事件 A 的对立事件	A 对 Ω 的补集
$AB = \varnothing$	两事件 A、B 互不相容	两集合 A, B 不相交

1.2　概　　率

值得注意的是，一门以赌博为起点的学科竟然成为人类知识体系中最重要的研究对象.

——皮埃尔·西蒙·拉普拉斯

概率统计人物

皮埃尔·西蒙·拉普拉斯（Pierre - Simon Laplace，1749.03.23—1827.03.05）法国著名的天文学家、数学家，法国科学院院士，分析概率论的创始人. 他是应用数学的先驱，在研究天体问题的过程中，他创造和发展了许多数学方法，以他名字命名的有拉普拉斯变换、拉普拉斯定理和拉普拉斯方程，在科学技术的各个领域有着广泛的应用. 他发表的天文学、数学和物理学的论文有270多篇，专著合计有4 006页. 其中最有代表性的专著有《天体力学》《宇宙体系论》和《概率分析理论》（1812）.

随机事件在一次试验中可能发生也可能不发生，但发生的可能性大小是客观存在的. 这个可能性大小就是事件 A 的概率，记为 $P(A)$. 在 N 次重复试验中，若概率 $P(A)$ 较大，则事件 A 发生的频率也较大；反之，若概率 $P(A)$ 较小，则事件 A 发生的频率也较小.

频率和概率是两个不同的概念. 频率依赖于试验，并与试验次数有关，频率的稳定性说明概率是一个客观存在的数（不依赖于具体试验而存在），与试验次数无关. 在概率的计算中，一般用事件发生的频率去代替概率，这与实际并不矛盾，就如测定一根木棒的长度一样，人人皆知木棒有其客观存在的"真实长度"，但若用量具去实际测量，总会有误差，测得的数值总是在木棒"真实长度"的附近，而得不到木棒"真实长度"的值. 事实上，人们一般用测量所得的近似值去代替"真实长度"，只不过会根据实际要求选择精度不同的量具罢了. 这里木棒的"真实长度"与测得数值之间的关系同概率与频率之间的关系类似.

1.2.1　频率

定义1.1　设在相同的条件下，重复进行了 n 次试验，若随机事件 A 在这 n 次试验中发生了 m 次，则比值

$$f_n(A) = \frac{m}{n} \tag{1.1}$$

称为事件 A 在 n 次试验中发生的**频率**，其中，m 称为事件 A 发生的频数.

事件 A 发生的频率 $f_n(A)$ 描述了事件 A 发生的频繁程度. 显然, $f_n(A)$ 越大, 事件 A 发生越频繁, 即事件 A 发生的可能性越大, 反过来也一样. 因此, 频率 $f_n(A)$ 反映了事件 A 发生的可能性大小.

例如, 投掷一枚均匀硬币, 可能出现正面, 也可能出现反面, 大量试验中出现正面的频率接近 50%. 为了验证这一事实, 历史上, 不少数学家分别做过这样的试验:"大量重复投掷一枚质地均匀的硬币, 观测它出现正面或反面的次数", 表 1.2 是试验结果的部分记录.

表 1.2　试验结果

实验者	掷硬币次数	出现正面次数	频率
德·摩根	2 048	1 061	0.518 1
蒲丰	4 040	2 048	0.506 9
皮尔逊	12 000	6 019	0.501 6
皮尔逊	24 000	12 012	0.500 5

试验表明, 在相同条件下, 随着试验次数的变化, 频率会有所波动; 但随着 n 的无限增大, 事件 A 发生的频率 $f_n(A)$ 总是在某一常数附近波动, 且波动幅度越来越小, 这种性质称为**频率的稳定性**, 稳定值即事件 A 的概率.

1.2.2　概率的定义及其性质

概率的公理化定义是由苏联数学家安德雷·柯尔莫哥洛夫在 1933 年提出的, 公理化定义第一次将概率论建立在严密的逻辑基础上, 它并不直接描述概率是什么, 而是把概率应具备的本质特性概括出来, 将具备这些性质的量叫做概率, 并在此基础上开展概率的理论研究. 以下是**概率的公理化定义**.

定义 1.2　设随机试验 E 的样本空间为 Ω, 对于 E 的每一事件 A, 都对应一个实数 $P(A)$, 且 $P(A)$ 满足下列公理:

(1) 非负性: 对任一事件 A, $0 \leqslant P(A)$;

(2) 规范性: $P(\Omega) = 1$;

(3) 可列可加性: 对任意可列个互不相容事件 $A_1, A_2, \cdots$, 有

$$P\left(\sum_{i=1}^{\infty} A_i\right) = \sum_{i=1}^{\infty} P(A_i). \tag{1.2}$$

则称 $P(A)$ 为事件 A 的**概率**.

由公理化定义, 可以证明概率具有以下基本性质.

性质 1.1　设随机试验 E 的样本空间为 Ω, 且 $A, B, A_1, A_2, \cdots, A_n$ 都是 E 的事件, 则

(1) 不可能事件的概率为零, 即 $P(\varnothing) = 0$.

(2) 对事件 A 及其对立事件 $\bar{A}$ 有

$$P(A) = 1 - P(\bar{A}).\tag{1.3}$$

（3）有限可加性：若事件 A 与事件 B 互不相容，则

$$P(A \cup B) = P(A) + P(B).\tag{1.4}$$

一般地，若 n 个事件 $A_1, A_2, \cdots, A_n$ 互不相容，则

$$P(A_1 \cup A_2 \cup \cdots \cup A_n) = P(A_1) + P(A_2) + \cdots + P(A_n).\tag{1.5}$$

（4）概率的加法公式：对任意两个事件 A 与 B，有

$$P(A \cup B) = P(A) + P(B) - P(AB).\tag{1.6}$$

一般地，对任意 n 个事件 $A_1, A_2, \cdots, A_n$，有

$$P(\bigcup_{i=1}^{n} A_i) = \sum_{i=1}^{n} P(A_i) - \sum_{1 \leqslant i < j \leqslant n} P(A_i A_j) + \sum_{1 \leqslant i < j < k \leqslant n} P(A_i A_j A_k) - \cdots + (-1)^{n-1} P(A_1 A_2 \cdots A_n).$$

$$\tag{1.7}$$

（5）概率的减法公式：对任意两个事件 A 与 B，有

$$P(A - B) = P(A) - P(AB) = P(A \cup B) - P(B) = P(A\bar{B}).\tag{1.8}$$

（6）单调性，若事件 A、B 满足 $A \subset B$，则

$$P(A) \leqslant P(B),\tag{1.9}$$

$$P(B - A) = P(B) - P(A).\tag{1.10}$$

例 1.5 若 $AB = \varnothing, P(A) = 0.4, P(A \cup B) = 0.7$，求 $P(\bar{B})$ 及 $P(A - B)$.

解 由概率的有限可加性有

$$P(A \cup B) = P(A) + P(B),$$

得 $\qquad P(B) = P(A \cup B) - P(A) = 0.7 - 0.4 = 0.3.$

所以 $\qquad P(\bar{B}) = 1 - P(B) = 0.7.$

由减法公式（1.10），得 $P(A - B) = P(A) - P(AB) = 0.4 - 0 = 0.4.$

例 1.6 在人工智能的图像识别领域，有两个独立的图像识别模块 A 和 B，用于检测医学影像中的肿瘤. 模块 A 正确识别出肿瘤的概率为 $\frac{1}{3}$，模块 B 正确识别出肿瘤的概率为 $\frac{1}{2}$，现在考虑三种不同的系统集成情况，计算模块 A 未识别出肿瘤但模块 B 识别出肿瘤的概率 $P(\bar{A}B)$.

微课 2：例 1.5

（1）模块 A、模块 B 互不相容；（2）模块 $A \subset$ 模块 B；（3）$P(AB) = \frac{1}{8}$.

解 （1）因 $AB = \varnothing$，则 $P(\bar{A}B) = P(B) = \frac{1}{2}$；

（2）因 $A \subset B$，则 $P(\bar{A}B) = P(B - A) = P(B) - P(A) = \frac{1}{2} - \frac{1}{3} = \frac{1}{6}$；

（3）因 $P(AB) = \frac{1}{8}$，则 $P(\bar{A}B) = P(B - A) = P(B) - P(AB) = \frac{1}{2} - \frac{1}{8} = \frac{3}{8}$.

例 1.7 考察某学校学生拥有甲、乙两种电子产品（除手机）的情况，拥有甲种电子产

品的人数占总人数的 70% ，拥有乙种电子产品的人数占总人数的 50% ，同时拥有两种电子产品的人数占总人数的 30% ．求下列事件的概率：

（1） $C = \{$只拥有甲种电子产品$\}$ ；

（2） $D = \{$至少拥有一种电子产品$\}$ ；

（3） $E = \{$不拥有任何电子产品$\}$ ；

（4） $F = \{$只拥有一种电子产品$\}$ ．

解 设 $A = \{$拥有甲种电子产品$\}$ ， $B = \{$拥有乙种电子产品$\}$ ，根据题设有

$$P(A) = 0.70, P(B) = 0.50, P(AB) = 0.30.$$

（1）因为 $C = A\bar{B} = A - AB$ ，所以

$$P(C) = P(A - AB) = P(A) - P(AB) = 0.40.$$

（2）因为 $D = A \cup B$ ，所以

$$P(D) = P(A \cup B) = P(A) + P(B) - P(AB) = 0.7 + 0.5 - 0.3 = 0.9.$$

（3）因为 $E = \bar{A}\bar{B}$ ，所以

$$P(E) = P(\bar{A}\bar{B}) = P(\overline{A \cup B}) = 1 - P(A \cup B) = 0.1.$$

（4）因为 $F = A\bar{B} \cup \bar{A}B$ ，而 $A\bar{B}$ 与 $\bar{A}B$ 互不相容，所以

$$\begin{aligned} P(F) &= P(A\bar{B} \cup \bar{A}B) = P(A\bar{B}) \cup P(\bar{A}B) \\ &= P(A) - P(AB) + P(B) - P(AB) \\ &= 0.7 - 0.3 + 0.5 - 0.3 = 0.6. \end{aligned}$$

1.2.3 古典概型

在日常生活中，经常会遇到各种随机事件，比如抛硬币、掷骰子、抽卡片等．这些事件的结果往往是不确定的，但可以通过概率论量化这种不确定性．

（1）**有限性**：试验中全部结果只有有限个，即基本事件的数目有限；

（2）**等可能性**：试验中每个基本事件发生的可能性相同，即发生的概率都一样．

这类随机现象是在概率论的发展过程中最早出现的研究现象，通常将这类随机现象的数学模型称为**古典概型**．古典概型在产品质量抽样、统计推断、博弈等实际问题以及理论物理的研究中都有重要的应用．

例如，投掷一枚均匀骰子的试验是古典概型试验．而向一个圆内随机投点的试验不满足古典概型的有限性条件（圆内有无限个点），用一副缺了几张牌的扑克随机抽牌的试验则不满足等可能性条件（各牌被抽中的概率不同）．

微课 3：古典概型

定义 1.3 设试验 E 为古典概型试验， $A_i(i = 1, 2, \cdots, n)$ 是全体基本事件，则

$$P(A) = \frac{m}{n} = \frac{A \text{ 包含的基本事件数}}{\text{基本事件总数}}. \tag{1.11}$$

例 1.8 将一枚均匀硬币连续投掷两次，求 $A = \{$正面只出现一次$\}$ 及 $B = \{$正面至少出

现一次}的概率.

解 该试验共有四个等可能的基本事件，即

$$\Omega = \{(\text{正},\text{正}),(\text{正},\text{反}),(\text{反},\text{正}),(\text{反},\text{反})\},$$

因此，样本空间中基本事件总数为 $n = 4$.

事件 A 所包含的基本事件数 $m_1 = 2$，事件 B 所包含的基本事件数 $m_2 = 3$，由古典概型公式，有

$$P(A) = \frac{m_1}{n} = \frac{2}{4} = \frac{1}{2}, P(B) = \frac{m_2}{n} = \frac{3}{4}.$$

例 1.9 在电子芯片制造工厂的质量检测环节，一批芯片共有 7 个，其中 2 个是不合格品（存在性能缺陷），5 个是合格品（性能达标）. 检测部门需要对芯片进行抽样检测，考虑以下两种不同的抽样方式：（1）有放回地从中任取两次，每次取一个；（2）无放回地从中任取两次，每次取一个. 求取到一个合格品和一个不合格品的概率.

解 设 $A = \{$取到一个合格品和一个不合格品$\}$

（1）有放回抽取，基本事件总数为 $7 \times 7 = 49$，事件 A 包含的基本事件数为 $2 \times 5 + 5 \times 2 = 20$，所以 $P(A) = \frac{20}{49}$；

（2）无放回抽取，基本事件总数为 $7 \times 6 = 42$，事件 A 包含的基本事件数为 $2 \times 5 + 5 \times 2 = 20$，所以 $P(A) = \frac{20}{42} = \frac{10}{21}$.

1.3 条件概率

> 究其本质，概率论无非是将生活常识简化成数学运算.
>
> ——皮埃尔·西蒙·拉普拉斯

概率论是研究事件发生可能性的数学工具，广泛应用于统计、金融和自然科学等领域. 通过分析随机事件的概率，可以帮助我们理解复杂现象和预测其可能的结果. 其中，条件概率用于描述在已知条件下事件发生的可能性，乘法公式用于计算多个事件同时发生的概率，全概率公式和贝叶斯公式能够通过简单事件的概率推导复杂事件的概率. 这些公式在医学、经济学、侦查学等领域有广泛应用，可以帮助我们在不确定性中做出更准确的判断.

1.3.1 条件概率与乘法公式

设 A、B 是试验 E 中的两个事件，前面已经讨论了事件 A 与事件 B 的概率计算，但有时还需考虑在事件 A 已经发生的条件下，事件 B 发生的概率，将其记为 $P(B \mid A)$，即条件概率问题. 先看下面的一个例子.

例 1.10 现有一批产品共 300 件, 它是由甲、乙两厂共同生产的. 其中, 甲厂的产品中有正品 200 件、次品 30 件, 乙厂的产品中有正品 60 件、次品 10 件. 现从这批产品中任取一件, 设 $A = \{$取得的是乙厂产品$\}$, $B = \{$取得的是正品$\}$, 试求 $P(A), P(AB), P(B \mid A)$.

解 根据古典概型计算, 得

$$P(A) = \frac{70}{300}, \quad P(B) = \frac{260}{300}, \quad P(AB) = \frac{60}{300}.$$

考虑到, 在已知 A 发生的条件下, 原来试验的 300 个基本事件总数缩减为 70 个, 此时计算 B 发生的概率时, 在新的样本空间中, 事件 B 的基本事件总数变为 60 个, 样本点总数为 70, 则

$$P(B \mid A) = \frac{60}{70},$$

可见, $P(B \mid A)$ 是在缩减了的样本空间中进行计算的.

显然, $P(B) \neq P(B \mid A)$, 即事件 B 发生的概率与在 A 发生的条件下 B 发生的概率不相等. 从以上算式, 可以看到

$$P(B \mid A) = \frac{60}{70} = \frac{60/300}{70/300} = \frac{P(AB)}{P(A)}.$$

一般地, 对于古典概型, 上面的算式总是成立的.

定义 1.4 设 A、B 是两个事件, 且 $P(A) > 0$, 称

$$P(B \mid A) = \frac{P(AB)}{P(A)} \tag{1.12}$$

为在事件 A 发生的条件下, 事件 B 发生的**条件概率**.

类似地, 当 $P(B) > 0$ 时, 可以定义在事件 B 发生的条件下, 事件 A 发生的条件概率为

$$P(A \mid B) = \frac{P(AB)}{P(B)}. \tag{1.13}$$

微课 4: 定义 1.4 条件概率

例 1.11 投掷一枚骰子, 设事件 $A = \{$投出的点数为偶数$\}$, 事件 $B = \{$投出的点数大于 2$\}$, 计算 $P(B \mid A)$, $P(A \mid B)$.

解 由于 $A = \{2, 4, 6\}$, $B = \{3, 4, 5, 6\}$, $AB = \{4, 6\}$,

从样本空间的缩减考虑, 已知在事件 A 发生的情况下, 原来样本空间的 6 个样本点现缩减为 3 个, B 发生的基本事件变为 $\{4, 6\}$, 因此 $P(B \mid A) = \frac{2}{3}$.

也可由条件概率公式得

$$P(B \mid A) = \frac{P(AB)}{P(A)} = \frac{2/6}{3/6} = \frac{2}{3}.$$

类似地, 可得

$$P(A \mid B) = \frac{P(AB)}{P(B)} = \frac{2/6}{4/6} = \frac{1}{2}.$$

一般情况下, $P(B \mid A)$ 与 $P(B)$ 不相等.

条件概率具有与概率一样的性质.

性质 1.2 设随机试验 E 的样本空间为 Ω，且 $A,B,C,A_1,A_2,\cdots$ 都是 E 的事件，若 $P(B) > 0$，则

(1) 非负性：对任一事件 $A,P(A \mid B) \geqslant 0$；

(2) 规范性：$P(\Omega \mid B) = 1$；

(3) 可列可加性：若事件 $A_1,A_2,\cdots$ 互不相容，则

$$P\left(\sum_{i=1}^{\infty} A_i \,\middle|\, B\right) = \sum_{i=1}^{\infty} P(A_i \mid B);$$

(4) $P(\bar{B} \mid A) = 1 - P(B \mid A)$；

(5) $P(B_1 \cup B_2 \mid A) = P(B_1 \mid A) + P(B_2 \mid A) - P(B_1 B_2 \mid A)$；

(6) $P[(B_1 - B_2) \mid A] = P(B_1 \mid A) - P(B_1 B_2 \mid A)$.

条件概率反映了两事件之间的联系，在概率计算中，利用某一事件发生的信息求未知事件的概率，往往能起到化难为易的效果.

由条件概率的定义，可直接得到下面的公式.

定理 1.1 （**乘法公式**）对于两个事件 A,B，如果 $P(A) > 0$，则有

$$P(AB) = P(A)P(B \mid A). \tag{1.14}$$

若 $P(B) > 0$ 则有

$$P(AB) = P(B)P(A \mid B). \tag{1.15}$$

上式可推广到多个事件的积事件的情况.

$$P(A_1 A_2 \cdots A_n) = P(A_1) \cdot P(A_2 \mid A_1) \cdot P(A_3 \mid A_1 A_2) \cdots P(A_n \mid A_1 A_2 \cdots A_{n-1}). \tag{1.16}$$

例 1.12 在精密机械零件制造领域，一批共 10 个不同型号的机械零件，其中，8 个是精密度达标的合格产品，2 个是精密度未达标的次品零件. 质量检测部门采用不放回抽样的方式，对零件进行两次抽检，每次抽取一个零件，以评估这批零件的整体质量情况，求两次都抽到次品零件的概率.

解 设 $A_i = \{$第 i 次取到次品零件$\}$，$i = 1, 2$.

由乘法公式，有

$$P(A_1 A_2) = P(A_1)P(A_2 \mid A_1) = \frac{2}{10} \times \frac{1}{9} = \frac{1}{45}.$$

例 1.13 为了防止意外，矿井内同时装有甲、乙两种报警设备，已知设备甲单独使用时有效的概率为 0.92，设备乙单独使用时有效的概率为 0.93，在设备甲失效的条件下，设备乙有效的概率为 0.85，求发生意外时至少有一种报警设备有效的概率.

解 设 $A = \{$设备甲有效$\}$，$B = \{$设备乙有效$\}$，已知

$$P(A) = 0.92, P(B) = 0.93, P(B \mid \bar{A}) = 0.85,$$

由乘法公式有

$$P(\overline{A \cup B}) = P(\bar{A}\bar{B}) = P(\bar{A})P(\bar{B} \mid \bar{A})$$
$$= P(\bar{A})[1 - P(B \mid \bar{A})]$$

$$= 0.08 \times (1 - 0.85) = 0.012.$$

因此，可得 $P(A \cup B) = 1 - P(\overline{A \cup B}) = 0.988.$

例 1.14　设某班 40 位同学仅有一张球票，抽签决定谁拥有．试问每人抽得球票的机会是否均等？

解　设 $A_i = \{$第 i 个人抽得球票$\}$（$i = 1, 2, \cdots, 40$），则
第一个人抽得球票的概率为

$$P(A_1) = \frac{1}{40},$$

第二个人抽得球票的概率为

$$P(A_2) = P(\overline{A}_1 A_2) = P(\overline{A}_1) P(A_2 \mid \overline{A}_1) = \frac{39}{40} \times \frac{1}{39} = \frac{1}{40},$$

类似地，第 i 个人抽到球票的概率为

$$P(A_i) = P(\overline{A}_1 \overline{A}_2 \cdots \overline{A}_{i-1} A_i) = P(\overline{A}_1) P(\overline{A}_2 \mid \overline{A}_1) \cdots P(A_i \mid \overline{A}_1 \overline{A}_2 \cdots \overline{A}_{i-1})$$

$$= \frac{39}{40} \times \frac{38}{39} \times \cdots \frac{1}{40 - (i-1)} = \frac{1}{40}, (i = 2, 3, \cdots, 40).$$

可见，每个人抽得球票的概率都是 $\frac{1}{40}$，即机会均等．

1.3.2　全概率公式与贝叶斯公式

前面讨论了一些简单事件的概率．对于一些复杂事件，可以将其看成互不相容的简单事件之和，通过分别计算这些简单事件的概率，再利用概率的可加性计算这个复杂事件的概率．看下面的例子．

例 1.15　在机器人零部件仓库中，有三个货架分别标记为货架 1、货架 2、货架 3，用于存放不同规格的螺丝．货架 1 上有 1 个高强度螺丝和 4 个普通螺丝，货架 2 上有 2 个高强度螺丝和 3 个普通螺丝，货架 3 上有 3 个高强度螺丝（无普通螺丝）．机器人组装工人随机选择一个货架，然后从该货架上随机拿取一颗螺丝，求拿到高强度螺丝的概率．

解　设 $A_i = \{$从货架 i 上拿取螺丝$\}$，$i = 1, 2, 3$；$B = \{$拿到高强度螺丝$\}$，B 发生总是伴随着 A_1, A_2, A_3 之一同时发生，即 $B = A_1 B \cup A_2 B \cup A_3 B$，且 $A_1 B, A_2 B, A_3 B$ 互不相容，运用加法公式得

$$P(B) = P(A_1 B) + P(A_2 B) + P(A_3 B)$$

将上式等号右边三项运用乘法公式，代入数据计算得

$$P(B) = P(A_1) P(B \mid A_1) + P(A_2) P(B \mid A_2) + P(A_3) P(B \mid A_3)$$

$$= \frac{1}{3} \times \frac{1}{5} + \frac{1}{3} \times \frac{2}{5} + \frac{1}{3} \times 1 = \frac{8}{15}.$$

将例 1.15 中所用的方法推广到一般情形，即得到在概率计算中常用的全概率公式．

定义 1.5　设随机试验 E 的样本空间为 Ω，$B_1, B_2, \cdots, B_n$ 是 E 的一组事件，若
（1）$B_i B_j = \varnothing$，$i \neq j$；

（2）$B_1 \cup B_2 \cup \cdots \cup B_n = \Omega$,

则称 $B_1, B_2, \cdots, B_n$ 为 Ω 的一个**有限划分**.

定理 1.2 （**全概率公式**）设随机试验 E 的样本空间为 Ω, $A \subset \Omega$, $B_1, B_2, \cdots, B_n$ 为 Ω 的一个有限划分，且 $P(B_i) > 0 (i = 1, 2, \cdots, n)$，则有

$$P(A) = \sum_{i=1}^{n} P(B_i) P(A \mid B_i). \tag{1.17}$$

式（1.17）中，将事件 A 理解为"结果"，事件 B_i 则是导致"结果"发生的"原因"，$P(A \mid B_i)$ 是事件 B_i 这个"原因"导致"结果"A 发生的可能性大小，$P(B_i)$ 是各种"原因"出现的可能性大小．全概率公式的基本思想就是综合考虑导致"结果"发生的所有"原因"．

例 1.16 在新能源汽车电池市场中，某型号的锂电池由三家工厂同时供应．工厂甲的供应量是工厂乙的 2 倍，工厂乙和工厂丙的供应量相等．由于生产工艺和设备的差异，各工厂生产的锂电池次品率有所不同，其中，工厂甲的次品率为 2%，工厂乙的次品率为 2%，工厂丙的次品率为 4%．为了评估该型号锂电池在市场上的整体质量水平，需要计算市场上该型号锂电池的次品率．

微课 5：定理 1.2 全概率公式

解 设 B_1, B_2, B_3 分别表示取到甲、乙、丙厂家电池，A 表示取到次品，由题意得：

$$P(B_1) = 0.5, P(B_2) = P(B_3) = 0.25, P(A \mid B_1) = 0.02,$$
$$P(A \mid B_2) = 0.02, P(A \mid B_3) = 0.04.$$

由全概率公式（1.17）有

$$P(A) = \sum_{i=1}^{3} P(B_i) P(A \mid B_i)$$
$$= 0.5 \times 0.02 + 0.25 \times 0.02 + 0.25 \times 0.04 = 0.025.$$

例 1.17 播种用的一等小麦种子中混有 2% 的二等种子，1.5% 的三等种子，1% 的四等种子．用一、二、三、四等种子长出的穗含 50 颗以上麦粒的概率分别为 0.5，0.15，0.1，0.05，求这批种子所结的穗含 50 颗以上麦粒的概率？

解 设 $B_i = \{$取到 i 等种子$\}$, $i = 1, 2, 3, 4$; $A = \{$从这批种子中任选一颗，所结的穗含 50 颗以上麦粒$\}$，由题意得：

$$P(A) = \sum_{i=1}^{4} P(B_i) P(A \mid B_i)$$
$$= 0.955 \times 0.5 + 0.02 \times 0.15 + 0.015 \times 0.1 + 0.01 \times 0.05$$
$$= 0.482 5.$$

在实际应用中还有另外一类问题．例如，在例 1.16 中，将提问改为"已知取到一件次品，求该产品是甲厂生产的概率？"或者"已知取到一件次品，求该产品是哪家工厂生产的可能性最大？"．这一类问题在实际中很常见，它是全概率公式的逆问题，需要由贝叶斯公式来解决．

定理 1.3 （贝叶斯公式）设随机试验 E 的样本空间为 Ω，$A \subset \Omega$，$B_1, B_2, \cdots, B_n$ 为 Ω 的一个有限划分，且 $P(A) > 0, P(B_i) > 0 (i = 1, 2, \cdots, n)$，则有

$$P(B_m \mid A) = \frac{P(B_m)P(A \mid B_m)}{\sum_{i=1}^{n} P(B_i)P(A \mid B_i)}. \tag{1.18}$$

**微课6：定理 1.3
贝叶斯公式**

由条件概率的定义及全概率公式不难证明上式.

概率统计人物

托马斯·贝叶斯（Thomas Bayes，1702—1761），18 世纪英国神学家、数学家、数理统计学家和哲学家，概率论理论创始人，贝叶斯统计的创立者，"归纳地"运用数学概率，"从特殊推论一般、从样本推论全体"的第一人. 贝叶斯所采用的许多术语被沿用至今. 他的主要贡献是使用了"逆概率"这个概念，并把它作为一种普遍的推理方法提出来. 贝叶斯定理原本是概率论中的一个定理，这一定理可用一个数学公式来表达，这个公式就是著名的贝叶斯公式.

贝叶斯公式是**托马斯·贝叶斯**去世后，于 1763 年由他的朋友理查德·普莱斯整理其遗作发表的论文《论有关机遇问题的求解》（*An Essay towards solving a Problem in the Doctrine of Chances*）中正式提出的.

假设 $B_1, B_2, \cdots, B_n$ 是导致试验结果（即事件 A）发生的原因，因此，称 $P(B_i)$（$i = 1, 2, \cdots, n$）为"**先验概率**"，它反映了各种原因发生的可能性大小，一般是以往经验的总结，在此次试验之前就已经知道. 现在试验中事件 A 发生了，这一信息将有助于研究事件发生的各种原因. $P(B_i \mid A)$ 是在附加信息"A 已发生"的条件下 $P(B_i)$ 发生的概率，称为"**后验概率**"，它反映了试验之后对各种原因发生的可能性大小的新的认识. 贝叶斯公式可以帮助人们确定导致某结果（事件 A）发生的最有可能的原因，常用于可靠性相关的问题，如可靠性设计和可靠性检验等.

例 1.18 将例 1.16 中的提问改为如下：若从市场上的商品中随机买一个锂电池，发现是次品，求它是甲厂生产的概率?

解 由贝叶斯公式（1.18）有

$$P(B_1 \mid A) = \frac{P(B_1)P(A \mid B_1)}{\sum_{i=1}^{3} P(B_i)P(A \mid B_i)} = \frac{P(B_1)P(A \mid B_1)}{P(A)}$$

$$= \frac{0.5 \times 0.02}{0.025} = 0.40.$$

例 1.19 某种新产品投放市场面临失败（B_1），勉强成功（B_2），基本成功（B_3）三种结果. 由以往经验，同类产品投放市场后面临各种情况的概率是 $P(B_1) = 0.2$，$P(B_2) = 0.3$，$P(B_3) = 0.5$，而且在三种情况下都能得到别人的投资（A），三种情况下获得投资的概率分

别为 $P(A \mid B_1) = 0.05, P(A \mid B_2) = 0.3, P(A \mid B_3) = 0.98$. 求：

（1）新产品能获得投资的概率；

（2）已获得投资，产品面临各种情况的概率.

解 （1）由全概率公式（1.17）有

$$P(A) = \sum_{i=1}^{3} P(B_i)P(A \mid B_i) = 0.2 \times 0.05 + 0.3 \times 0.3 + 0.5 \times 0.98 = 0.59.$$

（2）由贝叶斯公式（1.18）有

$$P(B_1 \mid A) = \frac{P(B_1)P(A \mid B_1)}{P(A)} = \frac{0.2 \times 0.05}{0.59} = 0.017,$$

$$P(B_2 \mid A) = \frac{P(B_2)P(A \mid B_2)}{P(A)} = \frac{0.3 \times 0.3}{0.59} = 0.153,$$

$$P(B_3 \mid A) = \frac{P(B_3)P(A \mid B_3)}{P(A)} = \frac{0.5 \times 0.98}{0.59} = 0.830.$$

因为后验概率 $P(B_3 \mid A) = 0.830$ 大于其对应的先验概率 $P(B_3) = 0.5$，说明通过这个市场试验的研究，当获得投资时新产品基本成功的可能性变大了.

例1.20 （癌症检测）某一地区患有某种癌症的人占该地区总人数的 0.005，该种癌症患者对试验反应是阳性的概率为 0.95，正常人对这种试验反应是阳性的概率为 0.04. 现抽查了一个人，试验反应是阳性，问此人是癌症患者的概率有多大？

解 设事件 A 表示"试验的结果是阳性"，事件 B 表示"抽查的人患有该种癌症"，事件 $\bar{B}$ 表示"抽查的人不患该种癌症"，所求概率为 $P(B \mid A)$，有

$$P(B) = 0.005, P(\bar{B}) = 0.995, P(A \mid B) = 0.95, P(A \mid \bar{B}) = 0.04,$$

$$P(B \mid A) = \frac{P(B)P(A \mid B)}{P(B)P(A \mid B) + P(\bar{B})P(A \mid \bar{B})} = \frac{0.005 \times 0.95}{0.005 \times 0.95 + 0.995 \times 0.04} = 0.106\,6,$$

即此人患癌症的概率为 0.106 6.

下面进一步分析该结果的实际意义.

（1）这种试验对于诊断一个人是否患有该种癌症有无意义？

如果不做试验，抽查一人，他是患者的概率 $P(B) = 0.005$，患者阳性反应的概率是 0.95. 试验后得到阳性反应，则根据试验得来的信息，此人是患者的概率为 $P(B \mid A) = 0.106\,6$，即从 0.005 增加到 0.106 6，增加约 21 倍，说明这种试验对于诊断一个人是否患有该种癌症是有意义的.

（2）检出阳性是否一定患有该种癌症？

试验结果为阳性，此人确患该种癌症的概率为 $P(B \mid A) = 0.106\,6$，即使试验呈阳性，也不必过早下结论患有此癌症，这种可能性只有 10.66%（平均来说，100 个阳性中大约只有 11 人确患该种癌症），此时医生要通过再试验或其他试验来确认.

例1.21 某市对一种严重的疾病进行统计，统计数据如下：在 2 000 名患者中有 300 人存活，存活者中有 240 人是做过手术的，其余 60 人是没有做过手术存活的，并且患者中有 600

人做过手术．现有一名患者对自己是否进行手术犹豫不决，请利用所学的概率知识，帮助他做出选择（即求一名患者得以存活是因为做过手术的概率有多大）．

先将数据通过表格表示如下：

手术结果人数 是/否做手术人数	存活数	死亡数
做过手术的人数	240	360
未做过手术的人数	60	1 340

设事件 A 表示"患者存活下来"，事件 B 表示"患者做过手术"．对做过手术的患者而言，可计算概率

$$P(A \mid B) = \frac{240}{600} = \frac{2}{5}, P(\bar{A} \mid B) = \frac{3}{5}.$$

对未做过手术的患者而言，可计算概率

$$P(A \mid \bar{B}) = \frac{60}{1\ 400} = \frac{3}{70}, P(\bar{A} \mid \bar{B}) = \frac{67}{70}.$$

所求概率

$$P(B \mid A) = \frac{P(A \mid B)P(B)}{P(A \mid B)P(B) + P(A \mid \bar{B})P(\bar{B})} = \frac{\frac{2}{5} \times \frac{600}{2\ 000}}{\frac{2}{5} \times \frac{600}{2\ 000} + \frac{3}{70} \times \frac{1\ 400}{2\ 000}} = 0.8.$$

可见，存活下来的患者大概率是做过手术的．对生存欲望强烈的患者而言，做手术是最佳的选择．

概率统计故事

三门问题

三门问题（Monty Hall problem）又称蒙提霍尔问题、蒙特霍问题或蒙提霍尔悖论，出自美国的电视游戏节目 *Let's Make a Deal*．问题名字来自该节目的主持人蒙提·霍尔（Monty Hall）．

三门问题的主要内容表述如下：

在这个电视节目中有三扇门，这三扇门的后面会被随机地放进去物品，物品分别是汽车和两只山羊．此时参赛者要随机选择一扇门，在参赛者做出选择后，主持人并不会立刻打开这扇门，为了制造节目紧张悬疑的气氛，主持人会从剩下的两扇门中打开有山羊的那扇门，随后主持人会给竞猜者提供一次重新选择门的机会，此时竞猜者可以保持自己的第一选择不变，也可以更换自己的选择，那么参赛者到底应不应该换门呢？怎样做获得汽车大奖的概率大一些呢？该节目播出之后，引来了热议．一名读者向美国 *Parade* 杂志的 Marilyn 提出了关于换门与不换门得到汽车的概率的问题，改变选择对参赛者真的

有利吗？该杂志的专栏作者 Marilyn 曾先后三次对此问题作答，试图说服读者相信，改变选择对参赛者是有利的，也就是换门比不换门得到汽车的概率要大一些，前者概率为 2/3，后者概率为 1/3. 然而她的这一观点提出之后，绝大多数的读者都不接受她给出的答案，时至今日，对于三门问题的争论仍在继续.

对于这个问题有两种观点：一种观点认为改变选择获得汽车的概率是 2/3，而不改变选择得到汽车的概率只有 1/3. 另一种观点则认为改不改变选择获得汽车的概率都是一样的，都是 1/2. 两种观点都给出了论证. 持第一种观点的人认为，在这个游戏的过程当中，整体是一个关于条件概率的两个阶段的决策问题，也就是说，起初选择一扇认为有奖品的门，在主持人开了一扇没有奖品的门之后，对于参赛者来说，要选择坚持最初的还是改变最初的选择是一个连续的动作，利用贝叶斯定理就可以说明改变选择会使获得汽车的概率增加.

第一种情况是主持人事先知道哪扇门后面有汽车，是有意开启没有车的门. 此时你作为参赛者选择了第一扇门，而主持人知道三扇门后面有无车的情况，他打开了第三扇后面藏有山羊的门. 接下来，主持人一般都会询问你的意见，若你想改变最初的选择，将选择的第一扇门改为第二扇门的概率由贝叶斯定理可得，在主持人打开第三扇门时，若设 1 号门和 2 号门有车的概率分别为 P（门1|开门3）和 P（门2|开门3），则有

$$P(\text{门1}) = P(\text{门2}) = P(\text{门3}) = \frac{1}{3}.$$

$$P(\text{门1} \mid \text{开门3}) = \frac{P(\text{开门3} \mid \text{门1}) \cdot P(\text{门1})}{P(\text{开门3} \mid \text{门1}) \cdot P(\text{门1}) + P(\text{开门3} \mid \text{门2}) \cdot P(\text{门2})} \quad (1)$$

$$P(\text{门2} \mid \text{开门3}) = \frac{P(\text{开门3} \mid \text{门2}) \cdot P(\text{门2})}{P(\text{开门3} \mid \text{门2}) \cdot P(\text{门2}) + P(\text{开门3} \mid \text{门1}) \cdot P(\text{门1})} \quad (2)$$

P（开门3|门1）=1/2，P（开门3|门1）是主持人基于第一扇门有车的情况下打开第三扇门时的概率；P（开门3|门2）=1，P（开门3|门2）是主持人基于第二扇门有车的情况下打开第三扇门时的概率；P（门2）=1/3，P（门2）为第二扇门有车的概率. 综上所述，P（门1|开门3）=1/3，P（门2|开门3）=2/3.

根据计算结果表明，在主持人打开第三扇门的情况下，参赛者对最初的选择做出了改变，由先前的第一扇门变成了之后的第二扇门，此时改变选择获得汽车的概率要比之前的高.

第二种情况就是主持人也不知道哪扇门后面有汽车，一切都是随机的. 这样当选择一扇门后，自动弹开山羊门，那么换门得到汽车的概率就是 1/2. 对于大部分对三门问题进行解答的人来说，最终都不会意识到主持人之前对游戏具体情况的了解程度和他的一些行为动机是否会影响他们对于三门问题最终的判断. 所以要搞清楚三门问题，就要从分析主持人具体的心理活动和行为动机下手.

在参赛者答题的过程中，主持人在事先知情的情况下打开一扇没有车的门和在不知

情的情况下随机打开一扇没有车的门，这两种不同的情况对应着的概率意义也不尽相同．所以，在蒙提霍尔问题中，主持人的行为动机就是前提中的不确定性因素，前提的不确定性和多样性使蒙提霍尔问题在进行推理的过程中结果不唯一．

1.4　事件的独立性

我们不能数清生活中的金色沙粒，我们也不能数清爱的海洋中"无数"的微笑，但我们能够观测到或多或少的一些快乐单位的总量以及幸福程度，而这已经足够了．

——弗朗西斯·伊西德罗·埃奇沃思

概率统计人物

弗朗西斯·伊西德罗·埃奇沃思（Francis Ysidro Edgeworth，1845—1926），英国统计学家，数理统计学的先驱．埃奇沃思对统计科学的主要贡献是他最早运用概率论研究社会经济问题，在统计史上称他为旧数理学派中经济学派的创始人．他发表了关于出生率、死亡率和结婚率的变化等有关生命统计的论文，还出版了《统计方法》，提出了统计学就是"平均数科学"的观点．他认为统计科学由两个主要内容构成：一是找出两个平均数之间的差异，这个差异的大小是由法则的偶然性或象征性造成的；二是指出哪种平均数是最好的．

对于事件 A, B，概率 $P(B)$ 与条件概率 $P(B|A)$ 是两个不同的概念．一般来说，$P(B) \neq P(B|A)$，即事件 A 的发生对事件 B 的发生有影响．若事件 A 的发生对事件 B 的发生没有影响，则有 $P(B|A) = P(B)$．

例 1.22　一袋中装有 a 只黑球和 b 只白球，采用有放回地摸球，求：

（1）在已知第一次摸得黑球的条件下，第二次摸得黑球的概率；

（2）第二次摸得黑球的概率．

解　设 $A = \{$第一次摸得黑球$\}$，$B = \{$第二次摸得黑球$\}$，则

$$P(A) = \frac{a}{a+b}, \quad P(AB) = \frac{a^2}{(a+b)^2}, \quad P(\bar{A}B) = \frac{ba}{(a+b)^2},$$

所以

（1）$P(B|A) = \dfrac{P(AB)}{P(A)} = \dfrac{a}{a+b}$；

（2）$P(B) = P(AB) + P(\bar{A}B) = \dfrac{a^2}{(a+b)^2} + \dfrac{ba}{(a+b)^2} = \dfrac{a}{a+b}$.

此例中 $P(B \mid A) = P(B)$，即事件 A 发生与否，对事件 B 发生的概率没有影响．因为这里采用的是有放回摸球，第一次摸球的结果不会影响第二次摸球的结果．这时称事件 A 的发生与事件 B 的发生有某种"独立性"．

定义 1.6 如果两个事件 A, B 满足等式

$$P(AB) = P(A)P(B). \tag{1.19}$$

则称事件 A 与 B 是**相互独立的**．

性质 1.3 若事件 A, B 相互独立，且 $P(B) > 0$，则

$$P(A \mid B) = P(A). \tag{1.20}$$

性质 1.4 若事件 A, B 相互独立，则下列三对事件：$\bar{A}$ 与 B，A 与 $\bar{B}$，$\bar{A}$ 与 $\bar{B}$ 也相互独立．

证明 由 A, B 相互独立，则有

$$P(\bar{A}B) = P(B) - P(AB) = P(B) - P(A)P(B)$$
$$= [1 - P(A)]P(B) = P(\bar{A})P(B).$$

所以 $\bar{A}$ 与 B 相互独立，其他情况类似可证．

微课 7：性质 1.3
相互独立的性质

例 1.23 甲、乙两人进行射击练习．根据两人的历史成绩知道，甲的命中率为 0.8，乙的命中率为 0.7，现甲、乙两人各独立射击一次．求

（1）甲、乙都命中目标的概率；

（2）甲、乙至少有一个命中目标的概率．

解 设 $A = \{$甲命中$\}$，$B = \{$乙命中$\}$，事件 A 与事件 B 相互独立．因此

（1）甲、乙都命中靶的概率

$$P(AB) = P(A)P(B) = 0.8 \times 0.7 = 0.56.$$

（2）甲、乙至少有一个中靶的概率

$$P(A \cup B) = P(A) + P(B) - P(AB) = 0.8 + 0.7 - 0.56 = 0.94.$$

对三个事件的独立性有下面的定义．

定义 1.7 如果三个事件 A, B, C 满足等式

$$\begin{cases} P(AB) = P(A)P(B), \\ P(BC) = P(B)P(C), \\ P(CA) = P(C)P(A), \end{cases} \tag{1.21}$$

则称事件 A, B, C **两两独立**．

进一步，若满足

$$\begin{cases} P(AB) = P(A)P(B), \\ P(BC) = P(B)P(C), \\ P(CA) = P(C)P(A), \\ P(ABC) = P(A)P(B)P(C), \end{cases} \tag{1.22}$$

则称事件 A,B,C 相互独立.

例 1.24　假设事件 A 发生的概率为 p,且很小. 记事件 B_n 表示"在 n 次试验中事件 A 发生",事件 A_i 表示"在第 i 次试验中事件 A 发生" ($i = 1,2,\cdots,n$),且 $P(A_i) = p$,求 $P(B_n)$.

解　由已知条件知 $A_1,A_2,\cdots,A_n$ 相互独立,且 $B_n = \bigcup\limits_{i=1}^{n} A_i$,则

$$P(B_n) = P(\bigcup\limits_{i=1}^{n} A_i) = 1 - P(\overline{\bigcup\limits_{i=1}^{n} A_i}) = 1 - P(\overline{A}_1 \overline{A}_2 \cdots \overline{A}_n)$$

$$= 1 - \prod\limits_{i=1}^{n} P(\overline{A}_i) = 1 - (1-p)^n.$$

则 $\lim\limits_{n\to\infty} P(B_n) = 1$,即当重复次数 n 很大时,事件 A 必然发生.

在概率论中,小概率事件是指在一次试验或特定的条件下,发生概率非常小的随机事件. 一般并没有一个绝对的标准来界定小概率事件的具体概率阈值. 通常情况下,概率低于 0.05 被很多领域广泛认为是小概率事件,但在一些对可靠性和准确性要求极高的领域,如航天航空、核工业等,常将概率低于 0.01 的事件视为小概率事件.

小概率事件 A 虽然在一次试验当中几乎不发生,但重复次数很大时,事件 A 的发生几乎是必然的. 我们知道通常做决策要依赖大样本,但小概率事件还是应该引起足够的重视. 在制定重大决策时,不能只是考虑问题的主要方面,还要充分考虑到小概率事件存在和发生的可能性,否则后果将不堪设想.

例 1.25　在一场斯诺克比赛中,运动员 X 与 Y 相遇,其中,每赛一局 X 胜的概率为 0.45, Y 胜的概率为 0.55,若比赛既可采用三局两胜制,也可采用五局三胜制,问采用哪种赛制对 X 更有利?试说明理由.

解　设每局中 X 赢记为事件 A, Y 赢记为事件 $\overline{A}$,如果采用三局两胜制, X 赢的情况有 $AA,A\overline{A}A,\overline{A}AA$,所以 X 赢的概率为

$$p_1 = 0.45^2 + 2 \times 0.45 \times 0.45 \times 0.55 = 0.425\,25.$$

如果采用五局三胜制, X 赢的情况有 $AAA,A\overline{A}AA,\overline{A}AAA,AA\overline{A}A,AA\overline{A}\,\overline{A}A,A\overline{A}\,\overline{A}A,A\overline{A}A\overline{A}A,\overline{A}AA\overline{A}A,\overline{A}\,\overline{A}AAA,\overline{A}A\overline{A}AA$,共 10 种情况.

于是 X 赢的概率为

$$p_2 = 0.45^3 + 3 \times 0.45^3 \times 0.55 + 6 \times 0.45^3 \times 0.55^2 = 0.406\,9,$$

由于 $p_1 > p_2$,即对 X 来说,三局两胜制比五局三胜制更有利.

在考察体育赛事的局数时,可以看到对于水平高的选手,比赛局数越多越有利;而对于水平低的选手,比赛局数越少,随机性越强,对其越有利.

例 1.26　甲、乙两人的射击水平相当,于是约定比赛规则:双方对同一目标轮流射击,若一方未命中,另一方可以继续射击,直到有人命中目标为止,命中一方为该轮比赛的获胜者. 你认为先射击者是否一定有优势?为什么?

解　设甲、乙两人每次命中的概率均为 p,失利的概率为 $q = 1-p$,记事件 A_i 表示第 i 次射击命中目标 ($i = 1,2,\cdots$). 假设甲先发第一枪,则

$$P(甲胜) = P(A_1 \cup \bar{A}_1 \bar{A}_2 A_3 \cup \bar{A}_1 \bar{A}_2 \bar{A}_3 \bar{A}_4 A_5 \cup \cdots)$$

$$= P(A_1) + P(\bar{A}_1 \bar{A}_2 A_3) + P(\bar{A}_1 \bar{A}_2 \bar{A}_3 \bar{A}_4 A_5) + \cdots = p + q^2 p + q^4 p + \cdots = \frac{1}{1+q},$$

又 $P(乙胜) = 1 - P(甲胜) = \dfrac{q}{1+q}$，因为 $0 < q < 1$，所以 $P(甲胜) > P(乙胜)$.

概率统计故事

硬币占卜的玄机（1053 年昆仑关战场）

北宋狄青征讨侬智高前，望着连绵阴雨发愁，二十万大军士气低落．他突然传令全军集合，手持百枚铜钱登上高台："此战吉凶，上天自有昭示！"

为稳定军心，宣称将 100 枚铜钱掷地，若全为正面则必胜．士兵们窃窃私语，皆认为概率极小（$1/2^{100}$），比中状元还低．狄青抛掷后铜钱如雨般落下，阳光下竟全部闪烁着正面的光芒！士兵们欢声雷动，士气大振．

狄青在深夜对副将坦言："这些铜钱两面都是正面．"副将大惊道："若被识破当如何？"狄青摇头道："当士兵们相信奇迹时，奇迹就会发生．"

狄青利用士兵对"小概率事件"的认知偏差，成功鼓舞士气．此例反映了概率在心理战术中的巧妙运用——通过制造"不可能事件"，强化信念，达成战略目标．现代心理学研究表明，当人们认为某事件概率极低却发生时，会产生强烈的信念偏差．狄青正是利用了这种认知错觉，将概率变成了克敌制胜的武器．

1.5 应用案例分析

案例一 "狼来了"寓言中的贝叶斯可信度分析

《伊索寓言》中有一个大家耳熟能详的故事——《狼来了》．故事讲的是一个小孩每天到山上放牧，山里经常有狼群出没，十分危险．有一天，他突然大喊"狼来了，狼来了"，山下的村民听闻，纷纷举起锄头上山打狼，可是发现狼并没有来，是小孩的一个玩笑；第二天仍是如此；第三天，狼真的来了，可小孩不管怎么喊，都没有人来救他．

这个故事不仅教人诚信，而且它蕴含着"事不过三"的哲理，而"事不过三"刚好可以用贝叶斯公式来证明．下面用贝叶斯公式分析寓言中村民对孩子的可信度在三次喊"狼来了"的过程中是如何下降的．

记事件 A 为"小孩说谎"，记事件 B 为"小孩可信"．不妨假设村民起初对这个小孩的

可信度为

$$P(B) = 0.8, P(\bar{B}) = 0.2.$$

在贝叶斯公式中有两个概率 $P(A|B)$ 和 $P(A|\bar{B})$，分别表示可信的孩子说谎的可能性和不可信的孩子说谎的可能性．不妨设 $P(A|B) = 0.1, P(A|\bar{B}) = 0.5$，而 $P(B|A)$ 有着鲜明的意义，它是指这个小孩子说了一次谎之后，村民对他保有的可信度．

第一次村民上山打狼，发现狼没有来，即小孩子说了谎（事件 A 发生），于是村民根据这个信息对小孩子的可信度进行调整，此时小孩子的可信度调整为 $P(B|A)$，根据贝叶斯公式计算得

$$P(B|A) = \frac{P(B)P(A|B)}{P(B)P(A|B) + P(\bar{B})P(A|\bar{B})} = \frac{0.8 \times 0.1}{0.8 \times 0.1 + 0.2 \times 0.5} = 0.444,$$

这表明，村民上了一次当之后，对这个小孩子的信任程度由原来的 0.8 调整为 0.444，此时，村民对这个小孩子的可信度印象调整为 $P(B) = 0.444, P(\bar{B}) = 0.556.$

在此基础上，再次应用贝叶斯公式计算 $P(B|A)$，也就是这个小孩子第二次说谎后，村民对他的信任程度，有

$$P(B|A) = \frac{P(B)P(A|B)}{P(B)P(A|B) + P(\bar{B})P(A|\bar{B})} = \frac{0.444 \times 0.1}{0.444 \times 0.1 + 0.556 \times 0.5} = 0.138,$$

这表明，村民经过两次上当后，对这个小孩子的信任程度已经从 0.8 降到了 0.138，如此低的可信度，无怪乎村民听到第三次"狼来了"会无动于衷．

综上，信任度呈现非线性衰减（0.8→0.444→0.138），两次欺骗后信任度约为初始值的 17.3%，验证了"事不过三"的临界效应．

通过贝叶斯公式对"狼来了"寓言故事的量化分析，揭示了以下核心逻辑．

（1）**动态信任机制**：信息迭代可建模为概率更新过程，理性决策依赖先验知识与新证据的综合．

（2）**临界效应**：信任崩塌存在非线性阈值，微小欺骗行为的累积可能导致关系不可逆破裂．

（3）**跨学科迁移**：贝叶斯推断可赋能社会科学等领域，将抽象哲理转化为可计算策略．

案例二 群体规模下的同生日概率模型分析

微课8：案例一

一天，美国斯坦福大学商学院的数学教授库珀让同学们把自己的生日写在小纸片上，然后把所有的小纸片都折起来放在讲台上．他拿出一张 5 美元的钞票，问："我用 5 美元打赌，你们中至少有两个人同月同日生．有人敢跟我赌吗？"

"我赌！"几个男同学举起手来，另外七八个同学也掏出 5 美元扔在桌子上．有的同学暗想：一年 365 天，我们班只有 50 个同学，同一天生日的可能性也太小了，库珀这不是白

送钱吗？

库珀教授打开第一张纸，读出上面写的日期，马上就有 3 个同学举起手来，表示那是他的生日．打赌的同学嘟囔了一句："怎么这么巧？"周围的同学都大笑起来．接着，库珀说："解决这个问题的最好方法是先求出其对立事件发生的概率，即先求出 50 个人中没有两个人同一天生日的概率，其值为 $p_{50} = \dfrac{A_{365}^{50}}{365^{50}} = 0.03$，也就是说，你们 50 个人中没有两个人是同一天生日的概率只有 3%，那么至少有两个人同一天生日的概率就是 97%．我赢的把握足足有 90% 以上．"

拓展 如果是在一个有 k 个同学的班级里，至少有 2 个同学是同一天生日的概率（记为 $P(k)$）有多大？

分析 先考虑其对立事件，即先计算"没有 2 个人是同一天生日"的概率（记为 p_k）．在详细计算之前，做如下规定：

（1）同一天生日指的是同月同日，但未必同年；

（2）假设各个同学的出生是互不相关的，即不考虑双胞胎和多胞胎的可能；

（3）这里只考虑一年 365 天的情形，生日为 2 月 29 日的被认为是 3 月 1 日，同时假设 $2 \leqslant k \leqslant 365$．

在这些条件下，每个同学的生日都等可能的是 365 天中的任何一天，因此样本空间大小为 365^k，k 个人没有 2 个人同一天生日，等价于在 365 天中选 k 个不同的日子作为他们的生日，共有 A_{365}^k 种选法．也可以用另外一种解法，第 1 个同学的生日可以是 365 天的任何一天，第 2 个同学只能在剩下的 364 天中选择，以此类推，共有 $365 \times 364 \times \cdots \times (365 - k + 1) = A_{365}^k = \dfrac{365!}{(365 - k)!}$ 种选法，则

$$P(k) = 1 - p_k = 1 - \frac{A_{365}^k}{365^k} = 1 - \frac{365!}{365^k \cdot (365 - k)!}.$$

表 1.3 给出了不同 k 值对应的 $P(k)$ 值．

表 1.3 k 个人中至少 2 个人同一天生日的概率数值表

k	5	10	15	20	25	30	40	50	60	100
$P(k)$	0.027	0.117	0.253	0.411	0.569	0.706	0.891	0.970	0.994	0.999 999 7

该模型在以下场景中具有重要应用意义．

（1）**风险管理**：在密码学中，利用"生日攻击"破解哈希函数时，需计算碰撞概率（类似同生日问题），用以评估系统安全性．例如，当哈希值长度为 n 位时，仅需约 $2^{n/2}$ 次尝试，即可达到 50% 碰撞概率．

（2）**数据抽样设计**：在统计学中，确定样本量时需规避重复数据风险．例如，若某数据库需避免用户 ID 重复，可基于此模型估算最小 ID 空间．

案例三　自动驾驶汽车传感器的故障诊断

在自动驾驶汽车技术中，准确可靠的传感器至关重要．激光雷达作为核心传感器之一，用于实时感知车辆周围的环境信息．然而，传感器在复杂的实际路况和环境条件下可能出现故障．某款自动驾驶汽车所配备的激光雷达，根据大量的测试和实际使用数据统计，在行驶过程中激光雷达实际发生故障的概率为 0.02．车辆的故障诊断系统会对激光雷达的工作状态进行实时监测，当激光雷达确实发生故障时，诊断系统能够正确检测到故障并发出警报的概率为 0.9；但由于电子干扰、算法误差等因素，即使激光雷达正常工作，诊断系统也可能误报故障，这种误报的概率为 0.05．在某一行驶时刻，故障诊断系统发出了激光雷达故障警报，工程师需要评估此时激光雷达真正发生故障的概率，以便做出合理的维修和应对决策．

分析　设事件 A 为"故障诊断系统发出激光雷达故障警报"，事件 B 为"激光雷达实际发生故障"．$P(B) = 0.02$，即激光雷达在行驶过程中实际发生故障的先验概率．那么

$P(\bar{B}) = 1 - P(B) = 1 - 0.02 = 0.98$，也就是激光雷达正常工作的概率．

$P(A \mid B) = 0.9$，表示在激光雷达实际发生故障的情况下，诊断系统发出警报的概率，体现了诊断系统的检测有效性．

$P(A \mid \bar{B}) = 0.05$，代表激光雷达正常工作时，诊断系统误报故障的概率．

解　（1）**运用全概率公式计算 $P(A)$．**

全概率公式为 $P(A) = P(B)P(A \mid B) + P(\bar{B})P(A \mid \bar{B})$．

将对应概率值代入可得

$$P(A) = 0.02 \times 0.9 + 0.98 \times 0.05 = 0.018 + 0.049 = 0.067.$$

（2）**通过贝叶斯公式计算 $P(B \mid A)$．**

贝叶斯公式为 $P(B \mid A) = \dfrac{P(B)P(A \mid B)}{P(A)}$．

已知 $P(B)P(A \mid B) = 0.02 \times 0.9 = 0.018, P(A) = 0.067$，代入可得

$$P(B \mid A) = \frac{0.018}{0.067} \approx 0.269.$$

结果分析

当故障诊断系统发出激光雷达故障警报时，激光雷达真正发生故障的概率约为 0.269．这说明虽然诊断系统在激光雷达故障时能有较高概率检测到（0.9），但由于激光雷达实际故障发生的概率本身较低（0.02），且存在一定的误报率（0.05），所以仅凭一次警报不能肯定激光雷达确实出现了故障．

建议

进一步检测：当警报响起，不应立即更换激光雷达，可安排专业技术人员采用多种检测手段，如现场硬件检查、数据对比分析等，对激光雷达进行更深入的检测，以确定是否真的存在故障．

优化诊断系统：研发团队可通过收集更多实际行驶场景下的数据，对故障诊断算法进行优化，降低误报率，提高诊断的准确性．例如，增加对干扰因素的识别和过滤机制，改进故障判断的逻辑规则等．

备份与冗余设计：考虑在自动驾驶系统中增加激光雷达的备份或采用冗余设计方案，当一个激光雷达疑似故障时，其他备份设备或冗余系统能够及时接管工作，保障自动驾驶的安全性和可靠性．

1.6 Python 语言概述及安装

1.6.1 初识 Python 语言

Python 语言是一种功能强大的高级编程语言，其设计旨在提供易于阅读和编写的代码，具有广泛的应用领域，包括但不限于 Web 开发、数据分析、人工智能和科学计算．Python 语言具有清晰易读的语法和简洁优雅的编程风格，这使它成为初学者的理想选择，同时也为经验丰富的工程技术人员、科研人员等提供了强大的工具．

在 Web 开发领域，Python 语言已经成为许多开发人员的首选．这主要是因为 Python 提供了丰富的框架和库，如 Django 和 Flask，用于构建高效、可靠的 Web 应用程序，这些框架和库可以帮助开发人员快速有效地构建 Web 应用程序，减少开发时间和成本．

在数据分析领域，Python 语言也发挥了重要作用．Python 拥有强大的数据处理和分析工具，如 Pandas 和 NumPy，可以帮助开发人员快速有效地处理大量数据．

在人工智能领域，Python 语言也发挥了重要作用．许多流行的深度学习框架，如 TensorFlow 和 PyTorch，都是使用 Python 语言编写的，这使 Python 成为人工智能领域的首选编程语言．此外，Python 还提供了自然语言处理库，如 NLTK 和 spaCy，可以帮助开发人员构建智能助手、聊天机器人等应用．

在科学计算领域，Python 语言也受到了广泛的欢迎，Python 提供了许多科学计算库，如 SciPy 和 SymPy，可以用于进行高效的数值计算和科学数据分析．此外，Python 还提供了可视化工具，如 Matplotlib 和 Seaborn，可以帮助开发人员更好地、更直观地理解数据和结果．

1.6.2 Python 语言的发展历程

Python 语言的产生可以追溯到 1989 年，荷兰人吉多·范·罗苏姆（Guido van Rossum）为了打发时间，决定开发一种新的脚本编程语言，他选择 Python 这个名字（意为蟒蛇），是因为电视剧"*Monty Python's Flying Circus*"中主角的名字，但这个版本非常简单，只包含了基本的语法和数据类型．Python 语言的标志如图 1.2 所示．

图 1.2　Python 语言的标志

1991 年，Python 语言得到了第一个重大改进，增加了模块和包功能，使 Python 可以更好地组织和管理代码，同时 Python 的邮件列表开始运营，使 Python 社区开始形成．

1995 年，Python 语言继续得到发展，增加了更多功能，例如，列表推导式、生成器、装饰器等．这时，Python 的第一本正式的书籍 *Python：How to Think Like a Computer Scientist* 出版，使更多人开始了解和学习 Python 语言．

1996 年—1998 年，Python 语言的第一个官方网站上线，使 Python 的推广和交流更加方便，在此期间，Python 的第一个正式的发布版（Python 1.4）发布．

2000 年，Python 2.0 版本发布，这个版本引入了新的数据类型和语法，例如，元组、集合、字典等．

2008 年，Python 3.0 版本发布，这个版本对 Python 语言进行了重大改进，包括改进的语法、类型注解等，不完全兼容 Python2.0 版本，此后 Python 语言的使用率呈线性增长．

2020 年，Python 语言已经成为最受欢迎的编程语言之一，Python3.0 及以上版本也多次被编程语言排行榜评为 TIOBE 年度编程语言，被广泛应用于 Web 开发、数据分析、人工智能、科学计算等领域．

1.6.3　Python 语言科学计算库

Python 语言作为最流行的机器学习及人工智能编程语言之一，提供了非常多的科学计算应用库，可以方便地进行各种数学计算和可视化操作，如 NumPy、SciPy、SymPy、Matplotlib 等，因此，Python 语言也成为学习数学非常有力的工具．下面对本书可能用到的一些科学计算库做简要介绍．

（1）NumPy，是 Python 中一个极为重要且广泛使用的开源库，在科学计算、数据分析、机器学习等领域扮演着核心角色，在概率统计方面也提供了强大的支持，包括多维数组、随机数生成、统计函数等，这些功能使 NumPy 成为进行概率统计计算和数据分析不可或缺的工具．

（2）SciPy，作为科学计算的另一位重要成员，同样提供了多种计算方法，其中概率统计模块包含非常丰富的功能，包括多种连续和离散概率分布、统计检验和描述性统计方法，支持随机数生成、参数估计和假设检验等．

（3）Scikit—learn（Sklearn），是一个灵活且全面的 Python 机器学习库，提供了数据预处理、特征提取、分类、回归、聚类等多种算法，以及模型的选择和评估工具，广泛应用于概率统计、数据分析和数据挖掘等．

（4）Matplotlib，作为 Python 的绘图库之一，提供了丰富的数据可视化解决方案，通过 Matplotlib 的矩阵绘制功能，可以轻松地绘制矩阵中的向量和各种图形，例如，散点图、条形图和热力图等，这些多样化的图形能让数据更加直观和形象地呈现出来．

1.6.4　安装 Anaconda

Python 有很多种安装方法，但如果将 Python 应用于科学计算领域，则使用 Anaconda 可以很简单地构建开发环境．Anaconda 是一个开源的 Python 发行版，包含了 Python 解释器、包管理和 180 多个内置库，同时还提供了交互式环境和可视化工具，如 Jupyter Notebook、Spyder、IDE 等，这为使用 Python 进行科学计算降低了使用门槛．

首先需要在 Anaconda 官网首页下载软件，如图 1.3 所示．

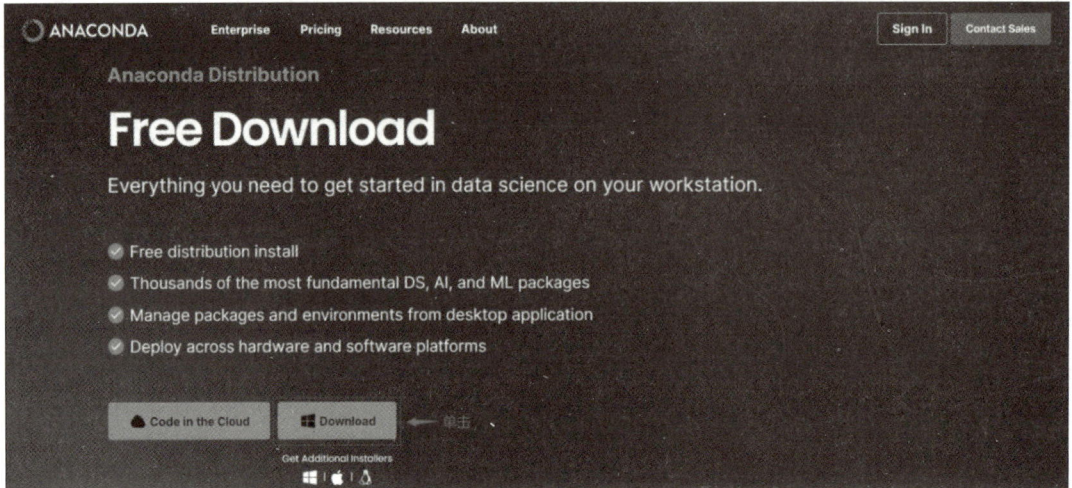

图 1.3　Anaconda 的首页

本书中使用的是 Anaconda3 – 2023.03 – 1 – Windows – x86_64 创建并执行和验证示例代码．

双击下载完毕后的文件，会显示开始安装界面，如图 1.4 所示，单击 Next 按钮进入下一步．

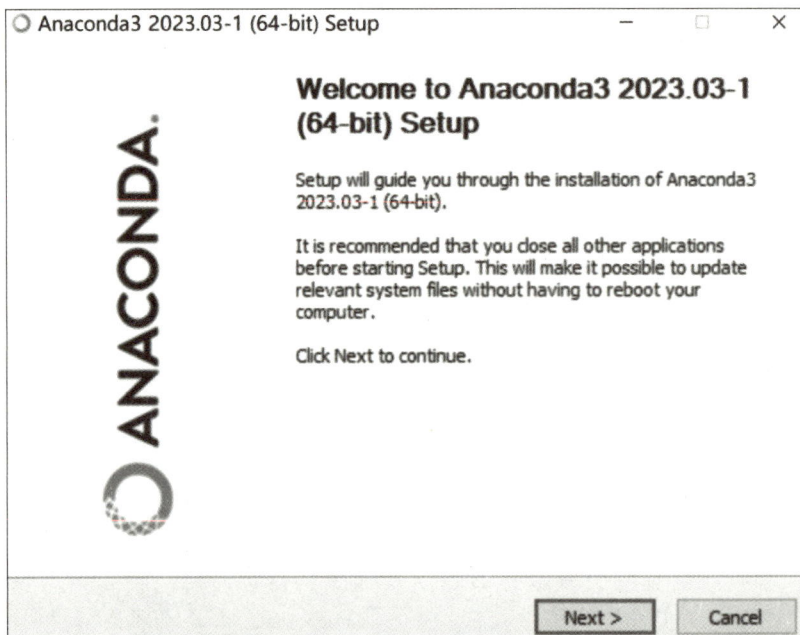

图 1.4　开始安装

图 1.5 所示为 Anaconda 的使用协议界面，请仔细阅读后单击 I Agree 按钮.

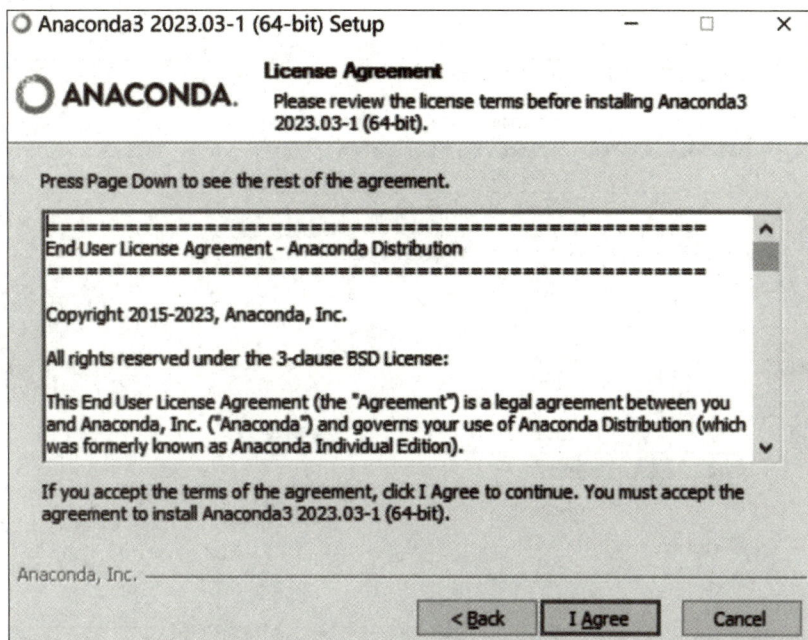

图 1.5　Anaconda 的使用协议界面

图 1.6 所示为安装的用户范围类型界面，若 Anaconda 只是在自己的环境中使用，则直接单击 Next 按钮即可.

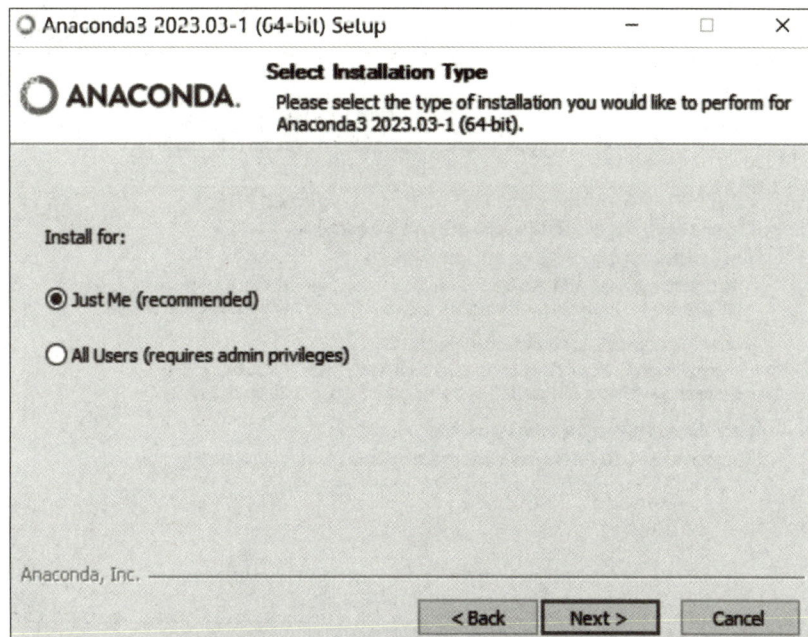

图 1.6　选择安装的用户范围类型界面

图 1.7 所示为安装路径界面，这里可以根据实际情况选择，若选择默认地址，则直接单击 Next 按钮即可.

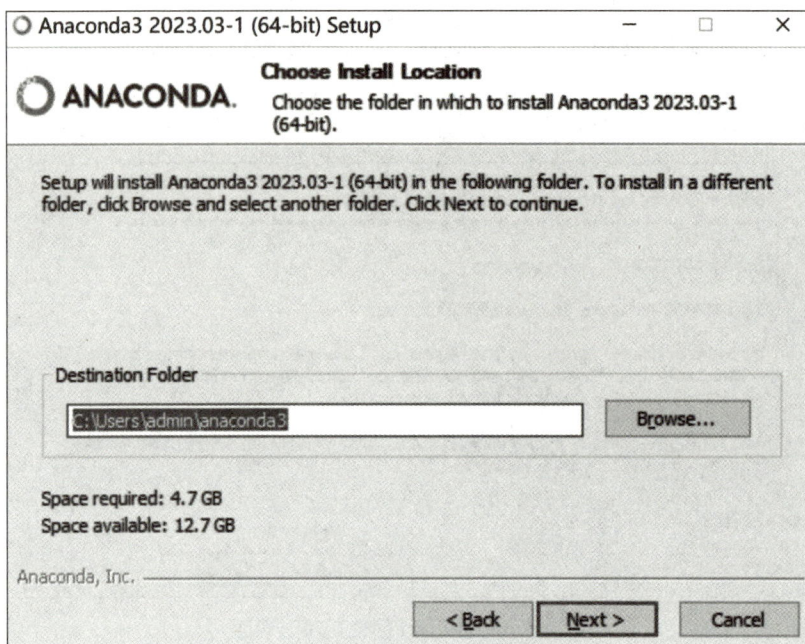

图 1.7　指定安装路径界面

在图 1.8 所示界面中，直接单击 Install 按钮，然后软件开始进行安装，请等待软件安装完成.

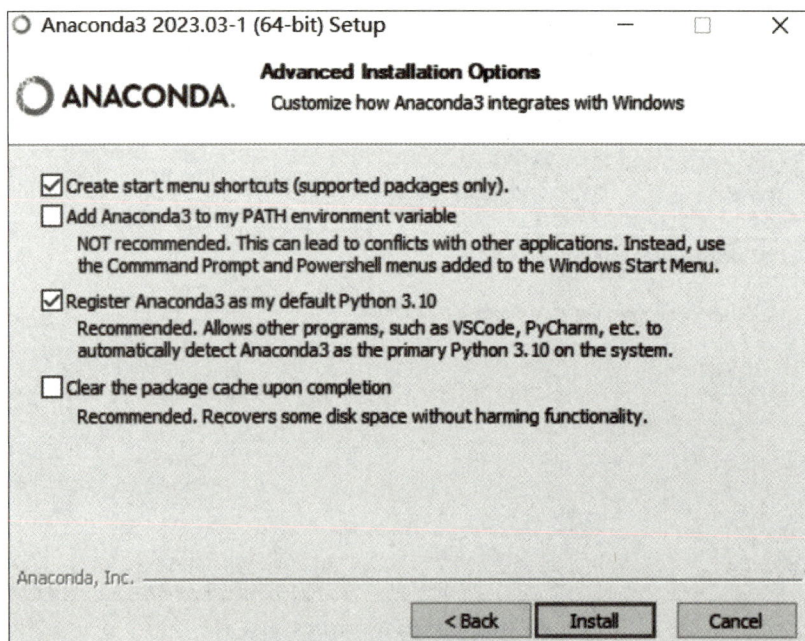

图 1.8　安装选项界面

Anaconda 安装完成后，在图 1.9 所示界面中，单击 Finish 按钮关闭窗口即可.

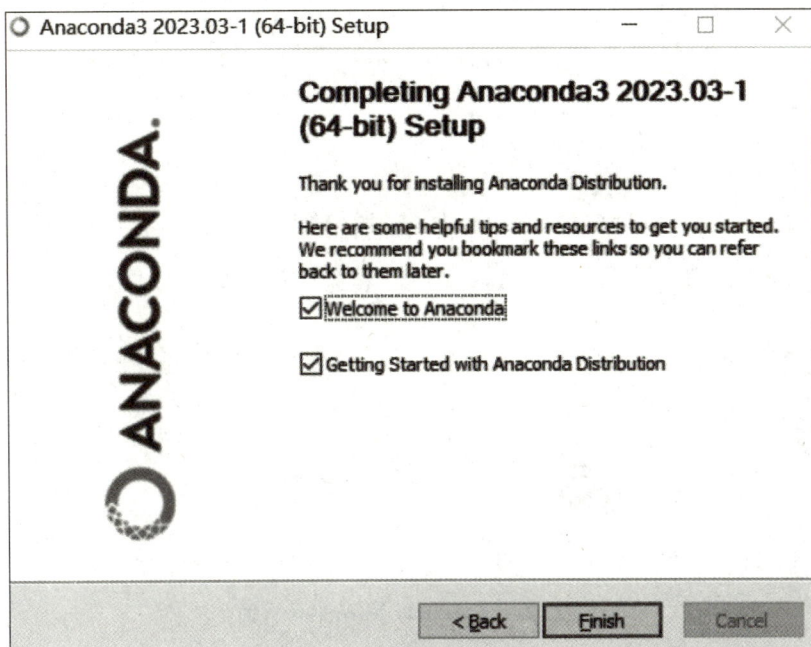

图 1.9　安装完成界面

1.6.5　启动 Anaconda Navigator

Anaconda Navigator 是一个用户友好的图形界面，旨在让用户更方便地使用和管理 Anaconda 发行版中的软件包和环境，通过 Navigator，可以轻松浏览和搜索已安装的软件包，并从列表中选择要管理的软件包. 同时，Navigator 还允许用户轻松创建新的 conda 环境，并在现有环境中安装、升级和卸载库.

要启动 Anaconda Navigator，可以从 Windows 操作系统中，单击"开始"菜单，选择 Anaconda3 文件夹，然后再单击 Anaconda Navigator 命令即可启动. 启动之后，Anaconda Navigator 界面如图 1.10 所示.

在图 1.10 中，可以看到 Jupyter Notebook 出现在界面中，单击 Install 后，再单击 Launch 按钮，即可打开 Jupyter Notebook，这是本书程序编写的主要平台.

1.6.6　运行 Jupyter Notebook

Jupyter Notebook 是一个非常方便的工具，支持超过 40 种编程语言，它可以将代码、文本、数学公式和图形组合到一个易于共享的文档中，帮助我们实时进行数据分析和可视化.

打开 Jupyter Notebook 后，计算机浏览器会显示图 1.11 所示的主界面（列表界面），后续代码的编写都在此界面中操作.

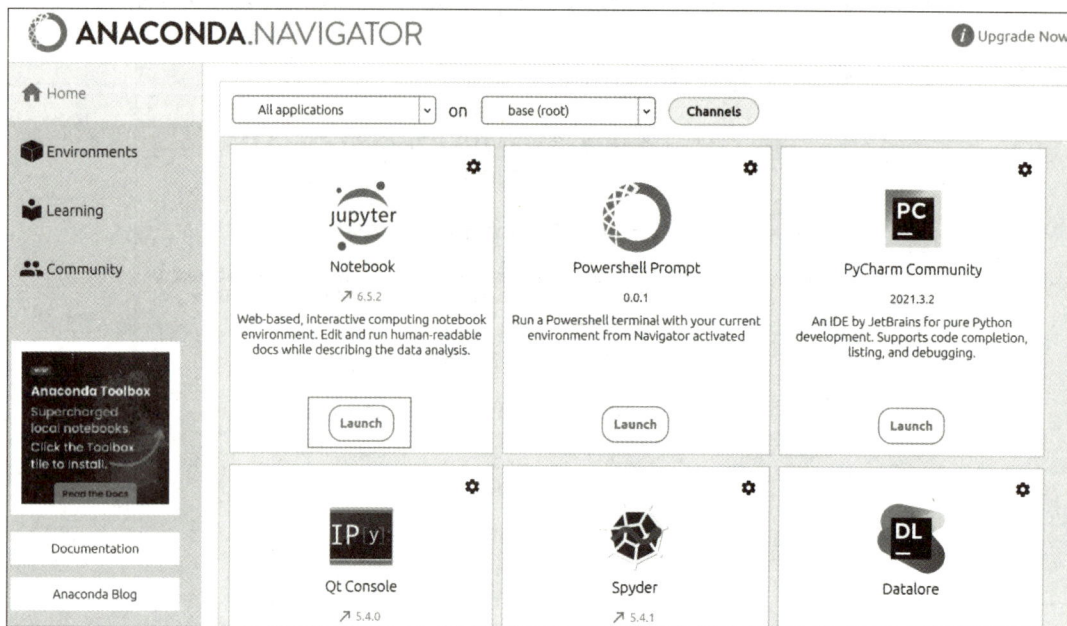

图 1.10　Anaconda Navigator 界面

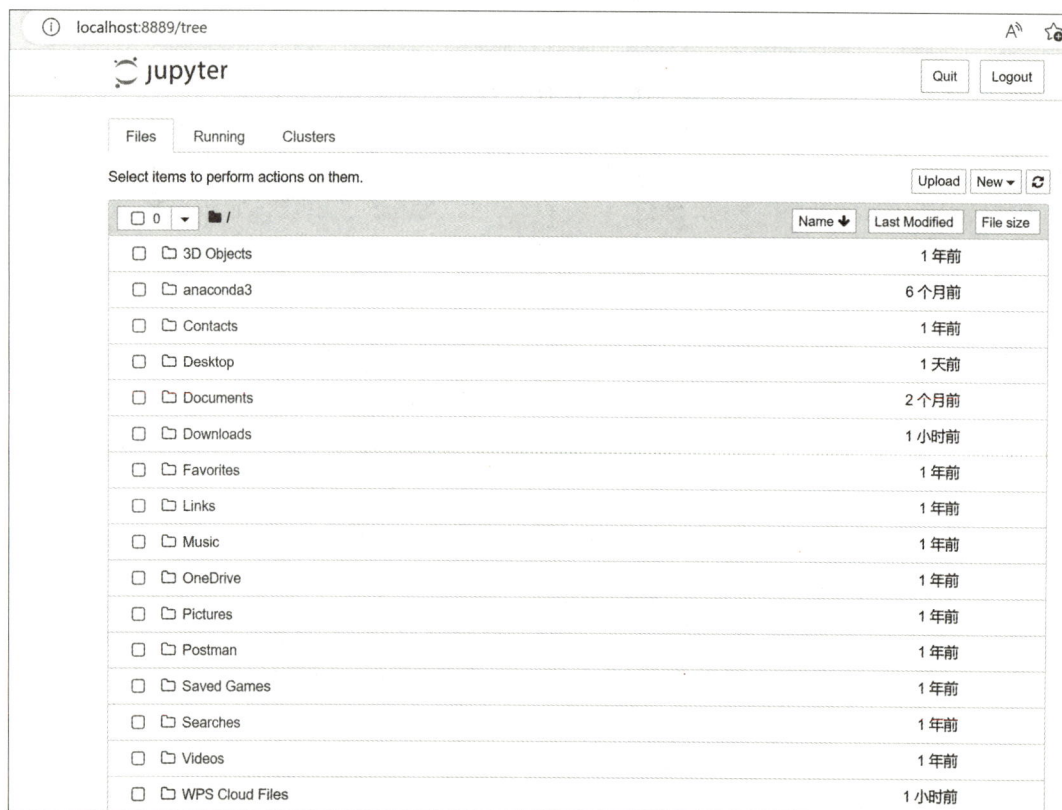

图 1.11　Jupyter Notebook 主界面

进入主界面后，选择 New→Python3 选项，如图 1.12 所示，这样就创建了一个新的 Jupyter Notebook 文件，并且该文件会在浏览器新的标签页中打开，文件的扩展名为 .ipynb.

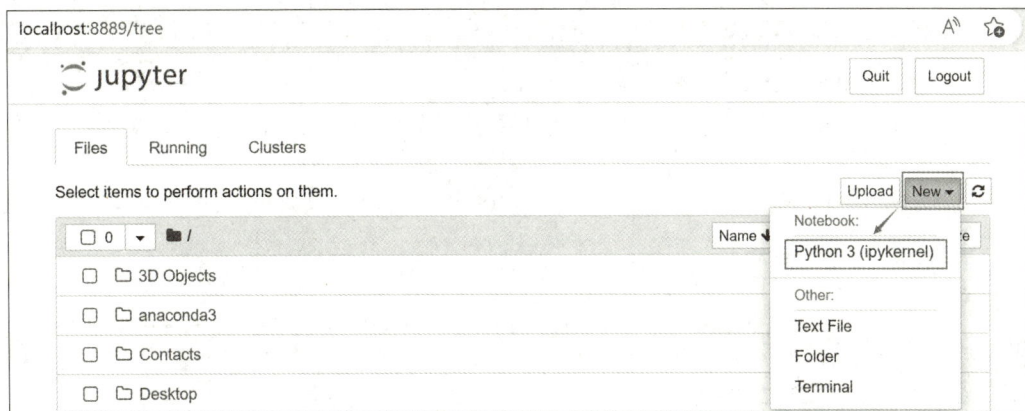

图 1.12　新建 Jupyter Notebook 文件过程

在新建的 Jupyter Notebook 文件中，其文件名及单元格如图 1.13 所示，Untitled 为该文件的默认名称，可以根据实际情况，单击进行重命名．此外，以 In 开头的可输入字符的框称为单元格，Jupyter Notebook 是在每个单元格中输入 Python 语言的代码并执行操作．

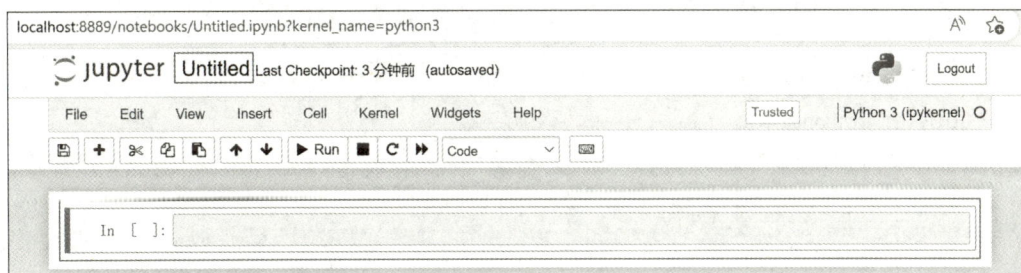

图 1.13　Jupyter Notebook 文件名及单元格

在单元格中输入英文状态下的 print("hello!")，并单击 Run 按钮或者同时按键盘 Shift + Enter 组合键，代码执行结果就显示在单元格的下方，如图 1.14 所示，同时 Jupyter Notebook 还会自动在下方新增一个新的单元格．

图 1.14　Python 代码 print 函数输出示例

在新增加的单元格中，再输入一些数值计算代码，并重复执行这些代码，就会像计算器一样输出结果，如图 1.15 所示．

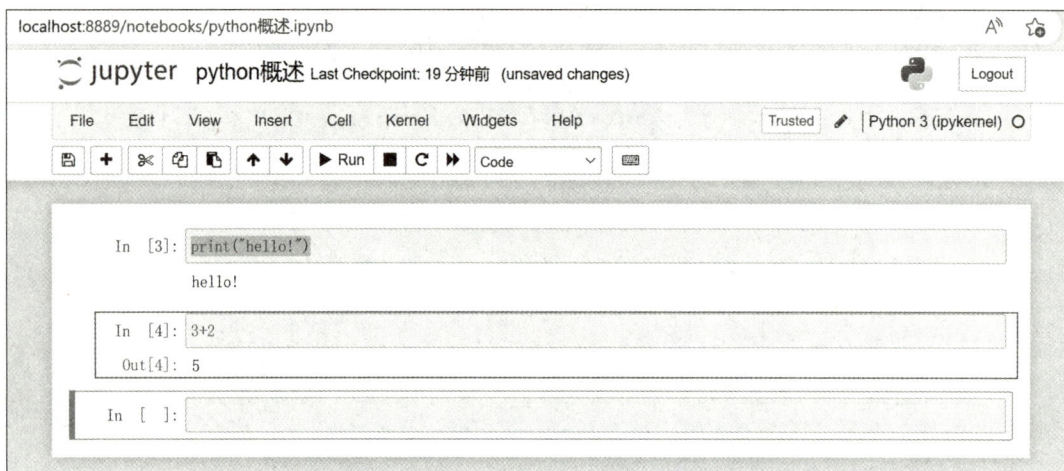

图 1.15　Python 代码进行数值运算示例

一个单元格中可以输入多行代码，在 Python 语言中，以#符号开始的行会被视为注释内容，不会被执行，如图 1.16 所示．

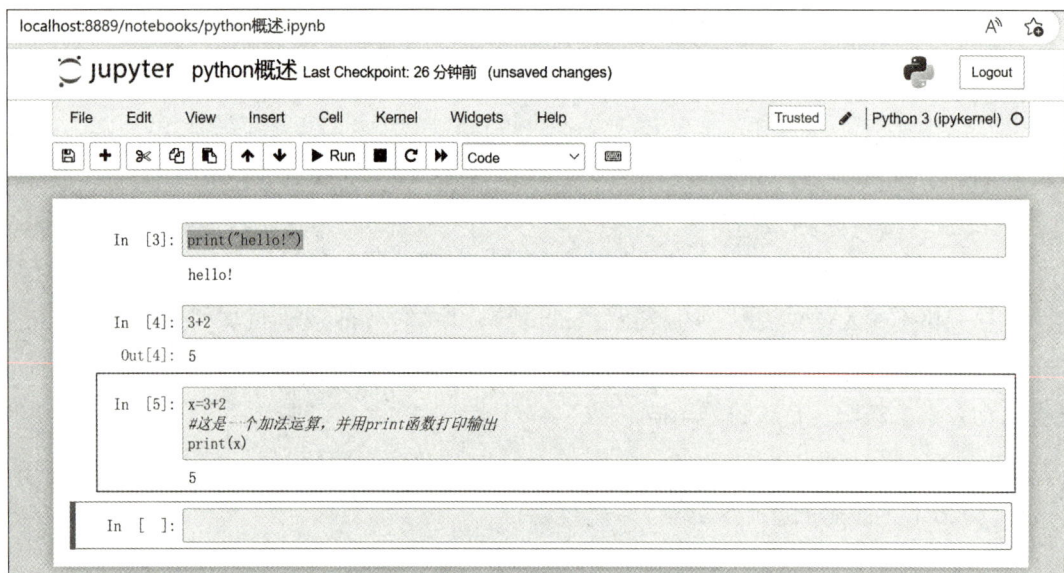

图 1.16　Python 代码多行输入并执行

1.6.7　Python 语言模块与包的导入

在 Python 编程语言中，模块是一个非常重要的概念，它是实现特定功能的 Python 代码文件，通常以 .py 作为文件扩展名，这些模块可以单独存在，也可以组成一个层次分明的包. 为了提高 Python 语言的扩展性，通常会导入一些模块，这不仅可以使用已经实现的代码功能，还可以增强程序的结构性和可维护性. 除了可以导入 Python 内置的模块，还可以导入第三方包和模块，这些第三方包和模块通常是一些开源项目，已经实现了许多需要的功能，例如，前面提到的 NumPy、SciPy、SymPy 和 Matplotlib 就是四个非常常用的第三方模块. 为了使用这些模块，需要将它们导入到 Python 程序中，导入模块有多种方式，下面以 NumPy 为例，介绍三种常见的导入方式.

import 模块名[as 别名]

采用"import 模块名［as 别名］"的方式将模块导入后，使用模块的对象时，需要在对象前加上模块名作为前缀，也就是通过"模块名 . 对象名"的形式进行访问，若模块名较长，可以给模块设置一个别名，然后用"别名 . 对象名"的方式进行访问. 例如，如图 1.17 所示.

```
In [6]: import numpy
        print(numpy.array([1, 2, 3, 4, 5]))

        [1 2 3 4 5]

In [7]: import numpy as np
        print(np.array([1, 2, 3, 4, 5]))

        [1 2 3 4 5]
```

图 1.17　第一种模块对象导入方式

from 模块名 import 对象名[as 别名]

采用"from 模块名 import 对象名［as 别名］"的方式将模块的指定对象导入后，在使用模块的对象时不再需要模块名作为前缀，这样可以一定程度提高代码的执行速度，若对象名较长，则可以给对象设置一个别名. 但如果要使用模块中另一个对象时，则还需要再次声明这个新的对象. 例如，如图 1.18 所示.

```
In [8]: from numpy import array
        print(array([1, 2, 3, 4, 5]))

        [1 2 3 4 5]

In [9]: from numpy import array as arr
        print(arr([1, 2, 3, 4, 5]))

        [1 2 3 4 5]
```

图 1.18　第二种模块对象导入方式

from 模块名 import *

采用"from 模块名 import *"的方式可以一次性导入该模块中的所有对象，同时在使用对象时无需再将模块名作为前缀. 例如，如图 1.19 所示.

```
In [10]:  from numpy import *
          print(array([1,2,3,4,5]))
          print(arange(0,5))

          [1 2 3 4 5]
          [0 1 2 3 4]
```

图 1.19 第三种模块对象导入方式

1.7 随机事件概率的 Python 语言实验

1.7.1 模拟抛硬币实验

例 1.27 抛硬币 10 000 次，验证硬币正面朝上的事件频率稳定在 0.5 左右.

微课 9：例 1.27

解 在 Jupyter Notebook 单元格中输入如下代码：

```
import matplotlib.pyplot as plt
import random
def coin():
    #返回 1 表示正面朝上
    s = random.randint(0,1)
    return s
n = 10000
intN = []
p = []
for i in range(1,n+1):
    #head 表示正面朝上
    heads = 0
    for j in range(i):
        if coin()==1:
            heads += 1
    #存储正面朝上的频数
    p.append(heads/i)
    intN.append(i)
print(heads/n)
plt.plot(intN,p)
plt.show()
```

运行程序后，输出如下结果：

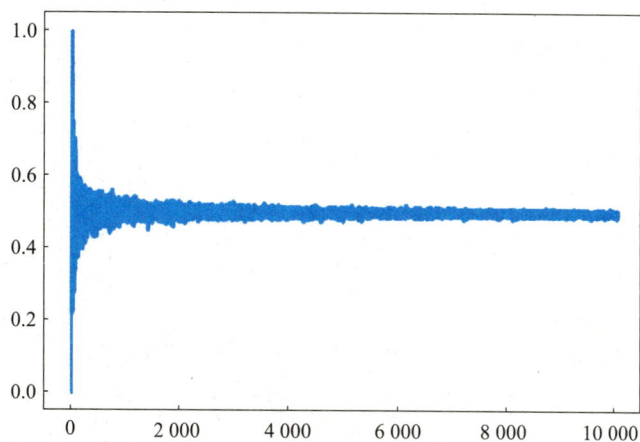

根据上述结果显示，当实验次数够大时，硬币正面朝上的事件频率稳定在 0.5 附近.

1.7.2　彩票中奖概率实验

例 1.28　如果一种彩票是从 31 个号码中选出 7 个号码，7 个号码全部匹配，则表示中一等奖，求中一等奖的概率.

解　在 Jupyter Notebook 单元格中输入如下代码：

```
#定义阶乘运算函数
def factorial(n):
    s =1
    for i in range(1,n +1):
        s =s* i
    return s
#定义组合运算函数
def funC(n,m):
    c =factorial(n)/(factorial(m)* factorial(n -m))
    return c
m =7
n =31
c =funC(n,m)
#由于一等奖需要7个号码完全匹配,故只有1种情形
p =1/c
print("中一等奖的概率为:",p)
```

运行程序后，输出如下结果：

中一等奖的概率为3.802895905231834e-07

习题一

第1章【考研真题选讲】

1. 写出下列随机试验的样本空间：

（1）观测某商场某日开门30 min后场内的顾客数；

（2）生产某种产品直至得到10件正品为止，记录生产产品的总件数；

（3）讨论某地区气温；

（4）已知某批产品中有一、二、三等品及不合格品，从中任取一件观测其等级；

（5）一口袋中装有2只红球、3只白球．从中任取2球，不计顺序，观测其结果．

2. 设 A，B，C 是某一试验的三个事件，用 A，B，C 的运算关系表示下列事件：

（1）A，B，C 都发生；

（2）A，B，C 都不发生；

（3）A 与 B 发生，而 C 不发生；

（4）A 发生，而 B 与 C 不发生；

（5）A，B，C 中至少有一个发生；

（6）A，B，C 中至多有一个发生；

（7）A，B，C 中恰有两个发生；

（8）A，B，C 中至多有两个发生；

（9）A 与 B 不都发生．

3. （**2012 年考研真题**）设 A，B，C 是随机事件，A 与 C 互不相容，$P(AB) = \dfrac{1}{2}$，$P(C) = \dfrac{1}{3}$，则 $P\left(AB \mid \overline{C}\right) = $ _____．

4. （**2016 年考研真题**）设袋中有红、白、黑球各1个，从中放回地取球，每次取1个，直到三种颜色的球都取到为止，则取球次数恰好为4的概率为_____．

5. （**2014 年考研真题**）设随机事件 A 与 B 相互独立，$P(B) = 0.5$，$P(A - B) = 0.3$，则 $P(B - A) = $ _____．

6. 把10本书任意放在书架的一排上，求其中指定的3本书放在一起的概率．

7. 10个产品中有7个正品、3个次品，

（1）不放回地取3次，每次1个，求取到3个次品的概率；

（2）有放回地取3次，每次1个，求取到3个次品的概率．

8. （**2019 年考研真题**）设 A，B 为随机事件，则 $P(A) = P(B)$ 的充分必要条件是（　　）

A. $P(A \cup B) = P(A) + P(B)$　　　　B. $P(AB) = P(A)P(B)$

C. $P(A\bar{B}) = P(B\bar{A})$　　　　　　D. $P(AB) = P(\bar{A}\bar{B})$

9. 若 $P(A) = 0.6, P(A \cup B) = 0.8, P(AB) = 0.1$，求 $P(\bar{B})$，$P(A - B)$.

微课 10：习题一
（第 8 题）

10. 设 A，B，C 是三个事件，且 $P(A) = P(B) = P(C) = \dfrac{1}{4}$，$P(AB) = P(BC) = 0$，$P(AC) = \dfrac{1}{8}$，求 A，B，C 至少有一个发生的概率.

11. 设事件 A，B 互不相容，$P(A) = p$，$P(B) = q$，计算 $P(\bar{A}B)$.

12. 设 $P(A) = 0.5, P(A\bar{B}) = 0.3$，求 $P(B \mid A)$.

13. 设 $P(A) = \dfrac{1}{4}, P(B \mid A) = \dfrac{1}{3}, P(A \mid B) = \dfrac{1}{2}$，求 $P(A \cup B)$.

14. 设某种动物活到 20 岁的概率为 0.8，活到 25 岁的概率为 0.4，问年龄为 20 岁的这种动物活到 25 岁的概率为多少？

15. 在甲、乙、丙三个袋子中，甲袋中有 2 个白球、1 个黑球，乙袋中有 1 个白球、2 个黑球，丙袋中有 2 个白球、2 个黑球，现随机选出一个袋子再从袋中取一球，问取出的球是白球的概率.

16. 某保险公司把被保险人分成三类："谨慎的""一般的""冒失的"，他们在被保险人中依次占 20%，50%，30%. 统计资料表明，上述三种人在一年内发生事故的概率分别为 0.05，0.15 和 0.30. 现有某被保险人在一年内出事故了，求其是"谨慎的"客户的概率.

17. 已知男人中有 5% 是色盲患者，女人中有 0.25% 是色盲患者，今从男女人数相等的人群中随机地挑选一人，恰好是色盲患者，问此人是男性的概率是多少？

18. 有位朋友从远方来，他乘火车、轮船、汽车、飞机来的概率分别是 0.3，0.2，0.1，0.4. 如果他乘火车、轮船、汽车来的话，迟到的概率分别是 $\dfrac{1}{4}$，$\dfrac{1}{3}$，$\dfrac{1}{12}$，而乘飞机则不会迟到. 求

（1）他迟到的概率为多少？

（2）他迟到了，问他乘火车来的概率是多少？

19. 设事件 A 与 B 相互独立，$P(A) = 0.3, P(B) = 0.4$，计算 $P(A \cup B)$，$P(AB)$.

20. 设 $P(A) = 0.4, P(A \cup B) = 0.7$，

（1）若事件 A，B 互不相容，计算 $P(B)$；

（2）若事件 A，B 相互独立，计算 $P(B)$；

（3）若事件 $A \subset B$，计算 $P(B)$.

21. **（2017 年考研真题）** 设 A, B, C 是三个随机事件，且 A, C 相互独立，B, C 相互独立，则 $A \cup B$ 与 C 相互独立的充分必要条件是（　　　）

A. A, B 相互独立　　　　　　B. A, B 互不相容

C. AB, C 相互独立　　　　　　D. AB, C 互不相容

22. 某学生宿舍有 6 名学生，问：

（1）6 人生日都在星期天的概率是多少？

（2）6 人生日都不在星期天的概率是多少？

（3）6 人生日不都在星期天的概率是多少？

23. 某工人同时看管三台机器，在 1 h 内，这三台机器需要看管的概率分别为 0.2，0.3，0.1，假设这三台机器是否需要看管是相互独立的，试求在 1 h 内：

（1）三台机器都不需要看管的概率；

（2）至少有一台机器需要看管的概率；

（3）至多有一台机器需要看管的概率.

24. 某产品的生产过程要经过三道相互独立的工序. 已知第一道工序的次品率为 3%，第二道工序的次品率为 5%，第三道工序的次品率为 2%，问该种产品的次品率是多大？

25. 电路由电池 A 和两个并联的电池 B 和 C 串联而成，三个电池工作相互独立. 设电池 A，B，C 损坏的概率分别是 0.3，0.2，0.2. 求电路发生断电的概率.

第 2 章　随机变量及其分布

概率统计人物

陈希孺（1934.02—2005.08）数理统计学家，中国科学院院士，中国科学技术大学教授. 他是中国线性回归大样本理论的开拓者，在参数统计以及非参数统计领域都做出了具有国际影响的工作. 陈希孺一生致力于中国的数理统计学的研究和教育事业，主要从事线性模型、U 统计量、参数估计与非参数密度、回归估计和判别等研究.

在随机试验中，结果可能为数值（如抛骰子的点数 1，2，3…）或非数值（如射击的"中靶"与"不中"）. 为了便于概率计算，将试验结果数量化，使每个结果对应一个数值或向量（向量情形将在本教材第 3 章讨论），为此引入随机变量这个概念. 随机变量是定义在样本空间上的实值函数，通过随机变量这个桥梁，可以把随机试验的结果与实数对应起来，建立一种映射关系，对随机试验结果的研究就转化为对随机变量取值规律性的研究，从而更充分地认识随机现象的统计规律性. 例如，工厂将产品分为正品（记为 1）和次品（记为 0），则正品率和次品率的计算转化为随机变量取值为 1 或 0 的概率分布问题.

随机变量及其分布在众多领域有着极其广泛的应用. 例如，在金融领域，资产价格的波动通常被视为随机变量，如股票价格、汇率、利率等，通过对这些随机变量的分布进行建模和分析，金融机构可以评估投资组合的风险，计算在不同市场条件下可能遭受的损失概率，从而制定合理的风险管理策略，如设定止损点、确定风险敞口等；在物理学领域，微观粒子的状态和行为通常用随机变量和概率分布来描述，如粒子的位置和动量是不确定的，只能用概率密度函数表示其可能的取值范围和出现的概率；在通信、电子工程等领域，信号通常会受到噪声的干扰，噪声可以看作是随机变量，通过对噪声的分布特性进行分析，如假设噪声服从高斯分布，利用随机变量的统计特性和信号处理算法，可以对信号进行滤波、降噪、检测等处理，提高信号的质量和传输的准确性；在医学领域，进行药物研发和临床试验时，药物的疗效、患者的反应等通常是随机变量，通过对大量患者的临床试验数据进行分析，研究药物疗效和不良反应等随机变量的分布，评估药物的有效性和安全性，为药物的审批和临床应用提供依据.

本章将先介绍随机变量及其分布函数的概念，然后再分别介绍离散型随机变量、连续型随机变量以及随机变量函数的分布情况.

第 2 章随机变量及其分布思维导图　　　　第 2 章随机变量及其分布学习重难点及学习目标

2.1　随机变量及其分布函数

人生中最重要的问题，在绝大多数情况下，真的就只是概率问题.

——皮埃尔·西蒙·拉普拉斯

2.1.1　随机变量

在随机现象中，有些随机试验的结果本身就可以用数量来表示. 例如，可以用 X 表示医院一天的挂号人数，Y 表示某地年平均降雨量，Z 表示某车间一天的产出量. 在这里，X,Y,Z 本身就是一个数值. 而有些随机试验的结果不能用数量来表示，但可以将其数量化. 例如，检验一件产品的质量，结果可能是"合格"，也可能是"不合格"，结果表现为非数值. 这时可以建立试验结果与数量之间的对应关系，约定：变量 $X = 1$ 表示"合格"，$X = 0$ 表示"不合格". 可以看到变量随着试验结果的不同而取不同的值，而本身试验结果的出现是具有一定概率的，因此变量的取值也具有一定的概率，称这样的变量为随机变量.

定义 2.1　设 E 是随机试验，E 的样本空间为 Ω，对 Ω 中的每一个样本点 ω，有且仅有一个实数 $X(\omega)$ 与之对应，把这个定义在 Ω 上的单值实值函数 $X = X(\omega)$ 称为**随机变量**. 随机变量一般用大写字母 $X,Y,Z,\cdots$ 表示，用 $x,y,z,\cdots$ 表示随机变量对应于某个试验结果所取的值.

注：（1）随机变量与普通变量的本质区别在于随机变量具有随机性，即在试验之前无

法确定 $X(\omega)$ 会出现哪一个值.

（2）随机变量的取值由随机试验的结果确定，而且每个试验结果（即随机事件）的出现都有一定的概率，故随机变量在一定区间内取值也有确定的概率.即对于任意实数 x，$\{X(\omega) \leqslant x\}$ 都有确定的概率，通过研究概率就可以知道随机变量的统计规律.

（3）对于随机变量，本教材主要研究离散型随机变量和连续型随机变量，其他类型的随机变量不作讨论.

例 2.1　掷一枚均匀骰子，试验的样本空间为 $\Omega = \{1,2,3,4,5,6\}$.设随机变量 X，使 $X(\omega) = \omega,(\omega = 1,2,3,4,5,6)$.这个 $X(\omega)$ 就是随机变量.

例 2.2　从 n 件产品中，任意抽取 m 件，观测抽到的次品数.用 X 表示抽到的次品数，以下事件可以用随机变量表示.

微课 1：定义 2.1

$\{没有次品\} = \{X = 0\}$，$\{不多于 5 件次品\} = \{X \leqslant 5\}$，$\{至少有 2 件次品\} = \{X \geqslant 2\}$.

引入随机变量后，随机试验中各种事件就可以通过随机变量的取值表达出来，而不必对每一个事件进行重复讨论.为了更好地描述随机变量中事件 $\{X(\omega) \leqslant x\}$ 的概率，接下来引入分布函数的概念.

2.1.2　分布函数

前面讲了随机变量的概念，下面先看一个例子.

例 2.3　设 X 表示某一电子元件的寿命（单位：h）.则 X 的可能取值为 $[0, +\infty)$.事件 A 表示使用寿命少于 10 000 h，可以表示成 $A = \{X < 10\,000\}$.事件 B 表示使用寿命在 10 000 到 30 000 h 之间，可以表示成 $B = \{10\,000 < X < 30\,000\}$.

为了掌握随机变量 X 的统计规律，先来研究 X 的各种事件，主要包括以下三种情况：

（1）$\{X \leqslant a\}$；

（2）$\{X > a\} = \Omega - \{X \leqslant a\}$；

（3）$\{a < X \leqslant b\} = \{X \leqslant b\} - \{X \leqslant a\}$.

这三种事件都可以用 $\{X \leqslant x\}$ 表示，x 表示任意实数，为了掌握随机变量 X 的统计规律，只需要知道概率 $P\{X \leqslant x\}$ 即可，而 $P\{X \leqslant x\}$ 的值是随着 x 的变化而发生改变的，记 $P\{X \leqslant x\} = F(x)$，这就是分布函数的概念.

定义 2.2　设 X 为一随机变量，对任意 $x \in R$，称函数

$$F(x) = P\{X \leqslant x\} \tag{2.1}$$

为随机变量 X 的**分布函数**.

注：（1）分布函数的定义域为 $(-\infty, +\infty)$，值域为 $[0, 1]$.

（2）分布函数 $F(x)$ 的函数值不是 X 取值为 x 时的概率，而是表示 X 落在 $(-\infty, x]$ 整个区间内的"累积概率"的值.为了区分，有时将 X 的分布函数记为 $F_X(x)$.

例 2.4　某线上订餐网站希望对网站上注册的饭店建立评价机制，通过调查以获取顾客

对饭店的服务质量、菜品质量、价格、环境等的综合评价. 目前，网站对饭店的综合评价有"非常差""差""一般""好""非常好"5个等级，网站设计了一种量化标准：设对应这5个等级的得分分别为1，2，3，4，5，随机变量

$$X(\omega) = \begin{cases} 1, & \omega = 非常差, \\ 2, & \omega = 差, \\ 3, & \omega = 一般, \\ 4, & \omega = 好, \\ 5, & \omega = 非常好. \end{cases}$$

网站根据目前已有的数据，对某饭店综合评价的比例分别是"非常差"占 10% 、"差"占 10% 、"一般"占 20% 、"好"占 50% 、"非常好"占 10% . 求该饭店综合评价得分 X 的分布函数.

解 由题意，该饭店综合评价得分 X 对应于所有可能取值的概率如下：
$P(X = 1) = 0.1, P(X = 2) = 0.1, P(X = 3) = 0.2, P(X = 4) = 0.5, P(X = 5) = 0.1.$
由定义，X 的分布函数为

$$F(x) = P(X \leq x) = \begin{cases} 0, & x < 1, \\ 0.1, & 1 \leq x < 2, \\ 0.2, & 2 \leq x < 3, \\ 0.4, & 3 \leq x < 4, \\ 0.9, & 4 \leq x < 5, \\ 1, & x \geq 5. \end{cases}$$

例 2.5 在半导体芯片制造过程中，需要在一条长度为 L（单位：nm）的特定线路上随机选取一个位置进行精密蚀刻操作. 设选取的位置坐标为随机变量 X，根据生产工艺的统计和分析，在区间 $(0, L)$ 内随机抽取一点，事件 $\{a < X \leq b\}$ 的概率为

$$P\{a < X \leq b\} = \frac{b - a}{L}, (a, b] \subset (0, L).$$

为了更好地控制蚀刻位置的准确性和稳定性，需要求出随机变量 X 的分布函数.

解 当 $x < 0$ 时，$F(x) = P\{X \leq x\} = 0$；

当 $0 \leq x < L$ 时，$F(x) = P\{X \leq x\} = P\{0 < X \leq x\} = \frac{x}{L}$；

当 $x \geq L$ 时，$F(x) = P\{X \leq x\} = P\{\Omega\} = 1$；

综上，$F(x) = \begin{cases} 0, & x < 0, \\ \dfrac{x}{L}, & 0 \leq x < L, \\ 1, & x \geq L. \end{cases}$

$F(x)$ 的图形如图 2.1 所示，$F(x)$ 是一个单调不减的连续函数.

工程应用建议：在半导体芯片制造的实际操作中，这个分布函数可以帮助工程师更好地

规划蚀刻操作．例如，若希望蚀刻位置在某个特定子区间内的概率达到一定要求，可以根据分布函数计算出对应的区间范围；在质量控制方面，通过对比实际选取位置的统计数据，能够判断生产过程是否符合预期，若存在偏差则可以及时调整生产工艺参数，以提高芯片制造的精度和良品率．

分布函数具有以下基本性质：

定理 2.1　设 $F(x)$ 为随机变量 X 的分布函数，则

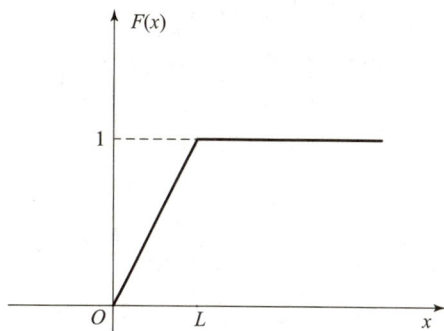

图 2.1　$F(x)$ 的图形

（1）**单调性**：$F(x)$ 是单调不减函数，即当 $x_1 < x_2$ 时，有 $F(x_1) \leqslant F(x_2)$；

（2）**有界性**：$0 \leqslant F(x) \leqslant 1$，且 $\lim\limits_{x \to -\infty} F(x) = 0$，$\lim\limits_{x \to +\infty} F(x) = 1$；

（3）**右连续性**：$F(x)$ 是右连续函数，即 $F(x_0 + 0) = \lim\limits_{x \to x_0^+} F(x) = F(x_0)$．

证明　（1）对于任意两点 x_1, x_2，当 $x_1 < x_2$ 时，事件 $\{X \leqslant x_1\} \subset \{X \leqslant x_2\}$，由概率的单调性知 $P\{X \leqslant x_1\} \leqslant P\{X \leqslant x_2\}$，即 $F(x_1) \leqslant F(x_2)$．

（2）$F(x) = P\{X \leqslant x\}$，由概率的性质知 $0 \leqslant F(x) \leqslant 1$；若变量 $x \to -\infty$，"随机变量 X 在 $(-\infty, x]$ 内取值"趋于不可能事件，其概率为 0，即 $F(-\infty) = 0$；若变量 $x \to +\infty$，"随机变量 X 在 $[x, +\infty)$ 内取值"趋于必然事件，其概率为 1，即 $F(+\infty) = 1$．

（3）同学们可以自行查阅资料验证．

事实上，任何一个随机变量都有分布函数，如果已知随机变量的分布函数，则可以由分布函数计算该随机变量确定的任何随机事件的概率．例如

$$P\{a < X \leqslant b\} = P\{X \leqslant b\} - P\{X \leqslant a\} = F(b) - F(a) \tag{2.2}$$

$$P\{X > b\} = 1 - F(b). \tag{2.3}$$

例 2.6　通过某公交站牌的汽车每 10 min 一辆，随机变量 X 为乘客的候车时间，其分布函数为

$$F(x) = \begin{cases} 0, & x < 0, \\ \dfrac{x}{10}, & 0 \leqslant x < 10, \\ 1, & x \geqslant 10. \end{cases}$$

求：（1）$P\{X \leqslant 2\}$；（2）$P\{1 < X \leqslant 9\}$；（3）$P\{X > 5\}$．

解　（1）$P\{X \leqslant 2\} = F(2) = \dfrac{1}{5}$．

（2）$P\{1 < X \leqslant 9\} = F(9) - F(1) = \dfrac{4}{5}$．

（3）$P\{X > 5\} = 1 - F(5) = 1 - \dfrac{1}{2} = \dfrac{1}{2}$．

有了随机变量分布函数的概念，可以更加深入地研究随机试验．接下来着重讨论离散型随机变量及其分布和连续型随机变量及其分布．

2.2 离散型随机变量

随机变量是概率论的基础概念，通过引入测度论，概率论得以体系化．

——安德雷·柯尔莫哥洛夫

2.2.1 离散型随机变量及其分布律

定义 2.3 如果随机变量 X 取有限个值 $x_1, x_2, \cdots, x_n$，或可列无穷多个值 $x_1, x_2, \cdots, x_n$，$\cdots$，称 X 为**离散型随机变量**．

X：掷一颗骰子所出现的点数（有限个）；

Y：对一目标进行射击，直到击中 5 次为止，则射击的总次数为 5，6，7，8，$\cdots$（可列无穷多个）.

对于离散型随机变量，不仅要了解它可能取什么值，更重要的是需要了解它取这些值的概率．

定义 2.4 设 $x_i(i = 1,2,3,\cdots)$ 为离散型随机变量 X 的所有可能取值，而 $P\{X = x_i\} = p_i(i = 1,2,3,\cdots)$ 是 X 取 x_i 时相应的概率，则称 $P\{X = x_i\} = p_i(i = 1,2,\cdots)$ 为 X 的**分布律**．

分布律也可表示为下列表格形式：

X	x_1	x_2	$\cdots$	x_n	$\cdots$
P	p_1	p_2	$\cdots$	p_n	$\cdots$

微课 2：定义 2.4

离散型随机变量的分布律满足下列两条基本性质：

（1）**非负性**：$p_i \geq 0(i = 1,2,\cdots)$；

（2）**规范性**：$\sum\limits_{i=1}^{\infty} p_i = 1.$

理论上只要 $p_i(i = 1,2,\cdots)$ 满足上述两条性质，就可以作为某随机变量的分布律．

离散型随机变量的分布函数为

$$F(x) = P\{X \leq x\} = \sum_{x_i \leq x} P\{X = x_i\}. \tag{2.4}$$

例 2.7 在电子元器件生产中，某条生产线生产了一批共 10 个同类型的电阻，由于生产过程中的一些波动，其中恰好有 3 个是性能不达标的次品电阻，7 个是性能合格的正品电阻．为了评估该生产线的产品质量情况，质量检测人员从中任意抽取 2 个电阻进行检测，用随机变量 X 表示抽取所得的次品电阻数量．现在需要求解：（1）X 的分布律；（2）X 的分布函数.

解 （1）X 是离散型随机变量，X 的取值为 0，1，2.

$$P\{X=0\}=\frac{C_7^2 C_3^0}{C_{10}^2}=\frac{7}{15}, P\{X=1\}=\frac{C_7^1 C_3^1}{C_{10}^2}=\frac{7}{15}, P\{X=2\}=\frac{C_7^0 C_3^2}{C_{10}^2}=\frac{1}{15}.$$

故，X 的分布律为

$$P\{X=k\}=\frac{C_7^{2-k} C_3^k}{C_{10}^2}, (k=0,1,2),$$

即

X	0	1	2
P	$\frac{7}{15}$	$\frac{7}{15}$	$\frac{1}{15}$

（2）离散型随机变量 X 的分布函数 $F(x)$ 是随机变量 X 的取值不超过 x 的所有变量的和，它是累积概率.

当 $x<0$ 时，$F(x)=P\{X\leqslant x\}=0$；

当 $0\leqslant x<1$ 时，$F(x)=P\{X\leqslant x\}=P\{X=0\}=\frac{7}{15}$；

当 $1\leqslant x<2$ 时，$F(x)=P\{X\leqslant x\}=P\{X=0\}+P\{X=1\}=\frac{7}{15}+\frac{7}{15}=\frac{14}{15}$；

当 $x\geqslant 2$ 时，

$$F(x)=P\{X\leqslant x\}=P\{X=0\}+P\{X=1\}+P\{X=2\}=\frac{7}{15}+\frac{7}{15}+\frac{1}{15}=1.$$

所以，此分布函数为

$$F(x)=\begin{cases} 0, & x<0, \\ \dfrac{7}{15}, & 0\leqslant x<1, \\ \dfrac{14}{15}, & 1\leqslant x<2, \\ 1, & x\geqslant 2. \end{cases}$$

例2.8 某射手向同一目标进行独立射击，直到击中为止，用 X 表示首次击中目标时的射击次数，如果该射手每次击中目标的概率是 $p, 0<p<1$，求 X 的分布律.

解 设 $A_i=\{$第 i 次射击时击中目标$\}$（$i=1,2,\cdots,$）

$$\begin{aligned} P\{X=k\} &= P(\overline{A_1}\,\overline{A_2}\cdots\overline{A_{k-1}}A_k) \\ &= P(\overline{A_1})P(\overline{A_2})\cdots P(\overline{A_{k-1}})P(A_k) \\ &= (1-p)^{k-1}p, (k=1,2,\cdots), \end{aligned}$$

且 $\sum_{i=1}^{\infty}P\{X=k\}=\sum_{k=1}^{\infty}(1-p)^{k-1}p=\frac{1}{1-(1-p)}p=1.$

故随机变量 X 的分布律为

X	1	2	$\cdots$	k	$\cdots$
P	p	$(1-p)p$	$\cdots$	$(1-p)^{k-1}p$	$\cdots$

例 2.9　在通信网络中，某数据传输节点对每次传输的数据进行错误检测．设离散型随机变量 X 表示第 i 次检测到数据传输错误，已知其分布律为 $P\{X=i\}=p^i(i=1,2,\cdots)$，$0<p<1$．为了评估该传输节点的数据传输质量以及错误发生的概率规律，需要确定参数 p 的值．

解　由于 $\sum\limits_{i=1}^{\infty}p_i=1$，由无穷等比级数求和公式得 $\sum\limits_{i=1}^{\infty}p_i=\dfrac{p}{1-p}=1$，解得 $p=\dfrac{1}{2}$．

结果分析

通过计算得出 $p=\dfrac{1}{2}$，这意味着在该数据传输节点，随着检测次数的增加，每次检测到数据传输错误的概率按照 $\left(\dfrac{1}{2}\right)^i$ 的规律变化．例如，第 1 次检测到错误的概率为 $\dfrac{1}{2}$，第 2 次检测到错误的概率为 $\left(\dfrac{1}{2}\right)^2=\dfrac{1}{4}$，以此类推．这表明该节点的数据传输错误发生的概率随着检测次数的增加而迅速降低，说明该传输节点在一定程度上具有较好的稳定性，但初始检测时错误发生概率则相对较高．

虽然离散型随机变量也可以利用分布函数描述其统计规律，但是分布律使用起来更为简便，分布律是描述离散型随机变量统计规律的专有工具．

2.2.2　常见的离散型分布

1. （0－1）分布（或两点分布）

如果随机试验的可能结果只有两个，如在射击中，只考虑中靶与不中靶，可以令随机变量 X 取值 1 表示中靶，取值 0 表示不中靶．如果中靶的概率为 p，则 X 的分布律为

$$P\{X=0\}=1-p,\ P\{X=1\}=p,\ (0<p<1).$$

即

X	0	1
P	$1-p$	p

称 X 服从参数为 p 的（**0－1**）**分布**或**两点分布**．记为 $X\sim B(1,p)$．

（0－1）分布是离散型随机变量中最简单的分布．只有两个试验结果的随机试验，如"观察一件产品是否合格""观察电路是通还是断""观察设备工作是否正常"等等，都是（0－1）分布，只是不同的试验，p 不同而已．

若每次试验仅有两个可能结果——事件 A 和事件 $\overline{A}$，且在每次试验中都有 $P(A)=p$，$P(\overline{A})=1-p$，这类实验称为**伯努利试验**．

微课3：（0－1）分布

概率统计人物

　　雅各布·伯努利（Jakob Bernoulli，1654—1705）是瑞士的数学家，也是伯努利家族中的代表人物之一．他在数学上的研究涉及多个领域，他是概率论研究领域的先驱之一，提出了许多重要的概念和理论，包括伯努利试验和伯努利大数定律，这些理论对概率论的发展产生了深远的影响．

　　例 2.10　设一次射击击中目标的概率为 0.8，求一次射击击中次数 X 的分布律．

　　解　X 的所有可能取值为 0，1，且 $P\{X=0\}=0.2$，$P\{X=1\}=0.8$，于是 $X \sim B(1, 0.8)$，故 X 的分布律如下

X	0	1
P	0.2	0.8

2. 二项分布

　　将伯努利试验在相同条件下重复进行 n 次，各次试验的结果相互独立，则称这 n 次试验为 **n 重伯努利试验**．

　　注意："重复"是指这 n 次试验中 $p(A)=p$ 保持不变，"独立"是指各次试验结果互不影响．

　　定义 2.5　在 n 重伯努利试验中，事件 A 在每次试验中发生的概率为 p，$0<p<1$，设随机变量 X 表示 n 次试验中事件 A 发生的次数，X 的所有可能取值为 $0,1,2\cdots n$，则 X 的分布律为

$$P_n(k) = P\{X=k\} = C_n^k p^k (1-p)^{n-k}, (k=0,1,2,\cdots,n). \tag{2.5}$$

称 X 服从参数为 n,p 的**二项分布**，简记为 $X \sim B(n,p)$．

　　特别当 $n=1$ 时，二项分布即是（0-1）分布（或两点分布）．

　　例 2.11　太阳能光伏板的生产过程中，由于生产工艺和环境因素的影响，会出现一定比例的次品．某大型光伏板生产企业生产的一批光伏板数量庞大，经长期质量监测统计，该批光伏板的次品率为 8%．为了保证产品质量，企业质量检测部门从这批光伏板中随机抽取 15 块进行全面检测，设随机变量 X 表示抽取的 15 块光伏板中的次品数量．现需解决以下问题：（1）X 的分布律；（2）恰好抽到 3 块次品的概率；（3）至多有 3 块次品的概率．

微课 4：定义 2.5

　　解　把每抽取 1 块光伏板看作一次试验，每次试验只有抽到"正品"和"次品"两个可能．由于产品总量很大，抽取的产品数量相对很小，因此可看作是有放回的抽样，则各次试验是相互独立的，且每次抽到次品的概率不变，于是 X 服从二项分布．

　　（1）由 $X \sim B(15,0.08)$，得 X 的分布律为

$$P\{X=k\} = P_{15}(k) = C_{15}^k (0.08)^k (0.92)^{15-k}, (k=0,1,2,\cdots,15).$$

即

X	0	1	2	3	⋯	15
P	0.286 3	0.373 4	0.230 4	0.085 8	⋯	0

（2）$P\{X = 3\} = P_{15}(3) = C_{15}^3(0.08)^3(0.92)^{12} \approx 0.085\ 8.$

（3）$P\{X \leqslant 3\} = P\{X = 0\} + P\{X = 1\} + P\{X = 2\} + P\{X = 3\}$

$$= \sum_{k=0}^{3} C_{15}^k(0.08)^k(0.92)^{15-k} \approx 0.975\ 9.$$

（2）（3）可以由数学软件计算出具体结果.

结果分析

（1）从 X 的分布律能看出，抽取到 0 块和 1 块次品的概率较高，随着次品数量增加，概率快速下降. 这表明在次品率较低且抽样数量有限的情况下，出现大量次品的可能性极小.

（2）恰好抽到 3 块次品的概率约为 0.085 8，说明这种情况发生的机会相对较小.

（3）至多有 3 块次品的概率约为 0.975 9，意味着在此次抽样中，有极大的可能性次品数量不超过 3 块，说明该批光伏板整体质量较为可靠，但仍存在一定次品风险.

3. 泊松分布

在二项分布的概率计算中，当试验次数增加，每次试验中某事件出现的概率很小，即当 n 很大，p 很小，而 np 的大小适中时，可以证明有近似公式：$C_n^k p^k(1-p)^{n-k} \approx \dfrac{\lambda^k \mathrm{e}^{-\lambda}}{k!}$ 成立，其中 $\lambda = np.$

定义 2.6 如果随机变量 X 的分布律为

$$P\{X = k\} = \frac{\lambda^k}{k!}\mathrm{e}^{-\lambda},\ (k = 0,1,2,\cdots,\lambda > 0). \tag{2.6}$$

则称 X 服从参数为 λ 的**泊松分布**，记为 $X \sim P(\lambda)$.

微课 5：定义 2.6

概率统计人物

　　泊松（Siméon – Denis Poisson，1781—1840）是一位法国数学家、几何学家和物理学家，被誉为 19 世纪概率统计领域的卓越人物. 泊松的学术贡献广泛，涉及积分理论、行星运动理论、热物理、弹性理论、电磁理论、位势理论和概率论等多个领域. 泊松在概率论方面的贡献尤为突出. 他改进了概率论的运用方法，特别是在统计方面，他建立了描述随机现象的一种概率分布——泊松分布. 此外，他还推广了"大数定律"，并推导出在概率论与数理方程中有重要应用的泊松积分.

　　例 2.12　设某商店每月销售的手机数量服从参数为 5 的泊松分布，问：在月初应进货多少部才能保证当月不脱销的概率不小于 0.99？假定上月没有库存，且当月不再进货.

解　设月销售量为 X，则 $X \sim P(5)$．若进货 N 部，则当 $X \leq N$ 时不脱销．

由题意得

$$P\{X \leq N\} \geq 0.99,$$

即 $\sum_{k=0}^{N} \frac{5^k}{k!} \mathrm{e}^{-5} \geq 0.99.$

故 $1 - \sum_{k=0}^{N} \frac{5^k}{k!} \mathrm{e}^{-5} = \sum_{k=N+1}^{\infty} \frac{5^k}{k!} \mathrm{e}^{-5} < 0.01.$

查泊松分布表（附表 1）得，满足上式最小的 N 是 11．因此，该商店月初至少应进 11 部手机．

定理 2.2　（**泊松定理**）设随机变量 $X_n(n = 1,2,3,\cdots)$ 服从二项分布，其分布律为 $P\{X_n = k\} = C_n^k p_n^k (1 - p_n)^{n-k}(k = 0,1,2,\cdots,n)$，其中 p_n 为与 n 有关的数，如果 $np_n \to \lambda(n \to \infty)$，则有

$$\lim_{n \to \infty} P\{X_n = k\} = \frac{\lambda^k}{k!} \mathrm{e}^{-\lambda}. \tag{2.7}$$

泊松分布研究的也是 n 重伯努利试验中事件 A 发生的次数，只是 n 比较大，p 比较小．即

$$P\{X = k\} = C_n^k p^k (1 - p)^{n-k} \approx \frac{\lambda^k}{k!} \mathrm{e}^{-\lambda}, \tag{2.8}$$

其中 $\lambda = np.$

在实际应用中，一般 $n > 10, p_n < 0.1$ 时，上述公式有较好的近似程度，泊松分布的概率值可以通过附表 1 查得．

服从泊松分布的随机变量在实际应用中很多，特别是在社会生活和物理学领域中．在社会生活中，泊松分布适用于各种对服务的需求现象和排队现象．例如，某个交通路口在一段时间内的汽车流量；某医院在一天内就诊病人数；保险公司在一定时间内被索赔的次数；单位时间内电话总机接到用户呼叫的次数等，都服从泊松分布．泊松分布是概率论中的一种重要分布．

微课 6：定理 2.2

例 2.13　在无人机配送货物的场景中，无人机需要精准地将货物投放到指定的接收区域．假设无人机投放货物时，每次成功投放到指定区域的概率为 0.01（由于受到天气、信号干扰等多种因素影响，命中率较低）．某电商平台在某一区域安排同一型号的无人机进行 400 次独立的货物投放任务，现在需要计算至少有一次成功投放到指定区域的概率，以此来评估该区域货物配送的可行性和服务质量．

解　设 X 为成功投放的总次数，则 $X \sim B(400,0.01)$．对 $n = 400, p = 0.01$，有 $\lambda = np = 4.$

由（2.8）式得

$$P\{X \geq 1\} = \sum_{k=1}^{400} C_{400}^k (0.01)^k (0.99)^{400-k} \approx \sum_{k=1}^{400} \frac{4^k}{k!} \mathrm{e}^{-4},$$

查附表 1 可得，$P\{X \geq 1\} \approx 0.9816.$

结果分析

虽然每次成功投放的概率很小（为 0.01），但在进行 400 次独立投放后，至少有一次成功投放到指定区域的概率高达 0.981 6，概率接近 1. 这表明即使单次投放成功的可能性较小，当试验次数足够多时，成功的可能性还是非常大的. 这一事实告诉我们，一件事情尽管在一次试验中发生的概率很小，但只要试验次数足够大，而且试验是独立进行的，那么这一事件的发生几乎是肯定的，因此绝不能轻视小概率事件.

例 2.14 设某地区每年新生儿染色体异常发生数为 $X(X = 0, 1, 2, \cdots)$，据以往经验，出生在同一天的新生儿染色体异常的概率为 0.000 1，某天该地区新生儿有 1 000 名，问染色体异常发生数不小于 2 的概率是多少？

解 根据题意 $X \sim B(1\,000, 0.000\,1)$，故所求概率为

$$P\{X \geq 2\} = \sum_{k=2}^{1\,000} P\{X = k\} = \sum_{k=2}^{1\,000} C_{1\,000}^{k} (0.000\,1)^k (0.999\,9)^{1\,000-k}.$$

直接计算 $P\{X \geq 2\}$，计算量很大. 由于 $n = 1\,000$，$p = 0.000\,1$，取 $\lambda = np = 0.1$，则 X 近似服从参数为 0.1 的泊松分布，即，

$$P\{X \geq 2\} \approx 1 - \frac{1}{0!} e^{-0.1} - \frac{0.1}{1!} e^{-0.1} = 0.004\,7.$$

2.3 连续型随机变量

> 正态分布是自然界中最常见的分布形式.
>
> ——卡尔·弗里德里希·高斯

概率统计人物

卡尔·弗里德里希·高斯（Carl Friedrich Gauss，1777—1855）. 他被认为是历史上最伟大的数学家之一，并且在统计学、代数学、几何学、非欧几何、微分方程、数论、天体物理学和大地测量学等领域都有着显著的贡献. 高斯在研究测量误差的分布时首次发现了正态分布（或称为高斯分布）. 他注意到，在多次测量中，误差的分布呈现出一种特定的钟形曲线，这种曲线在平均值附近最为集中，并且随着误差的增大，曲线的高度逐渐降低，这种分布形式后来被称为正态分布.

离散型随机变量只可能取有限个或可列无穷多个值，而在实际问题中，还有一类随机变量可以在某一区间内任意取值. 例如，测试某电子元件的寿命、观察测量中的误差、观测气温的变化范围、子弹的弹落点到靶心的距离等，这类随机变量称为连续型随机变量.

2.3.1 连续型随机变量及其概率密度

由于连续型随机变量可能在某个连续区间甚至整个实数轴上取值,因此对其概率分布的研究需要利用微积分的理论.下面,首先引入概率密度函数的概念.

定义 2.7 对于随机变量 X 的分布函数 $F(x)$,如果存在非负可积函数 $f(x)$,使对于任意实数 x,有

$$F(x) = \int_{-\infty}^{x} f(t)\,dt,\ -\infty < x < +\infty. \tag{2.9}$$

则称 X 为**连续型随机变量**,$f(x)$ 为 X 的**概率密度函数**,简称**概率密度**或**密度函数**.

连续型随机变量的概率密度满足下列两条基本性质:

(1) **非负性**:$f(x) \geqslant 0$;

(2) **规范性**:$\int_{-\infty}^{+\infty} f(x)\,dx = 1$.

反过来,只有当函数 $f(x)$ 满足上述性质时,$f(x)$ 才能是某个连续型随机变量的密度函数.

需要特别指出的有以下 3 点:

(1) 对于任意区间 $[a,b]$,

$$P\{a \leqslant X \leqslant b\} = F(b) - F(a) = \int_{a}^{b} f(x)\,dx.$$

(2) 连续型随机变量 X 的分布函数 $F(x)$ 处处连续,而且,若 $f(x)$ 在 x 处连续,则 $F'(x) = f(x)$.

微课 7:定义 2.7

(3) 对于连续型随机变量 X 而言,它取任意指定实数 a 这一事件的概率为 0,即 $P\{X = a\} = 0$.

因此

$$P\{a < X < b\} = P\{a < X \leqslant b\} = P\{a \leqslant X \leqslant b\} = P\{a \leqslant X < b\} = \int_{a}^{b} f(x)\,dx;$$

$$P\{X \leqslant b\} = P\{X < b\} = \int_{-\infty}^{b} f(x)\,dx;$$

$$P\{X > a\} = P\{X \geqslant a\} = \int_{a}^{+\infty} f(x)\,dx.$$

例 2.15 在新能源汽车电池的充放电过程中,电池的剩余电量百分比 X 是一个连续型随机变量.某型号的锂电池在特定的充放电条件下,其剩余电量百分比 X 的概率密度函数可以表示为

$$f(x) = \begin{cases} kx + 1, & 0 \leqslant x \leqslant 2, \\ 0, & \text{其他}. \end{cases}$$

这里 X 表示电池剩余电量的百分比(为方便计算,进行了一定的数值处理).为了更好地评估该电池的性能以及预测其在不同剩余电量情况下的概率,需要确定常数 k,计算特定剩余电量区间 $(0,1)$ 的概率,以及求出其分布函数.

解 （1）由 $\int_{-\infty}^{+\infty} f(x)\,\mathrm{d}x = 1$ 得

$$\int_{-\infty}^{+\infty} f(x)\,\mathrm{d}x = \int_{0}^{2}(kx+1)\,\mathrm{d}x = 2k+2 = 1,$$

解得 $k = -\dfrac{1}{2}$.

（2）$P\{0 < X < 1\} = \int_{0}^{1} f(x)\,\mathrm{d}x = \int_{0}^{1}\left(-\dfrac{1}{2}x+1\right)\mathrm{d}x = \left(-\dfrac{1}{4}x^2+x\right)\Big|_{0}^{1} = \dfrac{3}{4}.$

（3）当 $x < 0$ 时，$F(x) = \int_{-\infty}^{x} f(t)\,\mathrm{d}t = \int_{-\infty}^{x} 0\,\mathrm{d}t = 0$；

当 $0 \le x < 2$ 时，$F(x) = \int_{-\infty}^{x} f(t)\,\mathrm{d}t = \int_{0}^{x}\left(-\dfrac{1}{2}t+1\right)\mathrm{d}t = -\dfrac{1}{4}x^2+x$；

当 $x \ge 2$ 时，$F(x) = \int_{-\infty}^{x} f(t)\,\mathrm{d}t = \int_{-\infty}^{0} 0\,\mathrm{d}t + \int_{0}^{2}\left(-\dfrac{1}{2}t+1\right)\mathrm{d}t + \int_{2}^{x} 0\,\mathrm{d}t = 1.$

得到 X 的分布函数 $F(x)$ 为

$$F(x) = \begin{cases} 0, & x < 0, \\ -\dfrac{1}{4}x^2+x, & 0 \le x < 2, \\ 1, & x \ge 2. \end{cases}$$

从结果可以看出电池剩余电量在低值区间（0% ~ 100% 对应处理后的数值 0 ~ 2）出现的概率较高（75%），暗示该电池在特定充放电条件下更易消耗至较低电量．这对电池性能评估具有参考价值，例如，预测电池在低电量状态下的可靠性或设计充放电策略．而分布函数提供了剩余电量的累积概率特性，可以为电池管理系统的设计提供量化工具，设定电量预警阈值或优化充放电周期．

例 2.16 设一批电子元件，每个元件的使用寿命 X（单位：kh）为一个连续型随机变量，其概率密度为

$$f(x) = \begin{cases} \dfrac{k}{x^2}, & x > 2, \\ 0, & \text{其他}. \end{cases}$$

（1）求常数 k；（2）已知某设备上装有 3 个这样的电子元件，每个元件能否正常工作相互独立，求在使用的最初 2.5 kh 内，三个元件损坏只数的概率分布．

解 （1）由 $\int_{-\infty}^{+\infty} f(x)\,\mathrm{d}x = \int_{2}^{+\infty} \dfrac{k}{x^2}\,\mathrm{d}x = 1$，得 $k = 2$.

（2）设在使用的最初 2.5 kh 内，3 个元件中损坏的只数为 Y．任何一个元件在最初的 2.5 kh 内损坏就是其寿命小于 2.5 kh，由已知可得

$$P\{0 \le X < 2.5\} = \int_{2}^{2.5} \dfrac{2}{x^2}\,\mathrm{d}x = 0.2,$$

则 $Y \sim B(3, 0.2)$，即

$$P(Y = k) = C_3^k(0.2)^k(0.8)^{3-k}, (k = 1,2,3).$$

2.3.2　常见的连续型分布

1. 均匀分布

设连续型随机变量 X 具有概率密度

$$f(x) = \begin{cases} \dfrac{1}{b-a}, & a < x < b, \\ 0, & \text{其他}. \end{cases} \tag{2.10}$$

则称 X 在区间 (a,b) 上服从**均匀分布**，记为 $X \sim U(a,b)$.

由式（2.10）得 X 的分布函数为

$$F(x) = \begin{cases} 0, & x \leqslant a, \\ \dfrac{x-a}{b-a}, & a < x < b, \\ 1, & b \leqslant x. \end{cases} \tag{2.11}$$

对于任意满足 $a \leqslant c < d \leqslant b$ 的 c,d，有

$$P\{c \leqslant X \leqslant d\} = \int_c^d \frac{1}{b-a}\mathrm{d}x = \frac{d-c}{b-a}.$$

即 X 落在 (a,b) 的子区间内的概率只依赖于子区间的长度，而与子区间的位置无关. $f(x)$ 及 $F(x)$ 的图形如图 2.2、图 2.3 所示.

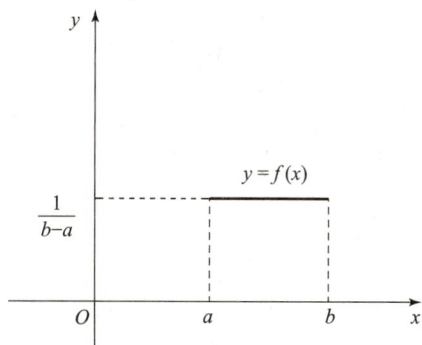

图 2.2　$f(x)$ 的图形

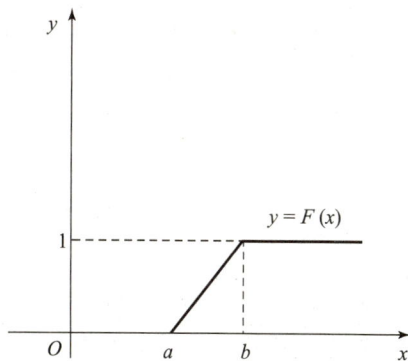

图 2.3　$F(x)$ 的图形

均匀分布可视为随机点 X 落在 (a,b) 上的任一点位置是等可能的. 例如，在数值计算中，四舍五入造成的误差是服从均匀分布的；在区间 (a,b) 上随机抽取一点，该点的取值服从区间 (a,b) 上的均匀分布；在一段时间内乘客候车的时间也是服从该段时间上的均匀分布.

例 2.17　设某段时间内任一时刻乘客到达公共汽车站是等可能的，车站每隔 10 min 发一趟车，用 X 表示某乘客的候车时间，求：（1）该乘客候车时间在 5 min 内的概率；（2）该乘客候车时间大于 6 min 的概率.

解　设 X 表示某人到达的时间（单位：min），则 $X \sim U(0,10)$，

微课 8：均匀分布

其密度函数为 $f(x) = \begin{cases} \dfrac{1}{10}, & 0 \leqslant x \leqslant 10, \\ 0, & \text{其他}. \end{cases}$

(1) $P\{0 < X < 5\} = \displaystyle\int_0^5 \dfrac{1}{10}\mathrm{d}x = \dfrac{1}{2}$;

(2) $P\{6 < X < 10\} = \displaystyle\int_6^{10} \dfrac{1}{10}\mathrm{d}x = \dfrac{2}{5}$.

例 2.18 设随机变量 Y 在区间 $(0,5)$ 上服从均匀分布，求方程
$$4t^2 + 4tY + Y + 2 = 0$$
有实根的概率.

解 由 $Y \sim U(0,5)$，Y 的概率密度函数为
$$f(y) = \begin{cases} \dfrac{1}{5}, & 0 < y < 5, \\ 0, & \text{其他}. \end{cases}$$

方程要有实根，则 $\Delta = (4Y)^2 - 4 \times 4 \times (Y + 2) \geqslant 0$，

即 $Y \leqslant -1$（舍去）或 $Y \geqslant 2$，

所求概率为 $P\{Y \geqslant 2\} = \displaystyle\int_2^5 \dfrac{1}{5}\mathrm{d}x = \dfrac{3}{5}$.

2. 指数分布

设连续型随机变量 X 具有概率密度
$$f(x) = \begin{cases} \lambda \mathrm{e}^{-\lambda x}, & x > 0, \\ 0, & x \leqslant 0. \end{cases} \tag{2.12}$$

其中 $\lambda > 0$ 为常数，则称 X 服从参数为 λ 的**指数分布**，记为 $X \sim E(\lambda)$.

指数分布的分布函数为
$$F(x) = \begin{cases} 1 - \mathrm{e}^{-\lambda x}, & x > 0, \\ 0, & x \leqslant 0. \end{cases} \tag{2.13}$$

指数分布的应用场景非常广泛. 例如，元器件的使用寿命、动物的寿命、保险丝和玻璃制品等的使用寿命，电话的通话时间、呼叫服务的时间间隔、机器的维修时间、访问某网站的时间以及放射性元素的衰变期等，这些都近似服从指数分布.

微课 9：指数分布

思考 泊松分布中的参数 λ 与指数分布中的参数 λ 有区别吗？

分析 指数分布和泊松分布的参数虽然符号相同，但具体含义和应用场景存在本质区别. 泊松分布中的参数 λ 表示单位时间内事件发生的平均次数（λ 次/单位时间），例如，每小时 3 次电话、每天 5 次访问等. 指数分布中的参数 λ 表示单位时间内事件发生的速率，实际对应的是事件间隔时间的倒数，例如，若指数分布的参数 $\lambda = 0.5$，则事件的平均间隔时间为 $\dfrac{1}{\lambda} = 2 \text{ min}$（如两次电话之间的等待时间）.

例 2.19　设某电子元件的寿命为 X（单位：h），X 是服从 $\lambda = 0.002$ 的指数分布.

（1）求元件使用 1 000 h 没有坏的概率；

（2）已知元件使用了 500 h 没有坏，求它还可以继续使用 1 000 h 以上的概率.

解　X 的概率密度为 $f(x) = \begin{cases} 0.002\mathrm{e}^{-0.002x}, & x \geqslant 0, \\ 0, & x < 0. \end{cases}$

（1）$P\{X \geqslant 1\,000\} = \displaystyle\int_{1\,000}^{+\infty} 0.002\mathrm{e}^{-0.002x}\mathrm{d}x = \mathrm{e}^{-2}.$

（2）$P\{X > 1\,500 \mid X > 500\} = \dfrac{P\{X > 1\,500\}}{P\{X > 500\}} = \dfrac{\displaystyle\int_{1\,500}^{+\infty} 0.002\mathrm{e}^{-0.002x}\mathrm{d}x}{\displaystyle\int_{500}^{+\infty} 0.002\mathrm{e}^{-0.002x}\mathrm{d}x} = \dfrac{\mathrm{e}^{-3}}{\mathrm{e}^{-1}} = \mathrm{e}^{-2}.$

例 2.19 的计算结果表明，在已经使用了 500 h 未坏的条件下，可以继续使用 1 000 h 以上的条件概率等于其寿命不小于 1 000 h 的无条件概率. 这种性质叫做"**无记忆性**". 指数分布的无记忆性可定义为：

$$P\{T > a + b \mid T > a\} = P\{T > b\}.$$

即给定一个服从指数分布的随机变量 T，在它已经超过第一个周期 a 的情况下，T 超过两个周期之和（$a + b$）的概率等于 T 只超过第二个周期 b 的概率.

在实际问题中，如果设备已经使用了 9 年，则无记忆性意味着设备再使用 3 年（总共 12 年）的概率与重新使用新机器 3 年的概率完全相同. 这个结果可能出乎意料，但若换成车祸的情况，就很容易说通了，因为后续发生车祸的概率并不会因为在过去 5 个小时内是否发生过车祸而增加或减少，这也是 λ 经常被称为危险率的原因.

3. 正态分布

设连续型随机变量 X 具有概率密度

$$f(x) = \frac{1}{\sqrt{2\pi}\sigma}\mathrm{e}^{-\frac{(x-\mu)^2}{2\sigma^2}}, x \in R \tag{2.14}$$

其中 μ, σ 都是常数（$\sigma > 0$），则称 X 服从参数为 μ, σ 的**正态分布**或**高斯分布**，记为 $X \sim N(\mu, \sigma^2)$.

特别的，当 $\mu = 0, \sigma = 1$ 时，即 $X \sim N(0,1)$，称 X 服从标准正态分布，其概率密度为

$$\varphi(x) = \frac{1}{\sqrt{2\pi}}\mathrm{e}^{-\frac{x^2}{2}}, x \in R. \tag{2.15}$$

正态分布的概率密度函数 $f(x)$ 的图形如图 2.4 所示.

微课 10：正态分布　　　　　　图 2.4　$f(x)$ 的图形

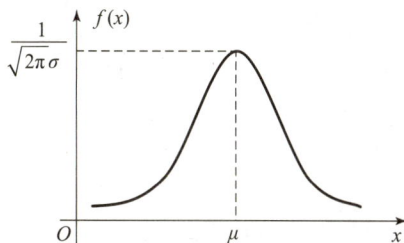

正态分布的概率密度函数具有以下性质：

（1）密度曲线关于直线 $x = \mu$ 对称；

（2）在 $(-\infty, \mu)$ 内单调递增，在 $(\mu, +\infty)$ 内单调递减，在 $x = \mu$ 处取最大值 $\dfrac{1}{\sqrt{2\pi}\sigma}$.

（3）以 x 轴为水平渐近线；

（4）σ 影响曲线的形状，当 σ 较小时，曲线较陡峭；σ 较大时，曲线较平坦，称 σ 为形状参数；μ 影响曲线在坐标系中的位置，称 μ 为位置参数．不同 σ 取值的密度曲线如图 2.5 所示．

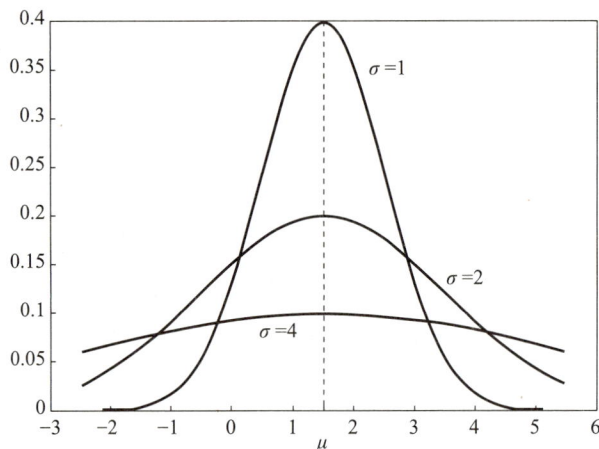

图 2.5 不同 σ 取值的密度曲线

若随机变量 $X \sim N(\mu, \sigma^2)$，其分布函数为

$$F(x) = \frac{1}{\sqrt{2\pi}\sigma} \int_{-\infty}^{x} \mathrm{e}^{-\frac{(t-\mu)^2}{2\sigma^2}} \mathrm{d}t, x \in R. \tag{2.16}$$

若随机变量 $X \sim N(0,1)$，其分布函数为

$$\Phi(x) = \frac{1}{\sqrt{2\pi}} \int_{-\infty}^{x} \mathrm{e}^{-\frac{t^2}{2}} \mathrm{d}t, x \in R. \tag{2.17}$$

$\Phi(x)$ 的取值可以通过附表 2 的标准正态分布表查得．

正态分布随机变量的概率计算可转化为标准正态分布随机变量的概率计算．

（1）若 $X \sim N(0,1)$，利用 $\Phi(x)$ 的对称性，有 $\Phi(0) = 0.5$，$\Phi(-x) = 1 - \Phi(x)$.

（2）若 $X \sim N(0,1)$，则

$P\{a < X \leqslant b\} = \Phi(b) - \Phi(a)$，$P\{X \leqslant b\} = \Phi(b)$，$P\{X > a\} = 1 - \Phi(a)$.

（3）若 $X \sim N(\mu, \sigma^2)$，其分布函数为 $F(x)$，有

$$\frac{x - \mu}{\sigma} \sim N(0,1), F(x) = \Phi\left(\frac{x - \mu}{\sigma}\right),$$

则 $P\{a < X \leqslant b\} = \Phi\left(\dfrac{b - \mu}{\sigma}\right) - \Phi\left(\dfrac{a - \mu}{\sigma}\right)$，$P\{X > a\} = 1 - \Phi\left(\dfrac{a - \mu}{\sigma}\right)$.

例 2.20 设 $X \sim N(0,1)$，试求：(1) $P\{X \leqslant 1.75\}$，(2) $P\{X > 2\}$，(3) $P\{|X| \leqslant 2\}$.

解 (1) $P\{X \leqslant 1.75\} = \Phi(1.75) = 0.9599$；

(2) $P\{X > 2\} = 1 - P\{X \leqslant 2\} = 1 - \Phi(2) = 1 - 0.9772 = 0.0228$；

(3) $P\{|X| \leqslant 2\} = P\{-2 \leqslant X \leqslant 2\} = \Phi(2) - \Phi(-2) = \Phi(2) - 1 + \Phi(2)$

$$= 2 \times 0.9772 - 1 = 0.9544.$$

例 2.21 智能电动汽车的电池续航里程测试中，某款电动汽车在特定路况下的实际续航里程 X（单位：km）服从正态分布 $X \sim N(300,25)$. 其中均值 $\mu = 300$ km，表示该款车在这种路况下的平均续航里程；方差 $\sigma^2 = 25$，则标准差 $\sigma = 5$ km. 汽车制造商和消费者都十分关注这款车在不同续航里程范围内的概率情况，以便评估车辆性能和规划出行. 现在需要求解：

(1) $P\{X \geqslant 310\}$；(2) $P\{295 \leqslant X \leqslant 310\}$.

解 (1) $P\{X \geqslant 310\} = 1 - P\{X < 310\} = 1 - \Phi\left(\dfrac{310 - 300}{5}\right) = 1 - \Phi(2)$

$$= 1 - 0.9772 = 0.0228.$$

(2) $P\{295 \leqslant X \leqslant 310\} = \Phi\left(\dfrac{310 - 300}{5}\right) - \Phi\left(\dfrac{295 - 300}{5}\right) = \Phi(2) - \Phi(-1)$

$$= 0.9772 - 0.1587 = 0.8185.$$

结果分析

(1) 计算得出 $P\{X \geqslant 310\} = 0.0228$，这表明在该特定路况下，这款电动汽车续航里程达到或超过 310 km 的概率仅为 2.28%，说明这种高续航里程的情况出现的频率较低.

(2) 而 $P\{295 \leqslant X \leqslant 310\} = 0.8185$，意味着该车续航里程在 295 km 到 310 km 之间的概率高达 81.85%，即大部分情况下，车辆的续航里程会处于这个区间.

例 2.22 公共汽车车门高度的主要参照指标之一为成年男性身高. 为合理设计公共汽车车门高度，汽车制造商通过调查数据分析可知成年男子身高 $X \sim N(175,6^2)$，假设车门的高度（单位：cm）是按男子与车门顶碰头机会在 1% 以下设计的. 问如何设计车门的高度？

解 设车门的高度为 h cm，需计算 $P\{X \geqslant h\} \leqslant 0.01$，即 $P\{X \leqslant h\} \geqslant 0.99$ 的最小值 h，因 $X \sim N(175,6^2)$，所以

$$P\{X \leqslant h\} = \Phi\left(\frac{h - 175}{6}\right) \geqslant 0.99,$$

查表可得 $\Phi(2.33) = 0.9901 \geqslant 0.99$，所以取 $\dfrac{h - 175}{6} = 2.33$，解得 $h \approx 189$（cm）.

若 $X \sim N(\mu,\sigma^2)$，由标准正态分布函数还可得

$$P\{\mu - \sigma < X \leqslant \mu + \sigma\} = \Phi(1) - \Phi(-1) = 0.6826,$$

$$P\{\mu - 2\sigma < X \leqslant \mu + 2\sigma\} = \Phi(2) - \Phi(-2) = 0.9544,$$

$$P\{\mu - 3\sigma < X \leqslant \mu + 3\sigma\} = \Phi(3) - \Phi(-3) = 0.9974.$$

由此可见，尽管服从正态分布的随机变量 X 的取值范围是 $(-\infty, +\infty)$，但它的值落

在 $(\mu - 3\sigma, \mu + 3\sigma)$ 内的概率达到了99.74%. X 几乎不在 $(\mu - 3\sigma, \mu + 3\sigma)$ 之外取值. 这在实际应用中，称为正态分布的"3σ 原则". 工业生产上用的控制图和一些产品质量指数都是根据 3σ 原则制定的，比如在质量控制中，常用标准指示值 $\pm 3\sigma$ 作两条线，当生产过程的指标观测值落在两线之外时发出警报，表明生产出现异常.

2.4 随机变量函数的分布

随机变量的分布函数揭示了数据的内在规律，它是统计分析的基石.

——卡尔·皮尔逊

概率统计人物

卡尔·皮尔逊（Karl Pearson，1857—1936），英国统计学家，被誉为"现代统计学之父". 他在统计学领域做出了巨大的贡献，特别是在概率论、描述性统计学、相关性分析、卡方检验、回归分析以及正态分布理论等方面. 皮尔逊对概率论有深厚的理解，他最著名的贡献之一是提出了皮尔逊分布族，这是一系列连续概率分布，包括正态分布、偏态分布和贝塔分布等. 这些分布在统计推断和数据分析中起着至关重要的作用.

前面介绍了随机变量的概率分布，在实际问题中往往还需要研究随机变量函数的分布. 例如，某品牌的手机在一年中销售的数量是一个随机变量，但我们关心的是这款手机给公司带来的利润，利润是销售量的函数；又如，已知某工件的圆轴直径 d 的分布，要讨论截面面积 $S = \dfrac{\pi d^2}{4}$ 的分布. 可以利用已知随机变量的分布，求出该随机变量函数的分布. 本节将讨论已知随机变量 X 的概率分布，求它的函数 $Y = g(X)$ 的概率分布. 接下来分别针对离散型随机变量和连续型随机变量进行讨论.

2.4.1 离散型随机变量函数的分布

设离散型随机变量 X 的分布律为

$$P\{X = x_i\} = p_i, (i = 1, 2, \cdots),$$

若它的函数 $Y = g(X)$ 仍是离散型随机变量，则其分布律为

$$P\{Y = y_i\} = P\{g(X) = y_i\} = \sum_{x_k \in S_j} P\{X = x_k\}, \text{ 其中 } S_j = \{x_k \mid g(x_k) = y_j\}.$$

例如，离散型随机变量 X 的分布律为

X	x_1	x_2	x_3	x_4	x_5
P	p_1	p_2	p_3	p_4	p_5

则 $Y = g(X)$ 的分布律为：

$Y = g(X)$	$g(x_1)$	$g(x_2)$	$g(x_3)$	$g(x_4)$	$g(x_5)$
P	p_1	p_2	p_3	p_4	p_5

若 $g(x_i)$ 中有值相同的，应将相应的 p_i 合并．

例 2.23　设随机变量 X 的分布律为

X	-1	0	1	2
P	0.3	0.1	0.4	0.2

试求：(1) $Y = 3X + 1$ 的分布律；(2) $Z = X^2$ 的分布律．

解　(1) $P\{X = -1\} = P\{3X + 1 = -2\} = P\{Y = -2\} = 0.3$，

$P\{X = 0\} = P\{3X + 1 = 1\} = P\{Y = 1\} = 0.1$，

$P\{X = 1\} = P\{3X + 1 = 4\} = P\{Y = 4\} = 0.4$，

$P\{X = 2\} = P\{3X + 1 = 7\} = P\{Y = 7\} = 0.2.$

即 $Y = 3X + 1$ 的分布律为

Y	-2	1	4	7
P	0.3	0.1	0.4	0.2

(2) $P\{X = -1\} = P\{X^2 = 1\} = P\{Z = 1\} = 0.3$，

$P\{X = 0\} = P\{X^2 = 0\} = P\{Z = 0\} = 0.1$，

$P\{X = 1\} = P\{X^2 = 1\} = P\{Z = 1\} = 0.4$，

$P\{X = 2\} = P\{X^2 = 4\} = P\{Z = 4\} = 0.2$，

由于 $P\{Z = 1\} = P\{X = -1\} \cup P\{X = 1\} = P\{X = -1\} + P\{X = 1\} = 0.7$，

故 $Z = X^2$ 的分布律为

Z	0	1	4
P	0.1	0.7	0.2

2.4.2　连续型随机变量函数的分布

一般地，设连续型随机变量 X，它的概率密度为 $f_X(x)$，若 $Y = g(X)$ 仍是连续型随机变量，则其分布函数为

$$F_Y(y) = P\{Y \leqslant y\} = P\{g(X) \leqslant y\} = \int_{\{x | g(x) \leqslant y\}} f_X(x)\,\mathrm{d}x,$$

概率密度为

$$f_Y(y) = \begin{cases} F'_Y(y), & \text{在 } f_Y(y) \text{ 的连续点}, \\ 0, & \text{其他}. \end{cases}$$

因此，求随机变量函数的概率密度的基本方法，是先求出 $Y = g(X)$ 的分布函数 $F_Y(y)$，再求出 $F_Y(y)$ 的导数，得到 Y 的概率密度函数 $f_Y(y) = F'_Y(y)$.

例 2.24 设随机变量 X 的概率密度为

$$f_X(x) = \begin{cases} 2x, & 0 < x < 2, \\ 0, & \text{其他}. \end{cases}$$

求随机变量 $Y = 3X - 2$ 的概率密度.

解 Y 的分布函数为

$$F_Y(y) = P\{Y \leqslant y\} = P\{3X - 2 \leqslant y\} = P\left\{X \leqslant \frac{y+2}{3}\right\} = \int_{-\infty}^{\frac{y+2}{3}} f_X(x)\,\mathrm{d}x,$$

根据积分上限函数的求导公式，得 $Y = 3X - 2$ 的概率密度为

$$\begin{aligned} f_Y(y) &= F'_Y(y) = f_X\left(\frac{y+2}{3}\right)\left(\frac{y+2}{3}\right)' \\ &= \begin{cases} 2\left(\frac{y+2}{3}\right)\frac{1}{3}, & 0 < \frac{y+2}{3} < 2, \\ 0, & \text{其他}. \end{cases} \\ &= \begin{cases} \frac{2}{9}(y+2), & -2 < y < 4, \\ 0, & \text{其他}. \end{cases} \end{aligned}$$

将上题的解题方法推广到一般情形，可推导出一个常用的公式.

定理 2.3 设连续型随机变量 X 的概率密度为 $f_X(x)$ $(-\infty < x < +\infty)$，函数 $y = g(x)$ 处处可导，且严格单调，其反函数 $x = g^{-1}(y)$，则 $Y = g(X)$ 是连续型随机变量，其概率密度为

定理 2.3

$$f_Y(y) = \begin{cases} f_X[g^{-1}(y)]\,\big|[g^{-1}(y)]'\big|, & \alpha < y < \beta, \\ 0, & \text{其他}. \end{cases}$$

其中，$\alpha = \min\{g(-\infty), g(+\infty)\}$，$\beta = \max\{g(-\infty), g(+\infty)\}$.

例 2.25 设随机变量 $X \sim N(\mu, \sigma^2)$，求 $Y = ax + b$ 的概率.

解 $X \sim N(\mu, \sigma^2)$，$f(x) = \dfrac{1}{\sqrt{2\pi}\sigma} \mathrm{e}^{-\frac{(x-\mu)^2}{2\sigma^2}}$，$x \in R$，

$g(x) = ax + b$ 在 $(-\infty, +\infty)$ 上处处可导，且严格单调，其反函数为 $g^{-1}(y) = \dfrac{y-b}{a}$. 则

$$[g^{-1}(y)]' = \frac{1}{a}.$$

由定理 2.3，Y 的概率密度为

$$f_Y(y) = \frac{1}{\sqrt{2\pi}\sigma} \mathrm{e}^{-\frac{\left(\frac{y-b}{a}-\mu\right)^2}{2\sigma^2}} \left|\frac{1}{a}\right| = \frac{1}{\sqrt{2\pi}|a|\sigma} \mathrm{e}^{-\frac{[y-(a\mu+b)]^2}{2(a\sigma)^2}}, \quad y \in R,$$

即 $Y \sim N(a\mu + b, a^2\sigma^2)$.

这是正态分布的一个重要性质，即服从正态分布的随机变量的线性函数仍服从正态分布．例 2.25 中的随机变量 X 服从正态分布 $N(\mu, \sigma^2)$，则它的线性函数 $aX + b$ 也服从正态分布，且 $aX + b \sim N(a\mu + b, a^2\sigma^2)$. 特别地，当 $a = \dfrac{1}{\sigma}$，$b = -\dfrac{\mu}{\sigma}$ 时，$Y = \dfrac{X - \mu}{\sigma} \sim N(0, 1)$.

例 2.26　在信号处理领域，某信号强度指标 X 均匀分布于区间 $(0, 1)$，即 $X \sim U(0, 1)$. 由于信号在传输和处理过程中的需要，常常会对原始信号进行变换．对该信号强度指标进行指数变换，得到新的变量 $Y = \mathrm{e}^x$，例如在某些非线性信号放大器中，输入信号强度与输出信号强度之间就存在类似的指数关系．为了更好地分析和处理变换后的信号，需要求解 Y 的概率密度．

解　$X \sim U(0, 1)$，$f(x) = \begin{cases} 1, & 0 < x < 1, \\ 0, & \text{其他}. \end{cases}$

$y = \mathrm{e}^x$ 在 $[0, 1]$ 上处处可导，且严格单调，其反函数为 $g^{-1}(y) = \ln y$. 则

$$[g^{-1}(y)]' = \frac{1}{y}.$$

由定理 2.3，Y 的概率密度为

$$f_Y(y) = \begin{cases} \dfrac{1}{y}, & 1 < y < \mathrm{e}, \\ 0, & \text{其他}. \end{cases}$$

该计算结果表明经过指数变换后，新变量 Y 的取值主要集中在 $(1, \mathrm{e})$ 区间，且其概率密度随着 y 的增大而减小．在实际的信号处理中，这意味着变换后的信号强度在 $(1, \mathrm{e})$ 范围内出现的可能性较大，并且随着信号强度的增加，出现的概率逐渐降低．

在应用定理 2.3 时，一定要验证是否满足条件 "$y = g(x)$ 处处可导，且严格单调"，否则可考虑先求分布函数再求概率密度的方法．

例 2.27　已知随机变量 X 的概率密度为 $f_X(x)$，$Y = aX + b$，a, b 为常数，且 $a \neq 0$，求 Y 的概率密度 $f_Y(y)$.

解　Y 的分布函数为

$$F_Y(y) = P(Y \leqslant y) = P(aX + b \leqslant y).$$

当 $a > 0$ 时，$F_Y(y) = P\left(X \leqslant \dfrac{y - b}{a}\right) = F_X\left(\dfrac{y - b}{a}\right)$，则

$$f_Y(y) = \frac{1}{a} f_X\left(\frac{y - b}{a}\right).$$

当 $a < 0$ 时，$F_Y(y) = P\left(X \geqslant \dfrac{y - b}{a}\right)$，则

$$f_Y(y) = -\frac{1}{a} f_X\left(\frac{y - b}{a}\right),$$

从而，

$$f_Y(y) = \begin{cases} \dfrac{1}{a}f_X\left(\dfrac{y-b}{a}\right), & a > 0, \\[3mm] -\dfrac{1}{a}f_X\left(\dfrac{y-b}{a}\right), & a < 0. \end{cases}$$

即

$$f_Y(y) = \frac{1}{|a|}f_X\left(\frac{y-b}{a}\right), (a \neq 0).$$

概率统计故事

歧路亡羊：路径选择的概率困境——《列子》

杨子邻居的羊走失于多岔路口，因每条岔路又分两支，最终无法寻回. 杨子望着四通八达的岔路长叹，转身对弟子们说："人生何尝不是如此！每个选择都会衍生出新的可能."

现代数学可以精确计算这个困境：假设羊经过 5 个岔口，每条路选择概率均等，则共有 $2^5 = 32$ 条路径. 即使动员 7 人分头寻找，找到羊的概率仅为 $7/32 \approx 21.875\%$. 这个故事揭示了指数级增长的概率困境：当选择维度增加时，确定性会呈几何级数迅速下降，这与信息论中的"熵增"概念不谋而合，提醒我们在复杂世界中要保持谦逊.

这个故事跨越时空，展现了概率从赌博游戏到科学工具、从哲学思辨到社会应用的演变. 不仅推动了数学发展，更深刻影响了法律、军事、博弈等领域，印证了帕斯卡的名言——"概率是人生的真正指南."

2.5 应用案例分析

案例一 半导体芯片关键尺寸的概率分析——基于正态分布的质量控制

在半导体芯片制造中，关键尺寸（Critical Dimension，CD）是决定芯片性能和功能的核心参数. 由于光刻工艺、材料特性和设备精度的影响，关键尺寸会呈现一定的随机波动. 某 14 nm 芯片生产线的关键尺寸 X（单位：nm）服从正态分布 $X \sim N(14.0, 0.09)$，即均值 $\mu = 14.0$ nm，标准差 $\sigma = 0.3$ nm. 芯片制造商需要评估关键尺寸在目标范围内的概率，以优化工艺稳定性并确保产品良率.

分析 首先，计算关键尺寸在 13.7 nm 到 14.3 nm 之间的概率 $P\{13.7 \leqslant X \leqslant 14.3\}$.

标准化处理：$Z_1 = \dfrac{13.7 - 14.0}{0.3} = -1$；$Z_2 = \dfrac{14.3 - 14.0}{0.3} = 1$.

查标准正态分布表（附表2）得

$$P\{13.7 \le X \le 14.3\} = \Phi(1) - \Phi(-1) = 0.841\ 3 - 0.158\ 7 = 0.682\ 6.$$

其次，计算关键尺寸超出规格下限13.5 nm的概率$P\{X < 13.5\}$.

标准化后：$Z = \dfrac{13.5 - 14.0}{0.3} = -1.67$.

查标准正态分布表（附表2）得

$$P\{X < 13.5\} = \Phi(-1.67) = 0.047\ 5.$$

结果分析

（1）目标区间概率：关键尺寸在13.7 nm到14.3 nm之间的概率为68.26%，即约三分之二的芯片关键尺寸处于均值附近的$\pm 1\sigma$范围内，符合正态分布的典型特征.

（2）超下限概率：关键尺寸小于13.5 nm的概率为4.75%，表明约4.75%的芯片可能因尺寸（Dimension）过小导致电学性能异常或功能失效.

工程应用建议

（1）工艺优化：分析4.75%超下限芯片的生产批次，排查光刻机焦距稳定性、显影液浓度等关键工艺参数的波动. 引入先进的过程控制系统，实时监测关键尺寸波动并动态调整工艺参数.

（2）质量分级：将关键尺寸分为13.7～14.3 nm（合格品）、13.5～13.7 nm（降级品）、小于13.5 nm（废品）三级，分别流向不同用途.

（3）研发投入：探索沉浸式光刻等更先进的光刻技术，从根本上降低关键尺寸的波动范围.

技术意义

本案例通过正态分布量化了半导体制造中的关键尺寸波动，为六西格玛（6σ）质量管理提供了理论依据. 实际应用中可结合机器学习算法，建立关键尺寸与工艺参数的预测模型，实现更精准的质量控制.

案例二　新药治愈率的小概率事件分析与模型验证

某科研机构宣称，其研制的新药对某种疾病的治愈率达90%，现让10位临床患者试用此药，结果只有4人治愈，那么这是否反映出新药的治愈率存在问题？

先假设治愈率为$p = 0.9$. "临床患者试用此药后是否治愈"可认为是独立的，因此"10位临床患者试用此药是否治愈"是一个$n = 10, p = 0.9$的伯努利试验.

设治愈人数为随机变量X，则$X \sim B(10, 0.9)$，故有

$$P\{X = 4\} = C_{10}^{4} \times 0.9^{4} \times 0.1^{6} \approx 0.000\ 1.$$

计算结果表明，在治愈率$p = 0.9$的假定下，平均每10 000次药物试验，有1次出现"10位患者4人治愈"的情况，而现在一次试验就出现了这种罕见现象，根据小概率原理，有理由认为此科研机构对其新药的治愈率期望过高.

案例三　泊松分布：破解企业安全管理考核难题的密钥

某工业系统在进行安全管理评选时，有两家企业在其他方面的得分相等，难分高下，只剩下千人事故率这个指标．甲企业有 2 000 人，发生事故概率为 0.005，即发生事故 10 起；乙企业有 1 000 人，发生事故率也为 0.005，即发生事故 5 起．那么应该评选哪家企业为先进企业呢？

分析　在这个案例中，如果按事故数来评，则应将乙企业评为先进，但甲企业可能不服，因为甲企业的发生事故数虽然是乙企业的 2 倍，但甲企业的人数正好也是乙企业的 2 倍．按千人事故率来评，两家企业都应榜上有名．但因指标有限，只能评出一家企业，因此可以考虑用泊松分布解决此问题．

假设安全管理中发生事故数服从泊松分布，则随机变量 X 取 k 值的概率为

$$P\{X = k\} = \frac{\lambda^k}{k!}\mathrm{e}^{-\lambda}, (k = 0, 1, 2, \cdots),$$

其中，$\lambda = np$（n 为人数，p 为平均事故率），发生至少 x 次事故的概率为

$$P\{X \geq x\} = \sum_{k=x}^{\infty} \frac{\lambda^k}{k!}\mathrm{e}^{-\lambda},$$

若 $x = 0$，则上式 $P\{X \geq 0\} = 1$ 成为必然事件．

现两家企业发生事故数的泊松分布参数 λ 分别为 10 和 5，故两企业发生事故的概率分别为

$$P_{甲}\{X = k\} = \frac{10^k}{k!}\mathrm{e}^{-10}, P_{乙}\{X = k\} = \frac{5^k}{k!}\mathrm{e}^{-5}.$$

用下面公式计算两企业的得分

$$得分 = 10 \times P(X \geq k).$$

其中，k 为实际发生的事故次数．由此可知没有发生事故的得分为 10，发生无限次事故的得分为 0（现实中不可能发生该情况，但显然发生事故的次数越多，得分就越低）．因此，得分越大越好，越小越差，且得分随着发生事故次数的增加而减少．则

发生 k 次事故的得分 − 发生 $k + 1$ 次事故的得分 $= 10 \times P(X = k)$，

可以看出，得分减少量与发生事故的概率成正比．分析表明，用上面的得分公式计算得分是合理的．

查泊松分布表（附表 1），可得两企业的得分如下表所示．

发生事故次数	0	1	2	3	4	5	6	7	8	9	10
甲企业	10	10	10	9.97	9.9	9.71	9.33	8.7	7.80	6.67	5.42
乙企业	10	9.93	9.6	8.75	7.34	5.6	3.84	2.37	1.33	0.68	0.32

由此可知，甲企业发生 10 起事故得 5.42 分，乙企业发生 5 起事故得 5.60 分，故应评选乙企业为先进企业．

2.6　随机变量及其分布的 Python 语言实验

微课 11：案例三

2.6.1　离散型随机变量及其分布的 Python 语言求解

例 2.28　（**二项分布**）设一个袋子中有 30 个球，其中 10 个是红色的，其余 20 个是蓝色的，如果从袋中无放回地抽取 5 个球，计算恰好抽到 3 个红球的概率（注意：在实际应用中，如果顺序无关且有放回抽样，才符合二项分布）.

解　在 Jupyter Notebook 单元格中输入如下代码：

```
#binom 是 scipy 库提供的计算二项分布的类
from scipy.stats import binom
#二项分布参数
n=5　#抽取次数
p=10/30　#每次抽取抽到红球的概率
#计算恰好抽到 3 个红球的概率
k=3
#pmf 函数为 binom 类提供的计算二项分布的概率函数
probability=binom.pmf(k,n,p)
print(f"恰好抽到 3 个红球的概率大约为:",probability)
```

运行程序后，输出如下结果：

```
恰好抽到 3 个红球的概率大约为:0.16460905349794228
```

例 2.29　（**泊松分布**）一家超市平均每天卖出 20 瓶特定品牌的矿泉水，计算在未来某一天，这家超市卖出 25 瓶或更多这种矿泉水的概率.

解　在 Jupyter Notebook 单元格中输入如下代码：

```
#poisson 是 scipy 库提供的计算泊松分布的类
from scipy.stats import poisson

#泊松分布参数
#平均每天卖出的矿泉水数量
lambda_=20
#计算未来某一天卖出 25 瓶或更多矿泉水的概率
```

```
#需要计算从25到正无穷的累计概率,但由于直接计算到正无穷可能不现实,
#通常计算一个足够大的数值(比如lambda的几倍),来近似表示这一概率.
upper_bound=50    #选择一个合适的上限来近似计算概率
#计算从25到upper_bound的概率之和
#pmf函数为poisson类提供的计算泊松分布的概率函数
probability=sum(poisson.pmf(k,lambda_)for k in range(25,upper_bound+1))
print("在未来某一天卖出25瓶或更多矿泉水的概率大约为:",probability)
```

运行程序后,输出如下结果:

在未来某一天卖出25瓶或更多矿泉水的概率大约为:0.15677261699749984

2.6.2　连续型随机变量及其分布的 Python 语言求解

例2.30　（**正态分布**）设成绩分布近似于正态分布,平均分数（均值）为75分,标准差为10分,计算一个学生的成绩在80分以上的概率.

解　在 Jupyter Notebook 单元格中输入如下代码:

```
#norm是scipy库提供的计算正态分布的类
from scipy.stats import norm
#正态分布参数
#均值
mu=75
#标准差
sigma=10
#计算成绩大于80分的概率
score=80
#cdf函数为norm类提供的计算正态分布的概率函数
probability_less_than_score=norm.cdf((score-mu)/sigma)
probability=1-probability_less_than_score
print("学生成绩在80分以上的概率大约为:",probability)
```

运行程序后,输出如下结果:

学生成绩在80分以上的概率大约为:0.3085375387259869

例2.31　（**指数分布**）设某设备的寿命（以 h 计）遵循指数分布,其平均寿命（即期望值）为100 h,计算该设备能够运行超过120 h 的概率.

解　在 Jupyter Notebook 单元格中输入如下代码:

```
#expon 是 scipy 库提供的计算指数分布的类
from scipy. stats import expon
#指数分布参数
#平均寿命
mu =100
#参数
lambda_ =1/mu
#计算设备运行超过120h 的概率
#关心的时间点
x =120
#cdf 函数为 expon 类提供的计算指数分布的概率函数
probability_less_than_x =expon. cdf(x,scale =mu)
probability =1 -probability_less_than_x
print("设备能够运行超过120h 的概率大约为:",probability)
```

运行程序后,输出如下结果:

设备能够运行超过120h 的概率大约为:0.3011942119122022

习题二

第2章【考研
真题选讲】

1.(**2018 年考研真题**) 设随机事件 X 的概率密度 $f(x)$,满足 $f(1 + x) = f(1 - x)$,且 $\int_0^2 f(x)\mathrm{d}x = 0.6$. 则 $P\{X < 0\} = ($ 　　 $)$

A. 0.2　　　　　B. 0.3　　　　　C. 0.4　　　　　D. 0.5

2.(**2016 年考研真题**) 设随机变量 $X \sim N(\mu, \sigma^2)(\sigma > 0)$,记 $p = P\{X \leqslant \mu + \sigma^2\}$,则 $($ 　　 $)$

A. p 随着 μ 的增加而增加　　　　B. p 随着 σ 的增加而增加

C. p 随着 μ 的增加而减少　　　　D. p 随着 σ 的增加而减少

3.(**2013 年考研真题**) 设随机变量 X_1, X_2, X_3 是随机变量,且 $X_1 \sim N(0,1)$,$X_2 \sim N(0,2^2)$,$X_3 \sim N(5,3^2)$,$P_j = P\{-2 \leqslant X_j \leqslant 2\}(j = 1,2,3)$,则 $($ 　　 $)$

A. $P_1 > P_2 > P_3$　　　　B. $P_2 > P_1 > P_3$

C. $P_3 > P_1 > P_2$　　　　D. $P_1 > P_3 > P_2$

4.（**2010 年考研真题**）设随机变量 X 的分布函数为 $F(x) = \begin{cases} 0, & x < 0, \\ \dfrac{1}{2}, & 0 \leqslant x < 1, \\ 1 - e^{-x}, & x \geqslant 1. \end{cases}$ 则

$P(X = 1) = ($　　$)$

A. 0　　　　　　　B. $\dfrac{1}{2}$　　　　　　C. $\dfrac{1}{2} - e^{-1}$　　　D. $1 - e^{-1}$

5.（**2011 年考研真题**）设 $F_1(x)$，$F_2(x)$ 为两个分布函数，其相应的概率密度 $f_1(x)$，$f_2(x)$ 是连续函数，则必为概率密度的是（　　）

A. $f_1(x)f_2(x)$　　　　　　　　　B. $2f_2(x)F_1(x)$

C. $f_1(x)F_2(x)$　　　　　　　　　D. $f_1(x)F_2(x) + f_2(x)F_1(x)$

6. 将 3 只乒乓球任意地放入编号 1，2，3，4 的 4 个盒子中，求有球的盒子的最大编号 X 的分布律和分布函数．

7. 20 件同类型产品有 2 件次品，其余为正品，从中任取 5 件，求取到的次品数 X 的分布律．

8. 设离散型随机变量 X 的分布函数为

$$F(x) = \begin{cases} a + be^{-\lambda x}, & x > 0, \\ 0, & x \leqslant 0. \end{cases}$$

其中 $\lambda > 0$ 且 λ 为常数．（1）求常数 a,b 的值；（2）求 $P\{-1 < X \leqslant 2\}$．

9. 某人投篮的命中率为 0.8，连续独立地进行 5 次投篮，求至少投中 3 次的概率．

10. 设 $X \sim B(2,p)$，$Y \sim B(3,p)$，若 $P\{X \geqslant 1\} = \dfrac{5}{9}$，求 $P\{Y \geqslant 1\}$．

11. 一大楼内装有 5 个同类型的供水设备．调查表明在任一时刻 t，每个设备被使用的概率为 0.1，问在同一时刻：

（1）恰有两个设备被使用的概率是多少？（2）至多有 3 个设备被使用的概率是多少？（3）至少有 1 个设备被使用的概率是多少？

12. 设有 10 台独立运转的机器，在 1 h 内每台机器出故障的概率都是 0.15，求 1 h 内机器出故障不超过 2 台的概率．

13. 某电话交换台的呼唤次数服从参数为 4 的泊松分布，求：

（1）每分钟恰有 8 次呼唤的概率；（2）每分钟的呼唤次数超过 10 次的概率．

14. 设离散型随机变量 X 的分布律为 $P\{X = k\} = \dfrac{a}{1 + 2k}$，$k = 0,1,2$，试确定常数 a．

15. 设 X 的分布函数

$$F(x) = \begin{cases} Ae^x, & x < 0, \\ B, & 0 \leqslant x < 1, \\ 1 - Ae^{-(x-1)}, & x \geqslant 1. \end{cases}$$

试求：（1）系数 A,B；（2）X 的概率密度.

16. 设随机变量 X 的概率密度为

$$f(x) = \begin{cases} x, & 0 \leqslant x < 1, \\ a - x, & 1 \leqslant x < 2, \\ 0, & \text{其他}. \end{cases}$$

试求：（1）系数 a；（2）$P\{X \leqslant 1.5\}$.

17. 已知 $X \sim N(2,\sigma^2)$，$P\{2 < X < 4\} = 0.3$，求 $P\{X < 0\}$.

18. 甲站每天的整点都有列车发往乙站，一位从甲站前往乙站的乘客在 9 点至 10 点之间随机地到达甲站，X 表示他的候车时间（单位：min），求：

（1）$P\{X \geqslant 20\}$；（2）$P\{20 \leqslant X \leqslant 30\}$；（3）$P\{X = 20\}$.

19. 一个工厂生产的电子管寿命 X（单位：h），服从参数 $\mu = 160$ 的正态分布，若要求 $P\{120 < X \leqslant 200\} \geqslant 0.8$，允许 σ 最大为多少？

20. 设顾客在某银行窗口等待服务的时间 X（单位：min）具有概率密度

$$f(x) = \begin{cases} \dfrac{1}{5}\mathrm{e}^{-\frac{x}{5}}, & x \geqslant 0, \\ 0, & x < 0. \end{cases}$$

某顾客在窗口等待服务，若超过 10 min，他就离开.

（1）求该顾客未等到服务而离开窗口的概率；（2）若该顾客一个月要去银行 5 次，用 Y 表示他未等到服务而离开窗口的次数，求 $P\{Y \geqslant 1\}$.

21. 假设某校新生入学英语考试成绩 $X \sim N(75,10^2)$，已知 95 分以上的考生 21 人，如果按成绩高低选 130 人进入 A 班. 问 A 班的分数线如何确定？

22. 设随机变量 X 的分布律为

X	0	$\dfrac{\pi}{2}$	π
P	$\dfrac{1}{4}$	$\dfrac{1}{2}$	$\dfrac{1}{4}$

求：$Y = \dfrac{2}{3}X + 2$ 和 $Z = \sin X$ 的分布律.

23. 设随机变量 X 的概率密度为

$$f(x) = \begin{cases} \dfrac{3}{2}x^2, & -1 < x < 1, \\ 0, & \text{其他}. \end{cases}$$

求以下随机变量的概率密度：

（1）$Y = 3X$；（2）$Z = 3 - X$.

24. 假设一台机器在一天内发生故障的概率为 0.2，机器发生故障时全天停止工作，若一周 5 个工作日都无故障，可获利润 10 万元；发生 1 次故障可获利润 5 万元，发生 2 次故障可获利润 0 元；发生 3 次或 3 次以上故障就要亏损 2 万元．求一周内利润 Y 的分布律．

25. 设随机变量 X 的概率密度为

$$f(x) = \begin{cases} 1 - |x|, & -1 < x < 1, \\ 0, & \text{其他}. \end{cases}$$

求随机变量 $Y = X^2 + 1$ 的分布函数与概率密度函数．

第 3 章 多维随机变量及其分布

> 一曰度，二曰量，三曰数，四曰称，五曰胜．
> 地生度，度生量，量生数，数生称，称生胜．
>
> ——孙武

概率统计人物

孙武（约公元前 545 年—前 470 年），字长卿，齐国人，春秋时期军事家．曾以《兵法》十三篇见吴王阖闾，被任为将，著有《孙子兵法》．1972 年在山东临沂银雀山汉墓出土的《孙子兵法》残简五篇，为中国最早、最杰出的兵书．他对调查研究非常重视，其调查研究思想，虽然是涉及军事的，但又具有普遍的应用意义．

孙子的调查研究思想，到现在仍是科学的真理，经得起历史的检验，并对我国的统计理论有一定的指导意义．

在实际问题中，一维随机变量不能满足研究的需要，很多随机试验的结果受到多个因素的影响，需要用两个或两个以上的随机变量来描述．例如，某钢铁厂炼钢时必须考察炼出的钢 e 的硬度 $X(e)$、含碳量 $Y(e)$ 和含硫量 $Z(e)$ 的情况，它们是定义在同一个 $\Omega = \{e\}$ 上的 3 个随机变量；国内生产总值（GDP）受到消费、投资、政府购买和净出口的影响；在量子力学中，当微观粒子处于某一状态时，它的力学量受到坐标、动量、角动量和能量的影响；飞机的重心在空中的位置是由 3 个坐标决定的；研究某一地区的学龄前儿童的身体发育情况，需同时考虑儿童的身高和体重．

多维随机变量及其分布的应用非常广泛．例如，在风险评估与管理中，当金融机构面临多种风险时，如信用风险、市场风险、操作风险等，可将这些风险因素视为多维随机变量，通过研究其联合分布和相关性，建立风险评估模型；在信号与图像处理中，遇到处理多通道信号或图像问题时，如彩色图像的红、绿、蓝三个通道，可将这些通道的信号值视为多维随机变量，通过分析其联合分布和相关性，进行图像去噪、增强、分割等处理，如利用多维高斯分布对图像噪声进行建模；在医学领域的药物研发过程中，同时考虑药物对多个靶点的作用、多种不良反应等因素时，可将这些因素视为多维随机变量，如在临床试验中通过分层抽样、多变量分析等方法，提高药物研发的效率和成功率，更全面地评估药物的疗效和安全性；在电子电路设计中，各种电子元件的噪声特性以及电路中的信号等可视为多维随机变量，通过分析其联合分布和相关性，进行噪声建模和分析，优化电路设计；在智能制造生产线上，多个质量特性指标可视为多维随机变量，通过实时监测这些指标的联合分布和变化趋势，利用统计过程控制方法（如多元控制图）及时发现生产过程中的异常波动，采取调整措施，保证产品质量的稳定性；在机器学习中，多维随机变量被广泛应用于模式识别和分类问题，通过分析多维随机变量的特征，利用机器学习算法构建模型，实现对数据的自动分类和处理，这种方法在图像识别、自然语言处理等领域有着广泛的应用.

本章以两个随机变量的情形为代表，研究其统计规律及相互间的关系.

第3章多维随机变量及其分布思维导图　　　　第3章多维随机变量及其分布学习重难点及学习目标

3.1　二维随机变量及其分布

> 我不希望自己的文章登在有名的杂志上因而出名，我希望杂志因为登了我的文章而出名.
>
> ——许宝騄

概率统计人物

许宝騄（1910—1970），现代著名数理统计学家，中国科学院学部委员、北京大学数学系教授. 他是中国概率论和数理统计的先驱. 他在内曼－皮尔逊理论、参数估计理论、多元分析、极限理论等方面都取得了卓越成就，是多元统计分析的奠基人之一. 至今"许方法"仍被认为是解决检验问题最实用的方法. 许宝騄被公认为在数理统计和概率论方面第一个具有国际声望的中国数学家. 他的相片悬挂在斯坦福大学统计系的走廊上，与其他世界著名的统计学家并列.

二维随机变量在实际问题中有着广泛的应用. 例如, 在通信领域, 信号的幅度和相位可以用二维随机变量表示, 对这些二维随机变量函数的分布进行建模, 可以帮助分析通信信号的性能和优化系统设计; 在雷达系统中, 目标的距离和方位可以用二维连续型随机变量表示, 从而进行目标检测和跟踪; 在图像处理和计算机视觉领域, 二维连续型随机变量用于描述图像上像素的位置和颜色分布, 从而进行图像分割、目标检测等计算机视觉任务, 二维随机变量函数则用于图像处理中的去噪、图像增强等任务; 在地理信息系统中, 二维连续型随机变量用于描述地理空间数据的位置和属性, 帮助进行地理信息系统分析和地图制作, 二维随机变量函数则用于地理空间数据的相关性建模, 如地理位置的相似性分析等; 在金融风险管理中, 二维随机变量函数用于建立金融资产之间的相关性模型, 如股票价格和汇率变化的关联等, 有助于风险管理和投资组合优化.

3.1.1 二维随机变量及其分布函数

定义 3.1 设 Ω 是随机试验的样本空间, 对 Ω 中的每一个样本点 ω, 有 n 个实数 $X_1(\omega)$, $X_2(\omega)$, $\cdots$, $X_n(\omega)$ 与之对应, 称 $(X_1, X_2, \cdots, X_n)$ 为定义在 Ω 上的一个 **n 维随机变量**.

由此, 二维随机变量的定义如下.

定义 3.2 设 Ω 是随机试验的样本空间, 对 Ω 中的每一个样本点 ω, 有两个实数 $X(\omega)$, $Y(\omega)$ 与之对应, 则称 (X, Y) 为定义在 Ω 上的一个 **二维随机变量**.

二维随机变量 (X, Y) 的性质不仅与 X 和 Y 有关, 还依赖于两个随机变量之间的相互关系. 因此, 既要考虑随机变量 (X, Y) 作为整体的分布情况, 还要考虑 X 和 Y 各自的分布情况.

与一维随机变量类似, 对于二维随机变量, 同样通过分布函数来描述其概率分布规律.

定义 3.3 设 (X, Y) 是二维随机变量, 对任意 $x, y \in R$, 称二元函数

$$F(x, y) = P\{X \leqslant x, Y \leqslant y\} \tag{3.1}$$

为二维随机变量 (X, Y) 的 **联合分布函数**.

X 和 Y 的分布函数 $F_X(x) = P\{X \leqslant x\}$, $F_Y(y) = P\{Y \leqslant y\}$ 分别称为 (X, Y) 关于 X, Y 的 **边缘分布函数**.

如果已知 (X, Y) 的联合分布函数 $F(x, y)$, 则由 $F(x, y)$ 可以导出 X 和 Y 的边缘分布函数:

$$F_X(x) = P\{X \leqslant x\} = P\{X \leqslant x, Y < +\infty\} = F(x, +\infty) = \lim_{y \to +\infty} F(x, y); \tag{3.2}$$

$$F_Y(y) = P\{Y \leqslant y\} = P\{X < +\infty, Y \leqslant y\} = F(+\infty, y) = \lim_{x \to +\infty} F(x, y). \tag{3.3}$$

注意: 联合分布函数 $F(x, y)$ 可以完全决定 X 和 Y 的边缘分布函数 $F_X(x)$, $F_Y(y)$, 但反之未必.

例 3.1 在人工智能图像识别系统中, 设二维随机变量 (X, Y) 分别表示图像中某特征区域的亮度值和纹理复杂度值. 其联合分布函数为

$$F(x, y) = \begin{cases} 1 - \mathrm{e}^{-x^2} - \mathrm{e}^{-y^2} + \mathrm{e}^{-x^2 - y^2 - \lambda xy}, & x > 0, y > 0, \\ 0, & \text{其他.} \end{cases}$$

其中，x 表示亮度值（取值大于 0）；y 表示纹理复杂度值（取值大于 0）；λ 是一个反映亮度和纹理复杂度之间关联程度的参数．现在要求出 X 和 Y 的边缘分布函数．

解 X 的边缘分布函数 $F_x(x) = \lim\limits_{y \to +\infty} F(x,y) = \begin{cases} 1 - e^{-x^2}, & x > 0, \\ 0, & x \leqslant 0. \end{cases}$

Y 的边缘分布函数 $F_y(x) = \lim\limits_{x \to +\infty} F(x,y) = \begin{cases} 1 - e^{-y^2}, & y > 0, \\ 0, & y \leqslant 0. \end{cases}$

这两个分布都是一维指数分布，它们与 λ 无关．当 λ 不同时，对应的二维分布不同，但它们的边缘分布却相同．这说明仅仅依据边缘分布还不足以完全描述联合分布．这是因为二维随机变量不仅与 X,Y 有关，还与两个随机变量之间的联系有关．

若将二维随机变量 (X,Y) 看成平面上的随机点，则联合分布函数 $F(x,y)$ 表示随机点 (X,Y) 落在以点 (x,y) 为顶点，位于该点左下方阴影部分内的概率．如图 3.1 所示．

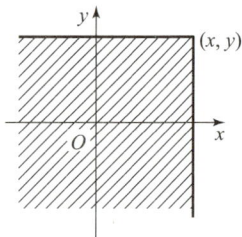

图 3.1　分布函数 $F(x,y)$ 的几何意义

与一维随机变量的分布函数类似，二维随机变量的联合分布函数 $F(x,y)$ 具有以下基本性质：

定理 3.1 设 $F(x,y)$ 为二维随机变量 (X,Y) 的联合分布函数，则

（1）**单调性**：$F(x,y)$ 分别关于 x,y 单调不减，即

当 $x_1 < x_2$ 时，有 $F(x_1,y) \leqslant F(x_2,y)$，

当 $y_1 < y_2$ 时，有 $F(x,y_1) \leqslant F(x,y_2)$．

（2）**有界性**：$0 \leqslant F(x,y) \leqslant 1$，且

微课 1：定理 3.1

$$F(-\infty,y) = \lim\limits_{x \to -\infty} F(x,y) = 0, \quad F(x,-\infty) = \lim\limits_{y \to -\infty} F(x,y) = 0,$$

$$F(-\infty,-\infty) = \lim\limits_{\substack{x \to -\infty \\ y \to -\infty}} F(x,y) = 0, \quad F(+\infty,+\infty) = \lim\limits_{\substack{x \to +\infty \\ y \to +\infty}} F(x,y) = 1.$$

（3）**右连续性**：$F(x,y)$ 关于 x 和 y 是右连续的，即

$$F(x_0+0,y) = \lim\limits_{x \to x_0^+} F(x,y) = F(x_0,y),$$

$$F(x,y_0+0) = \lim\limits_{y \to y_0^+} F(x,y) = F(x,y_0).$$

（4）**非负性**：对于任意实数 $x_1 < x_2$，$y_1 < y_2$，如图 3.2 所示，都有

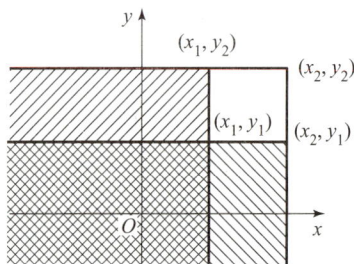

图 3.2　二维概率计算

$$P\{x_1 < X \leqslant x_2, y_1 < Y \leqslant y_2\} =$$
$$F(x_2,y_2) - F(x_2,y_1) - F(x_1,y_2) + F(x_1,y_1) \geqslant 0.$$

满足以上四条性质的二元函数 $F(x,y)$，一定是某个二维随机变量的联合分布函数．

例 3.2 设二维随机变量 (X,Y) 的联合分布函数为

微课 2：例 3.2

$$F(x,y) = A(B + \arctan x)(C + \arctan y),\ (x,y) \in R^2,$$

试求：系数 A, B, C；并求 $P(0 < x \leqslant 1, 0 < y \leqslant 1)$.

解 $\lim\limits_{x \to -\infty} F(x,y) = \lim\limits_{x \to -\infty} A(B + \arctan x)(C + \arctan y) = A\left(B - \dfrac{\pi}{2}\right)(C + \arctan y) = 0,$

$\lim\limits_{y \to -\infty} F(x,y) = \lim\limits_{y \to -\infty} A(B + \arctan x)(C + \arctan y) = A(B + \arctan x)\left(C - \dfrac{\pi}{2}\right) = 0,$

$\lim\limits_{\substack{x \to +\infty \\ y \to +\infty}} F(x,y) = \lim\limits_{\substack{x \to +\infty \\ y \to +\infty}} A(B + \arctan x)(C + \arctan y) = A\left(B + \dfrac{\pi}{2}\right)\left(C + \dfrac{\pi}{2}\right) = 1.$

由此可得 $A = \dfrac{1}{\pi^2},\ B = C = \dfrac{\pi}{2}$.

又由相容性可知

$$P\{0 < X \leqslant 1, 0 < Y \leqslant 1\} = F(1,1) - F(0,1) - F(1,0) + F(0,0) = \dfrac{1}{16}.$$

类似的，可定义 n 维随机变量 $(X_1, X_2, \cdots, X_n)$ 的分布函数.

定义 3.4　设 $(X_1, X_2, \cdots, X_n)$ 为 Ω 上的一个 n 维随机变量，对任意 $x_i \in R$，$i = 1, 2, \cdots,$ n，称 n 元函数

$$F(x_1, x_2, \cdots, x_n) = P\{X_1 \leqslant x_1, X_2 \leqslant x_2, \cdots, X_n \leqslant x_n\} \tag{3.4}$$

为 n 维随机变量 $(X_1, X_2, \cdots, X_n)$ 的**联合分布函数**.

其中 $\{X_1 \leqslant x_1, X_2 \leqslant x_2, \cdots, X_n \leqslant x_n\} = \{X_1 \leqslant x_1\} \cap \{X_2 \leqslant x_2\} \cap \cdots \cap \{X_n \leqslant x_n\}$.

X_i 的分布函数 $F_{X_i}(x_i) = P\{X_i \leqslant x_i\}$，$i = 1, 2, \cdots, n$ 称为 $(X_1, X_2, \cdots, X_n)$ 关于 X_i 的**边缘分布函数**.

二维随机变量也有离散型和连续型两种类型，为了研究它们的统计规律，仍然可以借助"分布律"和"概率密度"这两个有用的工具.

3.1.2　二维离散型随机变量及其分布

定义 3.5　若二维随机变量 (X, Y) 只取有限个或可列无穷多个数对 (x_i, y_j)，$i, j = 1, 2, \cdots$，称 (X, Y) 为**二维离散型随机变量**，称

微课 3：定义 3.5

$$P\{X = x_i, Y = y_j\} = p_{ij},\ (i, j = 1, 2, \cdots) \tag{3.5}$$

为 (X, Y) 的**联合分布律**，

$$P\{X = x_i\} = p_{i\cdot} = \sum_{j=1}^{\infty} p_{ij},\ (i = 1, 2, \cdots) \tag{3.6}$$

为随机变量 X 的**边缘分布律**，

$$P\{Y = y_j\} = p_{\cdot j} = \sum_{i=1}^{\infty} p_{ij},\ (j = 1, 2, \cdots) \tag{3.7}$$

为随机变量 Y 的**边缘分布律**.

与一维随机变量的分布律类似，二维随机变量分布律也可用如下形式表示.

X \ Y	y_1	y_2	$\cdots$	y_j	$\cdots$	$p_{i\cdot}$
x_1	p_{11}	p_{12}	$\cdots$	p_{1j}	$\cdots$	$p_{1\cdot}$
x_2	p_{21}	p_{22}	$\cdots$	p_{2j}	$\cdots$	$p_{2\cdot}$
$\vdots$	$\vdots$	$\vdots$		$\vdots$		$\vdots$
x_i	p_{i1}	p_{i2}	$\cdots$	p_{ij}	$\cdots$	$p_{i\cdot}$
$\vdots$	$\vdots$	$\vdots$		$\vdots$		$\vdots$
$p_{\cdot j}$	$p_{\cdot 1}$	$p_{\cdot 2}$	$\cdots$	$p_{\cdot j}$	$\cdots$	1

由概率的性质可知，p_{ij} 满足下列两条基本性质：

（1）**非负性**：$p_{ij} \geqslant 0\,(i,j = 1,2,\cdots)$；

（2）**规范性**：$\sum\limits_{i=1}^{\infty} \sum\limits_{j=1}^{\infty} p_{ij} = 1$.

二维离散型随机变量的联合分布函数为

$$F(x,y) = P\{X \leqslant x, Y \leqslant y\} = \sum_{x_i \leqslant x} \sum_{y_j \leqslant y} p_{ij}.$$

例 3.3 设随机变量 X 在 1，2，3，4 这四个整数中等可能地取值，另一随机变量 Y 在 $1 \sim X$ 中等可能地取一个整数值. 试求：(X,Y) 的联合分布律及 X 和 Y 的边缘分布律；并求概率 $P\{X \leqslant 2, Y < 2\}$，$P\{X = 2\}$.

解 $\{X = i, Y = j\}$ 的取值情况是 $i = 1,2,3,4$，j 取不大于 i 的正整数. 由乘法公式得

$$p_{ij} = P\{X = i, Y = j\} = P\{X = i\}P\{Y = j \mid X = i\} = \frac{1}{4} \times \frac{1}{i}, \quad (i = 1,2,3,4,\ j \leqslant i).$$

于是 (X,Y) 的联合分布律及 X 和 Y 的边缘分布律为

X \ Y	1	2	3	4	$P_{i\cdot}$
1	$\dfrac{1}{4}$	0	0	0	$\dfrac{1}{4}$
2	$\dfrac{1}{8}$	$\dfrac{1}{8}$	0	0	$\dfrac{1}{4}$
3	$\dfrac{1}{12}$	$\dfrac{1}{12}$	$\dfrac{1}{12}$	0	$\dfrac{1}{4}$
4	$\dfrac{1}{16}$	$\dfrac{1}{16}$	$\dfrac{1}{16}$	$\dfrac{1}{16}$	$\dfrac{1}{4}$
$P_{\cdot j}$	$\dfrac{25}{48}$	$\dfrac{13}{48}$	$\dfrac{7}{48}$	$\dfrac{3}{48}$	1

$$P\{X \leqslant 2, Y < 2\} = P\{X = 2, Y = 1\} + P\{X = 1, Y = 1\} = \frac{1}{8} + \frac{1}{4} = \frac{3}{8},$$

$$P\{X = 2\} = \sum_{j=1}^{4} P\{X = 2, Y = j\} = \frac{1}{8} + \frac{1}{8} + 0 + 0 = \frac{1}{4}.$$

例 3.4　（二维两点分布）用剪刀随机地去剪悬挂有小球的绳子，剪一次，剪中的概率为 $p(0 < p < 1)$. 设 X 表示剪中绳子的次数，Y 表示小球下落的次数. 求 (X, Y) 的联合分布函数.

解　因为 X, Y 的可能取值都为 0, 1, 且 $\{X = 0\} \Leftrightarrow \{Y = 0\}$, 故

$$P\{X = 0, Y = 0\} = P\{X = 0\} = 1 - p;$$

又 $\{X = 1\} \Leftrightarrow \{Y = 1\}$, 故 $P\{X = 1, Y = 1\} = P\{X = 1\} = p.$

于是 (X, Y) 的联合分布律为

Y \ X	0	1
0	$1 - p$	0
1	0	p

当 $x < 0$ 或 $y < 0$ 时，$F(x, y) = P\{X \leqslant x, Y \leqslant y\} = 0$;

当 $0 \leqslant x < 1$ 且 $y \geqslant 0$ 时，

$$F(x, y) = P\{X \leqslant x, Y \leqslant y\} = P\{X = 0, Y = 0\} = 1 - p;$$

当 $0 \leqslant y < 1$ 且 $x \geqslant 0$ 时，

$$F(x, y) = P\{X \leqslant x, Y \leqslant y\} = P\{X = 0, Y = 0\} = 1 - p;$$

当 $x \geqslant 1$ 且 $y \geqslant 1$ 时，

$$F(x, y) = P\{X \leqslant x, Y \leqslant y\} = P\{X = 0, Y = 0\} + P\{X = 1, Y = 1\} = 1.$$

故 (X, Y) 的联合分布函数为

$$F(x, y) = \begin{cases} 0, & x < 0 \text{ 或 } y < 0, \\ 1 - p, & 0 \leqslant x < 1 \text{ 且 } y \geqslant 0 \text{ 或 } 0 \leqslant y < 1 \text{ 且 } x \geqslant 0, \\ 1, & x \geqslant 1 \text{ 且 } y \geqslant 1. \end{cases}$$

3.1.3　二维连续型随机变量及其分布

定义 3.6　设 $F(x, y)$ 是二维随机变量 (X, Y) 的联合分布函数，如果存在非负可积函数 $f(x, y)$, 使对于任意实数对 (x, y), 有

微课 4：例 3.4

$$F(x, y) = \int_{-\infty}^{x} \int_{-\infty}^{y} f(u, v) \, \mathrm{d}u \mathrm{d}v \tag{3.8}$$

则称 (X, Y) 为**二维连续型随机变量**，$f(x, y)$ 为 (X, Y) 的**联合概率密度**. X 和 Y 的概率密度 $f_X(x)$, $f_Y(y)$ 分别称为 (X, Y) 关于 X, Y 的**边缘概率密度**.

二维连续型随机变量的联合概率密度满足下列两条基本性质：

（1）**非负性**：$f(x, y) \geqslant 0$;

（2）规范性：$\int_{-\infty}^{+\infty}\int_{-\infty}^{+\infty}f(x,y)\mathrm{d}x\mathrm{d}y = 1$.

上述两条性质是判断一个二元函数 $f(x,y)$ 是不是联合概率密度的依据.

由联合分布函数和联合概率密度的性质，可以得到以下结论.

（1）在 $f(x,y)$ 的连续点处，有 $\dfrac{\partial^2 F(x,y)}{\partial x\,\partial y} = f(x,y)$.

（2）设 G 是 xoy 平面上任一区域，则点 (x,y) 落在 G 内的概率为

$$P\{(X,Y) \in G\} = \iint\limits_{G}f(x,y)\mathrm{d}x\mathrm{d}y.$$

（3）随机变量 X 的边缘概率密度为 $f_X(x) = \int_{-\infty}^{+\infty}f(x,y)\mathrm{d}y,\ x \in R$；

随机变量 Y 的边缘概率密度为 $f_Y(y) = \int_{-\infty}^{+\infty}f(x,y)\mathrm{d}x,\ y \in R$.

因为

$$F_X(x) = F(x, +\infty) = \int_{-\infty}^{x}\left[\int_{-\infty}^{+\infty}f(u,v)\mathrm{d}v\right]\mathrm{d}u,$$

$$f_X(x) = F'_X(x) = \int_{-\infty}^{+\infty}f(x,v)\mathrm{d}v,$$

即 $f_X(x) = \int_{-\infty}^{+\infty}f(x,y)\mathrm{d}y$.

同理可得 $f_Y(y) = \int_{-\infty}^{+\infty}f(x,y)\mathrm{d}x$.

例 3.5 设二维随机变量 (X,Y) 的联合概率密度为

$$f(x,y) = \begin{cases} ce^{-(2x+y)}, & x > 0, y > 0, \\ 0, & \text{其他}. \end{cases}$$

求：（1）常数 c；（2）边缘概率密度 $f_X(x),f_Y(y)$；（3）$P\{X \geqslant Y\}$；（4）联合分布函数 $F(x,y)$.

微课 5：例 3.5

解（1）由 $\int_{-\infty}^{+\infty}\int_{-\infty}^{+\infty}f(x,y)\mathrm{d}x\mathrm{d}y = 1$，有

$$1 = \int_{-\infty}^{+\infty}\int_{-\infty}^{+\infty}ce^{-(2x+y)}\mathrm{d}x\mathrm{d}y = c\int_{0}^{+\infty}e^{-2x}\mathrm{d}x\int_{0}^{+\infty}e^{-y}\mathrm{d}y = \frac{c}{2},$$

可得 $c = 2$；

（2）$f_X(x) = \int_{-\infty}^{+\infty}f(x,y)\mathrm{d}y = \begin{cases} \int_{0}^{+\infty}2e^{-2x}e^{-y}\mathrm{d}y, & x > 0, \\ 0, & x \leqslant 0. \end{cases} = \begin{cases} 2e^{-2x}, & x > 0, \\ 0, & x \leqslant 0. \end{cases}$

$f_Y(y) = \int_{-\infty}^{+\infty}f(x,y)\mathrm{d}x = \begin{cases} \int_{0}^{+\infty}2e^{-2x}e^{-y}\mathrm{d}x, & y > 0, \\ 0, & y \leqslant 0. \end{cases} = \begin{cases} e^{-y}, & y > 0, \\ 0, & y \leqslant 0. \end{cases}$

（3）$P\{X \geqslant Y\} = \iint\limits_{x \geqslant y}f(x,y)\mathrm{d}x\mathrm{d}y = \int_{0}^{+\infty}2e^{-2x}\mathrm{d}x\int_{0}^{x}e^{-y}\mathrm{d}y = \int_{0}^{+\infty}2e^{-2x}(1 - e^{-x})\mathrm{d}x = \frac{1}{3}$；

$$(4)\ F(x,y) = \int_{-\infty}^{x}\int_{-\infty}^{y}f(u,v)\mathrm{d}u\mathrm{d}v = \begin{cases} \int_{0}^{x}\int_{0}^{y}2\mathrm{e}^{-2u}\mathrm{e}^{-v}\mathrm{d}u\mathrm{d}v, & x>0,y>0, \\ 0, & 其他. \end{cases}$$

$$= \begin{cases} (1-\mathrm{e}^{-2x})(1-\mathrm{e}^{-y}), & x>0,y>0, \\ 0, & 其他. \end{cases}$$

例 3.6　（机械工程中的材料疲劳寿命分析）在机械工程领域，某新型铝合金材料的疲劳寿命分析是评估其可靠性的关键. 通过实验发现，该材料的疲劳寿命受两个关键参数影响：应力幅 X（单位：MPa）和温度 Y（单位：℃）. 实验数据表明，X 和 Y 的联合概率密度函数为

$$f(x,y) = \begin{cases} k(4-x-y), & 0<x<2,0<y<2, \\ 0, & 其他. \end{cases}$$

工程师需要确定常数 k，并计算在应力幅 $X \in (0.5,1.5)$ 且温度 $Y \in (0.8,1.2)$ 时的疲劳失效概率，以指导材料的实际应用.

解　首先确定常数 k，由 $\int_{-\infty}^{+\infty}\int_{-\infty}^{+\infty}f(x,y)\mathrm{d}x\mathrm{d}y = 1$，有

$$1 = \int_{-\infty}^{+\infty}\int_{-\infty}^{+\infty}k(4-x-y)\mathrm{d}x\mathrm{d}y = k\int_{0}^{2}\mathrm{d}y\int_{0}^{2}(4-x-y)\mathrm{d}x = 8k,$$

可得 $k = \dfrac{1}{8}$.

计算失效概率

$$P\{0.5<X<1.5,0.8<Y<1.2\} = \int_{0.8}^{1.2}\int_{0.5}^{1.5}\frac{1}{8}(4-x-y)\mathrm{d}x\mathrm{d}y = \frac{1}{8}\int_{0.8}^{1.2}(3-y)\mathrm{d}y = 0.1.$$

因此，材料的失效概率为 0.1（即 10%），这表明在此工况下，材料存在较高的疲劳失效风险.

例 3.6 通过二维随机变量分析，量化了材料在多参数耦合下的失效概率，为工程可靠性设计提供了数据支持. 实际应用中，可进一步结合有限元分析和加速寿命试验，完善疲劳寿命预测模型.

1. 二维均匀分布

设 G 为平面上某个有界区域，其面积为 S_G，如果二维连续型随机变量 (X,Y) 具有联合概率密度

$$f(x,y) = \begin{cases} \dfrac{1}{S_G}, & (x,y) \in G, \\ 0, & (x,y) \notin G. \end{cases} \tag{3.9}$$

则称 (X,Y) 在区域 G 上服从**二维均匀分布**，记为 $(X,Y) \sim U(G)$.

若二维随机变量 $(X,Y) \sim U(G)$，则对任意区域 $D \subset G$，有

$$P\{(X,Y) \in D\} = \iint_{D}f(x,y)\mathrm{d}\sigma = \frac{1}{S_G}\iint_{D}\mathrm{d}\sigma = \frac{S_D}{S_G} \tag{3.10}$$

二维均匀分布相当于向平面区域 G 内随机地投点，该点坐标 (X, Y) 落在 G 的任何子区域 D 中的概率只与 D 的面积有关，与 D 的位置无关.

将这种借助于几何度量（长度、面积、体积等）来计算的概率，称为**几何概率**.

例 3.7 在新能源汽车电池管理系统中，设二维随机变量 (X, Y) 中的 X, Y 分别表示电池在某时刻的充放电电流 I（单位：A）和电池温度 T（单位：℃），且 (X, Y) 在区域 G 上服从均匀分布. 区域 G 是由 $x = -10$（表示充电电流为 -10 A），$x = 10$（表示电流为 10A），$y = 20$ 以及 $y = -x + 30$ 所围成的区域（此区域表示电池在安全工作条件下电流和温度的合理范围）. 求：（1）(X, Y) 的联合概率密度；（2）$P\{-5 < X < 0, 20 < Y < 25\}$.

解 （1）首先需要计算出 G 的面积 S_G，由已知条件可知区域 G 是一个三角形，

$$S_G = \frac{1}{2} \times 20 \times 20 = 200,$$

由均匀分布的联合概率公式可求出

$$f(x, y) = \begin{cases} \dfrac{1}{200}, & (x, y) \in G, \\ 0, & (x, y) \notin G. \end{cases}$$

（2）设 $D = \{(X, Y) \mid -5 < X < 0, 20 < Y < 25\}$，则

$$P\{-5 < X < 0, 20 < Y < 25\} = P\{(X, Y) \in D\} = \iint\limits_{D} f(x, y)\,\mathrm{d}x\,\mathrm{d}y$$

$$= \int_{-5}^{0}\mathrm{d}x \int_{20}^{25} \frac{1}{200}\mathrm{d}y = 0.125.$$

例 3.8 （**约会等待问题**）甲乙两艘轮船驶向一个不能同时停泊两艘轮船的码头停泊，它们在一昼夜内到达的时刻是等可能的. 如果甲的停泊时间为 1 h，乙的停泊时间为 2 h. 求两艘轮船相遇的概率.

解 设 X, Y 分别表示甲、乙两船到达的时间（单位：min），

则 $(X, Y) \sim U(G)$，$G = \{(x, y) \mid 0 \leqslant x \leqslant 24, 0 \leqslant y \leqslant 24\}$，

假设甲先到，则两船要相遇，需满足 $X \leqslant Y \leqslant X + 1$；

假设乙先到，则两船要相遇，需满足 $Y \leqslant X \leqslant Y + 2$.

所以两船要相遇，即 (X, Y) 落在 $D = \{(x, y) \mid x - 2 \leqslant y \leqslant x + 1\}$ 内（见图 3.3）

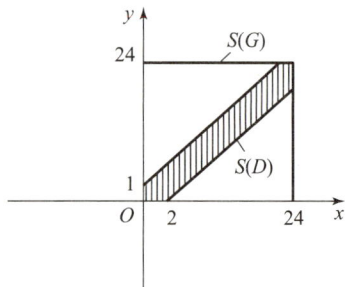

图 3.3 (X, Y) 区域图形

所求概率为 $p = \dfrac{S(D)}{S(G)} = \dfrac{24^2 - \frac{1}{2} \times 23^2 - \frac{1}{2} \times 22^2}{24^2} = $

0.12.

例 3.9 （**蒲丰投针试验**）1777 年法国科学家蒲丰（Buffon）提出了投针试验问题. 平面上画有距离都相距为 $a(a > 0)$ 的一些平行直线，现向此平面任意投掷一根长为 $b(b < a)$ 的针，试求针与某一平行直线相交的概率.

解 以 x 表示针投到平面上时，针的中点 M 到最近的一条平行直线的距离，φ 表示针与

该平行直线的夹角（见图 3.4）. 则针落在平面上的位置可由 (x,φ) 完全确定. 因此投针试验的所有可能结果与矩形区域

$$S = \left\{ (x,\varphi) \mid 0 \leqslant x \leqslant \frac{a}{2}, 0 \leqslant \varphi \leqslant \pi \right\}$$

微课 6：例 3.9
（蒲丰投针试验）

中的点一一对应. 由投针的任意性可知 (x,φ) 服从均匀分布.

设 $A = \{$针与某一平行直线相交$\}$，则 A 中的点一定满足

$$\left\{ 0 \leqslant x \leqslant \frac{b}{2}\sin\varphi, 0 \leqslant \varphi \leqslant \pi \right\}（见图 3.5），$$

故

$$P(A) = \frac{\mu(G)}{\mu(S)} = \frac{G \text{ 的面积}}{S \text{ 的面积}} = \frac{\int_0^\pi \dfrac{b}{2}\sin\varphi \mathrm{d}\varphi}{\dfrac{a}{2} \times \pi} = \frac{b}{\dfrac{a}{2} \times \pi} = \frac{2b}{a\pi}.$$

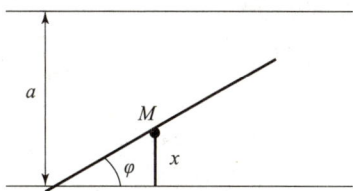

图 3.4　投针试验试验几何关系图

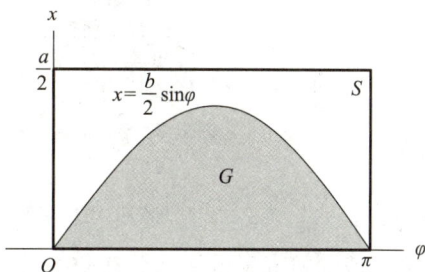

图 3.5　投针试验区域示意图

2. 二维正态分布

设二维连续型随机变量 (X,Y) 具有联合概率密度

$$f(x,y) = \frac{1}{2\pi\sigma_1\sigma_2\sqrt{1-\rho^2}}$$

$$\exp\left\{ \frac{-1}{2(1-\rho^2)} \left[\frac{(x-\mu_1)^2}{\sigma_1^2} - 2\rho\frac{(x-\mu_1)(y-\mu_2)}{\sigma_1\sigma_2} + \frac{(y-\mu_2)^2}{\sigma_2^2} \right] \right\}, (x \in R, y \in R)$$

$$\tag{3.11}$$

其中 $\mu_1, \mu_2, \sigma_1, \sigma_2, \rho$ 都是常数，且 $\sigma_1 > 0$，$\sigma_2 > 0$，$-1 < \rho < 1$，则称 (X,Y) 服从**二维正态分布**，记为 $(X,Y) \sim N(\mu_1,\mu_2,\sigma_1^2,\sigma_2^2,\rho)$.

二维正态分布概率密度的图形很像一顶向四周无限延伸的草帽，其中心点在 (μ_1,μ_2) 处（见图 3.6）.

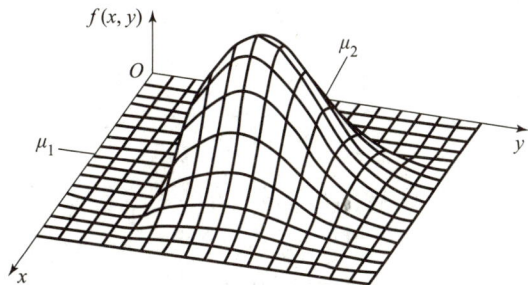

例 3.10　设 $(X,Y) \sim N(0,0,100,100,0)$，求 $P\{X < Y\}$.

图 3.6　二维正态分布概率密度的图形

解 已知 $f(x,y) = \dfrac{1}{2\pi \times 10^2}e^{-\frac{x^2+y^2}{2 \times 10^2}}$，如图 3.7 所示，

$$P\{X < Y\} = \iint\limits_{y > x} f(x,y)\,\mathrm{d}x\mathrm{d}y.$$

利用极坐标变换，令 $\begin{cases} x = r\cos\theta \\ y = r\sin\theta \end{cases}$，可得

$$P\{X < Y\} = \frac{1}{2\pi \times 10^2}\int_{\frac{\pi}{4}}^{\frac{5\pi}{4}}\mathrm{d}\theta\int_0^{+\infty}e^{-\frac{r^2}{2 \times 10^2}}r\,\mathrm{d}r$$

$$= \frac{1}{2 \times 10^2}\int_0^{+\infty}e^{-\frac{r^2}{2 \times 10^2}}r\,\mathrm{d}r = \frac{1}{2}.$$

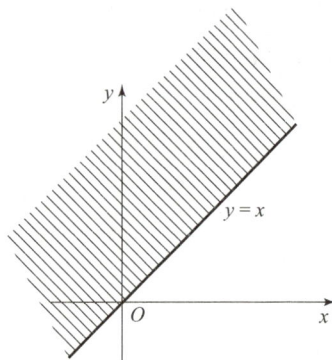

图 3.7 $X < Y$ 概率积分区域图

定理 3.2 若二维连续型随机变量 $(X,Y) \sim N(\mu_1,\mu_2,\sigma_1^2,\sigma_2^2,\rho)$，则 $X \sim N(\mu_1,\sigma_1^2)$，$Y \sim N(\mu_2,\sigma_2^2)$.

微课 7：例 3.10

定理 3.2

推论 3.1 若二维连续型随机变量 $(X,Y) \sim N(0,0,1,1,\rho)$，则 $X \sim N(0,1)$，$Y \sim N(0,1)$.

二维正态随机变量的边缘分布仍为正态分布.

例 3.11 在无人机飞行控制系统中，设二维随机变量 (X,Y) 中的 X，Y 分别表示无人机在某时刻的水平飞行速度偏差（相对于设定速度，单位：$\mathrm{m \cdot s^{-1}}$）和垂直飞行高度偏差（相对于设定高度，单位：m）. 其概率密度函数为：

$$f(x,y) = \frac{1}{2\pi}e^{-\frac{1}{2}(x^2+y^2)}\left(1 + \frac{1}{2}\sin x\sin y\right),$$

其中，x 和 y 的取值范围均为 $(-\infty, +\infty)$. 在无人机飞行过程中，了解水平速度偏差和垂直高度偏差各自的分布情况，有助于评估飞行的稳定性和准确性，进而优化飞行控制策略. 因此，需要求出关于 X 和 Y 的边缘概率密度函数.

解 根据边缘概率密度的计算公式，

$$f_X(x) = \int_{-\infty}^{+\infty}f(x,y)\,\mathrm{d}y = \frac{1}{2\pi}e^{-\frac{1}{2}x^2}\int_{-\infty}^{+\infty}e^{-\frac{1}{2}y^2}\,\mathrm{d}y + \frac{1}{4\pi}\sin x e^{-\frac{1}{2}x^2}\int_{-\infty}^{+\infty}\sin y e^{-\frac{1}{2}y^2}\,\mathrm{d}y,$$

因为服从标准正态分布的随机变量的概率密度函数为 $\varphi(y) = \dfrac{1}{\sqrt{2\pi}}e^{-\frac{1}{2}y^2}$，且 $\int_{-\infty}^{+\infty}\varphi(y)\,\mathrm{d}y = 1$，

所以 $\int_{-\infty}^{+\infty}e^{-\frac{1}{2}y^2}\,\mathrm{d}y = \sqrt{2\pi}$. 根据奇函数在对称区间上的积分为 0，可得 $\int_{-\infty}^{+\infty}\sin y e^{-\frac{1}{2}y^2}\,\mathrm{d}y = 0$. 则

$$f_X(x) = \frac{1}{2\pi}e^{-\frac{1}{2}x^2} \times \sqrt{2\pi} + \frac{1}{4\pi}\sin x e^{-\frac{1}{2}x^2} \times 0 = \frac{1}{\sqrt{2\pi}}e^{-\frac{1}{2}x^2}.$$

利用类似的方法可以求得

$$f_Y(y) = \int_{-\infty}^{+\infty} f(x,y)\,\mathrm{d}x = \frac{1}{\sqrt{2\pi}}\mathrm{e}^{-\frac{y^2}{2}}.$$

根据求出的概率密度函数可知：$X \sim N(0,1)$，$Y \sim N(0,1)$.

此例说明**边缘分布均为正态分布的二维随机变量**，其联合分布不一定是二维正态分布.

3.2 随机变量的独立性

> 概率破玄机，统计解迷离.
>
> ——严加安

概率统计人物

严加安（1941— ），数学家、概率论与随机分析专家，中国科学院院士，中国科学院数学与系统科学研究院应用数学研究所研究员. 2007 年获得华罗庚数学奖. 主要从事随机分析和金融数学研究，包括概率论、鞅论、随机分析和白噪声分析.

随机变量的独立性是概率论与数理统计中的一个基本概念，它描述了两个或多个随机变量相互之间没有影响或依赖关系的性质.

随机变量独立性的应用非常广泛. 例如，在进行统计推断时，独立性是许多检验和估计方法的前提条件，如在假设检验中，若样本是独立同分布的，则可以使用 t 检验或卡方检验等方法；在金融领域，独立性用于评估投资组合的风险，如果投资组合中的资产收益是相互独立的，那么整个投资组合的风险可能会低于单个资产风险的简单加总；在信号处理领域，独立性用于噪声分析和信号检测，若信号和噪声是相互独立的，就可以通过滤波等方法减少噪声对信号的影响；在机器学习领域，进行特征选择时，如果特征之间是相互独立的，模型会更简单且易于解释；在物理学中，独立性用于描述粒子的无相互作用或系统的可分离性，如在量子力学中，两个量子系统的独立性意味着它们的波函数可以分离.

在实际问题中，随机变量之间可能存在依赖关系，因此应用独立性概念时需谨慎. 接下来先来看二维随机变量独立性的概念.

3.2.1 独立性的概念

定义 3.7 设 (X,Y) 为二维随机变量，若对任意实数 x 和 y，有

$$P\{X \leqslant x, Y \leqslant y\} = P\{X \leqslant x\}P\{Y \leqslant y\} \tag{3.12}$$

成立，则称随机变量 X 与 Y **相互独立**.

如果两个事件 A 和 B 相互独立，则 $P(AB) = P(A)P(B)$. 把 $P\{X \leqslant x\}$ 和 $P\{Y \leqslant y\}$ 分别看成两个事件，则根据事件独立性就可得出上述定义.

定理 3.3　设 (X,Y) 为二维随机变量，其联合分布函数为 $F(x,y)$，X 和 Y 的边缘分布函数分别为 $F_X(x)$，$F_Y(y)$，则 X 与 Y 相互独立的等价条件是对一切实数对 (x,y)，都有

$$F(x,y) = F_X(x)F_Y(y). \tag{3.13}$$

定理 3.4　设 X 与 Y 为二维离散型随机变量，则 X 与 Y 相互独立的等价条件是对 X 与 Y 的任意一对取值 (x_i, y_j)，都有

$$P\{X = x_i, Y = y_j\} = P\{X = x_i\}P\{Y = y_j\} \ (i,j = 1,2,\cdots). \tag{3.14}$$

定理 3.5　设 (X,Y) 为二维连续型随机变量，其联合概率密度为 $f(x,y)$，X 和 Y 的边缘概率密度分别为 $f_X(x)$，$f_Y(y)$，对任意的 (x,y)，X 与 Y 相互独立的等价条件为

$$f(x,y) = f_X(x)f_Y(y). \tag{3.15}$$

需要注意的是，在判别 (X,Y) 中的 X 与 Y 相互独立时，必须对"任意一组取值"都满足上述结论；而在判别 X 与 Y 不相互独立时，则只需要找到一组不满足上述结论的 (X,Y) 值即可.

定义 3.7 和定理 3.3 ~ 3.5 给出的二维随机变量相互独立的判定方法，可以推广到 n 维随机变量的独立性判定中.

例 3.12　如果二维随机变量 (X,Y) 的联合分布律为

X \ Y	1	2	3
1	$\dfrac{1}{6}$	$\dfrac{1}{9}$	$\dfrac{1}{18}$
2	$\dfrac{1}{3}$	α	β

那么当 α, β 取什么值时，X 与 Y 才能相互独立？

解　根据 (X,Y) 的联合分布律计算出 X 与 Y 的边缘分布律

X \ Y	1	2	3	$p_{i.}$
1	$\dfrac{1}{6}$	$\dfrac{1}{9}$	$\dfrac{1}{18}$	$\dfrac{1}{3}$
2	$\dfrac{1}{3}$	α	β	$1/3 + \alpha + \beta$
$p_{.j}$	$\dfrac{1}{2}$	$\dfrac{1}{9} + \alpha$	$\dfrac{1}{18} + \beta$	1

若 X 与 Y 相互独立，则对于所有的 i,j 都有 $p_{ij} = p_{i.} \cdot p_{.j}$，因此

$$P\{X = 1, Y = 2\} = P\{X = 1\}P\{Y = 2\} = \frac{1}{3} \times \left(\frac{1}{9} + \alpha\right) = \frac{1}{9},$$

$$P\{X = 1, Y = 3\} = P\{X = 1\}P\{Y = 3\} = \frac{1}{3} \times \left(\frac{1}{18} + \beta\right) = \frac{1}{18},$$

由以上两式可解得

$$\alpha = \frac{2}{9}, \beta = \frac{1}{9}.$$

例 3.13　已知二维随机变量 (X, Y) 的联合概率密度为

$$f(x, y) = \begin{cases} 6xy, & 0 \le x \le y \le 1, \\ 0, & \text{其他}. \end{cases}$$

讨论 X 与 Y 的独立性.

微课 8：例 3.13

解　$f_X(x) = \displaystyle\int_{-\infty}^{+\infty} f(x, y)\,\mathrm{d}y = \begin{cases} \displaystyle\int_x^1 6xy\,\mathrm{d}y, & 0 \le x \le 1, \\ 0, & \text{其他}. \end{cases} = \begin{cases} 3x(1 - x^2), & 0 \le x \le 1, \\ 0, & \text{其他}. \end{cases}$

$f_Y(y) = \displaystyle\int_{-\infty}^{+\infty} f(x, y)\,\mathrm{d}x = \begin{cases} \displaystyle\int_0^y 6xy\,\mathrm{d}x, & 0 \le y \le 1, \\ 0, & \text{其他}. \end{cases} = \begin{cases} 3y^3, & 0 \le y \le 1, \\ 0, & \text{其他}. \end{cases}$

因为 $f_X(x)f_Y(y) \neq f(x, y)$，所以 X 与 Y 不相互独立.

例 3.14　在数据中心的服务器系统中，设有两种不同型号的硬盘 A 和 B，他们的无故障运行时间（单位：h）分别用随机变量 X 和 Y 表示. 已知硬盘 A 和硬盘 B 的无故障运行时间独立同分布，其概率密度函数为

$$f(x) = \begin{cases} \dfrac{1}{2}\mathrm{e}^{-\frac{x}{2}}, & x > 0, \\ 0, & \text{其他}. \end{cases}$$

由于数据存储和处理的需求，当硬盘 A 的无故障运行时间不大于硬盘 B 无故障运行时间的 2 倍时，能更好地保障数据的安全性和系统的稳定性. 求硬盘 A 的无故障运行时间不大于硬盘 B 无故障运行时间的 2 倍的概率.

解　由于 X 和 Y 服从同一分布且相互独立，则联合概率密度为

$$f(x, y) = f_X(x)f_Y(y) = \begin{cases} \dfrac{1}{4}\mathrm{e}^{-\frac{x+y}{2}}, & x > 0, y > 0, \\ 0, & \text{其他}. \end{cases}$$

根据题意，需要计算 $P(X \le 2Y)$. 可得

$$P(X \le 2Y) = \int_0^\infty \mathrm{d}x \int_{\frac{x}{2}}^\infty \frac{1}{4}\mathrm{e}^{-\frac{x+y}{2}}\,\mathrm{d}y = \int_0^\infty \frac{1}{2}\mathrm{e}^{-\frac{x}{2}}\mathrm{e}^{-\frac{x}{4}}\,\mathrm{d}x = \int_0^\infty \frac{1}{2}\mathrm{e}^{-\frac{3x}{4}}\,\mathrm{d}x = \frac{2}{3},$$

即硬盘 A 的无故障运行时间不大于硬盘 B 无故障运行时间的 2 倍的概率为 $\dfrac{2}{3}$.

例 3.15　已知二维随机变量 $(X, Y) \sim N(\mu_1, \mu_2, \sigma_1^2, \sigma_2^2, \rho)$，证明：$X$ 与 Y 相互独立的充要条件是 $\rho = 0$.

例 3.15

3.2.2 独立性的性质

（1）若 $X_1, X_2, \cdots, X_n$ 相互独立，则其中任意 $m(2 \leq m \leq n)$ 个随机变量也相互独立，反之不成立.

（2）若 X 与 Y 相互独立，h 和 g 是连续函数，则 $h(X)$ 与 $g(Y)$ 也相互独立.

（3）若 $(X_1, X_2, \cdots, X_m)$ 与 $(X_{m+1}, X_{m+2}, \cdots, X_n)$ 相互独立，h 和 g 是连续函数，则 $h(X_1, X_2, \cdots, X_m)$ 与 $g(X_{m+1}, X_{m+2}, \cdots, X_n)$ 也相互独立.

例 3.16 公司老板到达办公室的时间均匀分布在 8～12 点，他的助理到达办公室的时间均匀分布在 7～9 点. 设他们到达的时间相互独立，求他们到达办公室的时间相差不超过 5 min 的概率.

解 设 X, Y 分别是老板和其助理到达办公室的时间，由已知可得 X 与 Y 的概率密度分别为

$$f_X(x) = \begin{cases} \dfrac{1}{4}, & 8 \leq x \leq 12 \\ 0, & \text{其他} \end{cases}, f_Y(y) = \begin{cases} \dfrac{1}{2}, & 7 \leq x \leq 9 \\ 0, & \text{其他}. \end{cases}$$

因为 X, Y 相互独立，故 (X, Y) 的联合概率密度为

$$f(x, y) = f_X(x) f_Y(y) = \begin{cases} \dfrac{1}{8}, & 8 \leq x \leq 12, 7 \leq y \leq 9, \\ 0, & \text{其他}. \end{cases}$$

按题意，如图 3.8 所示，$P\left\{ |X - Y| \leq \dfrac{1}{12} \right\} = P\{(X, Y) \in G\} =$

$$\frac{S_G}{4 \times 2} = \frac{\dfrac{1}{2} \times \left(\dfrac{13}{12} \right)^2 - \dfrac{1}{2} \times \left(\dfrac{11}{12} \right)^2}{4 \times 2} = \frac{1}{48}.$$

即老板和他的助理到达办公室的时间相差不超过 5 min 的概率为 $\dfrac{1}{48}$.

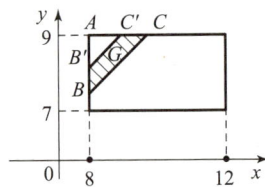

图 3.8 到达时间差区域示意图

微课 9：例 3.16

3.3 条件分布

> 对偶然性的认识，是一个现代人知识结构中应具备的成分，是一个人的人文素质的一部分.
>
> ——陈希孺

前面介绍了联合分布和边缘分布，例如，考察某城市的全体居民，从中随机选择一位居民，假设该居民的收入和支出分别为随机变量 X 和 Y，则 X, Y 各自的分布为边缘分布，

(X,Y) 的分布为联合分布. 若还希望了解在收入固定时支出的分布规律, 例如, 当 $X =$ 5 000 (元) 时, Y 的分布, 就是条件分布. 显然, 是否有 "$X = 5\,000$" 这个条件, 支出 Y 的分布是不一样的.

条件分布是描述在已知某些条件下随机变量的概率分布, 它突显了在一个随机变量取值固定的条件下, 另一个随机变量的统计规律. 条件分布的应用非常广泛, 例如, 在多分量信号处理中, 瞬时频率估计对于信号分析与识别非常重要, 一种基于条件对抗生成时频分布的方法可以提高在信号分量瞬时频率曲线相交或相近时的估计准确度; 在机器学习中, 条件分布有助于理解数据中的潜在结构和模式, 比如, 通过条件分布可以分析给定某些特征条件下, 其他特征的概率分布情况, 这对于特征选择和模型训练至关重要. 条件分布在理论和实践中都可以帮助更好地理解和预测在特定条件下随机变量的行为.

3.3.1　二维离散型随机变量的条件分布律

定义 3.8　设二维离散型随机变量 (X,Y), 其联合分布律为
$$p_{ij} = P\{X = x_i, Y = y_j\}\,(i,j = 1,2,\cdots),$$
关于 Y 的边缘分布律为 $P\{Y = y_j\} = \sum_{i=1}^{\infty} p_{ij} = p_{\cdot j}(j = 1,2,\cdots)$, 称
$$p_{i|j} = P\{X = x_i | Y = y_j\} = \frac{P\{X = x_i, Y = y_j\}}{P\{Y = y_j\}} = \frac{p_{ij}}{p_{\cdot j}}(i = 1,2,\cdots),$$
为在 $Y = y_j$ 的条件下随机变量 X 的**条件分布律**.

同理, (X,Y) 关于 X 的边缘分布律为 $P\{X = x_i\} = \sum_{j=1}^{\infty} p_{ij} = p_{i\cdot}(i = 1,2,\cdots)$, 称
$$p_{j|i} = P\{Y = y_j | X = x_i\} = \frac{P\{X = x_i, Y = y_j\}}{P\{X = x_i\}} = \frac{p_{ij}}{p_{i\cdot}}(j = 1,2,\cdots),$$
为在 $X = x_i$ 的条件下随机变量 Y 的**条件分布律**.

由上述定义可知, 若已知联合分布律和边缘分布律, 便可求出条件分布律. 特别地, 当随机变量 X 与 Y 相互独立时, 条件分布律就等于其相应的边缘分布律, 即
$$p_{i|j} = p_{i\cdot},\quad p_{j|i} = p_{\cdot j}.$$

例 3.17　在一个智能工厂的生产线控制系统中, X 表示特定时间段内自动检测设备使用的通道数量, Y 表示人工抽检使用的样本数量. 随机变量 (X,Y) 的联合分布律如下:

X \ Y	0	1	2
0	0.10	0.04	0.02
1	0.08	0.20	0.06
2	0.06	0.14	0.30

当自动检测设备使用的通道数量 $X = 1$ 时, 求人工抽检使用的样本数量 Y 的条件分布律.

解　由联合分布律可以求出: $P\{X = 1\} = 0.08 + 0.2 + 0.06 = 0.34.$

根据条件分布律的定义可知，

$$P\{Y=0|X=1\} = \frac{P\{X=1,Y=0\}}{P\{X=1\}} = \frac{0.08}{0.34} = \frac{4}{17},$$

$$P\{Y=1|X=1\} = \frac{P\{X=1,Y=1\}}{P\{X=1\}} = \frac{0.20}{0.34} = \frac{10}{17},$$

$$P\{Y=2|X=1\} = \frac{P\{X=1,Y=2\}}{P\{X=1\}} = \frac{0.06}{0.34} = \frac{3}{17}.$$

所以，当 $X=1$ 时，Y 的条件分布律为

Y	0	1	2
$P\{Y|X=1\}$	$\frac{4}{17}$	$\frac{10}{17}$	$\frac{3}{17}$

3.3.2 二维连续型随机变量的条件概率密度

对于连续型随机变量 (X,Y)，如何计算其条件分布问题？先来看下面的例子.

例 3.18 在机械零件的精密加工过程中，设二维连续型随机变量 (X,Y) 分别表示某零件加工时的切削速度（单位：m/s）和刀具磨损量（单位：mm）. 其概率密度函数为

$$f(x,y) = \begin{cases} 5x, & 0<x<1, 0<y<x, \\ 0, & \text{其他}. \end{cases}$$

在实际生产中，当切削速度 $X=\frac{1}{2}$ m/s 时，我们关心刀具磨损量 Y 不超过 $\frac{1}{4}$ mm 的概率，以便评估刀具的使用寿命和加工成本. 即求概率 $P\left\{Y \leqslant \frac{1}{4}\Big|X=\frac{1}{2}\right\}$.

分析 $P\left\{Y \leqslant \frac{1}{4}\Big|X=\frac{1}{2}\right\}$ 是否等于 $\dfrac{P\left\{X=\frac{1}{2}, Y \leqslant \frac{1}{4}\right\}}{P\left\{X=\frac{1}{2}\right\}}$ 呢？

在本例中，(X,Y) 是二维连续型随机变量，X 和 Y 在某一点处的概率为零，即

$$P\left\{X=\frac{1}{2}\right\}=0, \quad \text{所以} \quad P\left\{Y \leqslant \frac{1}{4}\Big|X=\frac{1}{2}\right\} \neq \frac{P\left\{X=\frac{1}{2}, Y \leqslant \frac{1}{4}\right\}}{P\left\{X=\frac{1}{2}\right\}}.$$

定义 3.9 设二维连续型随机变量 (X,Y) 的联合概率密度为 $f(x,y)$，关于 X,Y 的边缘概率密度分别为 $f_X(x)$ 和 $f_Y(y)$，则称

$$f_{X|Y}(x|y) = \frac{f(x,y)}{f_Y(y)} \quad \text{与} \quad F_{X|Y}(x|y) = \int_{-\infty}^{x} \frac{f(u,y)}{f_Y(y)} \mathrm{d}u$$

分别为给定 $Y=y$ 条件下，X 的**条件概率密度**和**条件分布函数**. 其中

$$F_{X|Y}(x|y) = P\{X \leqslant x|Y=y\}.$$

同理，称 $f_{Y|X}(y|x) = \dfrac{f(x,y)}{f_X(x)}$ 与 $F_{Y|X}(y|x) = \displaystyle\int_{-\infty}^{y} \frac{f(x,v)}{f_X(x)} \mathrm{d}v$ 分别为给定 $X=x$ 条件下，Y

的**条件概率密度**和**条件分布函数**. 其中

$$F_{Y|X}(y|x) = P\{Y \leqslant y | X = x\}.$$

利用定义 3.9 就可以解决例 3.18 的问题.

解 X 的边缘概率密度为

$$f_X(x) = \int_{-\infty}^{+\infty} f(x,y)\mathrm{d}y = \begin{cases} \int_0^x 5x\mathrm{d}y, & 0 < x < 1, \\ 0, & \text{其他}. \end{cases} = \begin{cases} 5x^2, & 0 < x < 1, \\ 0, & \text{其他}. \end{cases}$$

当 $0 < x < 1$ 时,

$$f_{Y|X}(y|x) = \frac{f(x,y)}{f_X(x)} = \begin{cases} \dfrac{1}{x}, & 0 < y < x, \\ 0, & \text{其他}. \end{cases}$$

当 $x = \dfrac{1}{2}$ 时,

$$f_{Y|X}\left(y \Big| x = \frac{1}{2}\right) = \begin{cases} 2, & 0 < y < \dfrac{1}{2}, \\ 0, & \text{其他}. \end{cases}$$

所以, $P\left\{Y \leqslant \dfrac{1}{4} \Big| X = \dfrac{1}{2}\right\} = \int_{-\infty}^{\frac{1}{4}} f_{Y|X}\left(y \Big| x = \frac{1}{2}\right)\mathrm{d}y = \int_0^{\frac{1}{4}} 2\mathrm{d}y = \dfrac{1}{2}.$

即当切削速度 $X = \dfrac{1}{2}$ m/s 时, 刀具磨损量 Y 不超过 $\dfrac{1}{4}$ mm 的概率为 $\dfrac{1}{2}$.

例 3.19 在智能电网的电力分配系统中, 随机变量 X 表示某区域变电站在一天内的初始负荷率 (取值范围在 0 到 1 之间), 且 $X \sim U(0,1)$. 该区域变电站的初始负荷率为 $X = x (0 < x < 1)$ 时, 随机变量 Y 表示该区域内某重要用户端的实际用电负荷率, $Y \sim U(x,1)$, 即 Y 在 $X = x$ 条件下服从区间 $(x,1)$ 上的均匀分布. 现在需要求出该重要用户端的实际用电负荷率 Y 的概率密度 $f_Y(y)$.

解 按题意, X 具有概率密度

$$f_X(x) = \begin{cases} 1, & 0 < x < 1, \\ 0, & \text{其他}. \end{cases}$$

对于任意给定的值 $x, 0 < x < 1$, 在 $X = x$ 的条件下, Y 的条件概率密度为

$$f_{Y|X}(y|x) = \begin{cases} \dfrac{1}{1-x}, & x < y < 1, \\ 0, & \text{其他}. \end{cases}$$

因此, X 和 Y 的联合概率密度为

$$f(x,y) = f_{Y|X}(y|x)f_X(x) = \begin{cases} \dfrac{1}{1-x}, & 0 < x < y < 1, \\ 0, & \text{其他}. \end{cases}$$

于是, 可得关于 Y 的边缘概率密度为

$$f_Y(y) = \int_{-\infty}^{+\infty} f(x,y)\,\mathrm{d}x = \begin{cases} \int_0^y \dfrac{1}{1-x}\,\mathrm{d}x = -\ln(1-y), & 0 < y < 1, \\ 0, & \text{其他}. \end{cases}$$

3.4　二维随机变量函数的分布

用概率的方法来证明一些关系式或解决其他数学分析中的问题，是概率论的重要研究方向之一．

——王梓坤

概率统计人物

　　王梓坤（1929.04—　），中国著名数学家、教育家，科普作家，曾任北京师范大学校长，1991 年当选为中国科学院院士，是中国概率论研究的先驱和主要领导者之一．他在国内最早研究随机泛函分析，得到广义函数空间中随机元的极限定理，创造了多种统计预报方法及供导航所用的数学方法．

　　在第 2 章中讨论过一维随机变量函数 $Y = g(X)$ 的分布．在实际问题中，很多随机变量是两个或两个以上随机变量的函数，特别是随机变量的和、差、积、商．例如，在数理统计中，经常要用到的样本均值 $\overline{X}$，实质上就是由多维随机变量的和所构成的函数；在概率论中，如果要研究相邻事件发生的时间间隔，就会涉及随机变量的差；在生物统计研究中，经常要考察某种生物在不同阶段繁殖的时间间隔之比，这就涉及随机变量的商；合成孔径雷达（Synthetic Aperture Radar，SAR）是一种高分辨率成像雷达，可以全天候（在任意气候条件下）获取高分辨率图像，因而在遥感、测绘、侦察等民用和军事领域有着重要的应用价值，而 SAR 图像的观测信号可以表示为地物目标的真实后向散射强度（纹理分量）和相干斑噪声分量相乘的形式．因此研究多维随机变量函数的分布有较高的应用价值．

　　本节着重讨论二维随机变量函数 $Z = f(X,Y)$ 的分布．

3.4.1　二维离散型随机变量函数的分布

　　设二维离散型随机变量 (X,Y) 的联合分布律为

$$P\{X = x_i, Y = y_j\} = p_{ij}(i,j = 1,2,\cdots).$$

(X,Y) 的函数 $Z = f(X,Y)$ 仍然是离散型随机变量，其分布律为

$$P\{Z = z_k\} = P\{f(X,Y) = z_k\} = \sum_{(x_i,y_j) \in S_k} P\{X = x_i, Y = y_j\} \tag{3.16}$$

其中 $S_k = \{(x_i, y_j) \mid f(x_i, y_j) = z_k\}$.

例 3. 20　设二维随机变量 (X, Y) 的联合分布律为

X \ Y	-1	1	2
-1	$\dfrac{1}{10}$	$\dfrac{2}{10}$	$\dfrac{3}{10}$
2	$\dfrac{2}{10}$	$\dfrac{1}{10}$	$\dfrac{1}{10}$

试求：(1) $X + Y$ 的分布律；(2) XY 的分布律；(3) $\dfrac{X}{Y}$ 的分布律；

(4) $\max(X, Y)$ 的分布律.

解　由 (X, Y) 联合分布律可得

P	$\dfrac{1}{10}$	$\dfrac{2}{10}$	$\dfrac{3}{10}$	$\dfrac{2}{10}$	$\dfrac{1}{10}$	$\dfrac{1}{10}$
(X, Y)	$(-1, -1)$	$(-1, 1)$	$(-1, 2)$	$(2, -1)$	$(2, 1)$	$(2, 2)$
$X + Y$	-2	0	1	1	3	4
XY	1	-1	-2	-2	2	4
$\dfrac{X}{Y}$	1	-1	$-\dfrac{1}{2}$	-2	2	1
$\max(X, Y)$	-1	1	2	2	2	2

(1) $X + Y$ 的分布律为

$X + Y$	-2	0	1	3	4
P	$\dfrac{1}{10}$	$\dfrac{2}{10}$	$\dfrac{5}{10}$	$\dfrac{1}{10}$	$\dfrac{1}{10}$

(2) XY 的分布律为

XY	-2	-1	1	2	4
P	$\dfrac{5}{10}$	$\dfrac{2}{10}$	$\dfrac{1}{10}$	$\dfrac{1}{10}$	$\dfrac{1}{10}$

(3) $\dfrac{X}{Y}$ 的分布律为

$\dfrac{X}{Y}$	-2	-1	$-\dfrac{1}{2}$	1	2
P	$\dfrac{2}{10}$	$\dfrac{2}{10}$	$\dfrac{3}{10}$	$\dfrac{2}{10}$	$\dfrac{1}{10}$

（4）$\max(X,Y)$ 的分布律为

$\max(X,Y)$	-1	1	2
P	$\dfrac{1}{10}$	$\dfrac{2}{10}$	$\dfrac{7}{10}$

例 3.21 在一个大型互联网应用的服务器系统中，随机变量 X 表示某一时间段内服务器 A 接收到的用户请求数量，且 $X \sim P(\lambda_1)$；随机变量 Y 表示同一时间段内服务器 B 接收到的用户请求数量，且 $Y \sim P(\lambda_2)$. 由于服务器 A 和服务器 B 的工作是相互独立的，现在需要求出在该时间段内这两台服务器总共接收到的用户请求数量 $X+Y$ 的分布律，以便评估系统的负载情况和进行资源调配.

解 $P\{X=k\} = \dfrac{\lambda_1^{\,k}}{k!}\mathrm{e}^{-\lambda_1}$，$P\{Y=h\} = \dfrac{\lambda_2^{\,h}}{h!}\mathrm{e}^{-\lambda_2}$，$(k,h=0,1,2,\cdots)$，

$$P\{X+Y=n\} = P\{X=0,Y=n\} + P\{X=1,Y=n-1\} + \cdots + P\{X=n,Y=0\}$$

$$= \sum_{k=0}^{n} P\{X=k\}P\{Y=n-k\} = \sum_{k=0}^{n} \frac{\lambda_1^{\,k}}{k!}\mathrm{e}^{-\lambda_1}\frac{\lambda_2^{\,n-k}}{(n-k)!}\mathrm{e}^{-\lambda_2}$$

$$= \frac{\mathrm{e}^{-\lambda_1-\lambda_2}}{n!}\sum_{k=0}^{n} \frac{n!}{k!(n-k)!}\lambda_1^{\,k}\lambda_2^{\,n-k}$$

$$= \frac{\mathrm{e}^{-\lambda_1-\lambda_2}}{n!}\sum_{k=0}^{n} C_n^k \lambda_1^{\,k}\lambda_2^{\,n-k}$$

$$= \frac{(\lambda_1+\lambda_2)^n}{n!}\mathrm{e}^{-(\lambda_1+\lambda_2)} \quad (n=0,1,2,\cdots)$$

从而 $X+Y \sim P(\lambda_1+\lambda_2)$.

从结果可知泊松分布的性质使系统负载情况具有一定的可预测性. 虽然实际请求数量会有波动，但基于泊松分布的特征，能大致估算出不同请求数量出现的概率，有助于把握系统负载的稳定性.

同时，例 3.21 说明两个相互独立的服从泊松分布的随机变量之和仍然服从泊松分布，且参数为原来两个相应参数之和，称泊松分布具有**可加性**. 常用的具有可加性的离散型随机变量分布如下：

（1）$(0-1)$ 分布：若随机变量 $X_i(i=1,2,\cdots,n)$ 相互独立，且 $X_i \sim B(1,p)$，则 $X_1+X_2+\cdots+X_n \sim B(n,p)$.

（2）二项分布：若随机变量 $X \sim B(n_1,p)$，$Y \sim B(n_2,p)$，且 X 与 Y 相互独立，则 $X+Y \sim B(n_1+n_2,p)$.

（3）泊松分布：若随机变量 $X \sim P(\lambda_1)$，$Y \sim P(\lambda_2)$，且 X 与 Y 相互独立，则 $X+Y \sim P(\lambda_1+\lambda_2)$.

3.4.2 二维连续型随机变量函数的分布

设二维连续型随机变量 (X,Y) 的联合概率密度为 $f(x,y)$，$Z=g(x,y)$ 是二元连续函数，

则 $Z = g(X,Y)$ 是二维连续型随机变量，其概率密度函数为 $f_Z(z)$. 求密度函数 $f_Z(z)$ 的一般方法如下：

首先，求出 $Z = g(X,Y)$ 的分布函数

$$F_Z(z) = P\{Z \leqslant z\} = P\{g(X,Y) \leqslant z\} = \iint\limits_{\{(x,y)\mid g(x,y) \leqslant z\}} f(x,y)\mathrm{d}x\mathrm{d}y,$$

其次，利用分布函数与概率密度函数的关系，对分布函数求导，就可得到概率密度函数 $f_Z(z)$. 即

$$f_Z(z) = F'_Z(z).$$

下面讨论几种特殊函数的分布.

1. $Z = X + Y$ 的分布（卷积公式）

设二维随机变量 (X,Y) 的联合概率密度为 $f(x,y)$，X 和 Y 的边缘概率密度分别为 $f_X(x)$，$f_Y(y)$，则 $Z = X + Y$ 的分布函数为

$$F_Z(z) = P\{Z \leqslant z\} = \iint\limits_{x+y \leqslant z} f(x,y)\mathrm{d}x\mathrm{d}y,$$

二重积分的积分区域是直线 $x + y = z$ 左下方的半平面，化成累次积分得

$$F_Z(z) = \int_{-\infty}^{+\infty}\Big[\int_{-\infty}^{z-y} f(x,y)\mathrm{d}x\Big]\mathrm{d}y.$$

固定 z 和 y，对积分 $\int_{-\infty}^{z-y} f(x,y)\mathrm{d}x$ 作变量替换，令 $x = u - y$，得

$$\int_{-\infty}^{z-y} f(x,y)\mathrm{d}x = \int_{-\infty}^{z} f(u-y,y)\mathrm{d}u.$$

于是

微课 10：卷积公式

$$F_Z(z) = \int_{-\infty}^{+\infty}\int_{-\infty}^{z} f(u-y,y)\mathrm{d}u\mathrm{d}y = \int_{-\infty}^{z}\Big[\int_{-\infty}^{+\infty} f(u-y,y)\mathrm{d}y\Big]\mathrm{d}u.$$

由概率密度的定义，即得 Z 的概率密度为

$$f_Z(z) = \int_{-\infty}^{+\infty} f(z-y,y)\mathrm{d}y \tag{3.17}$$

由 X 与 Y 的对称性，$f_Z(z)$ 还可以写成

$$f_Z(z) = \int_{-\infty}^{+\infty} f(x,z-x)\mathrm{d}x. \tag{3.18}$$

特别地，当 X 与 Y 相互独立时，

$$f_Z(z) = \int_{-\infty}^{+\infty} f_X(z-y)f_Y(y)\mathrm{d}y \tag{3.19}$$

$$f_Z(z) = \int_{-\infty}^{+\infty} f_X(x)f_Y(z-x)\mathrm{d}x. \tag{3.20}$$

将式（3.19）和式（3.20）称为**卷积公式**，记为 $f_Z = f_X * f_Y$.

例 3.22　在金融市场的量化投资领域，风险评估是至关重要的环节. 某投资组合中包含两种不同类型的资产，资产 A 和资产 B. 资产 A 的每日收益率 X 和资产 B 的每日收益率 Y 是投资者关注的关键指标. 经过对历史数据的大量统计分析以及专业的金融计量研究发现，

在市场相对稳定的情况下，资产 A 和资产 B 的每日收益率相互独立，且都近似服从标准正态分布 $N(0, 1)$. 投资者想要了解该投资组合（将两种资产简单相加视为一个整体）的每日收益率 $Z = X + Y$ 的概率密度情况，以便更准确地评估投资组合的风险和收益特征，从而制定合理的投资策略.

解 由卷积公式，得

$$f_Z(z) = \int_{-\infty}^{+\infty} f_X(x) f_Y(z-x) \, \mathrm{d}x = \frac{1}{2\pi} \int_{-\infty}^{+\infty} \mathrm{e}^{-\frac{x^2}{2}} \mathrm{e}^{-\frac{(z-x)^2}{2}} \, \mathrm{d}x$$

$$= \frac{1}{2\pi} \mathrm{e}^{-\frac{z^2}{4}} \int_{-\infty}^{+\infty} \mathrm{e}^{-\left(x-\frac{z}{2}\right)^2} \, \mathrm{d}x,$$

令 $t = x - \dfrac{z}{2}$，得 $f_Z(z) = \dfrac{1}{2\pi} \mathrm{e}^{-\frac{z^2}{4}} \int_{-\infty}^{+\infty} \mathrm{e}^{-t^2} \, \mathrm{d}t,$

根据正态分布的性质，$\int_{-\infty}^{+\infty} \mathrm{e}^{-t^2} \, \mathrm{d}t = \sqrt{\pi}$. 则

$$f_Z(z) = \frac{1}{2\pi} \mathrm{e}^{-\frac{z^2}{4}} \int_{-\infty}^{+\infty} \mathrm{e}^{-t^2} \, \mathrm{d}t = \frac{1}{2\sqrt{\pi}} \mathrm{e}^{-\frac{z^2}{4}} = \frac{1}{\sqrt{2\pi}\sqrt{2}} \mathrm{e}^{-\frac{z^2}{2(\sqrt{2})^2}}, \ -\infty < z < \infty.$$

即 $Z \sim N(0, 2)$.

通过例 3.22 可知，投资组合的每日收益率 Z 服从正态分布 $N(0,2)$，这表明该投资组合的收益率围绕均值 0 波动. 与单个资产的收益率分布相比，组合收益率的方差变为 2（单个资产方差为 1），说明组合后的收益波动程度有所增加. 在金融投资中，方差越大代表风险越高. 由于 Z 的方差为 2，投资者需要意识到该投资组合面临的风险相对较高，收益的不确定性更大. 例如，虽然收益率的均值为 0，但在实际情况中，可能会出现较大幅度的正收益或负收益.

注：若随机变量 X 与 Y 相互独立，且 $X \sim N(\mu_1, \sigma_1^2)$，$Y \sim N(\mu_2, \sigma_2^2)$，则 $X + Y \sim N(\mu_1 + \mu_2, \sigma_1^2 + \sigma_2^2)$. 这个结论还能推广到 n 个随机变量：$X_i \sim N(\mu_i, \sigma_i^2)$，$i = 1, 2, \cdots, n$，且 X_1，$X_2, \cdots X_n$ 相互独立，$k_1, k_2, \cdots k_n$ 是不全为零的实数，则

$$k_1 X_1 + k_2 X_2 + \cdots + k_n X_n \sim N\left(\sum_{i=1}^{n} k_i \mu_i, \sum_{i=1}^{n} k_i^2 \sigma_i^2\right).$$

即有限个相互独立的正态随机变量的线性组合仍服从正态分布.

例 3.23 在新能源汽车的电池管理系统中，设随机变量 X 表示电池在充电过程中的电压波动值（单位：V），随机变量 Y 表示电池在充电过程中的电流波动值（单位：A）. 已知 (X, Y) 的联合概率密度函数为

$$f(x, y) = \begin{cases} 3x, & 0 < x < 1, 0 < y < x, \\ 0, & \text{其他}. \end{cases}$$

由于电压和电流的波动会综合影响电池的充电效率，设 $Z = X + Y$ 表示综合波动指标，现在需要求出综合波动指标 Z 的概率密度 $f_Z(z)$，以便评估电池充电过程中的稳定性.

解 利用 $f_Z(z) = \int_{-\infty}^{+\infty} f(x, z-x) \, \mathrm{d}x$ 进行求解，由 $f(x, y)$ 可得

$$f(x, z-x) = \begin{cases} 3x, & 0 < x < 1, x < z < 2x, \\ 0, & \text{其他}. \end{cases}$$

当 $z \leqslant 0$ 或 $z > 2$ 时，$f_Z(z) = 0$；

当 $0 < z \leqslant 1$ 时，$f_Z(z) = \int_{-\infty}^{+\infty} f(x, z-x)\mathrm{d}x = \int_{\frac{z}{2}}^{z} 3x\mathrm{d}x = \frac{9}{8}z^2$；

当 $1 < z \leqslant 2$ 时，$f_Z(z) = \int_{-\infty}^{+\infty} f(x, z-x)\mathrm{d}x = \int_{\frac{z}{2}}^{1} 3x\mathrm{d}x = \frac{3}{2}\left(1 - \frac{z^2}{4}\right)$；

综上，Z 的概率密度为

$$f_Z(z) = F_Z'(z) = \begin{cases} \dfrac{9}{8}z^2, & 0 < z \leqslant 1, \\ \dfrac{3}{2}\left(1 - \dfrac{z^2}{4}\right), & 1 < z \leqslant 2, \\ 0, & \text{其他}. \end{cases}$$

通过求出综合波动指标 Z 的概率密度函数，能够直观地了解在电池充电过程中，不同程度的电压和电流综合波动出现的可能性大小．可以帮助工程师判断充电过程的稳定性，若 Z 的概率密度在较小值附近取值较大，说明充电过程中综合波动较小的情况出现概率高，充电稳定性较好；反之，若在较大值附近取值较大，则表示充电过程容易出现较大的综合波动，稳定性较差，需要进一步优化．

2. $M = \max(X, Y)$ 及 $N = \min(X, Y)$ 的分布

设随机变量 X 与 Y 相互独立，分布函数分别为 $F_X(x)$，$F_Y(y)$，则 X, Y 的最大值 $M = \max(X, Y)$ 和最小值 $N = \min(X, Y)$ 的分布函数分别为

$$F_M(z) = P\{\max(X, Y) \leqslant z\} = P\{X \leqslant z, Y \leqslant z\} = P\{X \leqslant z\}P\{Y \leqslant z\} = F_X(z)F_Y(z),$$

$$\begin{aligned} F_N(z) &= P\{\min(X, Y) \leqslant z\} = 1 - P\{\min(X, Y) > z\} = 1 - P\{X > z, Y > z\} \\ &= 1 - P\{X > z\}P\{Y > z\} = 1 - [1 - P\{X \leqslant z\}][1 - P\{Y \leqslant z\}] \\ &= 1 - [1 - F_X(z)][1 - F_Y(z)]. \end{aligned}$$

若 $X_1, X_2, \cdots X_n$ 相互独立，它们的分布函数分别为 $F_{X_i}(x_i)$（$i = 1, 2, \cdots, n$），则 $M = \max\{X_1, X_2, \cdots, X_n\}$ 及 $N = \min\{X_1, X_2, \cdots, X_n\}$ 的分布函数分别为

$$F_M(z) = F_{X_1}(z)F_{X_2}(z)\cdots F_{X_n}(z),$$

$$F_N(z) = 1 - [1 - F_{X_1}(z)][1 - F_{X_2}(z)]\cdots[1 - F_{X_n}(z)].$$

若 $X_1, X_2, \cdots X_n$ 相互独立且有相同的分布函数 $F(x)$ 时，有

$$F_M(z) = [F(z)]^n,$$

$$F_N(z) = 1 - [1 - F(z)]^n.$$

例 3.24 在一个无线传感器网络中，有两个传感器节点 A 和 B 负责向基站传输数据．设随机变量 X 表示传感器节点 A 成功传输一组数据所需的时间（单位：ms），随机变量 Y 表示传感器节点 B 成功传输一组数据所需的时间（单位：ms）．已知 X 和 Y 相互独立，且都服从参数为 2 的指数分布．为了评估整个数据传输过程的最长耗时情况，设 $Z = \max(X, Y)$，

即 Z 表示两个传感器节点中成功传输一组数据所需时间的最大值，现在需要求出 Z 的概率密度函数.

解 设 X, Y 的分布函数为 $F(x)$，则

$$F(x) = \begin{cases} 1 - e^{-2x}, & x > 0, \\ 0, & x \leqslant 0. \end{cases}$$

由于 Z 的分布函数为

$$F_Z(z) = P\{Z \leqslant z\} = P\{X \leqslant z, Y \leqslant z\} = P\{X \leqslant z\}P\{Y \leqslant z\} = \left[F(z) \right]^2,$$

因此，Z 的密度函数为

$$f_Z(z) = F_Z'(z) = 2F(z)F'(z) = \begin{cases} 4e^{-2z}(1 - e^{-2z}), & z > 0, \\ 0, & z \leqslant 0. \end{cases}$$

本例说明，Z 的概率密度在 $z > 0$ 时，先升后降，意味着较短的最大传输时间出现概率相对较高，长传输时间概率较低. 多数情况下最大传输时间较短，但因网络、信号等因素，仍有概率出现较大延迟. 较大的 Z 值会增加传输延迟，影响网络实时性，频繁出现可能干扰依赖该网络的数据采集和处理系统的正常运行，比如在环境监测应用中，可能导致监测数据不能及时上传，影响对环境变化的及时响应.

概率统计故事

洛杉矶劫案：法庭上的概率误用

1964 年，美国洛杉矶一对夫妇因符合目击特征（黄车、胡子男、金发马尾女等）被起诉，但目击者无法辨认. 检方通过计算得到特征组合概率为 $\dfrac{1}{1\ 200\ 万}$，检方律师激昂陈词，断言道："这个概率证明，全洛杉矶只有这对夫妇符合所有特征！"被告席上，马尔科姆夫妇颤抖着握紧双手. 陪审团据此定罪. 辩护律师柯林斯起身说道："让我们仔细看看这些特征，黄车的概率是 $\dfrac{1}{10}$，络腮胡 $\dfrac{1}{4}$，金发马尾 $\dfrac{1}{10}$，跨种族夫妇 $\dfrac{1}{1\ 000}$. 但这些特征并非独立存在！络腮胡男性往往更可能与金发女性交往，黄车车主多集中在特定社区."

最终加州高院推翻判决，法官采纳了统计学专家的证词，指出两点谬误：一是特征间存在相关性（如胡子男与络腮胡非独立事件，实际概率可能只有 $\dfrac{1}{1\ 000}$），二是忽略了"至少存在一对"的概率（在 400 万人口中至少存在一对符合特征的夫妇的概率超过 30%）.

此案成为经典案例，警示后人：概率证据必须经过严格的独立性检验，否则可能成为新的司法陷阱.

3.5　应用案例分析

案例一　多模态系统可靠性建模——子系统连接结构的寿命分布分析

　　系统是由一些基本部件（或称单元）构成，用来完成某种特定功能的整体．例如，一个发电厂的电气部分是一个系统，发电机、变压器、断路器等是它的部件．但当单独研究发电机时，又可以把它看作一个系统，它由定子、转子、励磁机等部件构成．所以系统这一概念具有相对性．有的系统失效之后即报废，这种系统称为不可修复系统．有的系统失效之后经修理，可恢复其原有功能投入使用，称为可修复系统．如果不考虑系统运行的环境和系统的操作人员对系统可靠性的影响，则系统的可靠性主要由构成系统的"部件可靠性"和"系统的结构形式"所确定．部件和系统不能完成其预定功能时称失效．特别对于可修部件和可修系统，通常把失效称为故障．系统可靠性的研究主要涉及四个方面：系统的可靠性指标、若干典型的系统结构模型、大系统以及研究系统可靠性的各种方法．

　　假设系统 L 由两个相互独立的子系统 L_1，L_2 连接而成，连接的方式分别为

（1）串联；（2）并联；（3）备用（当系统 L_1 损坏时，系统 L_2 开始工作）（见图 3.9）.

设 L_1，L_2 的寿命分别为 X，Y，已知它们的概率密度分别为

$$f_X(x) = \begin{cases} \alpha e^{-\alpha x}, & x > 0, \\ 0, & x \leq 0. \end{cases} \quad f_Y(y) = \begin{cases} \beta e^{-\beta y}, & y > 0, \\ 0, & y \leq 0. \end{cases}$$

其中，$\alpha > 0$；$\beta > 0$；$\alpha \neq \beta$. 试分别就以上三种连接方式写出 L 的寿命 Z 的概率密度．

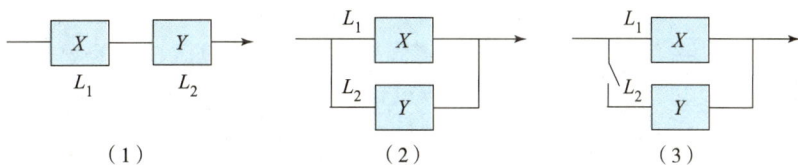

图 3.9　系统 L 连接方式

　　解　（1）串联的情况：

　　由于当 L_1，L_2 中有一个损坏时，系统 L 就停止工作，所以 L 的寿命为 $Z = \min(X, Y)$，而 X, Y 的分布函数分别为

$$F_X(x) = \begin{cases} 1 - e^{-\alpha x}, & x > 0, \\ 0, & x \leq 0, \end{cases} \quad F_Y(y) = \begin{cases} 1 - e^{-\beta y}, & y > 0, \\ 0, & y \leq 0. \end{cases}$$

故 Z 的分布函数为

$$F_{\min}(z) = 1 - [1 - F_X(z)][1 - F_Y(z)] = \begin{cases} 1 - e^{-(\alpha+\beta)z}, & z > 0, \\ 0, & z \leq 0. \end{cases}$$

于是 Z 的概率密度函数为

$$f_{\min}(z) = \begin{cases} (\alpha + \beta) e^{-(\alpha + \beta)z}, & z > 0, \\ 0, & z \leqslant 0. \end{cases}$$

即 Z 仍服从指数分布.

（2）并联的情况：

由于当且仅当 L_1，L_2 都损坏时，系统 L 才停止工作，所以这时 L 的寿命为 $Z = \max(X, Y)$，Z 的分布函数为

$$F_{\max}(z) = F_X(z)F_Y(z) = \begin{cases} (1 - e^{-\alpha z})(1 - e^{-\beta z}), & z > 0, \\ 0, & z \leqslant 0. \end{cases}$$

于是 Z 的概率密度函数为

$$f_{\max}(z) = \begin{cases} \alpha e^{-\alpha z} + \beta e^{-\beta z} - (\alpha + \beta) e^{-(\alpha + \beta)z}, & z > 0, \\ 0, & z \leqslant 0. \end{cases}$$

（3）备用的情况：

由于当系统 L_1 损坏时，系统 L_2 才开始工作. 因此整个系统 L 的寿命 Z 是 L_1, L_2 寿命之和，即 $Z = X + Y$，X 和 Y 相互独立，Z 的概率密度为

$$f_Z(z) = \int_{-\infty}^{+\infty} f_X(z - y)f_Y(y)\,\mathrm{d}y.$$

当 $z \leqslant 0$ 时，$f_Z(z) = 0$；

当 $z > 0$ 时，

$$f_Z(z) = \int_{-\infty}^{+\infty} f_X(z - y)f_Y(y)\,\mathrm{d}y = \int_0^z \alpha e^{-\alpha(z-y)}\beta e^{-\beta y}\,\mathrm{d}y$$

$$= \alpha\beta e^{-\alpha z}\int_0^z e^{-(\beta - \alpha)y}\,\mathrm{d}y = \frac{\alpha\beta}{\beta - \alpha}\left[e^{-\alpha z} - e^{-\beta z} \right].$$

即 Z 的概率密度函数为

$$f_Z(z) = \begin{cases} \dfrac{\alpha\beta}{\beta - \alpha}\left[e^{-\alpha z} - e^{-\beta z} \right], & z > 0, \\ 0, & z \leqslant 0. \end{cases}$$

案例二　强噪声环境下微弱信号的统计检测与恢复

经过传输的信号往往会受到各种随机干扰，而且有时干扰信号的能量远远强于传输信号的能量，达到数十倍，甚至上万倍. 如何在强干扰背景下提取微弱的信号，是一门专门的理论——**信号检测理论**.

假设 s 是未知的非随机信号，n 是随机干扰信号，经过传输以后，在接收端接收到的信号为 $X = n + s$，现在的目的是在干扰 n 很强的情况下，从 X 中提取非随机弱信号 s. 此处 X 已知，但干扰 n 未知，因此想从方程 $X = n + s$ 求解得到 s 是行不通的. 虽然 n 未知，但如果很弱，也就是说 n 很小，那么 $s \approx X$，即不用求解方程就可得到 s 的近似解. 可是现在干扰 n

不是很弱，而是很强，应当如何解决此问题呢？

解　同步累计法是从 X 中提取微弱信号 s 的一种简单有效的方法.

可将干扰信号 n 看成服从正态分布 $N(0, \sigma^2)$ 的随机变量，其中 σ^2 代表干扰信号的平均功率，n 的线性函数 $X = n + s$ 也服从正态分布，其概率密度函数为

$$f_s(x) = \frac{1}{\sqrt{2\pi}\sigma} e^{-\frac{(x-s)^2}{2\sigma^2}}, \quad x \in R.$$

在本案例中，仅仅发送一次信号，在强干扰的背景下在接收端是不能恢复信号的，因此需要就同一信号 s 在发送端进行多次发送. 假设每间隔一段时间重复发一次信号，则可以收到一个信号序列 $X_k = n_k + s$，$k = 1, 2, \cdots, m$，并假定每次发信号的时间间隔足够大，可看成相互独立的服从正态分布的随机变量，将它们叠加. 令

$$Y = \sum_{k=1}^{m} X_k,$$

由正态分布的可加性，Y 服从正态分布 $N(ms, m\sigma^2)$. 其中，ms 代表 m 次叠加后的有用信号的电平；而 $m\sigma^2$ 代表了累加后干扰的平均功率.

用 $\left(\frac{s}{\sigma}\right)^2$ 表示信噪比（信号噪声比），则累加后的信噪比变为

$$\left(\frac{S}{N}\right)^2 = \left(\frac{ms}{\sqrt{m}\sigma}\right)^2 = m\left(\frac{s}{\sigma}\right)^2,$$

累加前后的信噪比（Signal – to – Noise Ratio，SNR）改善为

$$\mathrm{SNR} = 10\lg\frac{(S/N)^2}{(s/\sigma)^2} = 10\lg m.$$

这样，随着 m 的增大就可以识别出信号 s.

对强干扰背景下微弱信号的提取进行了 100 000 次的模拟，将如图 3.10（a）所示的原始信号 s 与如图 3.10（b）所示的噪声进行叠加，得到受干扰的信号如图 3.10（c）所示. 进一步将叠加信号 X 进行了 100 000 次的叠加取平均，得到如图 3.10（d）所示曲线，可观察到它非常接近于原始信号，模拟结果说明这种从强干扰背景下提取微弱信号的方法是可行的.

历史上，曾用这种方法实现了回收从月球反射回来的微弱无线电信号. 近年来，生理科学中关于大脑脑电生理的研究中，常采用这一种方法提取十分微弱的脑电信号.

案例三　犯罪嫌疑人的身高回归模型构建与验证

某犯罪嫌疑人作案时留下了脚印，公安人员在现场通过勘查，测得其脚印长为 25.12 cm，试估计犯罪嫌疑人的身高. 一般情况下，公安人员根据经验公式：身高 = 脚印长度 × 6.876 来估计犯罪嫌疑人的身高，那么这个公式是如何推导出来的呢？

解　设一个人的身高为 X，脚印长度为 Y. 显然，两者间有统计关系，故应作为二维随机变量 (X, Y) 来研究.

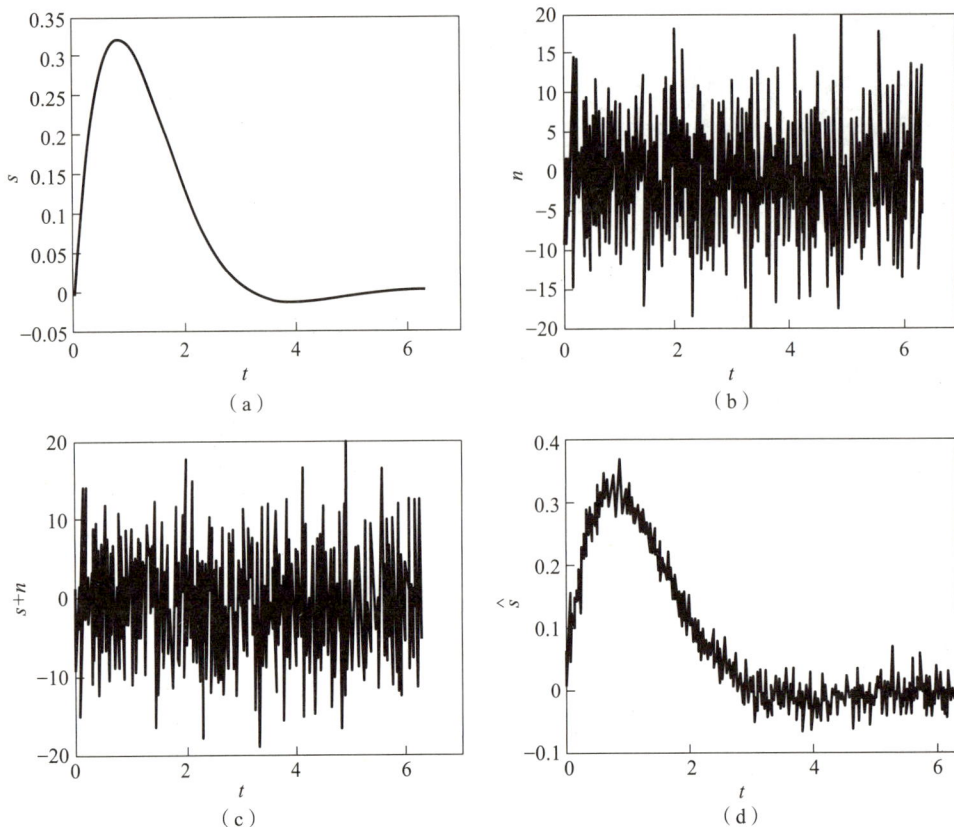

图 3.10　强干扰信号的提取

（a）原始信号；（b）噪声；（c）受干扰信号；（d）叠加 100 000 次后的信号

由于影响人类身高与脚印的随机因素是大量的、相互独立的，且各因素的影响又是微小的、可叠加的，故由中心极限定理（第 5 章）知 (X, Y) 可近似看成服从二维正态分布 $(X, Y) \sim N(\mu_1, \mu_2, \sigma_1^2, \sigma_2^2, \rho)$. 其中，五个参数 $\mu_1, \mu_2, \sigma_1, \sigma_2, \rho$ 由于区域、民族、生活习惯的不同而有所差异，可通过统计抽样，进行参数估计而获得. 现已知犯罪分子的脚印长度 Y，要估计其身高就要计算条件期望 $E(X \mid Y = y)$，而条件密度为

$$f_{X \mid Y}(x \mid y) = \frac{f(x, y)}{f_Y(y)}$$

$$= \frac{\sqrt{2\pi}\sigma_2}{2\pi\sigma_1\sigma_2\sqrt{1-\rho^2}} \cdot \frac{\exp\left\{-\dfrac{1}{2(1-\rho^2)}\left[\dfrac{(x-\mu_1)^2}{\sigma_1^2} - 2\rho\dfrac{(x-\mu_1)(y-\mu_2)}{\sigma_1\sigma_2} + \dfrac{(y-\mu_2)^2}{\sigma_2^2}\right]\right\}}{\exp\left[-\dfrac{(y-\mu_2)^2}{2\sigma_2^2}\right]}$$

通过对上式化简，可知

$$X \mid Y = y \sim N\left(\mu_1 + \rho\frac{\sigma_1}{\sigma_2}(y - \mu_2), \sigma_1^2(1 - \rho^2)\right),$$

即条件分布也是正态分布. 因而

$$E(X\mid Y=y)=\mu_1+\rho\frac{\sigma_1}{\sigma_2}(y-\mu_2).$$

按照某地区人口的相应参数 μ_1，μ_2，σ_1，σ_2，ρ 值代入上式，即可得到以脚印长度为自变量的身高近似公式：身高 = 脚印长度 × 6.876. 从而本案例中，该犯罪嫌疑人的身高估计为 $25.12\times6.876\approx172.7$（cm）.

刑侦学中，在没有其他信息的条件下，一般都假定成年人身高与脚印长度的比例是 7:1.

微课 11：案例三

3.6　多维随机变量及其分布的 Python 语言实验

例 3.25　设一个二维离散型随机变量 (X,Y) 的概率分布如下：

X	Y	$P(X,Y)$
0	0	0.1
0	1	0.2
1	0	0.3
1	1	0.4

求：(1) $P(X=0)$；(2) $P(Y=1)$；(3) $P(X=1,Y=0)$.

解　在 Jupyter Notebook 单元格中输入如下代码：

```
#定义一个字典来表示概率分布
prob_distribution = {
    (0,0):0.1,
    (0,1):0.2,
    (1,0):0.3,
    (1,1):0.4
}
#计算 P(X=0)
P_X_0 = sum(prob_distribution[(0,y)]for y in[0,1])
print("P(X=0)=",P_X_0)
#计算 P(Y=1)
P_Y_1 = sum(prob_distribution[(x,1)]for x in[0,1])
print("P(Y=1)=",P_Y_1)
#计算 P(X=1,Y=0)
```

```
P_X_1_Y_0 =prob_distribution[(1,0)]
print("P(X=1,Y=0)=",P_X_1_Y_0)
```

运行程序后，输出如下结果：

```
P(X=0)=0.30000000000000004
P(Y=1)=0.6000000000000001
P(X=1,Y=0)=0.3
```

例 3.26 假设二维连续型随机变量 $(X，Y)$ 的联合概率密度函数为

$$f(x,y)=\begin{cases}2xy, & 0 \leqslant x,y \leqslant 1, \\ 0, & 其他.\end{cases}$$

求：(1) $P\left(X \leqslant \dfrac{1}{2},Y \leqslant \dfrac{1}{2}\right)$；(2) $P\left(X > \dfrac{1}{2},Y > \dfrac{1}{2}\right)$。

解 在 Jupyter Notebook 单元格中输入如下代码：

```
from sympy import symbols,integrate
#定义符号变量
x,y=symbols('x y')
#联合概率密度函数
f=2*x*y
#1.计算P(X<=1/2,Y<=1/2)
#积分区间是[0,1/2]×[0,1/2]
P_X_leq_half_Y_leq_half=integrate(integrate(f,(y,0,1/2)),(x,0,
1/2))
print("P(X<=1/2,Y<=1/2)  =",P_X_leq_half_Y_leq_half)
#2.计算P(X>1/2,Y>1/2)
#积分区间是[1/2,1]×[1/2,1]
#但由于总的概率是1,可以先求P(X<=1/2或Y<=1/2),然后用1减去这个结果
P_X_leq_half_or_Y_leq_half=integrate(integrate(f,(y,0,1)),(x,0,
1/2))+integrate(integrate(f,(y,0,1/2)),(x,1/2,1))
P_X_gt_half_Y_gt_half=1-P_X_leq_half_or_Y_leq_half
print("P(X>1/2,Y>1/2)  =",P_X_gt_half_Y_gt_half)
```

运行程序后，输出如下结果：

```
P(X<=1/2,Y<=1/2)  =0.0312500000000000
P(X>1/2,Y>1/2)  =0.781250000000000
```

习题三

1. 盒子里装有 3 只黑球、2 只红球、2 只白球,在其中任取 4 只球,以 X 表示取到黑球的只数,以 Y 表示取到红球的只数. 求 X 和 Y 的联合分布律.

第3章【考研真题选讲】

2. 已知 (X,Y) 的联合分布律如下.

Y \ X	1	2	3
0	0.1	0.2	0.3
1	0.15	0	0.25

求概率 $P\{X < 1\}$,$P\{Y \leqslant 2\}$,$P\{X \leqslant 1, Y < 2\}$.

3. 将两个元件并联组成一个电子部件,两个元件的寿命分别为 X 与 Y(单位:h),已知 (X,Y) 的联合分布函数为

$$F(x,y) = \begin{cases} 1 - e^{-0.01x} - e^{-0.01y} + e^{-0.01(x+y)}, & x \geqslant 0, y \geqslant 0, \\ 0, & \text{其他}. \end{cases}$$

试求:(1)关于 X、Y 的边缘分布函数;(2)此电子部件正常工作 120 h 以上的概率.

4. 设二维连续型随机变量 (X,Y) 的分布函数为

$$F(x,y) = \begin{cases} (1 - e^{-3x})(1 - e^{-5y}), & x \geqslant 0, y \geqslant 0, \\ 0, & \text{其他}. \end{cases}$$

求 (X,Y) 的联合概率密度 $f(x,y)$.

5. (**2001 年考研真题**)设某班车起点站上客人数 X 服从参数为 $\lambda(\lambda > 0)$ 的泊松分布,每位乘客在中途下车的概率为 $p(0 < p < 1)$,且中途下车与否相互独立. Y 为中途下车的人数,求:

(1)在发车时有 n 个乘客的条件下,中途有 m 人下车的概率;

(2)二维随机变量 (X,Y) 的概率分布.

6. 设随机变量 $Z \sim U(-2,2)$ 令

$$X = \begin{cases} -1, & Z \leqslant -1, \\ 1, & Z > -1, \end{cases} \quad Y = \begin{cases} -1, & Z \leqslant 1, \\ 1, & Z > 1. \end{cases}$$

求二维随机变量 (X,Y) 的联合分布律.

7. (**2009 年考研真题**)袋中有 1 个红色球,2 个黑色球与 3 个白色球,现在有放回地从袋中取两次,每次取一球,以 X,Y,Z 分别表示两次取球所取得的红球、黑球与白球的个数. 求:(1)$P\{X = 1 | Z = 0\}$;(2)二维随机变量 (X,Y) 的概率分布.

8. 设二维随机变量 (X,Y) 的联合概率密度为

$$f(x,y) = \begin{cases} 12e^{-3x-4y}, & x > 0, y > 0, \\ 0, & \text{其他}. \end{cases}$$

试求：(1) (X,Y) 的联合分布函数 $F(x,y)$；(2) $P\{0 < X \le 1, 0 < Y \le 2\}$.

9. 设二维随机变量 (X,Y) 的联合概率密度为

$$f(x,y) = \begin{cases} k(6-x-y), & 0 < x < 2, 2 < y < 4, \\ 0, & 其他. \end{cases}$$

试求：(1) 常数 k；(2) 求 $P\{X < 1.5\}$；(3) 求 $P\{X + Y \le 4\}$.

10. 设二维随机变量 (X,Y) 的联合概率密度为

$$f(x,y) = \begin{cases} Cx^2 y, & x^2 \le y \le 1, \\ 0, & 其他. \end{cases}$$

试求：(1) 常数 C；(2) X 的边缘概率密度 $f_X(x)$；(3) $P\{X \ge Y\}$.

11. 设二维随机变量 (X,Y) 的联合概率密度为

$$f(x,y) = \begin{cases} e^{-y}, & 0 < x < y, \\ 0, & 其他. \end{cases}$$

求 $f_X(x)$ 和 $f_Y(y)$.

12. (**2005 年考研真题**) 设二维随机变量 (X,Y) 的概率密度为

$$f(x,y) = \begin{cases} 1, & 0 < x < 1, 0 < y < 2x, \\ 0, & 其他. \end{cases}$$

求：(1) (X,Y) 的边缘概率密度 $f_X(x)$ 和 $f_Y(y)$；(2) $Z = 2X - Y$ 的概率密度 $f_Z(z)$.

13. (**2013 年考研真题**) 设随机变量 X 的概率密度为 $f(x) = \begin{cases} \dfrac{x^2}{9}, & 0 < x < 3, \\ 0, & 其他. \end{cases}$ 令随机

变量 $Y = \begin{cases} 2, & X \le 1, \\ X, & 1 < X < 2, \\ 1, & X \ge 2. \end{cases}$ 求 (1) Y 的分布函数；(2) $P\{X \le Y\}$.

14. 设二元函数为

$$f(x,y) = \begin{cases} \sin x \cos y, & 0 \le x \le \pi, C \le y \le \dfrac{\pi}{2}, \\ 0, & 其他. \end{cases}$$

问 C 取何值时，$f(x, y)$ 是二维随机变量的概率密度?

15. 在长为 a 的线段的中点两侧随机地各取一个点，求两点间的距离小于 $\dfrac{a}{3}$ 的概率.

16. 某国际机场货运区有两个停机位，货机 A 在 24 h 内随机到达，装卸货物需 3 h；货机 B 在 24 h 内独立随机到达，装卸货物需 2 h. 求：

(1) 货机 A 比货机 B 先到达的概率；

(2) 两架货机到达时间间隔不超过 1.5 h 的概率.

17. 设随机变量 X 与 Y 相互独立，X 在 $(0,1)$ 上服从均匀分布，Y 的概率密度为

$$f_Y(y) = \begin{cases} \dfrac{1}{2}\mathrm{e}^{-\frac{y}{2}}, & y > 0, \\ 0, & \text{其他}. \end{cases}$$

（1）求 X 与 Y 的联合概率密度；

（2）设含有 a 的二次方程 $a^2 + 2Xa + Y = 0$，试求 a 有实根的概率．

18. 设二维随机变量 (X,Y) 的联合分布律为

X \ Y	-1	0	2
0	0.18	0.30	0.12
1	a	b	c

若 X 与 Y 相互独立，则 a,b,c 各取什么值？

19. 甲、乙两人独立地各进行两次射击，假设甲的命中率为 $\dfrac{1}{5}$，乙的命中率为 $\dfrac{1}{2}$，以 X 与 Y 分别表示甲和乙的命中次数，求 $P\{X \leqslant Y\}$．

20. 设二维随机变量 (X,Y) 的联合概率密度为

$$f(x,y) = \begin{cases} \dfrac{1}{2}(x + y)\mathrm{e}^{-(x+y)}, & x > 0, y > 0, \\ 0, & \text{其他}. \end{cases}$$

问 X 与 Y 是否相互独立？

21. 设二维随机变量 (X,Y) 的联合概率密度为

$$f(x,y) = \begin{cases} 3x, & 0 < x < 1, 0 < y < x, \\ 0, & \text{其他}. \end{cases}$$

问 X 与 Y 是否相互独立？

22. 设随机变量 X 与 Y 相互独立，$X \sim U(0,2)$，$Y \sim E(1)$，试求：

（1）$P\{-1 < X < 1, 0 < Y < 2\}$；

（2）$P\{X + Y > 1\}$．

23. 设二维随机变量 (X,Y) 的联合分布律如下

X \ Y	0	1
0	a	c
1	b	0.5

已知 $P\{Y = 1 \mid X = 0\} = \dfrac{1}{2}$，$P\{X = 1 \mid Y = 0\} = \dfrac{1}{3}$，求常数 a,b,c 的值．

24. 设二维随机变量 (X,Y) 的联合概率密度为

$$f(x,y) = \begin{cases} 1, & |y| < x, 0 < x < 1, \\ 0, & 其他. \end{cases}$$

求条件概率密度 $f_{X|Y}(x|y)$.

25. 设随机变量 X 在区间 $(0,1)$ 内服从均匀分布，在 $X = x(0 < x < 1)$ 的条件下，随机变量 Y 在区间 $(0,x)$ 内服从均匀分布．求：

（1）二维随机变量 (X,Y) 的联合概率密度；

（2）(X,Y) 关于 Y 的边缘概率密度．

26. 设二维随机变量 (X,Y) 的联合分布律为

X＼Y	1	2	3
1	$\frac{1}{4}$	$\frac{1}{4}$	$\frac{1}{8}$
2	$\frac{1}{8}$	0	0
3	$\frac{1}{8}$	$\frac{1}{8}$	0

试求：$X + Y, X - Y, 2X, XY$ 的分布律．

27. 设二维随机变量 (X,Y) 的联合概率密度为

$$f(x,y) = \begin{cases} 3x, & 0 < x < 1, 0 < y < x, \\ 0, & 其他. \end{cases}$$

求随机变量 $Z = X + Y$ 的概率密度．

28. 设二维随机变量 (X,Y) 的联合概率密度为

$$f(x,y) = \begin{cases} x + y, & 0 \leqslant x \leqslant 1, 0 \leqslant y \leqslant 1, \\ 0, & 其他. \end{cases}$$

求随机变量 $Z = X + Y$ 的概率密度．

29. 设二维随机变量 (X,Y) 的联合概率密度是

$$f(x,y) = \begin{cases} 2e^{-(x+2y)}, & 0 < x, 0 < y, \\ 0, & 其他. \end{cases}$$

求随机变量 $Z = X + 2Y$ 的分布函数和概率密度．

微课 12：习题三
（第 29 题）

30. 设随机变量 X 与 Y 相互独立，且都服从 $(-a,a)$ 上均匀分布 $(a > 0)$．求 $Z = XY$ 的概率密度．

31. 设二维随机变量 (X,Y) 的联合概率密度为

$$f(x,y) = \begin{cases} xe^{-x(1+y)}, & x > 0, y > 0, \\ 0, & 其他. \end{cases}$$

求 $Z = XY$ 的概率密度．

32. 设 X 和 Y 分别表示两个不同电子器件的寿命（单位：h），并设 X 和 Y 相互独立，且

服从同一分布，其概率密度为

$$f(x) = \begin{cases} \dfrac{1\ 000}{x^2}, & x > 1\ 000, \\ 0, & \text{其他}. \end{cases}$$

求 $Z = \dfrac{Y}{X}$ 的概率密度.

33. (**2021 年考研真题**) 在区间 (0，2) 上随机取一点，将该区间分成两段，较短的一段长度记为 X，较长的一段长度记为 Y，令 $Z = \dfrac{Y}{X}$，

求：(1) X 的概率密度；(2) Z 的概率密度.

第4章　随机变量的数字特征

> 人们一般都不会从过去的那些已被遗忘的角度看待他们所获得的进步，而总是根据某种理想来看待自己的进步，就像地平线一样，总是不断往后退.
>
> ——阿瑟·莱昂·鲍利

概率统计人物

阿瑟·莱昂·鲍利（Arthur Lyon Bowley，1869.11—1957.01）英国统计学家，曾在伦敦经济学院执教四十余年. 他率先提出使用随机抽样技术，并将抽样方法广泛应用于社会经济现象的研究，大大促进了抽样理论的发展. 他的著作《统计学原理》对学术界影响深远.

随机变量的分布全面地描述了随机现象的统计规律，然而在实际应用中，随机变量的分布并不容易求得. 同时，对有些实际问题，往往并不需要知道随机变量的分布，只需要知道它的某些特征. 例如，在气象分析中常常通过考察某一时段的气温、雨量、湿度和日照的平均值或极差值来判断气象情况，而不必掌握每个气象变量的分布函数；又如，在检查一批棉花的质量时，只关心纤维的平均长度及纤维的长度与平均值的偏离程度，平均长度较大，偏离程度较小，质量就较好. 这些与随机变量有关的某些数值，如平均值、偏差值等，虽然不能完整地描述随机变量的分布，但是能够刻画随机变量某些方面的性质特征，称这些量为随机变量的数字特征.

研究随机变量的数字特征在实际应用中有着重要的意义. 例如，在投资组合理论中，通过计算不同资产收益率的期望和方差，投资者可以评估每种资产的预期收益和风险，进而构建最优投资组合，并在一定风险水平下实现收益最大化或在一定收益目标下使风险最小化；在量子力学中，粒子的位置和动量的期望值可以用来描述粒子的平均位置和平均动量，而它们的方差则可以反映粒子位置和动量的不确定性,这是量子力学中不确定性原理的重要体现;在药物临床试验中,计算治疗组和对照组的治愈率、有效率等数字特征的差异,以确定药物是否有效;在机器学习算法中,如梯度下降算法,利用随机变量的期望和方差等数字特征来调整学习率;在通信工程和电子工程中,信号通常被视为随机变量,其均值、方差、自相关函数、功率谱密度等数字特征可用于描述信号的特性和处理效果;在工业生产过程中,产品的质量特性是随机变量,通过计算这些质量特性的均值、标准差、过程能力指数等数字特征,可以对生产过程进行监控和质量控制,及时发现生产过程中的异常波动;在智能制造的供应链中,原材料的供应时间、价格、质量等因素以及市场需求都是随机变量,通过分析其数字特征,如均值、方差、协方差等,可以评估供应链的风险水平,制定相应的风险管理策略,如建立安全库存、优化供应商选择、调整生产计划等,以提高供应链的稳定性和可靠性.

本章将着重介绍几个比较常用的数字特征:数学期望、方差、协方差和相关系数.

概率统计故事

赌桌上的数学革命

17 世纪法国贵族梅累伯爵在赌局中遭遇难题:这场持续三天的赌局本应决出胜负——他与侯爵约定谁先掷出三次"6 点"或"4 点"则赢得全部 64 枚金币.此刻梅累已掷出两次"6 点",而侯爵仅一次"4 点",但突发的火警让赌局戛然而止."按投入比例分?"侯爵将骰子重重拍在桌上,"我已投入半数金币,至少应得 32 枚."梅累冷笑:"若继续赌局,我赢的概率远大于你."

两人因赌金分配争执不下,梅累写信向数学家帕斯卡求助.帕斯卡与费马通过书信展开讨论,首次引入"期望值"概念:假设赌局继续,梅累只需再赢一次即可全胜,而侯爵需连赢两次.

他在信中画下树状图:若梅累再赢一局$\left(概率\dfrac{1}{2}\right)$,他将全胜;若侯爵连赢两局$\left(概率\dfrac{1}{4}\right)$,则侯爵获胜;若各赢一局$\left(概率\dfrac{1}{4}\right)$,梅累仍以 3:2 胜出.计算双方获胜概率后,帕斯卡提出按 3:1 比例分配赌金.最终,梅累的期望值为 48 枚金币,侯爵为 16 枚.这时荷兰的数学家克里斯蒂安·惠更斯了解到这件事情,也参与了他们的讨论.通过这次讨论,形成了概率论当中一个重要的概念——数学期望.随后,惠更斯把它写成一本书——《论赌博中的计算》(1657),这就是概率论最早的一部著作.于是,一个崭新的数学分支——概率论登上了历史舞台,概率论研究由此开始.

概率统计人物

克里斯蒂安·惠更斯（Christiaan Huygens, 1629.04.14—1695.07.08），荷兰人，世界知名物理学家、天文学家、数学家、发明家. 惠更斯自幼聪慧，13 岁时曾自制一台车床，表现出很强的动手能力. 1645—1647 年在莱顿大学学习法律与数学，1647—1649 年转入布雷达学院深造. 受到阿基米德等人的著作及笛卡儿等人的直接影响，致力于力学、光波学、天文学及数学的研究. 他在摆钟的发明、天文仪器的设计、弹性体碰撞和光的波动理论等方面都有突出成就，他还推翻了牛顿的微粒说. 1663 年他被聘为英国皇家学会第一个外国会员，1666 年刚成立的法国皇家科学院选他为院士. 惠更斯体弱多病，一心致力于科学事业，终生未婚.

第 4 章随机变量的数字特征
思维导图

第 4 章随机变量的数字特征
重难点及学习目标

4.1　数学期望

所有人类特质都遵循正态分布.

——朗伯·阿道夫·雅克·凯特勒

概率统计人物

朗伯·阿道夫·雅克·凯特勒（Lambert Adolphe Jacques Quetelet, 1796.02—1874.02），比利时数学家和天文学家，他将概率论引入统计测量之中，从而创立了数理统计学派，被誉为"统计学之父". 他是身体质量指数（Body Mass Index，BMI）的发明者. 凯特勒指出，实际上所有人类特质都遵循正态分布. 究其原因，**中心极限定理**（Central Limit Theorem，CLT）给出了一个合理的解释. 中心极限定理表明，大量随机变量之和的分布可以近似为正态分布，即使每个随机变量的分布与正态分布不同.

"平均人"理论

被誉为"近代统计学之父"的阿道夫·凯特勒，通过系统收集人口、经济、犯罪等数据，提出"平均人"概念. 他发现身高、体重、犯罪率等社会现象均服从正态分布，即数据围绕平均值对称分布，极端值罕见. 例如，5 738 名苏格兰士兵的胸围数据呈现典型的钟形曲线，与概率论中的误差分布一致.

凯特勒进一步将正态分布应用于社会分析. 他通过对比法国犯罪率数据，发现谋杀、盗窃等案件数量在不同年份波动极小，甚至能预测监狱预算. 他还通过新兵身高数据偏离理论分布，揭露了征兵舞弊现象. 凯特勒的研究首次将概率论引入社会科学，论证了统计规律性的客观性，为现代统计学奠定了方法论基础. 其"平均人"思想影响深远，成为人口学、社会学研究的重要范式.

数学期望是随机变量的加权平均值，反映了其取值的中心趋势. 它在概率论和统计学中用于预测长期平均结果，帮助理解随机现象的总体行为. 数学期望广泛应用于风险评估、经济预测和决策分析等领域.

4.1.1　随机变量的数学期望

引例：假定某位射箭运动员进行训练，他每箭命中的环数是一个随机变量 X. 为了考核他的射箭水平，让他射击 $n = 100$ 次，结果如下

命中环数 X	6	7	8	9	10
命中频数 μ_k	20	15	20	15	30

则他平均每箭命中的环数为

$$\frac{1}{n}\sum_{k=6}^{10} k\mu_k = \sum_{k=6}^{10} k\frac{\mu_k}{n}$$

$$= 6 \times \frac{20}{100} + 7 \times \frac{15}{100} + 8 \times \frac{20}{100} + 9 \times \frac{15}{100} + 10 \times \frac{30}{100} = 8.2.$$

当 n 很大时，命中 k 环的频率 $\frac{\mu_k}{n}$ 近似于事件 $\{X = k\}$ 的概率 p_k. 将上式中频率 $\frac{\mu_k}{n}$ 用概率 p_k 代替，则近似地有

$$\sum_{k=6}^{10} kp_k = 8.2.$$

这个值就称为 X 的数学期望，它是随机变量所有可能取值的一种加权平均值，其中权数为 X 取各个值的概率. 一般地，有如下的定义.

定义 4.1　设离散型随机变量 X 的分布律为

$$P\{X = x_i\} = p_i,(i = 1,2\cdots).$$

若 $\sum\limits_{i=1}^{\infty} |x_i| p_i < +\infty$，则称

$$E(X) = \sum_{i=1}^{\infty} p_i x_i \tag{4.1}$$

为离散型随机变量 X 的**数学期望**.

设连续型随机变量 X 的概率密度为 $f(x)$，若 $\int_{-\infty}^{+\infty} |x| f(x)\,\mathrm{d}x < +\infty$，则称

$$E(X) = \int_{-\infty}^{+\infty} xf(x)\,\mathrm{d}x \tag{4.2}$$

为连续型随机变量 X 的**数学期望**.

例 4.1　设随机变量 X 服从参数为 p 的 $(0-1)$ 分布，求 $E(X)$.

解　随机变量 X 的概率分布为

X	0	1
P	$1-p$	p

由数学期望的定义，可得

$$E(X) = 0 \times (1-p) + 1 \times p = p.$$

例 4.2　在通信信号处理领域，某无线通信基站接收到的信号强度会受到多种因素影响而产生波动. 为了量化这种波动对信号传输质量的影响，将不同强度的信号进行数字化处理，设随机变量 X 表示处理后的信号强度量化值. 经过长期对该基站的信号监测和统计分析，得到随机变量 X 的概率分布如下表所示. 通信工程师需要通过计算 $E(X)$ 来评估该基站接收信号强度的平均水平，从而优化信号传输和处理策略.

X	-2	-1	0	2
P	$\dfrac{1}{5}$	$\dfrac{2}{5}$	$\dfrac{1}{5}$	$\dfrac{1}{5}$

解　由数学期望的定义，可得

$$E(X) = (-2) \times \frac{1}{5} + (-1) \times \frac{2}{5} + 0 \times \frac{1}{5} + 2 \times \frac{1}{5} = -\frac{2}{5}.$$

计算得出 $E(X) = -\dfrac{2}{5}$，这表明该无线通信基站接收到的经过数字化处理后的信号强度

平均水平为 $-\dfrac{2}{5}$. 从信号传输的角度来看，这个值反映了基站接收信号强度的一种综合平均

状态. 如果以 0 作为理想的信号强度参考值，那么当前平均信号强度为负，说明整体上接收的信号强度相对较弱，可能会对信号的准确传输和处理产生一定影响，比如可能导致数据传输错误率增加、通信质量下降等问题.

例 **4.3**　设连续型随机变量 X 的概率密度 $f(x) = \begin{cases} 2x, & 0 < x < 1, \\ 0, & \text{其他}. \end{cases}$ 求

$E(X)$.

微课 1：例 4.3

解　由数学期望的定义，可得

$$E(X) = \int_{-\infty}^{+\infty} xf(x)\,\mathrm{d}x = \int_0^1 x \cdot 2x\,\mathrm{d}x = \frac{2}{3}x^3 \Big|_0^1 = \frac{2}{3}.$$

例 **4.4**　设随机变量 X 服从区间 (a,b) 上的均匀分布，求 $E(X)$.

解　均匀分布的概率密度为

$$f(x) = \begin{cases} \dfrac{1}{b-a}, & a < x < b, \\ 0, & \text{其他}. \end{cases}$$

所以

$$E(X) = \int_{-\infty}^{+\infty} xf(x)\,\mathrm{d}x = \int_a^b x\,\frac{1}{b-a}\,\mathrm{d}x = \frac{b+a}{2}.$$

例 **4.5**　已知二维随机变量 (X,Y) 的概率分布为

X \ Y	-1	0	1
$-\dfrac{1}{2}$	$\dfrac{1}{3}$	$\dfrac{1}{12}$	$\dfrac{1}{12}$
2	$\dfrac{1}{12}$	$\dfrac{1}{4}$	$\dfrac{1}{6}$

微课 2：例 4.5

求 X，Y 的数学期望 $E(X)$ 及 $E(Y)$.

解　求出二维随机变量 (X,Y) 的边缘分布如下

X	$-\dfrac{1}{2}$	2
P	$\dfrac{1}{2}$	$\dfrac{1}{2}$

Y	-1	0	1
P	$\dfrac{5}{12}$	$\dfrac{1}{3}$	$\dfrac{1}{4}$

故 X 的数学期望为

$$E(X) = \left(-\frac{1}{2}\right) \times \frac{1}{2} + 2 \times \frac{1}{2} = \frac{3}{4},$$

Y 的期望为

$$E(Y) = (-1) \times \frac{5}{12} + 0 \times \frac{1}{3} + 1 \times \frac{1}{4} = -\frac{1}{6}.$$

例 4.6 古代有一个国家的国王喜欢打仗，为了国内有更多的男子可以征兵，他颁布了一条命令：每个家庭最多只许有 1 个女孩，否则全家处死．这条命令实行几十年后，这个国家的情况十分有趣：不少家庭只有 1 个女孩，有 2 个孩子的家庭都是 1 男 1 女，有 3 个孩子的家庭都是 2 男 1 女……无论前面有几个男孩，最后一个肯定是女孩．这样看来，似乎男孩比女孩多，但国王发现可以征召的青年男子与同龄少女的比例还是差不多，也就是男子并没有因他的命令而多起来，他十分不解，感叹这是天意．这真的是"天意"吗？

下面利用数学期望来说明该问题．

解 设随机变量 X, Y 分别表示一个家庭生育的男孩数与孩子数，注意到，事件" $X = i(i = 0,1,2,\cdots)$ "表示第 i 胎是男孩，第 $i+1$ 胎是女孩，并终止生育．事件" $Y = j(j = 1, 2,\cdots)$ "表示第 $j-1$ 胎是男孩，第 j 胎是女孩，并终止生育．$E(X), E(Y)$ 则分别表示一个家庭平均生育的男孩数和孩子数．有

$$P(X = i) = \frac{1}{2^{i+1}}, \quad (i = 0,1,2,\cdots),$$

$$P(Y = j) = \frac{1}{2^j}, \quad (j = 1,2,\cdots).$$

有级数

$$\sum_{k=1}^{\infty} \frac{k}{2^{k-1}} = 4,$$

$$E(X) = \sum_{i=0}^{\infty} iP(X = i) = \sum_{i=1}^{\infty} \frac{i}{2^{i+1}} = \frac{1}{4} \sum_{i=1}^{\infty} \frac{i}{2^{i-1}} = 1,$$

$$E(Y) = \sum_{j=1}^{\infty} jP(X = j) = \sum_{j=1}^{\infty} \frac{j}{2^j} = \frac{1}{2} \sum_{j=1}^{\infty} \frac{j}{2^{j-1}} = 2.$$

$E(X) = 1$ 表示一个家庭平均生育的男孩数为 1，而女孩总是一个，所以男女比例不会失调．可见男孩不会多，果然是"天意"啊．

4.1.2 随机变量函数的数学期望

在实际应用中，经常需要计算随机变量函数的数学期望．

定理 4.1 若 Y 是随机变量 X 的连续函数 $Y = g(X)$，那么

（1）若 X 是离散型随机变量，其分布律为 $P\{X = x_i\} = p_i, (i = 1,2,\cdots)$，则有

$$E(Y) = E[g(X)] = \sum_{i=1}^{\infty} g(x_i)p_i. \tag{4.3}$$

（2）若 X 是连续型随机变量，其概率密度是 $f(x)$，则有

$$E(Y) = E[g(X)] = \int_{-\infty}^{+\infty} g(x)f(x)\mathrm{d}x. \tag{4.4}$$

此定理的证明略．

定理 4.2 设 (X,Y) 是二维随机变量，$Z = g(X,Y)$ 是连续函数，那么

（1）若 (X,Y) 是离散型随机变量，其联合概率分布律为

$$P\{X = x_i, Y = y_j\} = p_{ij}, (i = 1, 2\cdots; j = 1, 2\cdots),$$

则有

$$E(Z) = E[g(X, Y)] = \sum_{i=1}^{\infty} \sum_{j=1}^{\infty} g(x_i, y_j) p_{ij}. \tag{4.5}$$

（2）若 (X, Y) 是连续型随机变量，其联合概率密度为 $f(x, y)$，则有

$$E(Z) = E[g(X, Y)] = \int_{-\infty}^{+\infty} \int_{-\infty}^{+\infty} g(x, y) f(x, y) \mathrm{d}x \mathrm{d}y. \tag{4.6}$$

例 4.7　在电子工程领域，为了评估一款新型电子元件在不同工作状态下的稳定性指标，将该元件的某种性能波动情况量化为随机变量 X. 经过大量的实验测试和数据分析，得到了该随机变量 X 的概率分布. 其中，X 的不同取值代表着元件在不同工况下的性能波动程度（数值越大表示波动程度越高）. 而 $X^2 + 1$ 可以作为一个综合稳定性指标，数值越小表示元件越稳定. 工程师需要通过计算 $E(X^2 + 1)$ 来评估该元件的平均综合稳定性，以便为后续的产品优化和应用提供依据. 随机变量 X 的概率分布如下表所示：

X	-2	-1	0	1	2
P	$\dfrac{1}{9}$	$\dfrac{2}{9}$	$\dfrac{1}{3}$	$\dfrac{2}{9}$	$\dfrac{1}{9}$

求 $E(X^2 + 1)$.

解

$$E(X^2 + 1) = [(-2)^2 + 1] \times \frac{1}{9} + [(-1)^2 + 1] \times \frac{2}{9} + (0^2 + 1) \times \frac{1}{3} + (1^2 + 1) \times$$

$$\frac{2}{9} + (2^2 + 1) \times \frac{1}{9} - \frac{7}{3}.$$

这个值代表了该新型电子元件的平均综合稳定性指标. 从数值大小来看，相对来说不是一个很小的值，说明该元件在不同工况下的综合稳定性表现还有提升空间. 由于 $X^2 + 1$ 中 X 反映的是性能波动程度，所以该结果也表明元件在工作时性能波动情况的平均水平不是很低，可能会影响到使用该元件的电子设备的整体性能稳定性.

例 4.8　设风速 V 在 $(0, b)$ 上服从均匀分布，其概率密度

$$f(v) = \begin{cases} \dfrac{1}{b}, & 0 < v < b, \\ 0, & \text{其他}. \end{cases}$$

设飞机受到的正压力 W 是 V 的函数，$W = kV^2 (k > 0, k$ 为常数$)$，求 W 的数学期望.

解　$E(W) = \int_{-\infty}^{+\infty} kv^2 f(v) \mathrm{d}v = \int_0^b kv^2 \dfrac{1}{b} \mathrm{d}v = \dfrac{1}{3} kb^2.$

例 4.9　在城市交通流量分析中，为了评估某十字路口在特定时间段的交通拥堵情况，设随机变量 X 表示该十字路口东西方向的车流量（单位：100 辆），随机变量 Y 表示南北方向的车流量（单位：100 辆）. 通过长时间对该路口的监测以及数据分析建模，得到二维随机变量 (X, Y) 的联合概率密度函数. 这个函数描述了不同东西方向车流量和南北方向车流

量组合出现的可能性大小. 交通规划部门需要计算 $E(XY)$ 和 $E(X+Y)$，其中 $E(XY)$ 可以反映两个方向车流量综合影响下的某种特征（例如，用于评估该路口在不同车流量组合下可能产生的交通压力综合指标），$E(X+Y)$ 则表示该路口总车流量的平均水平，以此为依据制定更合理的交通疏导和规划策略. 二维随机变量 (X,Y) 的联合概率密度为：

$$f(x) = \begin{cases} x+y, & 0 < x < 1, 0 < y < 1, \\ 0, & \text{其他}. \end{cases}$$

试求 $E(XY)$ 与 $E(X+Y)$.

解

$$E(XY) = \int_0^1 \int_0^1 xy(x+y)\,dxdy = \frac{1}{3}.$$

$$E(X+Y) = \int_0^1 \int_0^1 (x+y)(x+y)\,dxdy = \frac{7}{6}.$$

结果分析

（1）$E(XY) = \frac{1}{3}$，这个值表示在考虑东西和南北两个方向车流量相互作用的情况下，该路口某种综合交通特征的平均水平. 从实际意义来看，如果将 XY 视为一种衡量交通压力的综合指标（例如，车流量乘积越大可能代表交汇时的交通复杂程度越高），那么平均综合交通压力处于一个相对中等的水平. 这意味着在大多数情况下，该路口因两个方向车流量相互作用产生的交通复杂情况不是特别严重，但也不能忽视.

（2）$E(X+Y) = \frac{7}{6}$（单位：100 辆），它代表该十字路口总车流量的平均水平. 即平均来看，该路口在特定时间段东西方向和南北方向的车流量总和约为 $\frac{7}{6} \times 100 \approx 116.7$ 辆. 交通规划部门可以根据这个平均车流量水平，结合路口的实际通行能力，判断是否需要采取交通优化措施.

4.1.3 数学期望的性质

随机变量的数学期望具有以下重要性质.

性质 4.1 设 X、Y 是两个随机变量，c 是常数，则

微课 3：性质 4.1

（1）$E(c) = c$；

（2）$E(cX) = cE(X)$；

（3）$E(X+Y) = E(X) + E(Y)$；

（4）设 X 与 Y 相互独立，则 $E(XY) = E(X)E(Y)$. 反之不一定成立.

性质 4.1 中的（3）可推广到任意有限个随机变量之和的情况，即

$$E(X_1 + X_2 + \cdots + X_n) = E(X_1) + E(X_2) + \cdots + E(X_n).$$

例 4.10 在工业生产中，某自动化生产线负责生产一种精密零件，零件的某项关键尺寸（单位：mm）设为随机变量 X. 经过长期对该生产线的监测和大量生产数据的统计分析，已知该关键尺寸的数学期望 $E(X) = 3$ mm. 由于生产工艺的要求以及后续零件组装的需要，需要对零

件的关键尺寸进行调整和评估. 现在要将零件的关键尺寸进行线性变换, 变换后的尺寸为 $3X - 2$ (单位: mm), 工程师需要计算 $E(3X - 2)$, 以便了解变换后关键尺寸的平均水平, 为生产过程的质量控制和工艺优化提供重要依据.

解 由数学期望的性质, 可得

$$E(3X - 2) = 3E(X) - 2 = 7.$$

计算得出 $E(3X - 2) = 7$ mm, 从生产实际角度来看, 这个结果反映了按照当前的变换规则, 零件关键尺寸在大量生产情况下的平均取值. 如果该平均尺寸符合后续组装或产品整体性能的要求, 那么生产过程可以继续保持; 若不符合要求, 工程师就需要考虑调整生产线的参数, 或者对变换规则进行优化, 以确保最终产品的质量.

4.2 方 差

概率是数学中最具争议的一部分, 但它是最有用的.

——卡尔·皮尔逊

数学期望体现了随机变量取值的平均情况, 但有时仅仅知道期望是不够的, 还需了解一个随机变量相对于期望的偏离程度. 例如, 考察一批棉花的纤维长度, 如果有些很长, 有些又很短, 即使其平均长度达到合格标准, 也不能认为这批棉花合格; 又如一名射击选手, 在若干次射击试验中, 如果他每次射击的平均命中环数高, 说明他命中精度高, 准确性好, 但若他有时命中环数很高, 有时又很低, 则表明他的稳定性不好, 因而不能认为他是一名高水平的射击选手. 由此可见, 研究随机变量与其期望的偏离程度是很有必要的.

4.2.1 随机变量的方差

设 X 是随机变量, 且期望 $E(X)$ 存在, $X - E(X)$ 称为 X 的离差. 由于 $E[X - E(X)] = E(X) - E(X) = 0$, 因此, 离差有正有负, 即任意一个随机变量的离差的期望都为 0, 故离差的均值不能反映随机变量与其期望的偏离程度.

通常是用 $E\{[X - E(X)]^2\}$ 来度量随机变量 X 与其期望的偏离程度, 从而有下面的定义.

定义 4.2 设 X 是一个随机变量, 若 $E\{[X - E(X)]^2\}$ 存在, 则称

$$D(X) = E\{[X - E(X)]^2\} \tag{4.7}$$

为随机变量 X 的**方差**. 记 $\sigma(X) = \sqrt{D(X)}$, 称为随机变量 X 的**标准差**或**均方差**.

由定义 4.2 可知, 方差就是随机变量 X 的函数 $g(X) = [X - E(X)]^2$ 的数学期望. 所以对于离散型随机变量 X, 其分布律为 $P\{X = x_i\} = p_i, (i = 1, 2, \cdots)$, X 的方差为

$$D(X) = \sum_{i=1}^{\infty} \left[x_i - E(X) \right]^2 p_i. \tag{4.8}$$

对于连续型随机变量 X，其密度函数为 $f(x)$，X 的方差为

$$D(X) = \int_{-\infty}^{+\infty} \left[x - E(X) \right]^2 f(x)\,\mathrm{d}x. \tag{4.9}$$

又因为 $D(X) = E\{[X - E(X)]^2\} = E\{X^2 - 2XE(X) + [E(X)]^2\}$

$$= E(X^2) - 2E(X)E(X) + [E(X)]^2$$

$$= E(X^2) - [E(X)]^2.$$

通常情况下随机变量的方差按下面公式计算．

$$D(X) = E(X^2) - [E(X)]^2. \tag{4.10}$$

例 4.11　设随机变量 X 服从参数为 p 的两点分布，求 $D(X)$．

解　由例 4.1 可知 $E(X) = p$ 又

$$E(X^2) = 0^2 \cdot (1 - p) + 1^2 \cdot p,$$

则

$$D(X) = E(X^2) - [E(X)]^2 = p - p^2 = p(1 - p).$$

例 4.12　设连续型随机变量 X 的概率密度为

$$f(x) = \begin{cases} 2x, & 0 < x < 1, \\ 0, & 其他. \end{cases}$$

求 $D(X)$．

微课 4：例 4.12

解　由例 4.3 可知 $E(X) = \dfrac{2}{3}$，

$$E(X^2) = \int_{-\infty}^{+\infty} x^2 f(x)\,\mathrm{d}x = \int_0^1 x^2 \cdot 2x\,\mathrm{d}x = 2\int_0^1 x^3\,\mathrm{d}x = \frac{1}{2},$$

则

$$D(X) = E(X^2) - [E(X)]^2 = \frac{1}{2} - \left(\frac{2}{3}\right)^2 = \frac{1}{18}.$$

4.2.2　方差的性质

随机变量的方差具有以下性质．

性质 4.2　设 X，Y 是两个随机变量，c 为常数，则

(1) $D(c) = 0$.

(2) $D(cX) = c^2 D(X)$.

(3) $D(X \pm Y) = D(X) + D(Y) \pm 2E\{[X - E(X)][Y - E(Y)]\}$. $\tag{4.11}$

(4) 设 X 与 Y 相互独立，则

$$D(X \pm Y) = D(X) + D(Y). \tag{4.12}$$

性质 4.2 中的（3）证明如下：

$$D(X \pm Y) = E[(X \pm Y) - E(X \pm Y)]^2 = E\{[X - E(X)] \pm [Y - E(Y)]\}^2$$

$$= E\{[X - E(X)]2\} \pm 2E\{[X - E(X)][Y - E(Y)]\} + E\{[Y - E(Y)]2\}$$
$$= D(X) \pm 2E\{[X - E(X)][Y - E(Y)]\} + D(Y).$$

性质 4.2 中的 (4) 证明如下：

$$E\{[X - E(X)][Y - E(Y)]\} = E[XY - E(X)Y - XE(Y) + E(X)E(Y)]$$
$$= E(XY) - E(X)E(Y) - E(X)E(Y) + E(X)E(Y)$$
$$= E(XY) - E(X)E(Y).$$

由于随机变量 X、Y 相互独立，$E(XY) = E(X)E(Y)$，

$$E\{[X - E(X)][Y - E(Y)]\} = 0.$$

即

$$D(X \pm Y) = D(X) + D(Y).$$

例 4.13　在生物医学实验中，研究人员对某种新型药物在人体内的浓度变化进行监测. 设随机变量 X 表示在特定时间段内，该药物在血液中的浓度（单位：mg/L）. 经过大量的临床试验和数据收集分析，已知药物浓度的方差 $D(X) = 2$，方差反映了药物浓度相对于其平均值的离散程度. 为了进一步分析药物在体内的作用机制和稳定性，研究人员对药物浓度进行了变换，新的变量为 $2 - X$，它可能代表经过某种生理过程处理后药物的相对浓度. 现在需要计算 $D(2 - X)$，以此来评估变换后药物浓度的波动情况，为药物的疗效评估和临床应用提供更全面的信息.

解　由方差的性质，可得

$$D(2 - X) = D(-X) = (-1)^2 \cdot D(X) = 2.$$

计算得出 $D(2 - X) = 2$，这表明经过变换后，新的药物相对浓度的波动程度与原药物浓度的波动程度是相同的. 从药物研究的角度来看，虽然对药物浓度进行了 $2 - X$ 的变换，但这种变换并没有改变其浓度值相对于平均值的离散情况. 这意味着在评估药物的稳定性和在体内作用的一致性时，变换前后的浓度数据在波动特性上具有相似性. 如果原药物浓度的波动较大，可能会影响疗效的稳定性，那么变换后的相对浓度同样可能存在这样的问题.

例 4.14　设 X 为随机变量，且 $E\left(\dfrac{X}{3} - 1\right) = 2, D\left(-\dfrac{X}{2} + 2\right) = 4$，求 $E(X^2)$.

解　由数学期望及方差的性质，有

$$E\left(\frac{X}{3} - 1\right) = \frac{1}{3}E(X) - 1 = 2,$$
$$D\left(-\frac{X}{2} + 2\right) = \left(-\frac{1}{2}\right)^2 D(X) = 4.$$

解得

$$E(X) = 9, D(X) = 16,$$

因此

$$E(X^2) = D(X) + [E(X)]^2 = 97.$$

例 4.15 设随机变量 X 的数学期望与方差都存在，且 $D(X) \neq 0$，求 $Y = \dfrac{X - E(X)}{\sqrt{D(X)}}$ 的数学期望与方差．

解 由 $E(X), D(X)$ 均为常数，故有

$$E(Y) = E\left[\frac{X - E(X)}{\sqrt{D(X)}}\right] = \frac{1}{\sqrt{D(X)}}E[X - E(X)] = \frac{1}{\sqrt{D(X)}}[E(X) - E(X)] = 0,$$

$$D(Y) = D\left[\frac{X - E(X)}{\sqrt{D(X)}}\right] = \left(\frac{1}{\sqrt{D(X)}}\right)^2 D[X - E(X)] = \frac{1}{D(X)} \cdot D(X) = 1.$$

4.2.3　几种常见分布的数学期望与方差

1. 两点分布

X	0	1
P	$1 - p$	p

由例 4.1 和例 4.11 知，$E(X) = p, D(X) = p(1 - p)$．

2. 二项分布 $B(n, p)$

设 $X \sim B(n,p)$，其分布律为

$$P(X = k) = p_k = C_n^k p^k (1 - p)^{n-k}, \quad (k = 0,1,2,\cdots,n),$$

把 X 看作 n 个相互独立的都服从 $(0-1)$ 分布的随机变量 $X_1, X_2, \cdots, X_n$ 的和，即

$$X = \sum_{i=1}^{n} X_i,$$

其中，$E(X_i) = p; D(X_i) = p(1 - p), (i = 1,2,\cdots,n)$．由数学期望与方差的性质可得

$$E(X) = E\left(\sum_{i=1}^{n} X_i\right) = \sum_{i=1}^{n} E(X_i) = np,$$

$$D(X) = D\left(\sum_{i=1}^{n} X_i\right) = \sum_{i=1}^{n} D(X_i) = \sum_{i=1}^{n} p(1 - p) = np(1 - p).$$

3. 泊松分布 $P(\lambda)$

设 $X \sim P(\lambda)$，其分布律为

$$P\{X = k\} = \frac{\lambda^k \mathrm{e}^{-\lambda}}{k!}, \quad (k = 0,1,2,\cdots), \quad \lambda > 0.$$

数学期望为

$$E(X) = \sum_{k=0}^{\infty} k \frac{\lambda^k}{k!} \mathrm{e}^{-\lambda} = \lambda \mathrm{e}^{-\lambda} \sum_{k=1}^{\infty} \frac{\lambda^{k-1}}{(k-1)!} = \lambda \mathrm{e}^{-\lambda} \mathrm{e}^{\lambda} = \lambda,$$

由于

$$E(X^2) = E[X(X - 1)] + E(X) = E[X(X - 1)] + \lambda.$$

而

$$E[X(X-1)] = \sum_{k=0}^{\infty} k(k-1)\frac{\lambda^k}{k!}e^{-\lambda} = \lambda^2 e^{-\lambda} \sum_{k=2}^{\infty} \frac{\lambda^{k-2}}{(k-2)!} = \lambda^2 e^{-\lambda}e^{\lambda} = \lambda^2,$$

所以 $E(X^2) = \lambda^2 + \lambda$，故方差为

$$D(X) = E(X^2) - [E(X)]^2 = \lambda^2 + \lambda - \lambda^2 = \lambda.$$

4. 均匀分布 $U(a,b)$

设 $X \sim U(a,b)$，其概率密度函数为

$$f(x) = \begin{cases} \dfrac{1}{b-a}, & a < x < b, \\ 0, & 其他. \end{cases}$$

由例 4.4 知 $E(X) = \dfrac{a+b}{2}$，又

$$E(X^2) = \int_a^b x^2 \frac{1}{b-a}dx = \frac{b^2 + ab + a^2}{3},$$

$$D(X) = E(X^2) - [E(X)]^2 = \frac{(b-a)^2}{12}.$$

5. 指数分布 $E(\lambda)$

设 $X \sim E(\lambda)$，其概率密度函数为

$$f(x) = \begin{cases} \lambda e^{-\lambda x}, & x \geq 0, \\ 0, & x < 0. \end{cases} \quad (\lambda > 0),$$

则有

$$E(X) = \int_{-\infty}^{+\infty} xf(x)\,dx = \int_0^{+\infty} \lambda x e^{-\lambda x}dx = (-xe^{-\lambda x})\Big|_0^{+\infty} + \int_0^{+\infty} e^{-\lambda x}dx = \frac{1}{\lambda},$$

$$E(X^2) = \int_{-\infty}^{+\infty} x^2 f(x)\,dx = \int_0^{+\infty} \lambda x^2 e^{-\lambda x}dx = (-x^2 e^{-\lambda x})\Big|_0^{+\infty} + 2\int_0^{+\infty} xe^{-\lambda x}dx = \frac{2}{\lambda^2},$$

$$D(X) = E(X^2) - [E(X)]^2 = \frac{1}{\lambda^2}.$$

6. 正态分布 $N(\mu, \sigma^2)$

设 $X \sim N(\mu, \sigma^2)$，其概率密度函数为

$$f(x) = \frac{1}{\sqrt{2\pi}\sigma} e^{-\frac{(x-\mu)^2}{2\sigma^2}}, \quad (\sigma > 0, \ -\infty < x < +\infty),$$

微课**5**：正态分布

则有

$$E(X) = \int_{-\infty}^{+\infty} xf(x)\,dx = \int_{-\infty}^{+\infty} x\frac{1}{\sqrt{2\pi}\sigma} e^{-\frac{(x-\mu)^2}{2\sigma^2}}dx.$$

令，$t = \dfrac{x-\mu}{\sigma}$，则 $E(X) = \dfrac{1}{\sqrt{2\pi}} \int_{-\infty}^{+\infty} (\sigma t + \mu) e^{-\frac{t^2}{2}}dt = \dfrac{\mu}{\sqrt{2\pi}} \int_{-\infty}^{+\infty} e^{-\frac{t^2}{2}}dt = \mu.$

$$D(X) = E[X - E(X)]^2 = \int_{-\infty}^{+\infty} (x-\mu)^2 \frac{1}{\sqrt{2\pi}\sigma} e^{-\frac{(x-\mu)^2}{2\sigma^2}}dx.$$

令 $t = \dfrac{x - \mu}{\sigma}$，则 $D(X) = \dfrac{\sigma^2}{\sqrt{2\pi}} \displaystyle\int_{-\infty}^{+\infty} t^2 \mathrm{e}^{-\frac{t^2}{2}} \mathrm{d}t = \dfrac{\sigma^2}{\sqrt{2\pi}} \left(-t\mathrm{e}^{-\frac{t^2}{2}} \Big|_{-\infty}^{+\infty} + \displaystyle\int_{-\infty}^{+\infty} \mathrm{e}^{-\frac{t^2}{2}} \mathrm{d}t \right)$

$$= \dfrac{\sigma^2}{\sqrt{2\pi}} \int_{-\infty}^{+\infty} \mathrm{e}^{-\frac{t^2}{2}} \mathrm{d}t = \sigma^2.$$

可见，正态分布中的两个参数 μ 与 σ^2 恰好是该随机变量的数学期望与方差.

4.2.4 随机变量的矩

随机变量的矩是更一般的数字特征，数学期望与方差都是某种矩.

定义 4.3 设 X 是随机变量，若 $X^k (k = 1, 2, \cdots, n)$ 的数学期望存在，则称它为 X 的 **k 阶原点矩**，记为 V_k，即

$$V_k = E(X^k). \tag{4.13}$$

若 $[X - E(X)]^k$ 的数学期望存在，则称它为 X 的 **k 阶中心矩**，记为 μ_k，即

$$\mu_k = E\{[X - E(X)]^k\}. \tag{4.14}$$

显然，数学期望与方差分别是一阶原点矩和二阶中心矩.

4.3 协方差与相关系数

在社会上的平均人，犹如物体的重心一样，是一个平均值，各个社会成员都围绕着它上下摆动.

——朗伯·阿道夫·雅克·凯特勒

4.3.1 协方差与相关系数的概念

对于多维随机变量，除了讨论各随机变量的数学期望和方差外，还需要讨论随机变量之间的相互关系. 协方差可作为衡量两个随机变量间线性关系的基本指标，相关系数通过标准化协方差，提供更直观的变量相关性度量. 协方差与相关系数反映了随机变量之间相互关系的数字特征.

若两个随机变量 X 与 Y 是相互独立的，则有

$$E\{[X - E(X)][Y - E(Y)]\} = 0,$$

当 $E\{[X - E(X)][Y - E(Y)]\} \neq 0$ 时，随机变量 X 与 Y 之间必定存在着一定的关系.

定义 4.4 对于二维随机变量 (X, Y)，若 $[X - E(X)][Y - E(Y)]$ 的数学期望存在，则称它为随机变量 X 与 Y 的**协方差**，记为 $\mathrm{Cov}(X, Y)$，即

$$\mathrm{Cov}(X, Y) = E\{[X - E(X)][Y - E(Y)]\}. \tag{4.15}$$

称

$$\rho_{XY} = \frac{\mathrm{Cov}(X,Y)}{\sqrt{D(X)}\ \sqrt{D(Y)}} \tag{4.16}$$

为随机变量 X 与 Y 的**相关系数**.

由 (4.15) 式，容易算得

$$\mathrm{Cov}(X,Y) = E(XY) - E(X)E(Y). \tag{4.17}$$

(4.17) 式经常用于计算随机变量的协方差.

由定义 4.4 可知，当 $X = Y$ 时，有

$$D(X) = \mathrm{Cov}(X,X).$$

即随机变量 X 与 X 的协方差就是 X 的方差.

4.3.2 协方差与相关系数的性质

随机变量的协方差具有以下性质.

性质 4.3 设 X、Y 为随机变量，a,b 是常数，则

(1) $\mathrm{Cov}(X,Y) = \mathrm{Cov}(Y,X)$.

(2) $D(X \pm Y) = D(X) + D(Y) \pm 2\mathrm{Cov}(X,Y)$.

(3) $\mathrm{Cov}(aX,bY) = ab\mathrm{Cov}(X,Y)$.

(4) $\mathrm{Cov}(X_1 + X_2,Y) = \mathrm{Cov}(X_1,Y) + \mathrm{Cov}(X_2,Y)$.

例 4.16 在机器学习的图像识别应用中，为了分析图像特征之间的关联，设随机变量 X 表示图像中某类边缘特征的数量，随机变量 Y 表示图像中某特定形状特征的数量. 在训练图像识别模型时，通过对大量样本图像进行特征提取和分析，得到二维随机变量 (X,Y) 的联合概率密度函数. 该函数描述了不同边缘特征数量和特定形状特征数量组合出现的可能性大小. 机器学习工程师需要计算 $\mathrm{Cov}(X,Y)$ 和 ρ_{XY}，其中协方差可以衡量这两类特征数量之间的总体变化关联程度，相关系数能精确反映他们之间线性相关的紧密程度，有助于优化模型的特征选择和提高图像识别的准确率. 二维随机变量 (X,Y) 的联合概率密度为

$$f(x,y) = \begin{cases} x + y, & 0 \leq x,y \leq 1, \\ 0, & \text{其他}. \end{cases}$$

试求：$\mathrm{Cov}(X,Y)$ 及 ρ_{XY}.

解 $E(X) = \int_{-\infty}^{+\infty} \int_{-\infty}^{+\infty} xf(x,y)\,\mathrm{d}x\mathrm{d}y = \int_0^1 x\mathrm{d}x \int_0^1 (x+y)\,\mathrm{d}y = \frac{7}{12}$,

$E(Y) = \int_{-\infty}^{+\infty} \int_{-\infty}^{+\infty} yf(x,y)\,\mathrm{d}x\mathrm{d}y = \int_0^1 y\mathrm{d}y \int_0^1 (x+y)\,\mathrm{d}x = \frac{7}{12}$,

$E(XY) = \int_{-\infty}^{+\infty} \int_{-\infty}^{+\infty} xyf(x,y)\,\mathrm{d}x\mathrm{d}y = \int_0^1 y\mathrm{d}y \int_0^1 x(x+y)\,\mathrm{d}x = \frac{1}{3}$,

所以

$$\mathrm{Cov}(X,Y) = E(XY) - E(X)E(Y) = \frac{1}{3} - \left(\frac{7}{12}\right)^2 = -\frac{1}{144},$$

$$E(X^2) = \int_{-\infty}^{+\infty} \int_{-\infty}^{+\infty} x^2 f(x,y) \,\mathrm{d}x\mathrm{d}y = \int_0^1 x^2 \mathrm{d}x \int_0^1 (x+y)\,\mathrm{d}y = \frac{5}{12},$$

$$D(X) = E(X^2) - [E(X)]^2 = \frac{5}{12} - \left(\frac{7}{12}\right)^2 = \frac{11}{144},$$

同理，
$$D(Y) = \frac{11}{144}.$$

故得

$$\rho_{XY} = \frac{\mathrm{Cov}(X,Y)}{\sqrt{D(X)}\,\sqrt{D(Y)}} = -\frac{1}{11}.$$

结果分析

（1）协方差 $\mathrm{Cov}(X,Y) = -\dfrac{1}{144}$，协方差为负，说明图像中该类边缘特征数量与特定形状特征数量之间存在一定的负相关关系，即从总体趋势上看，边缘特征数量越多，特定形状特征数量有减少的倾向，但这种相关程度较弱，因为其绝对值较小.

（2）相关系数 $\rho_{XY} = -\dfrac{1}{11}$：相关系数在 -1 到 1 之间，表明这两类特征数量之间存在较弱的线性负相关关系. 这意味着虽然它们之间有一定关联，但不能单纯依靠边缘特征数量准确推测特定形状特征数量，还有其他图像特征对特定形状特征的出现有重要影响.

例 4.17 设二维随机变量 (X,Y) 的联合概率密度为

$$f(x,y) = \begin{cases} 2, & 0 \leq x \leq 1, 0 \leq y \leq x, \\ 0, & \text{其他}. \end{cases}$$

试求：$\mathrm{Cov}(X,Y)$ 及 ρ_{XY}.

微课 6：例 4.17

解 由于

$$E(X) = \int_{-\infty}^{+\infty} \int_{-\infty}^{+\infty} x f(x,y)\,\mathrm{d}x\mathrm{d}y = \int_0^1 x\mathrm{d}x \int_0^x 2\mathrm{d}y = \frac{2}{3},$$

$$E(Y) = \int_{-\infty}^{+\infty} \int_{-\infty}^{+\infty} y f(x,y)\,\mathrm{d}x\mathrm{d}y = \int_0^1 \mathrm{d}x \int_0^x 2y\mathrm{d}y = \frac{1}{3},$$

$$E(XY) = \int_{-\infty}^{+\infty} \int_{-\infty}^{+\infty} xy f(x,y)\,\mathrm{d}x\mathrm{d}y = \int_0^1 x\mathrm{d}x \int_0^x 2y\mathrm{d}y = \frac{1}{4},$$

故

$$\mathrm{Cov}(X,Y) = E(XY) - E(X)E(Y) = \frac{1}{36}.$$

又

$$D(X) = E(X^2) - [E(X)]^2 = \int_0^1 \left(\int_0^x 2\,x^2\mathrm{d}y\right)\mathrm{d}x - \frac{4}{9} = \frac{1}{18},$$

$$D(Y) = E(Y^2) - [E(Y)]^2 = \int_0^1 \left(\int_0^x 2\,y^2\mathrm{d}y\right)\mathrm{d}x - \frac{1}{9} = \frac{1}{18},$$

故

$$\rho_{XY} = \frac{\mathrm{Cov}(X,Y)}{\sqrt{D(X)}\ \sqrt{D(Y)}} = \frac{\dfrac{1}{36}}{\sqrt{\dfrac{1}{18}}\sqrt{\dfrac{1}{18}}} = \frac{1}{2}.$$

随机变量的相关系数具有以下性质.

性质 4.4　设随机变量 X 与 Y 的相关系数为 ρ_{XY}，a,b 是常数，$a \neq 0$，则

（1）$|\rho_{XY}| \leqslant 1$；

（2）$|\rho_{XY}| = 1$ 的充分必要条件是 $P\{Y = aX + b\} = 1$.

相关系数 ρ_{XY} 刻画了随机变量 X 与 Y 之间的线性相关程度．若 $|\rho_{XY}|$ 越大，线性相关程度就越大；$|\rho_{XY}|$ 越小，线性相关程度就越小．当 $|\rho_{XY}| = 1$ 时，X 与 Y 存在完全的线性关系；当 $\rho_{XY} = 0$ 时，X 与 Y 之间无线性相关关系.

定义 4.5　若随机变量 X 与 Y 的相关系数 $\rho_{XY} = 0$，则称 X 与 Y 不相关.

若 X 与 Y 相互独立，且 $D(X),D(Y)$ 存在，则有 $\mathrm{Cov}(X,Y) = \rho_{XY} = 0$，$X$ 与 Y 不相关；反之，若 X 与 Y 不相关，则 X 与 Y 不一定相互独立.

例 4.18　设随机变量 $X \sim U(0,2\pi)$，$Y = \cos X$，$Z = \cos\left(X + \dfrac{\pi}{2}\right)$，试证明随机变量 Y 与 Z 不相关，但也不相互独立.

证　由于

$$f_x(x) = \begin{cases} \dfrac{1}{2\pi}, & 0 < x < 2\pi, \\ 0, & \text{其他}. \end{cases}$$

$$E(Y) = \int_{-\infty}^{+\infty} y f_X(x)\,\mathrm{d}x = \frac{1}{2\pi}\int_0^{2\pi}\cos x\,\mathrm{d}x = 0,$$

$$E(Z) = \int_{-\infty}^{+\infty} z f_X(x)\,\mathrm{d}x = \frac{1}{2\pi}\int_0^{2\pi}\cos\left(x + \frac{\pi}{2}\right)\mathrm{d}x = 0,$$

$$\mathrm{Cov}(Y,Z) = E(YZ) - E(Y)E(Z) = \int_{-\infty}^{+\infty} yz f_X(x)\,\mathrm{d}x = \frac{1}{2\pi}\int_0^{2\pi}\cos x\cos\left(x + \frac{\pi}{2}\right)\mathrm{d}x = 0,$$

$$D(Y) = E(Y^2) - [E(Y)]^2 = \int_{-\infty}^{+\infty} y^2 f_X(x)\,\mathrm{d}x = \frac{1}{2\pi}\int_0^{2\pi}\cos^2 x\,\mathrm{d}x = \frac{1}{2},$$

$$D(Z) = E(Z^2) - [E(Z)]^2 = \int_{-\infty}^{+\infty} z^2 f_X(x)\,\mathrm{d}x = \frac{1}{2\pi}\int_0^{2\pi}\cos^2\left(x + \frac{1}{2}\right)\mathrm{d}x = \frac{1}{2},$$

得到

$$\rho_{YZ} = \frac{\mathrm{Cov}(Y,Z)}{\sqrt{D(Y)}\ \sqrt{D(Z)}} = 0,$$

即随机变量 Y 与 Z 不相关，但显然它们之间满足下面的关系

$$Y^2 + Z^2 = \cos^2 X + \cos^2\left(X + \frac{\pi}{2}\right) = 1,$$

所以随机变量 Y 与 Z 不是相互独立的.

4.4 应用案例分析

案例一 半导体晶圆缺陷控制的概率优化模型

某半导体制造企业发现其 12 英寸[①]晶圆生产线的良品率存在波动，导致成本增加. 通过历史数据分析，晶圆表面缺陷数量服从参数为 λ 的泊松分布，其中 λ 与生产参数（如蚀刻温度、沉积速率）相关. 已知当前工艺下，$\lambda = 2.5$（即每片晶圆平均缺陷数为 2.5），企业需通过调整生产参数将 λ 降低至合理区间，同时确保良品率（缺陷数为零的概率）的稳定性.

解　（1）因为 $X \sim P(\lambda)$，缺陷分布建模与数字特征计算

期望缺陷数：$E(X) = \lambda$，

方差：$D(X) = \lambda$，

良品率（零缺陷概率）：$P(X = 0) = e^{-\lambda}$.

（2）参数优化目标

假设通过工艺改进，可将 λ 从 2.5 降至 $\lambda' \in [1,2]$，需满足：

良品率最大化：$P(X = 0) = e^{-\lambda'}$ 尽可能大；

生产稳定性：方差 $D(X) = \lambda'$ 尽可能小.

（3）多目标权衡分析

当 $\lambda' = 1$ 时，$P(X = 0) = e^{-1} \approx 36.8\%$；

当 $\lambda' = 2$ 时，$P(X = 0) = e^{-2} \approx 13.5\%$；

由此发现降低 λ' 虽然能提升良品率，但工艺调整可能导致设备稳定性下降（实际方差可能因参数扰动而超出理论值）.

（4）动态调控模型

引入容差系数 $\alpha(0 < \alpha < 1)$，允许 λ' 在区间 $[\alpha\lambda'', \lambda'']$ 内波动. 设目标 $\lambda'' = 1.5$，则：

$$实际方差 = D(X) + 工艺扰动方差 = 1.5 + 0.2 = 1.7.$$

此时良品率为

$$P(X = 0) = e^{-1.5} \approx 22.3\%.$$

结果分析

理论最优：若完全忽略工艺扰动，$\lambda' = 1.0$ 时良品率最高（36.8%），但实际生产中方

---

① 1 英寸（in）= 25.4 mm.

差可能因设备不稳定而显著增加.

稳健型权衡：选择 $\lambda'' = 1.5$ 时，良品率为 22.3%，方差为 1.7，在提升良品率的同时控制风险.

本案例通过泊松分布的期望与方差分析，将概率论工具直接应用于半导体制造的核心问题——缺陷率控制，体现了其在量化决策、风险预判等方面的应用价值.

案例二　基于随机供需模型的电力公司月度利润优化分析

设电力公司每月可以供应某企业的电力 $X \sim U(10, 30)$（单位：10^4 kW），而该企业每月实际需要的电力 $Y \sim U(10, 20)$（单位：10^4 kW）. 如果企业能从电力公司得到足够的电力，则每 10^4 kW 电可以创造 30 万元的利润，若企业从电力公司得不到足够的电力，则不足部分由企业通过其他途径解决，由其他途径得到的电力每 10^4 kW 电只有 10 万元的利润. 试求：该企业每个月的平均利润.

解　设企业每月的利润为 Z 万元，则有

$$Z = \begin{cases} 30Y, & Y \leq X, \\ 30X + 10(Y - X), & Y > X. \end{cases}$$

在给定 $X = x$ 时，Z 仅是 Y 的函数，则当 $10 \leq x < 20$ 时，Z 的条件期望为

$$E(Z \mid X = x) = \int_{10}^{x} 30 y f_Y(y) \, dy + \int_{x}^{20} (10y + 20x) f_Y(y) \, dy$$

$$= \int_{10}^{x} 30 y \frac{1}{10} dy + \int_{x}^{20} (10y + 20x) \frac{1}{10} dy$$

$$= 50 + 40x - x^2.$$

当 $20 \leq x \leq 30$ 时，Z 的条件期望为

$$E(Z \mid X = x) = \int_{10}^{20} 30 y f_Y(y) \, dy = \int_{10}^{20} 30 y \frac{1}{10} dy = 450,$$

用 X 的分布对条件期望 $E(Z \mid X = x)$ 再做一次平均，即得

$$E(Z) = E[E(Z \mid X)] = \int_{10}^{20} E(Z \mid X = x) f_X(x) \, dx + \int_{20}^{30} E(Z \mid X = x) f_X(x) \, dx$$

$$= \frac{1}{20} \int_{10}^{20} (50 + 40x - x^2) \, dx + \frac{1}{20} \int_{20}^{30} 450 dx \approx 433.$$

微课 7：案例二

所以该企业每个月的平均利润约为 433 万元.

案例三　抗肿瘤药物剂量与疗效稳定性的概率优化分析

某生物科技公司研发了一款新型抗肿瘤药物（代号 DX－2024）. 在 Ⅱ 期临床试验中，需评估不同药物剂量（100～500 mg）对肿瘤体积缩小率（%）的影响，并优化给药方案. 下表是对 5 个剂量组（每组 10 名患者）的肿瘤体积缩小率进行统计的数据.

剂量/mg	100	200	300	400	500
平均疗效/%	50	60	70	75	80
疗效方差/%	30	25	20	35	40

分析 想要优化给药方案，需要解决三个核心问题．

（1）剂量增加是否显著提升疗效？

（2）高剂量是否导致疗效波动性（个体差异）增大？

（3）如何平衡疗效与稳定性以选择最佳剂量？

解 首先，计算剂量（X）与平均疗效（Y）的协方差与相关系数．

样本均值：
$$\bar{x} = \frac{1}{5}\sum_{i=1}^{5} x_i = \frac{100+200+300+400+500}{5} = 300,$$

$$\bar{y} = \frac{1}{5}\sum_{i=1}^{5} y_i = \frac{50+60+70+75+80}{5} = 67.$$

样本协方差：
$$\text{Cov}(X,Y) = \frac{1}{5-1}\sum_{i=1}^{5}(x_i - \bar{x})(y_i - \bar{y}) = \frac{7\,500}{4} = 1\,875.$$

样本标准差：
$$s_X = \sqrt{\frac{(100-300)^2 + \cdots + (500-300)^2}{4}} = \sqrt{25\,000} \approx 158.11,$$

$$s_Y = \sqrt{\frac{(50-67)^2 + \cdots + (80-67)^2}{4}} = \sqrt{145} \approx 12.04$$

相关系数：
$$\rho_{XY} = \frac{\text{Cov}(X,\ Y)}{s_X s_Y} = \frac{1\,875}{158.11 \times 12.04} \approx 0.985.$$

根据表格数据，直接对比剂量与疗效方差：

低剂量（30%）→中剂量（20%）→高剂量（40%）．

结果分析

（1）剂量与疗效的强正相关性：

$\rho_{XY} \approx 0.985$ 表明剂量增加与疗效提升高度线性相关，支持剂量递增策略．

（2）疗效稳定性的非线性变化：

①中剂量（300 mg）疗效方差最低20%，此时个体差异最小；

②高剂量（500 mg）方差激增至40%，提示部分患者可能出现耐药性或副作用．

优化给药方案的建议

（1）优先选择300～400 mg剂量区间：在保证疗效（70%～75%）的同时，控制方差在20%～35%，平衡有效性与安全性．

（2）个体化给药：对高剂量组患者进行基因分型或生物标志物检测，识别易受高剂量影响的亚群．

（3）长期监测：跟踪高剂量组患者的长期生存率，评估方差增大是否与耐药性相关．

综上,通过计算数字特征,将复杂的生物响应转化为可量化的决策指标,为药物开发提供数据驱动依据.此方法可扩展至药物联用方案优化、生物标记物筛选等领域.

4.5　随机变量数字特征的 Python 语言实验

例 4.19　假设有一个随机变量 X,它表示一个骰子(六面)掷出的点数,求该随机变量 X 的数学期望和方差.

解　在 Jupyter Notebook 单元格中输入如下代码:

```python
import numpy as np
#定义随机变量 X 的所有可能取值和对应的概率
#骰子的点数:1,2,…,6
values = np.arange(1,7)
#每个点数出现的概率都是 1/6
probabilities = np.full(6,1/6)
#计算数学期望
expected_value = np.sum(values * probabilities)
#计算方差
#方差(离差的平方的期望)
variance = np.sum((values - expected_value)**2 * probabilities)
#输出结果
print("数学期望为:",expected_value)
print("方差为:",variance)
```

运行程序后,输出如下结果:

```
数学期望为:3.5
方差为:2.9166666666666665
```

例 4.20　设随机变量 X 的概率分布如下表所示

X	0	1	2	3
P	0.1	0.3	0.4	0.2

求:X 的数学期望 $E(X)$ 和方差 $D(X)$.

解　在 Jupyter Notebook 单元格中输入如下代码:

```
#定义随机变量 X 的值和对应的概率
values = [0,1,2,3]
probabilities = [0.1,0.3,0.4,0.2]
#计算数学期望 E(X)
expected_value = sum(x * p for x,p in zip(values,probabilities))
print("随机变量 X 的数学期望 E(X)为:",expected_value)
#计算 E(X²)
expected_square = sum(x ** 2 * p for x,p in zip(values,probabilities))
#计算方差 D(X)
variance = expected_square - expected_value ** 2
print("随机变量 X 的方差 D(X)为:",variance)
```

运行程序后，输出如下结果：

随机变量 X 的数学期望 E(X)为:1.7000000000000002
随机变量 X 的方差 D(X)为:0.8099999999999996

例 4.21　设随机变量 X 具有概率密度函数

$$f(x) = \begin{cases} 2x, & 0 \leqslant x \leqslant 1, \\ 0, & \text{其他}. \end{cases}$$

求：X 的数学期望 $E(X)$ 和方差 $D(X)$.

微课8：例 4.20

解　在 Jupyter Notebook 单元格中输入如下代码：

```
from scipy.integrate import quad
#定义概率密度函数
def pdf(x):
    if 0 <= x <= 1:
        return 2 * x
    else:
        return 0
#计算数学期望 E(X)
expected_value,_ = quad(lambda x:x * pdf(x),0,1)
expected_value *= 1    #乘以积分区间宽度,本例中为1,通常用于更通用的情况
print(f"随机变量 X 的数学期望 E(X)为:{expected_value}")
#计算 E(X^2)
expected_square,_ = quad(lambda x:x ** 2 * pdf(x),0,1)
expected_square *= 1    #同理,乘以积分区间宽度
```

```
#计算方差 D(X)
variance = expected_square - expected_value ** 2
print(f"随机变量 X 的方差 D(X)为:{variance}")
```

运行程序后，输出如下结果：

```
随机变量 X 的数学期望 E(X)为:0.6666666666666667
随机变量 X 的方差 D(X)为:0.05555555555555547
```

第4章【考研真题选讲】

习题四

1. 一箱产品中有4件正品和2件次品，不放回地任意取2件，X 表示取到的次品数，求 $E(X)$.

2. 已知随机变量 X 的分布律如下，求 $E(X)$ 和 $D(X)$.

X	-1	0	1	2
P	$\frac{1}{3}$	$\frac{1}{6}$	$\frac{1}{4}$	$\frac{1}{4}$

3. 设随机变量 X 的概率密度为 $f(x) = \frac{1}{2}e^{-|x|}$，$-\infty < x < +\infty$，计算 $E(X)$ 和 $D(X)$.

4. 设随机变量 X 的概率密度为

$$f(x) = \begin{cases} x, & 0 \leq x \leq 1, \\ 2-x, & 1 < x \leq 2, \\ 0, & 其他. \end{cases}$$

试求：$E(X)$ 和 $D(X)$.

5. 设随机变量 X 的数学期望 $E(X) = -2$，方差 $D(X) = 2$，求 $E\left(\frac{1}{2}X - 5\right)$ 和 $D(-2X + 7)$.

6. （**2017 年考研真题**）设随机变量 X 的概率分布为 $P\{X = -2\} = \frac{1}{2}, P\{X = 1\} = a, P\{X = 3\} = b$，若 $E(X) = 0$，则 $D(X) = $ _____.

7. 设随机变量 X 的数学期望 $E(X) = -2$，方差 $D(X) = 4$，求 $E(X^2)$.

8. 设随机变量 X 满足 $E\left(-\frac{1}{2}X + 1\right) = -1, D(3X - 6) = 2$，求 $E(X)$ 和 $D(X)$.

9. 设随机变量 X 与 Y 相互独立，且 $D(X) = 3, D(Y) = 1$，求 $D(X - Y)$.

10. 已知随机变量 $X \sim U(-\pi, \pi)$，试求：$Y = \cos X$ 和 $Y^2 = \cos^2 X$ 的数学期望.

11. 随机变量 X 的概率密度为

$$f(x) = \begin{cases} e^{-x}, & x > 0, \\ 0, & x \leqslant 0. \end{cases}$$

试求: $Y = 2X$ 和 $Z = e^{-2X}$ 的数学期望.

12. （**2019 年考研真题**）设随机变量 X 的概率密度为

$$f(x) = \begin{cases} \dfrac{x}{2}, & 0 < x < 2, \\ 0, & 其他. \end{cases}$$

$F(x)$ 为 X 的分布函数, $E(X)$ 为 X 的数学期望, 则 $P\{F(X) > E(X) - 1\} = \underline{\hspace{2cm}}$.

13. 某人乘电梯从电视台底层到顶层观光, 电梯于每个整点的第 5 分钟, 第 25 分钟和第 55 分钟从底层起行. 假设此人在早晨 8 点至 9 点之间的任意时刻到达底层电梯处, 试求: 他等候电梯的平均时间.

14. 设二维随机变量 (X, Y) 的联合概率密度为

$$f(x, y) = \begin{cases} 12y^2, & 0 \leqslant y \leqslant x \leqslant 1, \\ 0, & 其他. \end{cases}$$

试求: $E(X), E(Y), E(XY)$ 和 $E(X^2 + Y^2)$.

15. 设随机变量 X 和 Y 相互独立, 其概率密度分别为

$$f(x) = \begin{cases} \dfrac{1}{3} e^{-\frac{x}{3}}, & x > 0, \\ 0, & x \leqslant 0, \end{cases} \qquad f(y) = \begin{cases} 2y, & 0 \leqslant y \leqslant 1, \\ 0, & 其他. \end{cases}$$

求 $E(XY)$ 和 $E(X + Y)$.

16. 天府机场的送客汽车载有 20 名乘客, 从机场开出, 乘客可以在 10 个车站下车. 如果到达某一车站无人下车, 则在该站不停车. 设随机变量 X 表示停车次数, 并假定每个顾客在各个车站下车是等可能的. 求平均停车次数.

17. 将 n 个球（$1 \sim n$ 号）随机地放入 n 只盒子（$1 \sim n$ 号）中, 一只盒子装 1 个球. 若 1 个球装入与球同号的盒子中, 称为 1 个配对, 设 X 为总配对数, 求 $E(X)$.

18. 设二维随机变量 (X, Y) 的联合概率密度为

$$f(x, y) = \begin{cases} 6xy^2, & 0 \leqslant x \leqslant 1, 0 < y < 1, \\ 0, & 其他. \end{cases}$$

试写出 (X, Y) 的协方差矩阵.

19. 设二维随机变量 (X, Y) 的联合分布律为

Y \ X	-1	0	1
1	0.2	0.1	0.1
2	0.1	0.0	0.1
3	0.2	0.1	0.1

求 X 和 Y 的相关系数.

20. (**2018 年考研真题**) 设随机变量 X 和 Y 相互独立, X 的概率分布为 $P\{X=1\}=P\{X=-1\}=\dfrac{1}{2}$, Y 服从参数为 λ 的泊松分布, 令 $Z=XY$. (1) 求 $\mathrm{Cov}(X,Z)$; (2) 求 Z 的概率分布.

21. 设随机变量 X_1, X_2 相互独立, 且 $X_1 \sim N(\mu,\sigma^2)$, $X_2 \sim N(\mu,\sigma^2)$. 令 $X=X_1+X_2$, $Y=X_1-X_2$, 求 $D(X)$, $D(Y)$ 及 ρ_{XY}.

22. (**2017 年考研真题**) 设随机变量 X 的分布函数 $F(x)=0.5\Phi(x)+0.5\Phi\left(\dfrac{x-4}{2}\right)$, 其中 $\Phi(x)$ 为标准正态分布函数, 则 $E(X)=$ _____ .

23. 设随机变量 X, Y 满足 $D(X)=16$, $D(Y)=49$, 且 $\rho_{XY}=0.4$, 求 $\mathrm{Cov}(X,Y)$, $D(X+Y)$, $D(X-Y)$.

24. 设二维随机变量 $(X,Y) \sim N\left(1, 0, 3^2, 4^2, -\dfrac{1}{2}\right)$, 设 $Z=\dfrac{X}{3}+\dfrac{Y}{2}$, 求:

(1) Z 的数学期望和方差;

(2) X 与 Z 的相关系数;

(3) 问 X 与 Z 是否相互独立?

25. (**2019 年考研真题**) 设随机变量 X 和 Y 相互独立, X 服从参数为 1 的指数分布, Y 的概率分布为 $P\{Y=-1\}=p, P\{Y=1\}=1-p$, 令 $Z=XY$. 则

(1) 求 Z 的概率密度;

(2) p 为何值时, X 和 Z 不相关;

(3) X 与 Z 是否相互独立?

微课 9: 习题四
(第 25 题)

第5章 大数定律及中心极限定理

> 任何科学都不允许我们说："这个事实之所以会发生，之所以会如此，是因为它遵循某种规律，而这种规律是绝对真理"．它更不会使我们怀疑地得出结论：绝对真理不存在，所以这个事实可能会发生，也可能不会发生，它可能会这样，也可能会以完全不同的方式发生，我们对此一无所知．我们能说的是："我预见到这样一个事实将会发生，而且它将以这样或那样的方式发生，因为过去的经验和人类思想对它的科学阐述使我认为这个预测是合理的．"
>
> ——布鲁诺·德·菲内蒂

概率统计人物

布鲁诺·德·菲内蒂（Bruno de Finetti，1906—1985），出生于奥地利，但他的大部分职业生涯都是在意大利度过的．他提出了"主观"的基于相信程度的概率概念．

本章主要讨论独立的随机变量之和在极限理论中的两类重要定理：一类是描述一系列随机变量之和的平均结果稳定性的大数定律，它因反映随机变量在大量重复试验下所呈现出的客观规律而得名；另一类是描述一系列随机变量之和的概率分布近似服从正态分布的中心极限定理．

这两类定理在概率论研究中占有重要地位，并且在许多领域有着广泛的应用．例如，在风险管理中，大数定律可用于保险业务中，当保险标的数量足够大时，实际发生的理赔次数和理赔金额会趋近于预期值，保险公司可以据此准确地制定保险费率和预留足够的准备金以应对风险；中心极限定理则可用于计算投资组合的风险价值，通过假设资产收益率服从正态分布，可以对投资组合在一定置信水平下的最大可能损失进行估计．在工业生产中，通过对大量产品的质量指标进行抽样检测，利用大数定律和中心极限定理，可以判断生产过程是否稳定，产品质量是否符合标准．在生物医学研究中，如药物临床试验时，对大量患者的治疗效果进行观察和统计，利用大数定律和中心极限定理可以判断药物的疗效和安全性．在工程系统的可靠性分析中，对大量相同的电子元件进行寿命测试，利用大数定律和中心极限定理可以估计元件的平均寿命，进而评估系统的可靠性．在大数据分析和数据挖掘中，对大量的用户行为数据进行分析，利用大数定律和中心极限定理可以提取有价值的信息和行为模式．在数字通信中，对大量的信号样本进行统计分析，利用大数定律和中心极限定理可以提高信号的检测精度和估计准确性．

自 18 世纪初瑞士数学家**雅各布·伯努利**第一个开始研究大数定律以来，已有许多数学工作者相继研究了概率论中的极限问题，得出许多重要的极限定理，本章将介绍几个常用的大数定律和中心极限定理．

概率统计人物

雅各布·伯努利（Jakob Bernoulli, 1655—1705），伯努利家族代表人物之一，瑞士数学家．被公认为概率论的先驱之一．他是较早阐明随着试验次数的增加，频率稳定在概率附近的人．概率论中的伯努利试验也是他提出来的．在他去世后，1713 年出版的《猜度术》中讨论了今天被称为"大数定律"的想法．

第 5 章大数定律及中心
极限定理思维导图

第 5 章大数定律及中心极限
定理学习重难点及学习目标

5.1　大数定律

统计学的进步有赖于两个重要因素．其一是一个具有原创性的心智，它能够发现和描述一个新问题，并开始尝试解决问题；其二是在这个心智周围有一个活跃的、具有挑战性的科研环境，它能够帮助催生新发现．

——乔治·博克斯

乔治·博克斯（George E. P. Box, 1919.10—2013.03）生于英格兰格雷夫森德, 后移居美国. 他是二十世纪下半叶的统计学大师之一, 在实验设计、时间序列分析、统计控制和贝叶斯推断等方面做出了重要贡献, 深刻影响了统计学、工程学、化学、经济学和环境科学等领域的理论和实践.

他的名字见于多个统计学概念, 比如博克斯－詹金斯模型、博克斯－考克斯变换、博克斯－本肯设计、博克斯－马勒变换、扬－博克斯检验, 以及博克斯－皮尔斯检验等.

随机变量 X 的期望 $E(X)$ 和方差 $D(X)$ 分别反映了随机变量 X 取值的平均值及离散程度. 那么, 在 $E(X)$ 和 $D(X)$ 都已知的情况下, 如何用方差 $D(X)$ 估计 X 取值对期望 $E(X)$ 的离散程度呢? **切比雪夫不等式**回答了这个问题.

定理 5.1（切比雪夫不等式） 设随机变量 X 存在数学期望 $E(X)$ 与方差 $D(X)$, 则对任意给定的 $\varepsilon > 0$, 恒有

$$P\{|X - E(X)| \geqslant \varepsilon\} \leqslant \frac{D(X)}{\varepsilon^2} \tag{5.1}$$

或

微课 1: 定理 5.1

$$P\{|X - E(X)| < \varepsilon\} \geqslant 1 - \frac{D(X)}{\varepsilon^2}. \tag{5.2}$$

当随机变量 X 的期望 $E(X)$ 和方差 $D(X)$ 都已知, 由切比雪夫不等式可以估计出随机变量 X 取值落在区间 $(E(X) - \varepsilon, E(X) + \varepsilon)$ 内的概率不小于 $1 - \dfrac{D(X)}{\varepsilon^2}$. 因此, $D(X)$ 越大, 则 X 落在区间 $(E(X) - \varepsilon, E(X) + \varepsilon)$ 内的概率越小, 即 X 在 $E(X)$ 附近的密集程度越低, 这就表明 $D(X)$ 反映了随机变量 X 相对于 $E(X)$ 的偏离程度, 如图 5.1 所示.

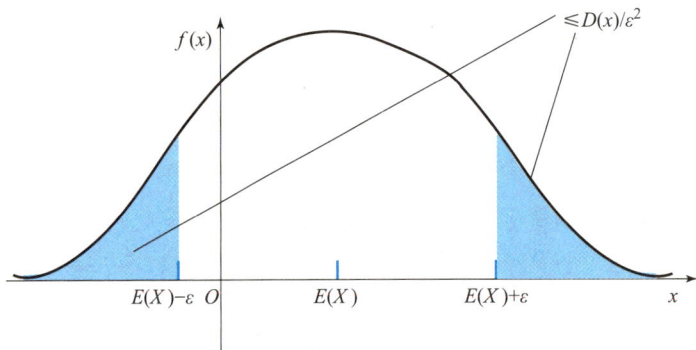

图 5.1 切比雪夫不等式概率分布示意图

切比雪夫（Chebyshew，俄文原名 Пафну́тий Льво́вич Чебышёв，1821—1894），俄罗斯数学家. 他对概率、统计学、力学和数论领域均有重大贡献，被誉为俄罗斯数学之父. 许多重要的数学概念都是以他的名字命名，包括切比雪夫不等式（其用于辛钦大数定理的证明）、伯特兰-切比雪夫定理、切比雪夫多项式和切比雪夫偏差.

例 5.1　设 X 表示投掷一颗均匀骰子出现的点数，给定 $\varepsilon = 2$，计算概率 $P\{|X - E(X)| < \varepsilon\}$，并验证切比雪夫不等式.

解　本题可先求出随机变量 X 的分布，进而计算出 $E(X)$（数学期望），然后计算 $P\{|X - E(X)| < \varepsilon\}$，最后验证切比雪夫不等式.

微课 2：例 5.1

（1）求随机变量 X 的分布.

已知 X 表示投掷一颗均匀骰子出现的点数，则 X 的取值为 1，2，3，4，5，6，且每个点数出现的概率相等，即 $P(X = k) = \dfrac{1}{6}, (k = 1, 2, \cdots, 6)$.

（2）计算数学期望.

根据数学期望的定义，对于离散型随机变量 X，$E(X) = \sum\limits_{k=1}^{6} kP(X = k)$，则

$$E(X) = 1 \times \frac{1}{6} + 2 \times \frac{1}{6} + 3 \times \frac{1}{6} + 4 \times \frac{1}{6} + 5 \times \frac{1}{6} + 6 \times \frac{1}{6}$$

$$= \frac{1 + 2 + 3 + 4 + 5 + 6}{6} = \frac{21}{6} = 3.5.$$

（3）计算 $P\{|X - E(X)| < \varepsilon\}$.

已知 $\varepsilon = 2$，则 $|X - E(X)| = |X - 3.5| < 2$，解这个不等式

$$-2 < X - 3.5 < 2,$$

即 $1.5 < X < 5.5$.

所以 X 的取值为 2,3,4,5，则

$$P\{|X - 3.5| < 2\} = P(X = 2) + P(X = 3) + P(X = 4) + P(X = 5)$$

$$= \frac{1}{6} + \frac{1}{6} + \frac{1}{6} + \frac{1}{6} = \frac{4}{6} = \frac{2}{3}.$$

（4）计算 $D(X)$.

根据方差的定义 $D(X) = E(X^2) - [E(X)]^2$，先求 $E(X^2)$

$$E(X^2) = 1^2 \times \frac{1}{6} + 2^2 \times \frac{1}{6} + 3^2 \times \frac{1}{6} + 4^2 \times \frac{1}{6} + 5^2 \times \frac{1}{6} + 6^2 \times \frac{1}{6}$$

$$= \frac{1 + 4 + 9 + 16 + 25 + 36}{6} = \frac{91}{6}.$$

则 $D(X) = \dfrac{91}{6} - (3.5)^2 = \dfrac{91}{6} - \dfrac{49}{4} = \dfrac{364 - 294}{24} = \dfrac{70}{24} = \dfrac{35}{12}$.

（5）验证切比雪夫不等式.

切比雪夫不等式为 $P\{|X - E(X)| \geqslant \varepsilon\} \leqslant \dfrac{D(X)}{\varepsilon^2}$，等价于

$$P\{|X - E(X)| < \varepsilon\} \geqslant 1 - \dfrac{D(X)}{\varepsilon^2}.$$

将 $D(X) = \dfrac{35}{12}$，$\varepsilon = 2$ 代入 $1 - \dfrac{D(X)}{\varepsilon^2}$ 可得 $1 - \dfrac{\frac{35}{12}}{2^2} = 1 - \dfrac{35}{48} = \dfrac{48 - 35}{48} = \dfrac{13}{48}$，

因为 $\dfrac{2}{3} = \dfrac{32}{48}$，且 $\dfrac{32}{48} > \dfrac{13}{48}$，即 $P\{|X - E(X)| < \varepsilon\} \geqslant 1 - \dfrac{D(X)}{\varepsilon^2}$ 成立.

综上，$P\{|X - E(X)| < \varepsilon\} = \dfrac{2}{3}$，切比雪夫不等式成立.

例 5.2 已知某数据中心有服务器 5 000 台，每台服务器正常运行的概率都是 0.9，且每台服务器是否正常运行相互独立，试估计同时正常运行的服务器数量在 4 400 到 4 600 台之间的概率.

解 （1）确定分布及参数.

设同时正常运行的服务器数量为 X，因为每台服务器正常运行与否相互独立，且正常运行的概率固定，所以 X 服从参数为 $n = 5 000$，$p = 0.9$ 的二项分布.

根据二项分布的期望和方差公式 $E(X) = np$，$D(X) = np(1 - p)$，可得
$$E(X) = 5\,000 \times 0.9 = 4\,500,$$
$$D(X) = 5\,000 \times 0.9 \times (1 - 0.9) = 5\,000 \times 0.9 \times 0.1 = 450.$$

（2）转化区间.

已知 $4\,400 \leqslant X \leqslant 4\,600$，对其进行变形可得
$$4\,400 - 4\,500 \leqslant X - E(X) \leqslant 4\,600 - 4\,500,$$
即 $-100 \leqslant X - E(X) \leqslant 100$，也就是 $|X - E(X)| \leqslant 100$.

（3）运用切比雪夫不等式计算概率.

切比雪夫不等式为 $P\{|X - E(X)| \leqslant \varepsilon\} \geqslant 1 - \dfrac{D(X)}{\varepsilon^2}$，这里 $\varepsilon = 100$.

将 $D(X) = 450$，$\varepsilon = 100$ 代入切比雪夫不等式可得
$$P\{|X - E(X)| \leqslant 100\} \geqslant 1 - \dfrac{450}{100^2} = 1 - 0.045 = 0.955.$$

所以同时正常运行的服务器数量在 4 400 到 4 600 台之间的概率不小于 0.955.

第 1 章介绍了事件发生的频率具有稳定性，即随着试验次数的增加，事件发生的频率逐渐稳定于某个常数. 在实践中人们还认识到大量测量值的算术平均值也具有稳定性，即平均结果的稳定性. 这就表明，无论随机试验的个别结果如何，大量随机试验的平均结果实际上不受个别结果的影响，并且几乎不再是随机的，而是确定的规律. 大数定律就是研究在什么

条件下随机变量序列的算术平均值收敛于该算术平均值的均值，并以严格的数学形式表达并证明了这种规律性，如频率的稳定性、平均结果的稳定性等.

定义 5.1　设随机变量序列 $X_1, X_2, \cdots, X_n, \cdots$ 的数学期望 $E(X_k)$（$k = 1, 2, \cdots$）都存在，令 $\overline{X}_n = \dfrac{1}{n} \sum\limits_{k=1}^{n} X_k$，若对于任意给定的正数 $\varepsilon > 0$，有

$$\lim_{n \to \infty} P\{\, |\overline{X}_n - E(\overline{X}_n)| \geqslant \varepsilon \,\} = 0. \tag{5.3}$$

或

$$\lim_{n \to \infty} P\{\, |\overline{X}_n - E(\overline{X}_n)| < \varepsilon \,\} = 1. \tag{5.4}$$

则称随机变量序列 $\{X_n\}$ 服从**大数定律**.

可见，大数定律表明平均结果 $\overline{X}_n = \dfrac{1}{n} \sum\limits_{k=1}^{n} X_k$ 具有渐进稳定性，即尽管某个随机试验的结果不可避免地引起随机偏差，但是在大量随机试验共同作用时，这些随机偏差相互抵消，致使总平均结果趋于稳定. 例如，称重一个质量为 μ 的物品，以 $X_1, X_2, \cdots, X_n$ 表示 n 次重复测量结果，当 n 充分大时，其平均值 $\overline{X}_n = \dfrac{1}{n} \sum\limits_{k=1}^{n} X_k$ 与 μ 的偏差是很小的，且一般 n 越大，这种偏差越小.

定理 5.2　（伯努利大数定律）设 n_A 是 n 次独立重复试验中事件 A 发生的次数，p 是事件 A 在每次试验中发生的概率，则对于任意正数 $\varepsilon > 0$，有

$$\lim_{n \to \infty} P\left\{ \left| \frac{n_A}{n} - p \right| < \varepsilon \right\} = 1. \tag{5.5}$$

微课 3：定理 5.2

或

$$\lim_{n \to \infty} P\left\{ \left| \frac{n_A}{n} - p \right| \geqslant \varepsilon \right\} = 0. \tag{5.6}$$

证　设随机变量

$$X_k = \begin{cases} 0, & \text{若在第 } k \text{ 次试验中 } A \text{ 不发生}, \\ 1, & \text{若在第 } k \text{ 次试验中 } A \text{ 发生}. \end{cases} \quad k = 1, 2, \cdots, n,$$

显然

$$n_A = X_1 + X_2 + \cdots + X_n = \sum_{k=1}^{n} X_k = n\overline{X}_n,$$

由于 X_k 只依赖于第 k 次试验，而各次试验是相互独立的，于是 $X_1, X_2, \cdots, X_n$ 相互独立且同服从 $(0 - 1)$ 分布，故有

$$E(X_k) = p, \quad D(X_k) = p(1 - p), \quad (k = 1, 2, \cdots, n),$$

则 $\overline{X}_n = \dfrac{1}{n} \sum\limits_{k=1}^{n} X_k$ 的数学期望及方差为

$$E(\overline{X}_n) = E\left(\frac{1}{n} \sum_{k=1}^{n} X_k \right) = \frac{1}{n} \sum_{k=1}^{n} E(X_k) = \frac{1}{n} np = p,$$

$$D(\bar{X}_n) = D\left(\frac{1}{n}\sum_{k=1}^{n}X_k\right) = \frac{1}{n^2}\sum_{k=1}^{n}D(X_k) = \frac{1}{n^2}np(1-p) = \frac{p(1-p)}{n},$$

由切比雪夫不等式知，对任意给定的正数 $\varepsilon > 0$，有

$$P\{|\bar{X}_n - E(\bar{X}_n)| \geqslant \varepsilon\} \leqslant \frac{D(\bar{X}_n)}{\varepsilon^2} = \frac{p(1-p)}{\varepsilon^2 n},$$

在上式中令 $n \to \infty$，即得

$$\lim_{n\to\infty}P\{|\bar{X}_n - E(\bar{X}_n)| \geqslant \varepsilon\} = \lim_{n\to\infty}\left\{\left|\frac{n_A}{n} - p\right| \geqslant \varepsilon\right\} = 0.$$

伯努利大数定律表明，当 n 无限增大时，事件发生的频率 $\frac{n_A}{n}$ 几乎等于事件发生的概率 p．伯努利大数定律以严格的数学形式表述了频率的稳定性．当 n 很大时，事件发生的频率与概率有较大的偏差的可能性很小．在实际应用中，当试验次数很大时，便可以用事件发生的频率来代替事件的概率．

服从 $(0-1)$ 分布的相互独立的随机变量序列满足大数定律，若去掉条件中的"服从 $(0-1)$ 分布"，换成"具有相同的期望与方差"，大数定律依然成立．

定理 5.3　（切比雪夫大数定律的特殊情形）设 $X_1, X_2, \cdots, X_n, \cdots$ 相互独立，且具有相同的数学期望和方差：$E(X_k) = \mu$，$D(X_k) = \sigma^2$，$(k = 1, 2, \cdots)$，则对任意正数 $\varepsilon > 0$，有

$$\lim_{n\to\infty}P\{|\bar{X}_n - \mu| < \varepsilon\} = 1. \tag{5.7}$$

证明略．

此定理表明，当 n 无限增大时，n 个随机变量的算术平均接近于一个常数．

定理 5.4　（辛钦大数定律）设随机变量 $X_1, X_2, \cdots, X_n, \cdots$ 独立同分布，且具有数学期望 $E(X_k) = \mu (k = 1, 2, \cdots)$，则对于任意正数 ε，有

$$\lim_{n\to\infty}P\{|\bar{X}_n - \mu| < \varepsilon\} = 1. \tag{5.8}$$

上式又称 $\bar{X}_n$ 依概率收敛于 μ，记为 $\bar{X}_n \xrightarrow{P} \mu$．

微课 4：定理 5.4

定理 5.3 及定理 5.4 用数学语言严格表述并证明了平均结果的稳定性．

概率统计人物

亚历山大·雅科夫列维奇·辛钦（Aleksandr Yakovlevich Khinchin, 1894—1959）苏联数学家和教育家，现代概率论的奠基者之一．辛钦在分析学、数论、概率论及对统计力学的应用等方面有重要贡献．在数学中以他的名字命名的概念有辛钦定理、辛钦不等式、辛钦积分、辛钦条件、辛钦可积函数、辛钦转换原理、辛钦单峰性准则等．

例 5.3　设随机变量序列 $X_1, X_2, \cdots, X_n, \cdots$ 相互独立，且都服从 (a, b) 区间上的均匀分布，试问平均值 $\bar{X}_n = \frac{1}{n}\sum_{k=1}^{n}X_k$ 依概率收敛于何值？

微课 5：例 5.3

解 因为 $X_k \sim U(a,b)$，则 $E(X_k) = \dfrac{a+b}{2}$，$E(\bar{X}_k) = \dfrac{a+b}{2}$，$(k = 1,2,\cdots,n,\cdots)$，

故由辛钦大数定理知

$$\bar{X}_n \xrightarrow{p} \frac{a+b}{2},$$

即 $\bar{X}_n = \dfrac{1}{n}\sum\limits_{k=1}^{n} X_k$ 依概率收敛于区间 (a,b) 的中点 $\dfrac{a+b}{2}$.

例 5.4 在一个机器学习模型训练过程中，每次训练产生的误差值 $X_1, X_2, \cdots, X_n, \cdots$ 相互独立，且都服从参数为 λ 的泊松分布. 为了评估该模型在训练中的平均误差水平，进行了大量（n 很大）的训练，试问可以用什么值来估计参数 λ？

解 本题可依据辛钦大数定律解答. 辛钦大数定律指出：若随机变量 $X_1, X_2, \cdots, X_n, \cdots$ 相互独立且服从同一分布，且它们的数学期望 $E(X_i) = \mu$，（$i = 1,2,\cdots$）存在，则对于任意正数 ε，有

$$\lim_{n\to\infty} P\left\{\left|\frac{1}{n}\sum_{i=1}^{n} X_i - \mu\right| < \varepsilon\right\} = 1.$$

也就是说，当 n 充分大时，样本均值 $\dfrac{1}{n}\sum\limits_{i=1}^{n} X_i$ 依概率收敛于数学期望 μ.

（1）确定随机变量的数学期望.

已知每次训练产生的误差值 X_i（$i = 1,2,\cdots$）服从参数为 λ 的泊松分布. 对于服从泊松分布 $P(\lambda)$ 的随机变量，其数学期望 $E(X_i) = \lambda$.

（2）应用辛钦大数定律.

根据辛钦大数定律，当训练次数 n 很大时，样本均值 $\bar{X} = \dfrac{1}{n}\sum\limits_{i=1}^{n} X_i$ 依概率收敛于 $E(X_i)$.

由于 $E(X_i) = \lambda$，当 n 很大时，可以用大量训练产生误差值的平均值 $\dfrac{1}{n}\sum\limits_{i=1}^{n} X_i$ 来估计参数 λ.

例 5.5 （2022 年考研真题）设随机变量序列 $X_1, X_2, \cdots X_n, \cdots$ 独立同分布，且 X_i 的概率密度为 $f(x) = \begin{cases} 1 - |x|, & |x| < 1, \\ 0, & \text{其他}. \end{cases}$ 则当 $n \to \infty$ 时，

$\dfrac{1}{n}\sum\limits_{i=1}^{n} X_i^2$ 依概率收敛于多少？

微课 6：例 5.5

解 $E(X_i^2) = \displaystyle\int_{-\infty}^{+\infty} x^2 f(x)\,\mathrm{d}x = \int_{-1}^{1} x^2(1 - |x|)\,\mathrm{d}x = 2\int_{0}^{1} x^2(1 - x)\,\mathrm{d}x = \dfrac{1}{6}$，从而

$E\left(\dfrac{1}{n}\sum\limits_{i=1}^{n} X_i^2\right) = \dfrac{1}{n}\sum\limits_{i=1}^{n} E(X_i^2) = \dfrac{1}{6}$，由辛钦大数定律可得，$\dfrac{1}{n}\sum\limits_{i=1}^{n} X_i^2$ 依概率收敛于 $\dfrac{1}{6}$.

5.2 中心极限定理

> 随机非随意，概率破玄机．无序隐有序，统计解迷离．
>
> ——严加安

自从高斯指出测量误差服从正态分布之后，人们发现，正态分布在自然界中极为常见．例如，成年人的身高、体重等服从正态分布；一个地区考生的高考分数服从正态分布；抛掷硬币出现正面的次数近似服从正态分布．观测表明，大量相互独立的随机因素的总量通常都服从或近似服从正态分布，其中每个因素的单独影响并不显著．

概率论中用于阐述大量独立随机变量和的极限分布是正态分布的定理称为中心极限定理．

定义 5.2 设相互独立的随机变量序列 $X_1, X_2, \cdots, X_n, \cdots$，其前 n 项和 $Y_n = \sum_{k=1}^{n} X_k$，如果

$$\lim_{n \to \infty} P\left\{ \frac{Y_n - E(Y_n)}{\sqrt{D(Y_n)}} \leqslant x \right\} = \int_{-\infty}^{x} \frac{1}{\sqrt{2\pi}} e^{-\frac{t^2}{2}} \mathrm{d}t = \Phi(x), \tag{5.9}$$

则称随机变量序列 $X_1, X_2, \cdots, X_n, \cdots$ 服从**中心极限定理**．

若定义 5.2 中的 X_i 服从 $(0-1)$ 分布，则二项分布 $Y_n = \sum_{k=1}^{n} X_k$ 近似服从正态分布，由此可得到以下定理．

定理 5.5 （棣莫弗－拉普拉斯定理）设随机变量 Y_n 服从二项分布 $B(n,p)$，则对于任意实数 x，恒有

微课7：定理5.5

$$\lim_{n \to \infty} P\left\{ \frac{Y_n - np}{\sqrt{np(1-p)}} \leqslant x \right\} = \Phi(x). \tag{5.10}$$

概率统计人物

亚伯拉罕·棣莫弗（Abraham De Moivre, 1667—1754），法国裔英国籍的数学家，1711 年写成《抽签的计量》一文，1718 年修改扩充为《机会论》（*The Doctrine of Chances*），这是概率论较早的专著之一，首次定义了独立事件的乘法定理，给出二项分布的公式，讨论了掷骰和其他赌博的许多问题．他在 1730 年出版的另一专著《分析杂论》中最早使用概率积分．他还将概率论用于保险事业，于 1725 年出版过专门论著《论终身年金》．

证 Y_n 可以看成 n 个相互独立且服从 $(0-1)$ 分布的随机变量 $X_1, X_2, \cdots, X_n$ 之和，即

$$Y_n = \sum_{k=1}^{n} X_k,$$

其中 X_k 的分布律为

$$P\{X_k = i\} = p^i(1-p)^{1-i}, (i = 0,1, k = 1,2,\cdots,n),$$

由于 $E(X_k) = p, D(X_k) = p(1-p)$，则

$$E(Y_n) = E\left(\sum_{k=1}^{n} X_k\right) = \sum_{k=1}^{n} E(X_k) = np,$$

$$D(Y_n) = D\left(\sum_{k=1}^{n} X_k\right) = \sum_{k=1}^{n} D(X_k) = np(1-p),$$

故有

$$\lim_{n\to\infty} P\left\{\frac{Y_n - E(Y_n)}{\sqrt{D(Y_n)}} \leq x\right\} = \lim_{n\to\infty} P\left\{\frac{Y_n - np}{\sqrt{np(1-p)}} \leq x\right\} = \Phi(x).$$

上式说明，当 $n \to \infty$ 时，二项分布的极限分布为正态分布. 应用时，只要 n 比较大，二项分布 $B(n,p)$ 的分布函数就可用正态分布 $N[np, np(1-p)]$ 的分布函数近似代替，即当 n 较大时，对任意实数 x，有

$$P\left\{\frac{Y_n - np}{\sqrt{np(1-p)}} \leq x\right\} \approx \Phi(x). \tag{5.11}$$

一般地，对任意的 a,b，有

$$P\{a < Y_n \leq b\} \approx \Phi\left(\frac{b - np}{\sqrt{np(1-p)}}\right) - \Phi\left(\frac{a - np}{\sqrt{np(1-p)}}\right). \tag{5.12}$$

例 5.6　在一个人工智能图像识别模型的测试中，共对 2 500 张图片进行识别，已知该模型正确识别一张图片的概率为 0.8. 试求：

（1）正确识别至少 2 050 张图片的概率；

（2）正确识别图片数量在 1 900 到 2 049 张之间的概率.

解　本题可依据棣莫弗 - 拉普拉斯定理来解答.

设正确识别图片的数量为随机变量 X，已知试验次数 $n = 2\,500$（对 2 500 张图片进行识别），每次试验成功的概率 $p = 0.8$（模型正确识别一张图片的概率），所以 $X \sim B(2\,500, 0.8)$.

（1）确定近似正态分布的参数.

根据棣莫弗 - 拉普拉斯定理，计算正态分布的均值 μ 和方差 σ^2：

均值 $\mu = np = 2\,500 \times 0.8 = 2\,000$.

方差 $\sigma^2 = np(1-p) = 2\,500 \times 0.8 \times (1 - 0.8) = 400$，则标准差 $\sigma = \sqrt{400} = 20$.

所以 X 近似服从正态分布 $N(2\,000, 400)$.

（2）计算 $P(X \geq 2\,050)$（正确识别至少 2 050 张图片的概率）.

①标准化：

根据标准化公式 $Z = \dfrac{X - \mu}{\sigma}$，可得

$$P(X \geqslant 2\,050) = 1 - P(X < 2\,050) = 1 - P\left(\frac{X - 2\,000}{20} < \frac{2\,050 - 2\,000}{20}\right).$$

②化简并计算：$P\left(\dfrac{X - 2\,000}{20} < \dfrac{2\,050 - 2\,000}{20}\right) = P(Z < 2.5)$，

查标准正态分布表（附表2）可知 $\Phi(2.5) = P(Z < 2.5) = 0.993\,8$.

所以 $P(X \geqslant 2\,050) = 1 - 0.993\,8 = 0.006\,2$.

（3）计算 $P(1\,900 < X < 2\,049)$（正确识别图片数量在 1\,900 到 2\,049 张之间的概率）.

①标准化：

$$P(1\,900 < X < 2\,049) = P\left(\frac{1\,900 - 2\,000}{20} < \frac{X - 2\,000}{20} < \frac{2\,049 - 2\,000}{20}\right)$$
$$= P(-5 < Z < 2.45).$$

②利用标准正态分布性质计算：

根据标准正态分布的性质 $P(-5 < Z < 2.45) = \Phi(2.45) - \Phi(-5)$.

由于标准正态分布中，$\Phi(-5)$ 的值极其小，近似为 0；查附表2可得 $\Phi(2.45) = 0.992\,9$.

所以 $P(1\,900 < X < 2\,049) = 0.992\,9 - 0 = 0.992\,9$.

综上，（1）正确识别至少 2\,050 张图片的概率为 0.006\,2；（2）正确识别图片数量在 1\,900 到 2\,049 张之间的概率为 0.992\,9.

例5.7 在某芯片制造工厂，对生产的芯片进行性能测试. 已知每块芯片出现性能不稳定的概率 X，若一共测试了 100\,000 块芯片，问其中有 19\,000 到 21\,000 次芯片性能不稳定的概率是多少？

解 本题可依据棣莫弗-拉普拉斯定理来解答，该定律表明当 n（试验次数）充分大时，二项分布 $B(n,p)$ 近似服从正态分布 $N[np, np(1-p)]$.

（1）确定分布及参数.

设出现性能不稳定的芯片数量为 X，这里 $n = 100\,000$（测试芯片总数），$p = \dfrac{1}{5} = 0.2$（每块芯片出现性能不稳定的概率），则 $X \sim B(100\,000, 0.2)$.

根据棣莫弗-拉普拉斯定理，计算正态分布的参数.

均值 $\mu = np = 100\,000 \times 0.2 = 20\,000$.

方差 $\sigma^2 = np(1-p) = 100\,000 \times 0.2 \times (1 - 0.2) = 16\,000$，标准差 $\sigma = \sqrt{16\,000} \approx 126.49$.

所以近似服从正态分布 $N(20\,000, 16\,000)$.

（2）标准化.

要计算 $P(19\,000 < X < 21\,000)$，根据标准化公式 $Z = \dfrac{X - \mu}{\sigma}$，可得

$$P(19\,000 < X < 21\,000) = P\left(\frac{19\,000 - 20\,000}{126.49} < \frac{X - 20\,000}{126.49} < \frac{21\,000 - 20\,000}{126.49}\right)$$
$$= P(-7.91 < Z < 7.91).$$

（3）计算概率.

根据标准正态分布的性质 $P(-7.91 < Z < 7.91) = \Phi(7.91) - \Phi(-7.91)$.

在标准正态分布中，Z 取值在 -7.91 左侧和 7.91 右侧的概率极其小，几乎为 0，即 $\Phi(-7.91) \approx 0$，$\Phi(7.91) \approx 1$.

所以 $P(-7.91 < Z < 7.91) \approx 1 - 0 = 1$.

综上，在 100 000 块芯片测试中，有 19 000 到 21 000 次芯片性能不稳定的概率约为 1.

实际上，只要随机变量序列 $X_1, X_2, \cdots, X_n, \cdots$ 相互独立且服从同一分布，就能证明中心极限定理成立.

微课 8：定理 5.6

定理 5.6　（**独立同分布中心极限定理**）设 $X_1, X_2, \cdots, X_n, \cdots$ 相互独立，且服从同一分布，具有数学期望及方差，$E(X_k) = \mu, D(X_k) = \sigma^2 \neq 0$，$(k = 1, 2, \cdots)$，则随机变量 $Y_n = \sum\limits_{k=1}^{n} X_k$ 近似服从正态分布 $N(n\mu, n\sigma^2)$，即对于任意实数 x，有

$$\lim_{n \to \infty} P\left\{ \frac{Y_n - n\mu}{\sqrt{n}\sigma} \leqslant x \right\} = \Phi(x). \tag{5.13}$$

证略.

可见，定理 5.5 即为定理 5.6 的特殊情况.

例 5.8　一加法器同时收到 20 个噪声电压 $V_k(k = 1, 2, \cdots, 20)$，设它们是相互独立的随机变量，且都在区间 $(0, 10)$ 上服从均匀分布，记 $V = \sum\limits_{k=1}^{20} V_k$，求 $P\{V > 105\}$ 的近似值.

微课 9：例 5.8

解　（1）求 V_k 的期望和方差.

若随机变量 X 在区间 (a, b) 上服从均匀分布，则其期望 $E(X) = \dfrac{a + b}{2}$，方差 $D(X) = \dfrac{(b - a)^2}{12}$.

已知 V_k 在区间 (a, b) 上服从均匀分布，其中 $a = 0, b = 10$，则

V_k 的期望 $E(V_k) = \dfrac{a + b}{2} = 5$，$(k = 1, 2, \cdots, 20)$.

V_k 的方差 $D(V_k) = \dfrac{(b - a)^2}{12} = \dfrac{100}{12} = \dfrac{25}{3}$，$(k = 1, 2, \cdots, 20)$.

（2）求 $V = \sum\limits_{k=1}^{20} V_k$ 的期望和方差

因为 $V_1, V_2, \cdots, V_{20}$ 相互独立，则

$$E(V) = E\left(\sum_{k=1}^{n} V_k \right) = \sum_{k=1}^{n} E(V_k) = 100.$$

$$D(V) = D\left(\sum_{k=1}^{n} V_k \right) = \sum_{k=1}^{n} D(V_k) = \frac{500}{3}.$$

（3）利用中心极限定理近似计算概率.

由独立同分布的中心极限定理可知，当 n 充分大时，$V = \sum_{k=1}^{20} V_k$ 近似服从正态分布 $N\left(100, \dfrac{500}{3}\right)$. 标准化 V，令 $Z = \dfrac{V - E(V)}{\sqrt{D(V)}} = \dfrac{V - 100}{\sqrt{\dfrac{500}{3}}}$，$Z$ 近似服从标准正态分布 $N(0,1)$.

则 $P\{V > 105\} = P\left\{\dfrac{V - 100}{\sqrt{\dfrac{500}{3}}} > \dfrac{105 - 100}{\sqrt{\dfrac{500}{3}}}\right\}$，即 $P\{V > 105\} = P\left\{Z > \dfrac{105 - 100}{\sqrt{\dfrac{500}{3}}}\right\}$.

计算 $\dfrac{105 - 100}{\sqrt{\dfrac{500}{3}}} \approx 0.387$，所以 $P\{V > 105\} = P\{Z > 0.387\} = 1 - \Phi(0.387)$. 查附表2可得 $\Phi(0.387) \approx 0.651\,7$，所以 $P\{V > 105\} = 1 - 0.651\,7 \approx 0.348\,3$.

综上，$P\{V > 105\}$ 的近似值为 0.348 3.

例 5.9　一个人工智能语音识别系统由 20 个模块组成，每个模块的处理时间是一个随机变量，它们相互独立且服从同一分布，其数学期望为 0.3 s，均方差为 0.04 s. 规定整个语音识别系统处理一段语音的总时间在（6±0.2）s 时，系统运行正常，试求：系统运行正常的概率.

解　本题可依据独立同分布中心极限定理来求解，该定理表明：独立同分布的随机变量之和近似服从正态分布.

（1）明确参数.

设每个模块的处理时间为 $X_i(i = 1,2,\cdots,20)$，总处理时间为 $T = \sum_{i=1}^{20} X_i$.

已知 $n = 20$（模块个数），每个模块处理时间的数学期望 $\mu = 0.3$ s，均方差 $\sigma = 0.04$ s，则方差 $\sigma^2 = 0.04^2 = 0.001\,6$.

（2）确定总处理时间 T 近似服从的正态分布.

根据独立同分布中心极限定理，T 近似服从正态分布 $N(n\mu, n\sigma^2)$，即

均值 $n\mu = 20 \times 0.3 = 6$ s.

方差 $n\sigma^2 = 20 \times 0.001\,6 = 0.032$，标准差 $\sqrt{n\sigma^2} = \sqrt{0.032} \approx 0.179$ s.

所以 T 近似服从正态分布 $N(6, 0.032)$.

（3）计算系统运行正常的概率.

系统运行正常的时间范围是 $6 - 0.2 \leqslant T \leqslant 6 + 0.2$，即 $5.8 \leqslant T \leqslant 6.2$.

根据标准化公式 $Z = \dfrac{T - n\mu}{\sqrt{n\sigma^2}}$，可得

$$P(5.8 \leqslant T \leqslant 6.2) = P\left(\dfrac{5.8 - 6}{0.179} \leqslant \dfrac{T - 6}{0.179} \leqslant \dfrac{6.2 - 6}{0.179}\right)$$

$$= P(-1.12 \leqslant Z \leqslant 1.12).$$

根据标准正态分布的性质 $P(-1.12 \leqslant Z \leqslant 1.12) = \Phi(1.12) - \Phi(-1.12)$，又因为 $\Phi(-z) = 1 - \Phi(z)$，所以

$$P(-1.12 \leqslant Z \leqslant 1.12) = \Phi(1.12) - [1 - \Phi(1.12)] = 2\Phi(1.12) - 1.$$

查附表 2 可得 $\Phi(1.12) = 0.868\,6$，则

$$P(-1.12 \leqslant Z \leqslant 1.12) = 2 \times 0.868\,6 - 1 = 0.737\,2.$$

综上，该人工智能语音识别系统运行正常的概率是 0.737 2.

例 5.10　一家互联网游戏公司为 80 000 名玩家提供游戏内虚拟物品保险服务，规定每位玩家在月初缴纳保险费 20 元. 若玩家的虚拟物品在游戏中因官方认可的原因丢失，游戏公司向玩家一次性赔偿 5 000 元. 根据以往数据统计，虚拟物品因认可原因丢失的概率为 0.004. 不考虑其他运营成本，求游戏公司一个月从这项服务中获得不少于 1 000 000 元收益的概率.

解　本题可利用独立同分布中心极限定理来求解.

（1）确定随机变量的分布及相关参数.

设因虚拟物品丢失获得赔偿的玩家人数为 X，这里 $n = 80\,000$（玩家总数），$p = 0.004$（单个玩家虚拟物品丢失的概率），则 $X \sim B(80\,000, 0.004)$.

游戏公司的收益 $Y = 20 \times 80\,000 - 5\,000X = 1\,600\,000 - 5\,000X$.

要计算 $P(Y \geqslant 1\,000\,000)$，即 $P(1\,600\,000 - 5\,000X \geqslant 1\,000\,000)$，化简可得 $P(X \leqslant 120)$. 对于二项分布 $X \sim B(n, p)$，根据独立同分布中心极限定理，当 n 充分大时，X 近似服从正态分布 $N[np, np(1-p)]$.

计算正态分布参数：

均值 $\mu = np = 80\,000 \times 0.004 = 320$.

方差 $\sigma^2 = np(1-p) = 80\,000 \times 0.004 \times (1 - 0.004) = 80\,000 \times 0.004 \times 0.996 = 318.72$，

标准差 $\sigma = \sqrt{318.72} \approx 17.85$.

所以 X 近似服从正态分布 $N(320, 318.72)$.

（2）标准化.

根据标准化公式 $Z = \dfrac{X - \mu}{\sigma}$，可得

$$P(X \leqslant 120) = P\left(\frac{X - 320}{17.85} \leqslant \frac{120 - 320}{17.85}\right) = P\left(Z \leqslant \frac{-200}{17.85}\right) \approx P(Z \leqslant -11.20).$$

（3）计算概率.

在标准正态分布中，Z 取值小于 -11.20 的概率极小，几乎为 0，即 $P(Z \leqslant -11.20) \approx 0$.

综上，游戏公司一个月从这项服务中获得不少于 1 000 000 元收益的概率约为 0.

在实际问题中，许多随机变量通常可以表示成多个相互独立的随机变量之和. 例如，在任意指定时刻，一个城市的耗电量是大量用户耗电量的总和；一个物理实验的测量误差是许多微小误差的总和. 这样的随机变量往往服从或近似服从正态分布. 可见中心极限定理揭示了正态分布的普遍性和重要性，是应用正态分布解决各种实际问题的理论基础. 另外，在数

理统计中，通常假定总体服从正态分布，这也是由中心极限定理推导和论证得来的．

概率统计故事

赌徒谬误：大数定律与十赌九输的真相

蒙特·卡罗方法，作为概率论和统计学中的一个重要概念，实际上源于摩纳哥边境上一个名为蒙特·卡罗的著名赌场．自 1865 年该赌场开业以来，摩纳哥从一个经济相对落后的国家转变为欧洲最富有的国家之一，这一转变在很大程度上归因于其繁荣的博彩业．

19 世纪，英国工程师约瑟夫·贾格尔在蒙特卡罗赌场发现轮盘机可能存在机械缺陷，他通过记录数字出现的频率来制定策略，从而赢得大量资金．然而，这一行为最终被赌场管理层察觉，并采取了相应措施以阻止此类事件的发生．

虽然极少数赌徒如贾格尔般能够偶然获胜，但绝大多数赌徒往往面临长期亏损的局面．这主要是因为赌场游戏的设计本身就倾向于使赌场一方获得较高的胜率，通常为51% 至 52%，而玩家则仅有 49% 至 48% 的胜率．

此外，赌场还善于利用赌徒的心理弱点，如"赌徒谬误"，即错误地将独立随机事件视为具有关联性，从而在心理上误导赌徒，增加其输钱的风险．

"赌徒谬误"的来源是因为将前后互相独立的随机事件当成有关联而产生的．怎么样算是独立的随机事件呢？举例来说，抛硬币的行为，每次均为独立的随机事件．当进行第二次抛掷时，其结果并不受前一次抛掷结果的影响，二者之间不存在依赖关系．若硬币为理想对称时，将出现正面记为 1，出现反面记为 0，则每次出现 1 和 0 的概率均为 $\frac{1}{2}$．无论进行多少次抛掷，每次抛掷均保持独立，且出现 1 和 0 的概率始终维持" $\frac{1}{2}$ ，$\frac{1}{2}$ "，与首次抛掷的结果无关．即使硬币存在不对称性，例如正反面概率分别为" $\frac{2}{3}$ ，$\frac{1}{3}$ "，这亦不影响抛掷的独立性，每次出现正面的概率仍为 $\frac{2}{3}$ ，不受前次结果的影响．

尽管此概念易于理解，但在实际情境中人们仍可能产生误解．例如，当连续五次使用"公平"硬币均得到正面时，人们可能错误地认为第六次出现正面的概率降低 $\left(<\frac{1}{2}\right)$，而反面出现的概率则增大 $\left(>\frac{1}{2}\right)$．另一种误解则是逆向思维，即由于前五次均为正面，因此第六次亦可能继续为正面（这被称为"热手谬误"）．这两种观点均陷入了"赌徒谬误"的误区，即错误地将独立事件视为相关联事件．实际上，每次抛掷硬币的结果均不影响下一次的正反概率．硬币没有记忆，不会因为前五次均为正面而增加或减小反面朝上的概率．

换言之，不论之前的抛掷结果如何，每次抛掷均为独立事件，正反面的出现概率始终为 $\frac{1}{2}$.

当赌徒陷入"赌徒谬误"的心态时，他们的损失往往会进一步加剧. 以赌场中广为人知的"输后加倍下注系统"为例，该系统正是基于"赌徒谬误"的一种体现. 赌徒初次下注 1 元，若失败则加倍至 2 元，再败则再次加倍至 4 元，以此类推，直至赢取为止. 赌徒错误地认为，在连续失利多次后，胜出的概率会显著提升，因此愿意不断加倍下注. 然而，实际上概率始终保持不变，赌场的游戏机与抛掷的硬币一样，不存在记忆机制，不会因为赌徒的连续失利而增加其胜出的机会. 赌徒由于缺乏对概率的理解或受到人性弱点的驱使，往往不自觉地陷入赌场精心设计的陷阱之中.

"赌徒谬误"不仅仅局限于赌徒中，也普遍存在于一般人的思维模式中. 在预测未来时，人们往往倾向于以过去的历史作为判断依据，即根据某事件的历史发生频率来预测其未来的发生概率. 如中国古语所言"风水轮流转"，这一观念虽在某些情境下反映了现实，但若将其随意应用于相互独立的随机事件上，则构成了"赌徒谬误".

概率统计故事

高尔顿钉板试验

弗朗西斯·高尔顿（Francis Galton，1822—1911）是英国著名统计学家、心理学家和遗传学家. 他是达尔文的表弟，虽然不像达尔文那样声名显赫，但也不是无名之辈. 并且，高尔顿幼年是神童，长大是才子，九十年的人生丰富多彩，是个名副其实的博学家. 他涉猎范围广泛，研究水平颇深，在同辈学者中能望其项背之人寥寥可数. 他涉足的领域包括天文、地理、气象、机械、物理、统计、生物、遗传、医学、生理、心理等，还有与社会有关的人类学、民族学、教育学、宗教，以及优生学、指纹学、照相术、登山术等.

微课 10：【统计故事】
高尔顿钉板试验

在达尔文发表了《物种起源》之后，高尔顿将研究方向转向生物及遗传学，他第一个对同卵双胞胎进行研究，论证了指纹的永久性和独特性. 他从遗传的观点研究人类智力并提出"优生学"，是第一个强调把统计学方法应用到生物学中去的人，他设计了一个钉板实验，希望从统计的观点来解释遗传现象.

图 5.2 中所示为钉板试验，木板上钉了数排（n 排）等距排列的钉子，下一排的每个钉子恰好在上一排两个相邻钉子之间，从入口处放入若干直径略小于钉子间距的小球，小球在下落的过程中碰到任何钉子后，都将以 $\frac{1}{2}$ 的概率滚向左边，以 $\frac{1}{2}$ 的概率滚向右边，

碰到下一排钉子时又是这样. 如此继续下去, 直到滚到底板的格子里为止. 试验表明, 只要小球足够多, 它们在底板堆成的形状将近似于正态分布. 因此, 高尔顿钉板实验直观地验证了中心极限定理.

中心极限定理从理论上证明了在一定的条件下, 对于大量独立随机变量来说, 只要每个随机变量在总和中所占比重很小, 那么不论其中各个随机变量的分布函数是什么形状, 也不论它们是已知还是未知, 当独立随机变量的个数充分大时, 它们的和的分布函数都可以用正态分布来近似. 这就是为什么实际中遇到的随机变量, 很多都服从正态分布的原因, 这使正态分布既是统计理论的重要基础, 又是实际应用的强大工具. 中心极限定理和正态分布在概率论、数理统计、误差分析中占有极其重要的地位.

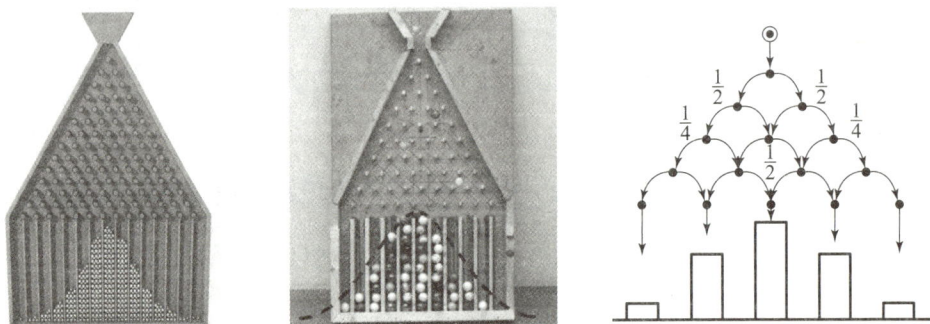

图 5.2 高尔顿钉板试验

5.3 应用案例分析

案例一 基于切比雪夫不等式与伯努利大数定律的通信系统重传分析

在通信领域中, 信号传输的准确性至关重要. 以二进制信号传输为例, 0 和 1 的传输就如同抛硬币时的两种结果. 在实际传输过程中, 由于存在噪声干扰等因素, 每个信号都有一定的概率出现错误. 为了保证数据传输的可靠性, 需要确定合适的传输次数, 使正确接收信号的概率达到一定标准. 下面以类似抛硬币的模型来模拟二进制信号传输问题.

在某二进制信号传输系统中, 每次传输 0 或 1 的概率理论上相等（如同抛掷均匀硬币）. 现在需要计算传输的次数, 以保证正确接收到信号（即传输结果与发送结果一致）的概率在范围（0.4, 0.6）内至少有 0.9 的可能性.

分析 本案例可分别利用切比雪夫不等式和伯努利大数定律进行解答.

解 用切比雪夫不等式解答

设 X_n 为 n 次传输中正确接收信号的次数，每次传输正确的概率 $p = 0.5$，$X_n \sim B(n, 0.5)$．

（1）计算期望和方差．

根据二项分布的性质，期望 $E(X_n) = np = 0.5n$，

方差 $D(X_n) = np(1-p) = n \times 0.5 \times (1-0.5) = 0.25n$

设 $\bar{X}_n = \dfrac{X_n}{n}$ 为 n 次传输中正确接收信号的频率．

则 $E(\bar{X}_n) = E\left(\dfrac{X_n}{n}\right) = \dfrac{E(X_n)}{n} = 0.5$，

$$D(\bar{X}_n) = D\left(\dfrac{X_n}{n}\right) = \dfrac{D(X_n)}{n^2} = \dfrac{0.25n}{n^2} = \dfrac{0.25}{n}.$$

（2）利用切比雪夫不等式计算．

切比雪夫不等式为 $P\{|Y - E(Y)| \geqslant \varepsilon\} \leqslant \dfrac{D(Y)}{\varepsilon^2}$，

等价于 $P\{|Y - E(Y)| < \varepsilon\} \geqslant 1 - \dfrac{D(Y)}{\varepsilon^2}$．

要保证 $P\{0.4 < \bar{X}_n < 0.6\} \geqslant 0.9$，即 $P\{|\bar{X}_n - 0.5| < 0.1\} \geqslant 0.9$．

令 $\varepsilon = 0.1$，根据切比雪夫不等式 $1 - \dfrac{D(\bar{X}_n)}{\varepsilon^2} \geqslant 0.9$，将 $D(\bar{X}_n) = \dfrac{0.25}{n}$，$\varepsilon = 0.1$ 代入可

得 $1 - \dfrac{\frac{0.25}{n}}{0.1^2} \geqslant 0.9$，从而，$\dfrac{0.25}{0.01n} \leqslant 0.1$，从而，$n \geqslant \dfrac{0.25}{0.01 \times 0.1}$ 即 $n \geqslant 250$．

用伯努利大数定律解答

根据定理 5.2，由式（5.5）知：

在本案例中，$p = 0.5$，$\varepsilon = 0.1$，要使 $P\left\{\left|\dfrac{X_n}{n} - 0.5\right| < 0.1\right\} \geqslant 0.9$．

虽然伯努利大数定律本身没有直接给出具体的 n 值，但从其含义可知，随着 n 的不断增大，$P\left\{\left|\dfrac{X_n}{n} - 0.5\right| < 0.1\right\}$ 会趋近于 1．

当 n 较大时，二项分布 $B(n, p)$ 近似服从正态分布 $N[np, np(1-p)]$．X_n 近似服从 $N(0.5n, 0.25n)$，那么 $\dfrac{X_n}{n}$ 近似服从 $N\left(0.5, \dfrac{0.25}{n}\right)$．

标准化后的 $Z = \dfrac{\dfrac{X_n}{n} - 0.5}{\sqrt{\dfrac{0.25}{n}}}$ 近似服从 $N(0,1)$．

$$P\left\{\left|\dfrac{X_n}{n} - 0.5\right| < 0.1\right\} = P\left\{\left|\dfrac{\dfrac{X_n}{n} - 0.5}{\sqrt{\dfrac{0.25}{n}}}\right| < \dfrac{0.1}{\sqrt{\dfrac{0.25}{n}}}\right\} = P\left\{|Z| < \dfrac{0.1\sqrt{n}}{0.5}\right\}.$$

要使 $P\left\{|Z| < \dfrac{0.1\sqrt{n}}{0.5}\right\} \geq 0.9$，查标准正态分布表（附表 2），$\varPhi(1.645) = 0.95$，则

$$\dfrac{0.1\sqrt{n}}{0.5} \geq 1.645.$$

$\sqrt{n} \geq \dfrac{1.645 \times 0.5}{0.1}$，从而，$\sqrt{n} \geq 8.225$ 即 $n \geq 67.65 \approx 68$.

切比雪夫不等式和伯努利大数定律在上述实例中所得结果存在差异，主要原因如下：

（1）理论依据与适用范围不同

切比雪夫不等式：该不等式对随机变量的分布类型没有特殊要求，只要知道其期望和方差，就能对随机变量偏离期望的概率进行估计. 它适用于各种分布情况，是一个较为宽泛的概率边界估计工具. 由于没有利用具体分布的特性，为了保证在所有可能的分布下都成立，给出的边界通常比较宽松，从而导致计算出的满足条件的传输次数（$n = 250$）较大.

伯努利大数定律：伯努利大数定律专门针对独立重复试验中事件发生频率与概率的关系. 在本题中，结合二项分布近似正态分布的性质，利用了正态分布的具体特征进行计算. 这种方法针对特定的分布情况（二项分布近似正态分布），充分利用了分布的信息，因此得到的结果更贴近实际情况，计算出的传输次数（$n = 68$）相对较小.

（2）近似方式与精确程度有别

切比雪夫不等式：它没有对随机变量的分布进行近似处理，是从概率的基本性质和期望、方差的定义出发，给出一个一般性的概率上限估计. 这种"无差别"的估计方式，虽然能保证结果的通用性，但牺牲了精确性.

伯努利大数定律结合正态近似：在使用伯努利大数定律分析时，借助了二项分布的正态近似特性. 而正态分布有明确的概率密度函数和分布表可查. 通过将问题转化为标准正态分布的概率计算，能够精确地确定满足条件的值，所以得到的结果更为精确.

案例二　基于中心极限定理的批量检测时序可靠性分析

检查员逐个地检查某产品，每次花 10 s 检查一个，但也可能有的产品需要再花 10 s 重新检查一次. 假设每个产品需要复检的概率为 0.5，求在 8 h 内检查员检查的产品个数多于 1 900 个的概率是多少？

分析　在 8 h 内检查员检查的产品个数多于 1 900 个的概率等于检查员检查 1 900 个产品的时间小于 8 h 的概率，检查每个产品花费的时间可认为是相互独立的，可由定理 5.6 进行计算.

解　设 X_k 表示"检查第 k 个产品花费的时间"（s）即

$$X_k = \begin{cases} 10, & \text{不需复检,} \\ 20, & \text{需要复检.} \end{cases} \quad k = 1, 2, \cdots, 1\,900,$$

微课 11：案例二

则 $X_1, X_2, \cdots, X_n$ 相互独立同分布，$X = \sum_{k=1}^{1\,900} X_k$ 为检查 1 900 个产品所花费的时间，且 $E(X_k) = 10 \times 0.5 + 20 \times 0.5 = 15, D(X_k) = E[X_k - E(X_k)^2] = 25.$

$$P\{X \leqslant 8 \times 3\,600\} = P\left\{\sum_{k=1}^{1\,900} X_k \leqslant 28\,800\right\}$$

$$= P\left\{\frac{\sum_{k=1}^{1\,900} X_k - 1\,900 \times 15}{5\sqrt{1\,900}} \leqslant \frac{28\,800 - 1\,900 \times 15}{5\sqrt{1\,900}}\right\}$$

$$= P\left\{\frac{\sum_{k=1}^{1900} X_k - 28\,500}{50\sqrt{19}} \leqslant \frac{6}{\sqrt{19}}\right\} \approx \Phi(1.376) \approx 0.915\,59.$$

故 8 h 内检查的个数多于 1 900 个的概率是 0.915 59.

案例三　电商推荐系统点击行为分析

在人工智能的推荐系统领域，电商平台依靠推荐算法为用户推荐商品，以提高用户的购买转化率和平台的销售额. 然而，推荐算法的效果评估至关重要，其中预估用户点击推荐商品的概率是评估的关键环节. 由于涉及海量的用户和商品数据，运用统计学理论来处理和分析数据，能帮助优化推荐算法，提升推荐的准确性和效率. 中心极限定理在处理大规模数据时，可以将复杂的用户点击分布近似为正态分布，为算法效果的精确评估提供了有效手段.

某大型电商平台新开发了一种基于深度学习的推荐算法，用于向用户推荐商品. 为了评估该算法的效果，平台随机选取了 10 万次推荐记录作为样本进行分析. 在每次推荐中，用户点击推荐商品记为 1，不点击记为 0. 经过一段时间的数据收集，发现用户点击的概率约为 0.08. 平台的数据分析师小张需要估算在这 10 万次推荐中，用户点击次数处于 7 000 次至 9 000 次之间的概率，以及点击次数超过 10 000 次导致服务器负载过高的概率.

解　（1）确定分布类型及参数.

用户点击商品的情况类似于二项分布，设随机变量 X 表示在 $n = 100\,000$ 次推荐中用户点击的次数，每次推荐用户点击的概率 $p = 0.08$，则 $X \sim B(100\,000, 0.08)$.

根据二项分布的期望和方差公式

期望 $E(X) = np = 100\,000 \times 0.08 = 8\,000.$

方差 $D(X) = np(1 - p) = 100\,000 \times 0.08 \times (1 - 0.08) = 7\,360.$

标准差 $\sigma = \sqrt{7\,360} \approx 85.8.$

由于样本量 X 非常大，依据中心极限定理，可以将二项分布近似为正态分布 $N(8\,000, 7\,360).$

（2）计算点击次数处于 7 000 次至 9 000 次之间的概率.

标准化：$Z = \dfrac{X - \mu}{\sigma}$，$(\mu = 8\,000, \sigma \approx 85.8)$

$$P(7\,000 < X < 9\,000) = P\left(\frac{7\,000 - 8\,000}{85.8} < \frac{X - 8\,000}{85.8} < \frac{9\,000 - 8\,000}{85.8}\right)$$

$$= P(-11.66 < Z < 11.66).$$

因为标准正态分布中，Z 值在 -3 到 3 之外的概率极小，

$P(-11.66 < Z < 11.66) \approx 1$，即用户点击次数处于 $7\,000$ 次至 $9\,000$ 次之间的概率约为 1.

（3）计算点击次数超过 10 000 次的概率.

$$P(X > 10\,000) = P\left(\frac{X - 8\,000}{85.8} > \frac{10\,000 - 8\,000}{85.8}\right) = P(Z > 23.31).$$

由于 Z 值达到 23.31 时，其右侧的概率几乎为 0，所以点击次数超过 10 000 次导致服务器负载过高的概率几乎为 0.

结论

通过运用中心极限定理将二项分布近似为正态分布，数据分析师小张估算出在新推荐算法下，10 万次推荐中用户点击次数处于 7 000 次至 9 000 次之间的概率接近 1，点击次数超过 10 000 次的概率几乎为 0. 这些结果表明该推荐算法能较为稳定地发挥作用，且不太可能出现因点击量过高导致服务器负载过高的情况，为电商平台进一步优化和推广该推荐算法提供了数据支持.

5.4 大数定律及中心极限定理的 Python 语言实验

例 5.11 （大数定律模拟）假设现在进行一个掷骰子游戏（骰子由 6 个均匀面构成，每一个面依次标记 1，2，…，6 共 6 个点），随着试验次数的增加，观测骰子每一个点数出现的频率趋近于理论上的 $\frac{1}{6}$.

解 在 Jupyter Notebook 单元格中输入如下代码：

```
import random
import matplotlib.pyplot as plt
import numpy as np


def simulate_dice_rolls(num_trials,rolls_per_trial):
"""
    模拟掷骰子实验,并记录每个点数的频率.
    参数:
    -num_trials:整数,总的实验组数.
    -rolls_per_trial:整数,每组实验中的掷骰子次数.
    返回:
```

- avg_frequencies:列表,存储每组实验后各点数的平均频率.
    """
    #初始化各点数的频率列表
    all_frequencies ={i:[]for i in range(1,7)}
#记录本轮各点数出现次数
    for _ in range(num_trials):
        counts ={i:0 for i in range(1,7)}
        for _ in range(rolls_per_trial):
            roll =random. randint(1,6)
            counts[roll] + =1
        #计算并记录本组实验各点数的频率
        for point,count in counts. items():
            frequency =count/rolls_per_trial
            all_frequencies[point]. append(frequency)
    #计算每轮实验后各点数的平均频率
    avg_frequencies ={point:np. mean(freqs)for point,freqs in all_
frequencies. items()}
    return avg_frequencies

def plot_dice_frequencies(avg frequencies):
    """
    绘制各点数平均频率的变化.
    参数:
    -avg_frequencies:各点数的平均频率字典.
    """
    points =list(avg_frequencies. keys())
    frequencies =list(avg_frequencies. values())

    plt. figure(figsize =(10,6))
    plt. bar(points,frequencies,color ='skyblue',edgecolor ='black',
width =0. 7)
    plt. axhline(y =1/6,color ='r',linestyle =' - -',linewidth =2,
label ='Theoretical Probability')

    #骰子点数

```
        plt.xlabel('dianshu')
        #平均频率
        plt.ylabel('pinglv')
        plt.xticks(points)
        plt.legend()
        plt.grid(axis='y',linestyle='--',linewidth=0.7,alpha=0.7)
        plt.show()


#设定参数
num_trials=1000    #总实验组数
rolls_per_trial=1000    #每组实验的掷骰子次数


#模拟并绘制结果
avg_frequencies=simulate_dice_rolls(num_trials,rolls_per_trial)
plot_dice_frequencies(avg_frequencies)


print("模拟完成,观察图表以理解大数定律在掷骰子实验中的效应.")
```

运行程序后，输出如下结果：

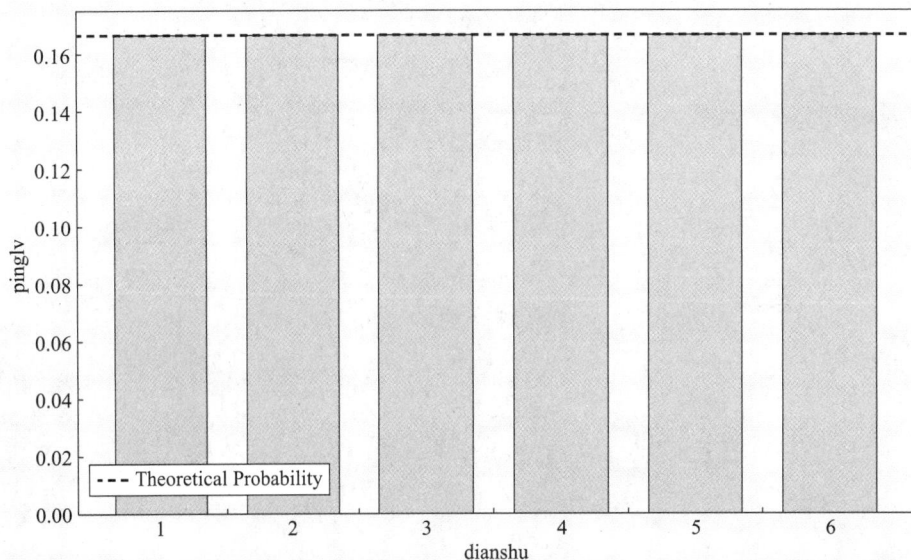

模拟完成,观察图表以理解大数定律在掷骰子实验中的效应.

例 5.12 （中心极限定理模拟）现从一个非正态分布（如：泊松分布）的总体中抽取多个样本，计算每个样本的均值，并观察这些样本均值的分布情况，预期结果是呈现出正态分布.

　　解　在 Jupyter Notebook 单元格中输入如下代码:

```
import numpy as np
import matplotlib.pyplot as plt
from scipy.stats import norm
#定义泊松分布作为原始总体及总体参数
#泊松分布的参数,决定分布的形状
lambda_poisson =5
#从泊松分布中抽取了 1000 个大小为 30 的样本
#抽样参数
sample_size =30   #每个样本的大小
num_samples =1000   #总共抽取的样本数量
#生成样本均值列表
sample_means =[ ]
#从泊松分布中抽取样本并计算均值
for _ in range(num_samples):
    sample =np.random.poisson(lambda_poisson,sample_size)
    sample_mean =np.mean(sample)
    sample_means.append(sample_mean)
#计算样本均值的均值和标准差
mean_of_sample_means =np.mean(sample_means)
std_of_sample_means =np.std(sample_means)
#绘制样本均值的直方图,并叠加正态分布曲线
plt.hist(sample_means,bins =30,density =True,alpha =0.6,color ='b',
edgecolor ='black')
x =np.linspace(min(sample_means),max(sample_means),100)
plt.plot(x,norm.pdf(x,mean_of_sample_means,std_of_sample_means),'r',
linewidth =2)
#图形设置
plt.title('Sample Means Distribution(Central Limit Theorem)')
plt.xlabel('Sample Mean')
plt.ylabel('Frequency Density')
plt.legend(['Simulated Sample Means','Theoretical Normal Distri-
bution'])
```

```
#显示图形
plt.show()
print("图像显示:随着样本均值的增多,其分布逐渐接近正态分布,从而验证了中心
极限定理.")
```

运行程序后，输出如下结果：

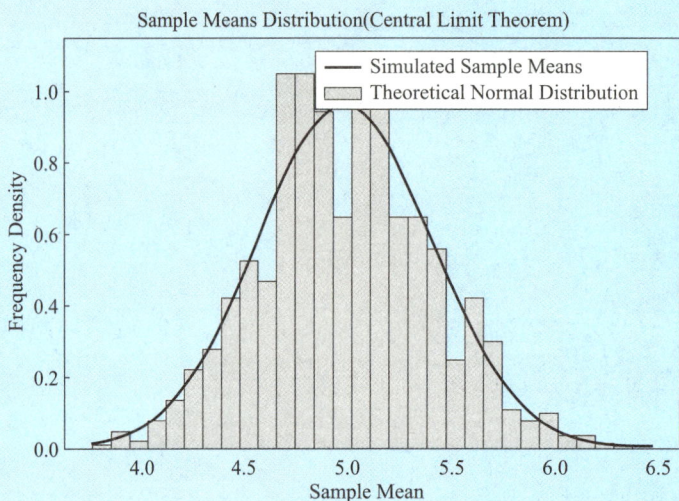

图像显示:随着样本均值的增多,其分布逐渐接近正态分布,从而验证了中心极限定理.

习题五

第 5 章【考研真题选讲】

1. 若随机变量 $X_1, X_2, \cdots, X_{100}$ 相互独立且都服从区间 $(0,6)$ 上的均匀分布．设 $Y = \sum\limits_{i=1}^{100} X_i$，利用切比雪夫不等式估计概率 $P\{260 < X < 340\}$.

2. 进行 600 次伯努利试验，事件 A 在每次试验中发生的概率为 $p = \dfrac{2}{5}$，设 X 表示 600 次试验中事件 A 发生的总次数，利用切比雪夫不等式估计概率 $P\{216 < X < 264\}$.

微课 12：习题五（第 2 题）

3. 利用切比雪夫大数定律证明泊松大数定律：设 $X_1, X_2, \cdots, X_n, \cdots$ 为相互独立的随机变量序列，有 $P\{X_n = 1\} = p_n$，$P\{X_n = 0\} = 1 - p_n$，（ $0 < p_n < 1$ ），$n = 1, 2, \cdots$，则 $X_1, X_2, \cdots, X_n, \cdots$ 服从大数定律．

4. 调整 200 台仪器的电压，假设调整电压过高的可能性为 0.5．试求调整电压过高的仪器台数在 95 至 105 台之间的概率．

5. 某种系统元件的寿命 T（单位：h）服从参数为 $\dfrac{1}{100}$ 的指数分布，现随机抽取 16 件，设它们的寿命相互独立，求这 16 个元件的寿命总和大

微课 13：习题五（第 5 题）

于 1 920 h 的概率.

6. 设某个办公软件由 100 个相互独立的部件组成，每个部件损坏的概率均为 0.1，必须有 85 个以上的部件工作才能使整个系统正常工作，求整个系统正常工作的概率.

7. 某个系统由相互独立的 n 个部件组成，每个部件的可靠性（即正常工作的概率）为 0.9，且至少有 80% 的部件正常工作，才能使整个系统工作. 问 n 至少为多大，才能使系统的可靠性为 95%.

8. 甲、乙两电影院在竞争 1 000 名观众，假设每位观众在选择影院时是随机的，且相互独立，问甲至少应设多少个座位，才能使观众因无座位而离去的概率小于 1%.

9. 某射箭运动员每次射击的命中率为 $p = 0.8$，现射击 100 发子弹，各次射击互不影响，求命中次数在 72 与 88 之间的概率.

10. 对敌人阵地进行 100 次炮击，每次炮击时炮弹命中次数的数学期望为 4，方差为 2.25. 求在 100 次炮击中有 380 颗到 420 颗炮弹命中目标的概率.

微课 14：习题五
（第 9 题）

> 强国知十三数：竟内仓、口之数，壮男、壮女之数，老、弱之数，官、士之数，以言说取食者之数，利民之数，马、牛、刍藁之数．欲强国，不知国十三数，地虽利，民虽众，国愈弱至削．
>
> ——商鞅

概率统计人物

商鞅（约公元前390年—公元前338年），战国时期政治家、思想家．《汉书·艺文志》有《商君书》二十九篇，今存二十四篇，系后人编撰，该书不仅阐述了商鞅的政治经济主张，同时也阐述了他的统计思想．他建立了秦国统一的度量衡制度，不仅解决了统计计算的可比性，便于统计的综合汇总与比较研究，而且对于巩固秦国统一的集权政治、加强国内的经济联系也有积极的作用．

在概率论中，随机变量及其概率分布刻画了随机现象的统计规律性，概率分布通常被假定为已知的，计算和推理均基于这个已知的分布进行．但在实际问题中，所研究的随机变量的概率分布可能是未知的，或者是不完全知道的，超出了概率论的范畴，需要用数理统计的方法解决．

数理统计以概率论为基础，是应用性非常强的数学学科之一．它诞生于19世纪末20世纪初，从卡尔·皮尔逊和**罗纳德·艾尔默·费希尔**的工作算起，已有两百多年的历史．目前已经渗透到社会科学和自然科学的各个领域，如社会经济统计（包括人口普查、农业及工业发展情况整体性统计调查研究等）、医学与健康统计（包括疾病预防、流行病学研究及医疗效果评估等）、金融与财务管理（包括保险精算、金融风险评估、宏观经济检测与预测等）、机器学习与数据挖掘、软件测试与质量控制、教育学和心理学等方面．

数理统计的研究内容有两个方面：一是收集整理数据资料；二是对所得的数据资料进行分析、研究，从而对所研究对象的性质、特点做出推断或预测，为统计决策提供科学依据与建议．后者即统计推断问题．本教材着重介绍统计推断的基本内容，即数理统计的基本概念、参数估计和假设检验．主要了解如何利用样本数据估计、检验总体分布或其中的参数．人们通过对所研究的随机变量进行重复独立的观察，得到许多观察值，对这些观察值进行分析，从而对所研究的随机变量的分布、数字特征等进行估计和推断．随着统计学的发展和完善，其涵盖的内容有很多，如抽样调查、试验设计、回归分析、多元统计分析、时间序列分析、非参数统计等．

本章将介绍总体、样本及统计量等基本概念，并重点介绍几个常用统计量及抽样分布，为学习统计推断（参数估计和假设检验）做准备．

概率统计人物

罗纳德·艾尔默·费希尔（Ronald Aylmer Fisher，1890—1962），英国统计学家、生物学家、遗传学家．他是现代最具有创造力的统计学家，创建和研究了方差分析、小样本理论、零假设、最大似然估计法等重要概念，在统计学的众多领域都有开创性贡献．

第 6 章统计量及其分布思维导图　　　　　第 6 章统计量及其分布学习重难点及学习目标

6.1　随机样本

如果能亲临实际做一两次数据分析，那对数理统计的领会就会更深了．

——魏宗舒

概率统计人物

魏宗舒（1912—1996），教授，出生于上海市．他与其他几位教授合作翻译的克拉默尔（Cramer Harald）的名著《统计学的数学方法》于 1966 年初出版，该书被认为是数理统计成熟的标志．1983 年 10 月出版了由他主编的《概率论与数理统计教程》，该书到 2008 年印了 38 次，共印 40 多万册，其影响相当广泛．

6.1.1 总体和样本

在数理统计中，将研究对象的某项数量指标值的全体称为**总体**，构成总体的每一个成员称为**个体**. 在大多数实际问题中，总体中的个体是一些实在的人或物. 比如研究某学校的学生身高情况，该学校的全体学生身高构成总体，每一个学生身高是一个个体. 总体中所含个体的数量称为**总体容量**. 若总体容量是有限个，则称总体为**有限总体**，反之称为**无限总体**.

注：有些有限总体，它的容量很大，可以认为它是一个无限总体.

例如，在考察全国正在使用的某种型号灯泡的寿命所形成的总体时，由于个体的个数很多，可以认为是无限总体.

要了解总体的性质或特征，最好的方法是对总体中所有的个体进行观察、试验，但在现实问题中，考虑到对每一个个体进行分析几乎是不可行的，这样既浪费人力，也可能导致物力的极大损失，尤其是对无限总体，或者是有破坏性的试验，如电子元器件的寿命试验，这种方法更不可行. 因此在调查总体时，一般是进行随机抽样调查，即从总体中随机抽取一部分个体进行观察，根据所得的数据推断总体的性质，被随机抽出的部分个体叫做总体的一个**样本**，一个样本中含有的个体数量称为**样本容量**，一般用 n 表示.

例 6.1 某校对学生身高进行一次调查，随机抽取 100 个学生进行身高测量，得到 100 个数据，据此对全校学生身高发育情况是否达到国家相应标准进行判断. 这里就可以看出，该校所有学生的身高构成了总体，每一个学生的身高为个体，随机抽出的这 100 个学生的身高即为样本，样本容量为 $n = 100$.

例 6.2 在智能制造领域，要评估一批工业机器人的平均无故障运行时间. 由于持续运行机器人直至出现故障来测定其无故障运行时间，不仅会加速机器人零部件磨损，还会影响正常生产进度，具有破坏性. 因此，仅能从这批工业机器人中选取一部分，例如 80 台，开展无故障运行时间的测试工作，并借助这部分机器人的测试数据，对整批工业机器人的平均无故障运行时间做出统计判断. 其中，这批工业机器人的无故障运行时间构成总体，每一台工业机器人的无故障运行时间是一个个体，所选取的 80 台工业机器人的无故障运行时间组成一个容量为 $n = 80$ 的样本. 通过这种抽样评估方式，既能有效降低对生产的影响，又能为工业机器人的性能优化、维护策略制定提供重要参考依据.

在总体中，每个个体的出现是随机的，研究对象的该项数量指标 X（也可用其他字母 Y，Z 等表示）的取值则具有随机性，X 是一个随机变量，则 X 因个体的不同可能取不同的值，它的取值在客观上有一定的分布. **对总体的研究就是对相应的随机变量 X 的分布的研究**. 因此把总体与相对应的随机变量 X 不加区别的记为**总体 X**.

将个体记为 X_i，个体在被观察之前也是一个随机变量，而且在总体的范围内取值，因此个体 X_i 与总体 X 具有相同的分布. 如例 6.1 中，该校全体学生的身高记为总体 X，且 $P\{170 < X \leqslant 175\} = 0.42$，从该学校任意抽取一名同学，则他的身高在区间 $(170,175]$ 的概率也是 0.42. 故**个体是与总体同分布的随机变量**.

为了解总体的分布，从总体 X 中抽取一组样本 $X_1, X_2, \cdots, X_n$，每个样本 X_i 称为**样本点**，对样本进行观测得到一组观测值 $x_1, x_2, \cdots, x_n$，称为**样本观测值**或者**样本值**. 这里 $X_1, X_2, \cdots, X_n$ 也可以看作对总体 X 的 n 次重复、独立的观察，因此认为 $X_1, X_2, \cdots, X_n$ 是相互独立的.

由于样本的抽取主要是为了对总体进行推断，为了能让抽样具有可靠性，在进行抽样时一般要求满足下面两个条件.

（1）**代表性**. 从总体 X 中抽取一组样本 $X_1, X_2, \cdots, X_n$，目的是根据样本包含的信息去推断总体，所以希望样本具有代表性，即样本 $X_i(i = 1, 2, \cdots, n)$ 与总体 X 具有相同的分布.

（2）**独立性**. 要求抽样应该独立的进行，其结果不受其他抽样结果的影响. 即要求 $X_1, X_2, \cdots X_n$ 应该是相互独立的随机变量.

综上所述，给出以下定义.

定义 6.1 若样本 $X_1, X_2, \cdots, X_n$ 与总体 X 具有相同的分布，且 $X_1, X_2, \cdots, X_n$ 相互独立，则称 $X_1, X_2, \cdots, X_n$ 为来自总体 X 的**简单随机样本**，简称**样本**.

说明 对于有限总体，一般来说，有放回抽样才能得到简单随机样本，但若总体的数量 N 比样本容量大得多时，亦可将不放回抽样近似看作简单随机样本.

今后如无特殊说明，书中出现的抽样都是指简单随机样本.

对于简单随机样本，若总体 X 的分布函数为 $F(x)$，由于样本是独立同分布于总体的，所以样本 $X_1, X_2, \cdots X_n$ 的联合分布函数为

$$F(x_1, x_2, \cdots, x_n) = P(X_1 \leqslant x_1, X_2 \leqslant x_2, \cdots, X_n \leqslant x_n) = \prod_{i=1}^{n} F(x_i).$$

若总体 X 具有概率密度 $f(x)$，则样本 $X_1, X_2, \cdots, X_n$ 的联合密度函数为

$$f(x_1, x_2, \cdots, x_n) = \prod_{i=1}^{n} f(x_i).$$

例 6.3 一家企业生产了大量的小型继电器，这些继电器在电路中起着关键的控制作用，其可靠工作时间至关重要. 经专业分析，单个小型继电器的可靠工作时间 X 服从参数为 $\lambda(\lambda > 0)$ 的指数分布，则总体的概率密度函数为

$$f(x) = \begin{cases} \lambda e^{-\lambda x}, & x > 0, \\ 0, & x \leqslant 0. \end{cases}$$

为了把控产品质量，从这批生产的小型继电器中随机抽取 n 个作为样本，记为 $X_1, X_2, \cdots, X_n$. 由于抽样的随机性和独立性，能得出这 n 个样本的联合概率密度为

$$f(x_1, x_2, \cdots, x_n) = \prod_{i=1}^{n} f(x_i) = \begin{cases} \lambda^n e^{-\lambda \sum_{i=1}^{n} x_i}, & x_i > 0 (i = 1, 2, \cdots, n), \\ 0, & \text{其他}. \end{cases}$$

借助对样本联合概率密度的研究，企业可以精准评估这批小型继电器的质量水平，为优化生产流程、改进产品设计以及合理规划库存提供科学依据，进而提升自身在电气自动化市场中的产品竞争力.

因为联合概率密度 $f(x_1, x_2, \cdots, x_n)$ 能够全面描述样本的统计性质，所以其可以作为统计

推断的出发点．由样本很容易得到样本数据，根据样本数据得到结论，用这些结论去推断总体，故统计推断是从样本入手，利用样本值对总体的分布类型、未知参数进行估计和推断．

统计推断的主要思想是用已知推断未知，局部推断总体，具体推断抽象．

6.1.2　统计量

样本是总体的代表和反映，含有总体各方面的信息，但这些信息较为分散，有时候是杂乱无章的，因此很少直接利用样本所提供的原始信息进行推断，需要对样本进行加工，常用的有效加工方法是针对不同的问题构造样本的函数，利用这些函数对总体进行推断，这些函数就称为**统计量**．不同的统计量反映了总体的不同特征，它只依赖于样本，**不包含任何未知量**．因此一般得到样本，就能得到统计量．

定义6.2　设 $X_1, X_2, \cdots, X_n$ 是来自总体 X 的一组样本，若样本函数 $\varphi(X_1, X_2, \cdots, X_n)$ 中不包含任何未知参数，则称函数 $\varphi(X_1, X_2, \cdots, X_n)$ 为统计量．统计量的分布称为抽样分布．

当样本取得一组观测值 $(x_1, x_2, \cdots, x_n)$，代入统计量 $\varphi(X_1, X_2, \cdots, X_n)$ 所得到的值 $\varphi(x_1, x_2, \cdots, x_n)$ 称为统计量的一个观测值．

注：统计量是随机变量，与总体不一定同分布，不同的统计量有不同的分布．

由于要借助观测值说明总体，统计量中不能含有未知参数，但能含有已知参数．例如，假设总体 $X \sim N(\mu, \sigma^2)$，X_1, X_2, X_3 是取自总体 X 的一个样本，当 μ 已知，σ^2 未知时，

$\frac{1}{3}\sum_{i=1}^{3}(X_i - \mu)^2, X_1^2 + X_3^2, X_1 + X_2 - 2\mu$ 均可作为样本的统计量，但 $\dfrac{\sum_{i=1}^{3}X_i - 3\mu}{\sigma}$ 不是该样本的统计量，因其含有未知参数．

通常，不同的问题需要构造不同的统计量，下面介绍一些常用的统计量．

定义6.3　设 $X_1, X_2, \cdots, X_n$ 是来自总体 X 的样本，$x_1, x_2, \cdots, x_n$ 是样本的观测值．定义以下统计量：

（1）**样本均值**：$\bar{X} = \dfrac{1}{n}\sum_{i=1}^{n}X_i$，

观测值记为：$\bar{x} = \dfrac{1}{n}\sum_{i=1}^{n}x_i$．

（2）**样本方差**：$S^2 = \dfrac{1}{n-1}\sum_{i=1}^{n}(X_i - \bar{X})^2 = \dfrac{1}{n-1}\left(\sum_{i=1}^{n}X_i^2 - n\bar{X}^2\right)$，

观测值记为：$s^2 = \dfrac{1}{n-1}\sum_{i=1}^{n}(x_i - \bar{x})^2 = \dfrac{1}{n-1}\left(\sum_{i=1}^{n}x_i^2 - n\bar{x}^2\right)$．

（3）**样本标准差**：$S = \sqrt{S^2} = \sqrt{\dfrac{1}{n-1}\sum_{i=1}^{n}(X_i - \bar{X})^2}$，

观测值记为：$s = \sqrt{s^2} = \sqrt{\dfrac{1}{n-1}\sum_{i=1}^{n}(x_i - \bar{x})^2}$．

（4）**样本 k 阶原点矩**：$A_k = \dfrac{1}{n} \sum\limits_{i=1}^{n} X_i^k (k = 1, 2, \cdots)$，

观察值记为：$a_k = \dfrac{1}{n} \sum\limits_{i=1}^{n} x_i^k (k = 1, 2, \cdots)$.

（5）**样本 k 阶中心矩**：$B_k = \dfrac{1}{n} \sum\limits_{i=1}^{n} (X_i - \bar{X})^k (k = 1, 2, \cdots)$，

观察值记为：$b_k = \dfrac{1}{n} \sum\limits_{i=1}^{n} (x_i - \bar{x})^k (k = 1, 2, \cdots)$.

例 6.4 在新能源汽车的电池性能测试中，从某型号的一批锂电池中随机抽取 10 块，测试它们在特定工况下的充放电循环次数，得到的数据如下：

$$520, 480, 550, 530, 500, 510, 540, 490, 560, 520.$$

充放电循环次数是衡量锂电池寿命和性能的重要指标，现在需要求出这组样本数据的样本均值和样本标准差，以便评估该型号锂电池的性能水平.

解 根据样本均值与样本标准差的公式，可得

$$\bar{x} = \frac{1}{n} \sum_{i=1}^{n} x_i = \frac{1}{10}(520 + 480 + 550 + 530 + 500 + 510 + 540 + 490 + 560 + 520) = 510,$$

$$S = \sqrt{\frac{1}{n-1} \sum_{i=1}^{n} (x_i - \bar{x})^2} = \sqrt{\frac{1}{9}\left[(520 - 510)^2 + (480 - 510)^2 + \cdots + (520 - 510)^2\right]}$$

$$\approx 27.89.$$

综上，这批抽取的锂电池充放电循环次数的样本均值为 510 次，样本标准差约为 27.89 次.

样本均值 $\bar{X}$ 和样本方差 S^2 这两个统计量在统计推断中具有重要的作用，它们有以下重要性质.

性质 6.1 设总体 X 具有二阶矩，$E(X) = \mu$，$D(X) = \sigma^2 < +\infty$，$X_1, X_2, \cdots, X_n$ 是来自总体 X 的样本，$\bar{X}$ 和 S^2 分别是样本均值与样本方差，则

（1）$E(\bar{X}) = E(X) = \mu$；

（2）$D(\bar{X}) = \dfrac{1}{n}D(X) = \dfrac{\sigma^2}{n}$；

（3）$E(S^2) = D(X) = \sigma^2$.

证明 （1）$E(\bar{X}) = E\left(\dfrac{1}{n} \sum\limits_{i=1}^{n} X_i\right) = \dfrac{1}{n} \sum\limits_{i=1}^{n} E(X_i) = \dfrac{n\mu}{n} = \mu$.

（2）$D(\bar{X}) = D\left(\dfrac{1}{n} \sum\limits_{i=1}^{n} X_i\right) = \dfrac{1}{n^2} \sum\limits_{i=1}^{n} D(X_i) = \dfrac{n\sigma^2}{n^2} = \dfrac{\sigma^2}{n}$.

（3）$E(X_i^2) = D(X_i) + E^2(X_i) = \sigma^2 + \mu^2$，且 $E(\bar{X}^2) = D(\bar{X}) + E^2(\bar{X}) = \dfrac{\sigma^2}{n} + \mu^2$，

$$E(S^2) = \frac{1}{n-1} E\left[\sum_{i=1}^{n} (X_i - \bar{X})^2\right] = \frac{1}{n-1} E\left(\sum_{i=1}^{n} X_i^2 - n\bar{X}^2\right)$$

$$= \frac{1}{n-1}\left[n\mu^2 + n\sigma^2 - n\left(\mu^2 + \frac{\sigma^2}{n}\right)\right] = \sigma^2.$$

例 6.5 设总体 $X \sim P(\lambda)$，从总体 X 中抽取样本 $X_1, X_2, \cdots, X_n$，$\bar{X}$ 和 S^2 分别是样本均值与样本方差，求 $E(\bar{X})$，$D(\bar{X})$，$E(S^2)$.

微课 1：性质 6.1

解 由已知有 $E(X) = D(X) = \lambda$，又根据性质 6.1 可知，

$$E(\bar{X}) = E(X) = \lambda,$$

$$D(\bar{X}) = \frac{1}{n}D(X) = \frac{\lambda}{n},$$

$$E(S^2) = D(X) = \lambda.$$

概率统计故事

伦敦人口死亡率研究

1662 年，伦敦瘟疫肆虐，商人约翰·格兰特通过分析教区死亡记录，编制了世界上首个"死亡表"。他发现：男婴出生率略高于女婴（13∶12），但成年后男女比例趋于平衡；市区死亡率低于郊区，推测是因为农村人口迁入；慢性病、事故等死因占比稳定，而瘟疫等传染病波动剧烈。格兰特还首次估算了伦敦总人口、兵役年龄男性及育龄女性数量。

其研究颠覆了当时对人口现象的认知，他提出"大数恒静定律"，即群体现象具有统计规律性。例如，尽管个体命运随机，但整体人口结构与死因分布呈现稳定性。格兰特的《关于死亡表的自然和政治的观察》成为人口统计学奠基之作，为保险精算、公共卫生政策提供了理论基础。他的工作标志着统计学从单纯计数转向数据分析，推动了社会科学量化研究的发展。

6.2 抽样分布

在终极的分析中，一切知识都是历史；

在抽象的意义下，一切科学都是数学；

在理性的世界里，所有的判断都是统计学。

——卡利安普迪·拉达克里希纳·拉奥

卡利安普迪·拉达克里希纳·拉奥（C. R. Rao，1920—2023），美国科学院院士，英国皇家统计学会会员，当代国际著名的统计学家之一．师从现代统计学的奠基人罗纳德·费希尔．他对统计学发展的杰出贡献主要在估计理论、渐进推断、多元分析、概率分布的设定和组合分析等诸多方面．

拉奥教授共获得包括英国、印度、俄罗斯、希腊、美国、秘鲁、芬兰、菲律宾、瑞士、波兰、斯洛维亚、德国、西班牙以及加拿大等 19 个国家的大学以及研究机构的荣誉博士学位 39 个，先后被选为美国科学院、英国皇家学会等 31 个国际著名的科学和统计学研究机构的院士、理事或荣誉院士．曾获得包括美国统计协会、英国皇家统计学会以及印度科学院的 10 余项重大统计学大奖．

统计量是样本的函数，它是一个随机变量，具有概率分布．统计量的分布称为抽样分布，在使用统计量进行统计推断时需要掌握其分布．现实生活中很多随机变量都服从正态分布，人们对正态分布有着非常深入的了解和研究，由于很多统计推断是基于正态总体的假设，因此以服从标准正态分布的变量为基础构造的常见统计量在实际问题中有着广泛的应用．这些抽样分布将为后面的参数估计和假设检验提供重要的理论依据．下面介绍来自正态总体的常见统计量及其概率分布．

6.2.1 常见抽样分布

1. χ^2 分布（卡方分布）

定义 6.4 设 $X_1, X_2, \cdots, X_n$ 是来自总体 $N(0,1)$ 的样本，则称统计量

$$\chi^2 = \sum_{i=1}^{n} X_i^2$$

服从**自由度为 n 的 χ^2 分布**，记为 $\chi^2 \sim \chi^2(n)$．自由度是指 $\chi^2 = \sum_{i=1}^{n} X_i^2$ 右端所包含的独立变量的个数．

若 $X \sim N(0,1)$，则 $X^2 \sim \chi^2(1)$；若 $X \sim N(\mu, \sigma^2)$，则 $\left(\dfrac{X-\mu}{\sigma}\right)^2 \sim \chi^2(1)$．

χ^2 分布的概率密度函数为

$$f(x) = \begin{cases} \dfrac{1}{2^{\frac{n}{2}}\Gamma\left(\dfrac{n}{2}\right)} x^{\frac{n}{2}-1} e^{-\frac{x}{2}}, & x > 0, \\ 0, & x \leq 0. \end{cases}$$

其中伽玛函数（Gamma 函数）$\Gamma(n) = \displaystyle\int_0^{+\infty} x^{n-1} e^{-x} dx$．

下面给出几种不同自由度情形下 χ^2 分布的密度函数 $f(x)$ 的曲线，如图 6.1 所示．

χ^2 分布具有以下性质.

（1）可加性. 设 $\chi_1^2 \sim \chi^2(n_1)$，$\chi_2^2 \sim \chi^2(n_2)$，且 χ_1^2，χ_2^2 相互独立，则

$$\chi_1^2 + \chi_2^2 \sim \chi^2(n_1 + n_2).$$

一般的，还可以将这条性质推广到 n 个相互独立的 χ^2 分布仍旧具有可加性，即 $\chi_i^2 \sim \chi^2(n_i)$，且相互独立，其中 $i = 1,2,3,\cdots,n$，则

$$\sum_{i=1}^{n} \chi_i^2 \sim \chi^2\left(\sum_{i=1}^{n} n_i\right).$$

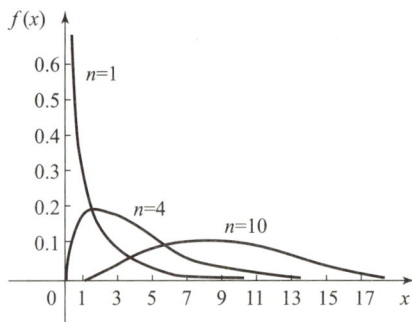

图 6.1　χ^2 分布的密度函数 $f(x)$ 的曲线

（2）若 $\chi^2 \sim \chi^2(n)$，则 $E(\chi^2) = n$，$D(\chi^2) = 2n$.

（3）n 充分大时，χ^2 近似服从 $N(n,2n)$.

在数理统计中，经常会遇到求解临界值的问题，目前基本采用**上侧 α 分位数（点）**作为临界值. 定义如下.

定义 6.5　设有随机变量 X，对给定的 $\alpha(0 < \alpha < 1)$，若存在实数 x_α 满足

$$P\{X > x_\alpha\} = \alpha,$$

则称 x_α 为 X 的**上侧 α 分位数（点）**.

对于标准正态分布，$X \sim N(0,1)$，称满足 $P\{X > z_\alpha\} = \alpha$ 的数 z_α 是标准正态分布的**上侧 α 分位数**，如图 6.2 所示. 由标准正态分布的对称性有 $z_\alpha = -z_{1-\alpha}$.

对于卡方分布，给定的 $\alpha(0 < \alpha < 1)$ 和自由度 n，称满足下式条件

$$P\{\chi^2 > \chi_\alpha^2(n)\} = \alpha$$

的数 $\chi_\alpha^2(n)$ 是自由度为 n 的 χ^2 **分布的上侧 α 分位数**，如图 6.3 所示.

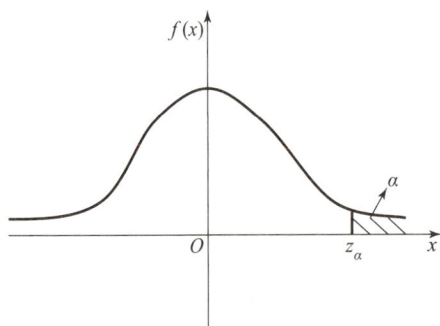

图 6.2　标准正态分布的上侧 α 分位数示意图

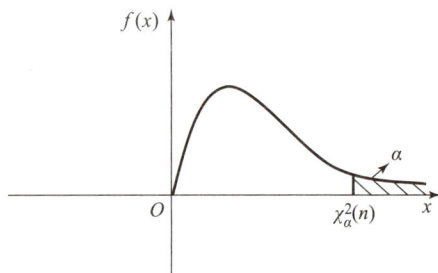

图 6.3　χ^2 分布的上侧 α 分位数示意图

针对不同的 α 和 n，可由附表 3 查出 χ^2 分布的上侧 α 分位数 $\chi_\alpha^2(n)$. 如 $\alpha = 0.05$，$n = 20$ 时，$\chi_{0.05}^2(20) = 31.41$，即 $Y \sim \chi^2(20)$，有 $P(Y > 31.41) = 0.05$.

根据 χ^2 分布的性质（3），当 n 充分大时，计算 χ^2 分布的上侧 α 分位数（点）可用下式

$$\chi_\alpha^2 \approx \frac{1}{2}(\sqrt{2n-1} + z_\alpha)^2.$$

例如，求 $\chi^2_{0.01}(100)$ 的值. 由 $\alpha = 0.01$，查附表 2 有 $z_{0.01} = 2.33$，代入可得
$$\chi^2_{0.01}(100) \approx \frac{1}{2}(\sqrt{200-1} + 2.33)^2 = 135.083.$$

例 6.6 已知 $X \sim \chi^2(16)$，求满足 $P\{X > \lambda_1\} = 0.01$ 及 $P\{X \leqslant \lambda_2\} = 0.975$ 的 λ_1 和 λ_2.

解 由 $n = 16, \alpha = 0.01$，查附表 3 可得 $\lambda_1 = 32.000$. 因 $P\{X \leqslant \lambda_2\} = 0.975$ 无法直接查表得到，需转换形式如下，
$$P\{X > \lambda_2\} = 1 - P\{X \leqslant \lambda_2\} = 0.025,$$
由 $n = 16, \alpha = 0.025$，查附表 3 可得 $\lambda_2 = 28.845$.

2. t 分布

定义 6.6 设 $X \sim N(0,1)$，$Y \sim \chi^2(n)$，且 X, Y 相互独立. 则称随机变量
$$t = \frac{X}{\sqrt{Y/n}}$$

服从**自由度为 n 的 t 分布**，记为 $t \sim t(n)$.

t 分布的概率密度函数为
$$f(x) = \frac{\Gamma\left(\dfrac{n+1}{2}\right)}{\sqrt{n\pi}\,\Gamma\left(\dfrac{n}{2}\right)}\left(1 + \frac{t^2}{n}\right)^{-\frac{n+1}{2}}, \quad -\infty < t < +\infty.$$

下面给出不同自由度下 t 分布的密度函数 $f(t)$ 的曲线，其密度函数曲线关于纵轴对称，如图 6.4 所示.

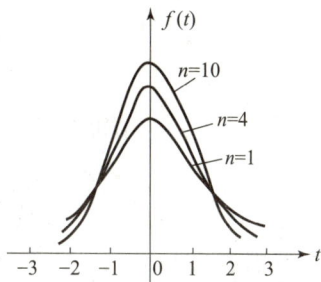

图 6.4 不同自由度下 t 分布的密度函数曲线

例 6.7 设 $X \sim N(0,3^2)$，$Y \sim N(0,3^2)$，且 X 和 Y 相互独立，$X_1, X_2, \cdots, X_9$ 和 $Y_1, Y_2, \cdots, Y_9$ 分别为来自 X 和 Y 的样本，求 $U = \dfrac{X_1 + X_2 + \cdots + X_9}{\sqrt{Y_1^2 + Y_2^2 + \cdots + Y_9^2}}$ 分布.

解 因为 $X \sim N(0,3^2)$，由性质 6.1 有 $\dfrac{X_1 + X_2 + \cdots + X_9}{9} \sim N(0,1)$.

又因为 $Y \sim N(0,3^2)$，有 $\dfrac{Y_i}{3} \sim N(0,1)$，$i = 1,2,\cdots,9$，进而有 $\dfrac{Y_1^2 + Y_2^2 + \cdots + Y_9^2}{9} \sim \chi^2(9)$.

故
$$U = \frac{X_1 + X_2 + \cdots + X_9}{\sqrt{Y_1^2 + Y_2^2 + \cdots + Y_9^2}} = \frac{\dfrac{X_1 + X_2 + \cdots + X_9}{9}}{\sqrt{\dfrac{Y_1^2 + Y_2^2 + \cdots + Y_9^2}{9^2}}} \sim t(9).$$

对于 t 分布，给定 $\alpha(0 < \alpha < 1)$ 和自由度 n，称满足下式
$$P\{t > t_\alpha(n)\} = \alpha$$
的数 $t_\alpha(n)$ 是自由度为 n 的 t 分布的**上侧 α 分位数**，如图 6.5 所示.

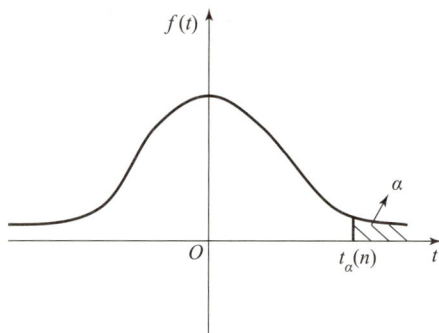

图 6.5　t 分布的上侧 α 分位数

由 t 分布的对称性，$t_\alpha(n) = -t_{1-\alpha}(n)$，$P\{|t| > t_\alpha(n)\} = 2\alpha$.

针对不同的 α 和 n，可由 t 分布分位数表（附表 4）查出上侧 α 分位数 $t_\alpha(n)$. 例如，当 $\alpha = 0.01$，$n = 30$ 时，$t_{0.01}(30) = 2.457$. 根据其对称性，取 $\alpha = 0.95$，$n = 6$，因为 $t_{0.05}(6) = 1.943$，可得 $t_{0.95}(6) = -1.943$.

当 n 比较大时，t 分布近似于 $N(0,1)$，一般地，当 $n > 45$ 时，有 $t_\alpha(n) \approx z_\alpha$.

3. F 分布

定义 6.7　设随机变量 $X \sim \chi^2(n_1)$，$Y \sim \chi^2(n_2)$，且 X 与 Y 相互独立，则称随机变量

$$F = \frac{X/n_1}{Y/n_2}$$

服从**自由度为** (n_1, n_2) **的** F **分布**，记为 $F \sim F(n_1, n_2)$. 其中 n_1 为**第一自由度**，n_2 为**第二自由度**.

根据 F 分布的定义，可以得到 $\dfrac{1}{F} \sim F(n_2, n_1)$.

F 分布的概率密度函数为

$$f(x, n_1, n_2) = \begin{cases} \dfrac{\Gamma\left(\dfrac{n_1+n_2}{2}\right)}{\Gamma\left(\dfrac{n_1}{2}\right)\Gamma\left(\dfrac{n_2}{2}\right)} \left(\dfrac{n_1}{n_2}\right)^{\frac{n_1}{2}} x^{\frac{n_1}{2}-1}\left(1 + \dfrac{n_1}{n_2}x\right)^{-\frac{n_1+n_2}{2}}, & x > 0, \\ 0, & x \leqslant 0. \end{cases}$$

下面给出不同自由度下 F 分布的密度函数 $f(x)$ 的曲线，如图 6.6 所示.

对于 F 分布，给定 α（$0 < \alpha < 1$）和自由度 n_1, n_2，称满足下式

$$P\{F > F_\alpha(n_1, n_2)\} = \alpha$$

的数 $F_\alpha(n_1, n_2)$ 是自由度为 (n_1, n_2) 的 F **分布的上侧 α 分位数**，如图 6.7 所示.

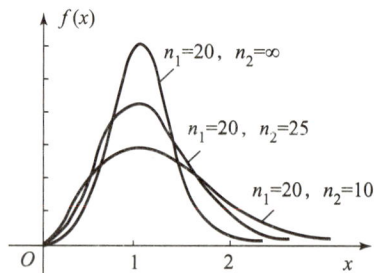

图 6.6　不同自由度下 F 分布密度函数曲线

由 $\dfrac{1}{F} \sim F(n_2, n_1)$，可得

$$F_\alpha(n_1, n_2) = \frac{1}{F_{1-\alpha}(n_2, n_1)}.$$

针对不同的 α 和 n_1, n_2，可由附表 5 查出 F 分布的上侧 α 分位数 $F_\alpha(n_1, n_2)$。

如 $n_1 = 10, n_2 = 5, \alpha = 0.9, F_{0.9}(10,5) =$

$\dfrac{1}{F_{0.1}(5,10)} = \dfrac{1}{2.52} = 0.397.$

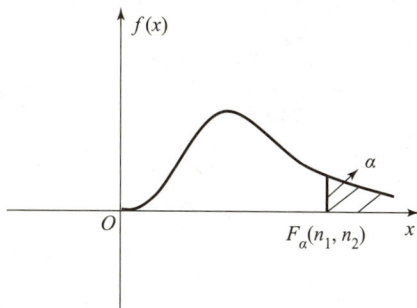

图 6.7　F 分布的上侧 α 分位数

6.2.2　正态总体的抽样分布

基于正态分布的普遍性，其总体的样本均值 $\bar{X} = \dfrac{1}{n}\sum\limits_{i=1}^{n} X_i$ 和样本方差 $S^2 = \dfrac{1}{n-1}\sum\limits_{i=1}^{n}(X_i - \bar{X})^2$ 的抽样分布极其广泛，下面给出它们所服从的概率分布以及满足的性质，这些定理将为后面的参数估计和假设检验提供理论依据。

1. 来自一个正态总体 $N(\mu, \sigma^2)$ 的统计量的分布

定理 6.1　设 $X_1, X_2, \cdots, X_n$ 是来自正态总体 $X \sim N(\mu, \sigma^2)$ 的一个样本，$\bar{X}, S^2$ 分别是样本均值和样本方差，则有

(1) $\bar{X}$ 和 S^2 相互独立；

(2) $\bar{X} = \dfrac{1}{n}\sum\limits_{i=1}^{n} X_i \sim N\left(\mu, \dfrac{\sigma^2}{n}\right)$，标准化处理后的统计量 $Z = \dfrac{\bar{X} - \mu}{\sigma / \sqrt{n}} \sim N(0,1)$；

(3) $\dfrac{\sum\limits_{i=1}^{n}(X_i - \mu)^2}{\sigma^2} \sim \chi^2(n)$；

(4) $\dfrac{\sum\limits_{i=1}^{n}(X_i - \bar{X})^2}{\sigma^2} = \dfrac{(n-1)S^2}{\sigma^2} \sim \chi^2(n-1)$；

(5) $\dfrac{\bar{X} - \mu}{\sigma / \sqrt{n}} \bigg/ \sqrt{\dfrac{(n-1)S^2}{\sigma^2(n-1)}} = \dfrac{\bar{X} - \mu}{S / \sqrt{n}} \sim t(n-1)$.

由（5）可知样本均值和样本方差可组成一个服从自由度为 $n-1$ 的 t 分布的统计量。

下面对性质（2）进行证明。

证明　由于 $X_1, X_2, \cdots, X_n$ 是独立同分布于 $N(\mu, \sigma^2)$，根据正态分布的可加性，可得 $\bar{X} = \dfrac{1}{n}\sum\limits_{i=1}^{n} X_i$ 也服从正态分布。

$$E(\bar{X}) = E\left(\frac{1}{n}\sum_{i=1}^{n} X_i\right) = \frac{1}{n}E\left(\sum_{i=1}^{n} X_i\right) = \frac{1}{n}n\mu = \mu$$

$$D(\bar{X}) = D\left(\frac{1}{n}\sum_{i=1}^{n} X_i\right) = \frac{1}{n^2}D\left(\sum_{i=1}^{n} X_i\right) = \frac{1}{n^2}n\sigma^2 = \frac{\sigma^2}{n}$$

故可得 $\bar{X} \sim N\left(\mu, \dfrac{\sigma^2}{n}\right)$.

此性质可以推广到非正态总体的随机变量. 若总体 X 的均值和方差分别为 μ 和 σ^2，随机抽取样本 $X_1, X_2, \cdots, X_n$，由性质 6.1 可得 $E(\bar{X}) = \mu$，$D(\bar{X}) = \dfrac{\sigma^2}{n}$.

上述其余结论由读者自行验证.

例 6.8 在人工智能图像识别领域，某模型对物体尺寸的预测误差 X 服从正态分布 $N(15, 36)$. 为使样本均值误差小于 16 的概率不小于 95%，样本容量应取多少？

解 设所需样本容量为 n. 根据定理 6.1，样本均值 $\bar{X}$ 满足

$$\frac{\bar{X} - \mu}{\sigma / \sqrt{n}} \sim N(0, 1),$$

其中，$\mu = 15$；$\sigma = 6$.

由题意有

$$P\{\bar{X} < 16\} = P\left\{\frac{\bar{X} - 15}{6 / \sqrt{n}} < \frac{16 - 15}{6 / \sqrt{n}}\right\} \geqslant 0.95,$$

即有 $\Phi\left(\dfrac{\sqrt{n}}{6}\right) \geqslant 0.95$，查附表 2，$\Phi(1.645) = 0.95$，因此

$$\frac{\sqrt{n}}{6} \geqslant 1.645,$$

即 $n \geqslant (1.645 \times 6)^2 = 97.41$，故样本容量至少应取 98.

例 6.9 在人工智能图像识别任务中，某模型对物体尺寸的预测误差 X 服从正态分布 $N(\mu, \sigma^2)$，其中总体方差 σ^2 未知. 现随机抽取 $n = 10$ 次预测结果，计算得样本均值 $\bar{X} = 5$ mm，样本标准差 $s = 1.2$ mm. 求样本均值与总体均值之差的绝对值小于 1 mm 的概率.

解 由定理 6.1 知 $\dfrac{\bar{X} - \mu}{S / \sqrt{n}} \sim t(n-1)$，要计算

$$P\{|\bar{X} - \mu| < 1\} = P\left\{\left|\frac{\bar{X} - \mu}{1.2 / \sqrt{10}}\right| < \frac{1}{1.2 / \sqrt{10}}\right\},$$

即 $P\{|t(9)| < 2.64\}$，查附表 4 可知 $P\{t(9) < 2.64\} = 1 - P\{t(9) > 2.64\} \approx 0.99$，则

$$P\{|t(9)| < 2.64\} = 2 \times 0.99 - 1 = 0.98.$$

因此样本均值与总体均值之差的绝对值小于 1 mm 的概率约为 0.98.

在人工智能模型优化中，例 6.9 计算出的概率体现了模型预测误差的样本均值相对于总体均值的稳定性. 若实际中样本均值常超出此范围，可能意味着模型受噪声干扰大或结构需改进；若符合计算结果，则表明模型预测误差均值稳定性高，为模型可靠性提供依据，可进一步应用或微调.

2. 来自两个正态总体 $N(\mu_1, \sigma_1^2)$，$N(\mu_2, \sigma_2^2)$ 的统计量的分布

定理 6.2 设 $X_1, X_2, \cdots, X_m$ 与 $Y_1, Y_2, \cdots, Y_n$ 分别是来自两个相互独立的正态总体 $N(\mu_1, \sigma_1^2)$ 和 $N(\mu_2, \sigma_2^2)$ 的样本，其样本均值分别为 $\bar{X}$，$\bar{Y}$，样本方差分别为 S_1^2，S_2^2，则有

（1）$\bar{X} - \bar{Y} \sim N\left(\mu_1 - \mu_2, \dfrac{\sigma_1^2}{m} + \dfrac{\sigma_2^2}{n}\right)$，标准化处理后得

$$Z = \dfrac{(\bar{X} - \bar{Y}) - (\mu_1 - \mu_2)}{\sqrt{\dfrac{\sigma_1^2}{m} + \dfrac{\sigma_2^2}{n}}} \sim N(0,1);$$

（2）$\dfrac{S_1^2/S_2^2}{\sigma_1^2/\sigma_2^2} \sim F(m-1, n-1)$;

（3）当 $\sigma_1^2 = \sigma_2^2$ 时，$\dfrac{(\bar{X} - \bar{Y}) - (\mu_1 - \mu_2)}{S_w\sqrt{\dfrac{1}{m} + \dfrac{1}{n}}} \sim t(m+n-2)$,

其中，

$$S_w^2 = \dfrac{(m-1)S_1^2 + (n-1)S_2^2}{m+n-2}.$$

例 6.10 在新能源汽车电池技术研究中，两种电池技术生产的电池续航里程误差 X 和 Y 分别服从正态分布 $N(5,4)$ 和 $N(3,1)$. 从两种电池技术产品中分别抽取样本容量 $m = 16$ 和 $n = 9$ 的样本，求样本均值差 $\bar{X} - \bar{Y}$ 大于 1.5 的概率.

解 根据定理 6.2 可知，

$$\dfrac{(\bar{X} - \bar{Y}) - (\mu_1 - \mu_2)}{\sqrt{\dfrac{\sigma_1^2}{m} + \dfrac{\sigma_2^2}{n}}} \sim N(0,1)$$

其中，$\mu_1 = 5$；$\mu_2 = 3$；$\sigma_1^2 = 4$；$\sigma_2^2 = 1$；$m = 16$；$n = 9$. 则

$$\sqrt{\dfrac{\sigma_1^2}{m} + \dfrac{\sigma_2^2}{n}} = \sqrt{\dfrac{4}{16} + \dfrac{1}{9}} = \dfrac{\sqrt{13}}{6} \approx 0.600\,9.$$

计算

$$P\{\bar{X} - \bar{Y} > 1.5\} = P\left\{\dfrac{(\bar{X} - \bar{Y}) - (5-3)}{0.600\,9} > \dfrac{1.5-2}{0.600\,9}\right\} = P\{Z > -0.868\} = \Phi(0.868).$$

查附表 2 可得 $\Phi(0.87) = 0.807\,8$，因此 $P\{\bar{X} - \bar{Y} > 1.5\} \approx 0.807\,8$.

即样本均值差 $\bar{X} - \bar{Y}$ 大于 1.5 的概率约为 0.807 8.

该问题的实际意义：在电池量产过程中，质量控制部门可借助该概率判断抽样结果的合理性. 若实际抽样中频繁出现均值差大于 1.5 的情况，且显著高于计算出的概率值，可能意味着生产过程存在异常（如工艺波动、原材料差异等），需及时排查问题，确保产品续航性能的一致性.

概率统计故事

农民家计调查与平籴法

战国时期，魏国丞相李悝在推行"尽地力之教"政策时，通过系统化的农民家计调

查分析经济数据，此举开创了中国历史上首个成体系的农业统计实践．他以五口之家为样本，通过实物与货币双重计量，详细核算了农户全年收支：百亩农田年产粟150石，扣除赋税15石、口粮90石后余45石，折算货币收入1 350钱．再扣除祭祀、衣物等开支，最终入不敷出450钱．这一分析揭示了农民在丰年仍难以维持生计的困境．

基于调查结果，李悝提出"平籴法"，通过政府干预平衡粮价：将年景分为上、中、下三等，丰年按等级收购余粮，灾年按等级平价抛售．具体实施中，以百亩农户为基准，上熟收购余粮300石，中熟收购200石，下熟收购100石；遇灾荒时，小饥发下熟所藏，中饥发中熟所藏，大饥发上熟所藏．这一政策有效稳定了粮价，保障了农民与城市居民的利益，成为后世"常平仓"制度的雏形．李悝的贡献不仅在于开创了典型调查与平衡分析法，更通过统计数据驱动政策制定，体现了早期统计学的社会价值．

6.3 应用案例分析

案例一 产品罐装量的装箱策略优化

某公司生产瓶装洗洁精，规定每瓶装 500 mL，但在实际灌装的过程中，总会出现一定的误差，误差要求控制在一定范围内，假定灌装量的方差 $\sigma^2 = 1$，如果每箱装 25 瓶这样的洗洁精，试问：25 瓶洗洁精的平均灌装量与标准值 500 mL 相差不超过 0.3 mL 的概率是多少？

分析 假设25瓶洗洁精灌装量为 $X_1, X_2, \cdots, X_{25}$，它们是来自均值为500，方差为1的总体的样本，而根据题意需要计算的是 $P\{|\overline{X} - 500| \leqslant 0.3\}$．

根据定理6.1，可以得到 $\dfrac{\overline{X} - \mu}{\sigma/\sqrt{n}} \sim N(0,1)$，因此可用正态分布求解此概率．

解 设25瓶洗洁精灌装量为 $X_1, X_2, \cdots, X_{25}$，$E(X_i) = 500, D(X_i) = 1, \overline{X} = \dfrac{1}{25}\sum\limits_{i=1}^{25} X_i$，得

$\dfrac{\overline{X} - 500}{1/\sqrt{25}} \sim N(0,1)$，则

$$P\{|\overline{X} - 500| \leqslant 0.3\} = P\{-0.3 \leqslant \overline{X} - 500 \leqslant 0.3\}$$

$$= P\left\{-\frac{0.3}{1/\sqrt{25}} \leqslant \frac{\overline{X} - 500}{1/\sqrt{25}} \leqslant \frac{0.3}{1/\sqrt{25}}\right\}$$

$$\approx \Phi(1.5) - \Phi(-1.5)$$

$$= 2\Phi(1.5) - 1 = 0.866\ 4.$$

上述结论表明，当每箱装 25 瓶洗洁精时，平均每瓶灌装量与标准值相差不超过 0.3 mL

的概率约为 86.64%.

类似可得每箱装 50 瓶时，$P\{|\bar{X} - 500| \leq 0.3\} \approx 0.966$，可见，当每箱增加到 50 瓶的时候，能更大程度保证平均误差很小，这样更能保证厂家和商家的利益.

拓展上述问题

假设装 n 瓶洗洁精，若想要这 n 瓶洗洁精的平均值与标准值相差不超过 0.3 mL 的概率不低于 95%，试问：n 至少等于多少？

分析　上述问题实际上是要求 $\bar{X}$ 与标准值 500 之间相差不超过 0.3 mL 的概率近似为 95%，即在 $P\{|\bar{X} - 500| \leq 0.3\} \geq 0.95$ 条件下，求出 n.

解　由 $\dfrac{\bar{X} - 500}{1/\sqrt{n}} \sim N(0,1)$，得

$$
\begin{aligned}
P\{|\bar{X} - 500| \leq 0.3\} &= P\left\{\frac{|\bar{X} - 500|}{1/\sqrt{n}} \leq \frac{0.3}{1/\sqrt{n}}\right\} \\
&= \Phi(0.3\sqrt{n}) - \Phi(-0.3\sqrt{n}) \\
&= 2\Phi(0.3\sqrt{n}) - 1 \geq 0.95.
\end{aligned}
$$

对上式进一步求解得，$\Phi(0.3\sqrt{n}) \geq 0.975$，查表得 $\Phi(1.96) = 0.975$，

故得到 $0.3\sqrt{n} \geq 1.96$，因此 $n \geq 42.7$，即至少要有 43 瓶才能达到要求.

案例二　导弹发射系统命中精度的概率估计

在设计导弹发射装置时，最重要的事情之一是研究弹着点偏离目标中心的距离的方差. 已知某类导弹发射装置的弹着点偏离目标中心的距离服从正态分布 $N(\mu, \sigma^2)$，这里 $\sigma^2 = 100\ \text{m}^2$，现在进行了 21 次发射试验，用 S^2 表示这 21 次试验中弹着点偏离目标中心的距离的样本方差，试估计 S^2 不超过 170.85 m^2 的概率.

分析　根据题意需要计算 $P\{S^2 \leq 170.85\}$，同时由定理 6.1 知，$\dfrac{(n-1)S^2}{\sigma^2} \sim \chi^2(n-1)$.

解
$$
\begin{aligned}
P\{S^2 \leq 170.85\} &= P\left\{\frac{20S^2}{\sigma^2} \leq \frac{170.85 \times 20}{\sigma^2}\right\} = P\left\{\frac{20S^2}{\sigma^2} \leq 34.17\right\} \\
&= 1 - P\left\{\frac{20S^2}{\sigma^2} > 34.17\right\} = 1 - 0.025 = 0.975.
\end{aligned}
$$

结果分析

（1）高可靠性验证：

样本方差 $S^2 \leq 170.85$ 的概率高达 97.5%，表明导弹发射系统的弹着点偏离目标中心的波动性在 21 次试验中大概率可控，符合工程稳定性要求.

（2）方差放大效应容忍度：

①理论总体方差 $\sigma^2 = 100\ \text{m}^2$，而试验允许的样本方差上限为 170.85 m^2（为总体方差的

1.7 倍）.

②高概率（97.5%）说明即使存在试验误差，系统仍能保持可接受的精度范围，适合实际部署.

综上，若导弹需攻击多个目标，可以引入协方差矩阵分析多维空间中的弹着点分布. 结合贝叶斯方法，利用历史试验数据动态更新方差估计，还可以优化发射参数.

微课 3：案例二

案例三 自动驾驶固态激光雷达测距系统的可靠性验证

随着自动驾驶向 L4/L5 级迈进，激光雷达凭借厘米级测距精度和三维环境建模能力，已成为高阶自动驾驶系统的核心感知单元. 相较于传统机械式激光雷达，固态激光雷达（如 MEMS 微振镜方案）凭借体积小、抗振动性强、量产成本低（2024 年车载主雷达均价已降至 2 500 ~ 3 000 元）等优势，成为车企主流选择.

然而，激光雷达在复杂环境中的性能稳定性仍面临以下挑战：

（1）**天气干扰**：雨雪天气下激光散射会导致点云密度下降 30% ~ 50%，直接影响障碍物识别精度；

（2）**动态误差累积**：车辆高速移动时，固态激光雷达的扫描频率（典型值 20 Hz）与数据处理延迟可能产生厘米级定位偏差；

（3）**硬件退化**：光学器件老化会使发射功率年衰减率高达 5%，直接影响最大探测距离.

某自动驾驶公司研发的 1 550 nm 波长 MEMS 固态激光雷达测距系统，其测量误差服从正态分布 $N(\mu, \sigma^2)$，其中 $\sigma^2 = 0.25$ m². 为满足 ISO 26262 安全标准中 L4 级自动驾驶的感知冗余要求，需确保系统在 100 m 探测距离内，样本方差 $S^2 \leqslant 0.36$ m² 的可靠性概率不低于 0.95. 现对系统进行 25 次独立测距试验，求满足 $S^2 \leqslant 0.36$ m² 的可靠性概率.

分析 根据题意需要计算 $P\{S^2 \leqslant 0.36\}$，由定理 6.1 知，$\dfrac{(n-1)S^2}{\sigma^2} \sim \chi^2(n-1)$.

解 $P\{S^2 \leqslant 0.36\} = P\left\{\dfrac{24S^2}{0.25} \leqslant \dfrac{24 \times 0.36}{0.25}\right\} = P\left\{\dfrac{24S^2}{0.25} > 34.56\right\}$

$$= 1 - P\left\{\dfrac{24S^2}{0.25} > 34.56\right\}.$$

查卡方分布表（附表 3），可知 $P\{\chi^2(24) > 34.56\} = 0.05$，故

$$P\{S^2 \leqslant 0.36\} = 1 - P\{\chi^2(24) > 34.56\} = 0.95.$$

结果分析

（1）由计算结果可知系统有 95% 的概率满足 $S^2 \leqslant 0.36$ m²，达到 ISO 26262 安全标准中对 L4 级自动驾驶的感知系统要求.

（2）3σ 工程水平是工程领域广泛采用的过程能力指标，即在正态分布下，数据落在均

值 $\pm 3\sigma$ 范围内的概率为 99.73%. 本例中 $3\sigma = 3 \times 0.5 = 1.5$ m, 因此覆盖范围为 ± 1.5 m, 但实际约束是样本标准差 $s \leqslant 0.6$ m $\Rightarrow 3s \leqslant 1.8$ m, 因此可以理解为有 95% 的把握认为系统实际误差范围在 ± 1.8 m 内（比 3σ 更宽松，但满足 L4 级自动驾驶要求，可视为对 3σ 工程标准的统计验证）.

6.4 统计量及其分布的 Python 语言实验

例 6.11 设一批产品的质量服从正态分布 $N \sim (100, 10^2)$，即其均值 $\mu = 100$ g，标准差 $\sigma = 10$ g. 现在从这批产品中随机抽取 25 件产品的样本，计算并模拟这个样本均值的分布，并找出样本均值大于 102 g 的概率.

解 在 Jupyter Notebook 单元格中输入如下代码：

```python
import numpy as np
import matplotlib.pyplot as plt
from scipy.stats import norm


#总体参数
#总体均值
mu = 100
#总体标准差
sigma = 10
#样本量
n = 25
#计算样本均的均值和标准差
mu_bar = mu
sigma_bar = sigma/np.sqrt(n)
#模拟抽样次数
num_simulations = 10000
sample_means = np.random.normal(mu_bar,sigma_bar,num_simulations)
#计算样本均值大于102g的概率
prob_greater_than_102 = np.mean(sample_means >102)
#绘制样本均值的分布
plt.hist(sample_means,bins = 30,density = True,alpha = 0.6,color = 'b',
edgecolor = 'black')
x = np.linspace(min(sample_means),max(sample_means),100)
```

```
    plt.plot(x,norm.pdf(x,mu_bar,sigma_bar),'r',linewidth=2,label=
'Theoretical Distribution')
    plt.axvline(x=102,color='g',linestyle='--',linewidth=2,la-
bel='Mean=102')
    plt.title('Simulated Sample Means Distribution')
    plt.xlabel('Sample Mean')
    plt.ylabel('Density')
    plt.legend()
    print("模拟得到样本均值大于102g的概率为:",prob_greater_than_102)
    plt.show()
```

运行程序后，输出如下结果：

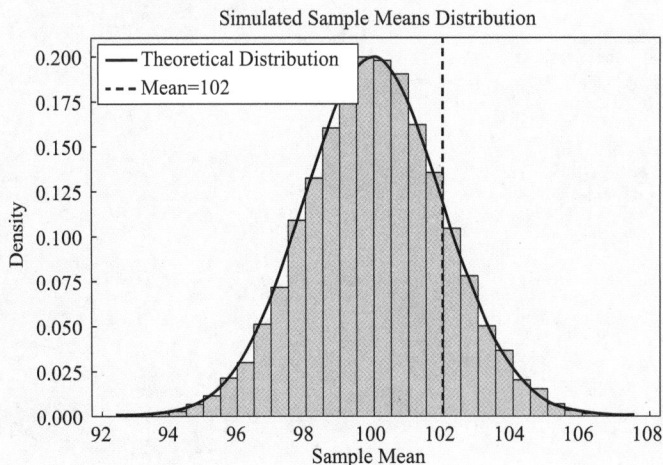

模拟得到样本均值大于 102g 的概率为：0.1625

图像显示：程序绘制了模拟得到的样本均值分布，并叠加了理论上的正态分布曲线，以及一条垂直线表示 102g 的位置，以直观展示所求概率．

例 6.12 一家咖啡店记录了过去一个月内每天的顾客数量，数据呈现出正态分布 $N \sim (40, 5^2)$，即平均每天有 40 位顾客，标准差为 5 位顾客．现在随机抽取 30 天作为样本，请计算并模拟样本均值的分布，进一步求出样本均值落在 38 到 42 位顾客之间的概率．

微课 4：例 6.11

解 在 Jupyter Notebook 单元格中输入如下代码：

```
import numpy as np
from scipy.stats import norm
```

```
#总体参数
mu = 40    #总体均值
sigma = 5  #总体标准差
n = 30     #样本量
#计算样本均值的标准差
sigma_xbar = sigma/np.sqrt(n)
#求解概率区间两端的 Z 分数
z_low = (38 - mu)/sigma_xbar
z_high = (42 - mu)/sigma_xbar
#使用标准正态分布表计算概率
prob_between_38_and_42 = norm.cdf(z_high) - norm.cdf(z_low)
print("样本均值落在 38 到 42 顾客之间的概率约为",prob_between_38_and_42)
```

运行程序后，输出如下结果：

样本均值落在 38 到 42 顾客之间的概率约为 0.9715402630836893

习题六

第6章【考研真题选讲】

1. 若 $X_1, X_2, \cdots, X_n$ 是总体 $X \sim B(1, p)$ 的样本，求 $(X_1, \cdots, X_n)$ 的联合分布律．

2. 若 $X_1, X_2, \cdots, X_n$ 是总体 $X \sim P(\lambda)$ 的样本，求 $(X_1, \cdots, X_n)$ 的联合分布律．

3. 假设 $X_1, X_2, \cdots, X_n$ 是总体 $X \sim N(\mu, \sigma^2)$ 的样本，其中 μ 已知，σ^2 未知，判断下列哪些函数是统计量：

(1) $\dfrac{1}{\mu}\sum\limits_{i=1}^{n} X_i$；(2) $\dfrac{1}{n}\sum\limits_{i=1}^{n}(X_i - \mu)^2$；(3) $\dfrac{1}{\sigma^2}\sum\limits_{i=1}^{n} X_i$．

4. 在一本书上随机地检查了 10 页，发现各页上的错误数如下：

$$4, 5, 6, 0, 3, 1, 4, 2, 1, 4.$$

试计算样本均值、样本方差和样本标准差．

5. 从一批机器零件毛坯中随机地抽取 10 件测得其重量为（单位：kg）：

$$210, 243, 185, 240, 215, 228, 196, 235, 200, 199.$$

求这组样本值的均值、方差、二阶原点矩与二阶中心矩．

6. 在一次数学竞赛中，某高校学生平均得分为 70，标准差为 4，其中有两个班分别有学生 36 人和 40 人，求两个班学生平均成绩差在 2 分至 5 分之间的概率．

7. 设总体 $X \sim N(72, 100)$，为使样本均值大于 70 的概率不小于 90%，则样本容量至少取多少？

8. 设总体 X 的概率密度为

$$f(x;\theta) = \begin{cases} \dfrac{2x}{3\theta^2}, & \theta < x < 2\theta, \\ 0, & \text{其他}. \end{cases}$$

其中，θ 是未知参数；$X_1, X_2, \cdots, X_n$ 为总体 X 的样本. 若 $E\left(c\sum_{i=1}^n X_i^2\right) = \theta^2$，求 c.

9. 设 $X_1, X_2, \cdots, X_6$ 是总体 $N(0,4)$ 的一个样本，求 $P\left\{\sum_{i=1}^6 X_i^2 > 6.54\right\}$.

10. 设 $X \sim N(0,1)$，X_1, X_2, X_3, X_4, X_5 为其样本，求 $\dfrac{2X_5}{\sqrt{\sum_{i=1}^4 X_i^2}}$ 的分布.

11. 设随机变量 X, Y 独立同分布于 $N(0,1)$，则 $\dfrac{X}{\sqrt{Y^2}}$ 服从什么分布？

12. （**2014 年考研真题**）设 X_1, X_2, X_3 为来自总体 $N(0,\sigma^2)$ 的简单随机样本，则统计量 $S = \dfrac{X_1 - X_2}{\sqrt{2}\,|X_3|}$ 服从什么分布？

13. （**2017 年考研真题**）设 $X_1, X_2, \cdots, X_n(n \geq 2)$ 为来自总体 $N(\mu,1)$ 的简单随机样本，令 $\bar{X} = \dfrac{1}{n}\sum_{i=1}^n X_i$，则 $\sum_{i=1}^n (X_i - \mu)^2$ 服从什么分布？

微课 5：习题六
（第 12 题）

14. 设随机变量 X 与 Y 相互独立，且 $X \sim N(0,16)$，$Y \sim N(0,9)$，X_1，$X_2, \cdots, X_9$ 与 $Y_1, Y_2, \cdots, Y_{16}$ 分别是取自 X 与 Y 的样本，求统计量

$$Z = \dfrac{X_1 + X_2 + \cdots + X_9}{\sqrt{Y_1^2 + Y_2^2 + \cdots + Y_{16}^2}}$$

所服从的分布.

15. 设总体 $X \sim N(0,1)$，从中抽取样本量为 6 的样本，即 $X_1, X_2, \cdots, X_6$，设

$$Y = (X_1 + X_2 + X_3)^2 + (X_4 + X_5 + X_6)^2,$$

试确定常数 C，使 CY 服从 χ^2 分布.

16. 从总体 $X \sim N(\mu,\sigma^2)$ 中抽取一容量为 16 的样本，求 $P\left\{\dfrac{S^2}{\sigma^2} \leq 2.041\right\}$.

17. （**2015 年考研真题**）设总体 $X \sim b(m,\theta)$，$X_1, X_2, \cdots, X_n$ 为来自该总体的简单随机样本，$\bar{X}$ 为样本均值，求 $E\left[\sum_{i=1}^n (X_i - \bar{X})^2\right]$.

18. 调查某城市的居民收入水平，除了看居民的平均收入水平，也会关注居民收入的差异程度，假设居民的收入与平均水平的差异服从正态分布 $N(\mu,\sigma^2)$，其中 $\sigma^2 = 100$，现在随机抽取 25 个人，用 S^2 表示 25 个人的收入与平均水平的差异的样本方差. 试求 S^2 超过 50 的概率.

19. 某厂生产的滚珠轴承重量服从正态分布，平均重量为 0.5 kg，标准差为 0.02 kg，分

别独立地抽取容量各为 1 000 的两批滚珠轴承，试求两个样本平均重量之差的绝对值大于 2 kg 的概率.

20. 设某城市的人年收入服从均值 $\mu = 1.5$ 万元，标准差 $\sigma = 0.5$ 万元的正态分布，现随机抽查 100 人，求他们的年均收入在下列情况下的概率：

（1）大于 1.6 万元；（2）小于 1.3 万元；（3）落在 $[1.2, 1.6]$ 之间.

21. A 牌电缆的平均断裂强度为 1 400 kg，标准差为 200 kg；B 牌电缆的平均断裂强度为 1 200 kg，标准差为 100 kg，假设两种牌子电缆的断裂强度近似服从正态分布，现从两种牌子的电缆中各取 250 根进行测试，问 A 牌电缆的平均断裂强度至少大于 B 牌电缆 180 kg 的概率.

第7章 参数估计

> 今日的统计学已与天文学、测地学及其他测定科学处于同等地位，因为它已不像其他科学那样仅限于叙述、描写已知的事实，而是从搜集到的已知事实中推论未知的事实，以明确全然崭新的认识，或者至少对其他方法所获得的一般真理予以精密地检查、验证，成为社会科学的精密观察学．
>
> ——格奥尔格·弗里德里希·克纳普

概率统计人物

格奥尔格·弗里德里希·克纳普（Georg Friedrich Knapp，1843—1926），德国统计学家、经济史学家和经济理论家，是德国关于死亡率测算系统理论的第一位统计学家，著有《人口统计记录中死亡率调查情况》．

从本章开始研究统计推断的问题，即通过分析样本数据对总体的特征进行推断和估计．在实际问题中，当所研究的总体 X 分布类型已知时，分布中还包含一个或多个未知参数，需要对总体分布中的未知参数进行估计．如泊松分布中的参数 λ，正态分布中的参数 μ 和 σ^2．如何由样本 $X_1, X_2, \cdots, X_n$ 提供的信息构造一个统计量，从而对未知参数进行估计？估计量的"最佳"准则如何确定？这些问题都是参数的估计问题．参数估计是数理统计研究的主要问题之一．

参数估计在多个领域有着广泛的应用．例如，在信号处理中，其用于估计信号中的未知参数，如信号的频率、相位等；在机器学习中，通过对训练数据的学习和分析，估计模型的参数，如线性回归模型中的系数、神经网络模型中的权重和偏置等，使模型能够对未知数据进行准确的预测和分类；在金融领域，参数估计用于估计金融模型中的参数，如资产收益率的分布参数，从而进行风险管理和资产定价；在生物统计学中，参数估计用于分析医学试验和生物试验数据, 估计诸如药物效果、疾病发病率等参数; 在工程领域, 参数估计用于估计系统的性能指标, 如机械系统的可靠性参数或电子设备的响应时间; 在经济学研究中, 参数估计用于估计经济模型中的参数, 如消费函数、生产函数等, 以分析经济行为和政策效果; 在质量控制领域, 参数估计用于估计产品或服务的质量参数, 如缺陷率或顾客满意度等; 参数估计是数据分析和决策过程中不可或缺的一部分, 在实际应用中, 选择合适的参数估计方法对于提高估计的准确性和可靠性至关重要.

参数估计主要分为点估计和区间估计两类. 点估计是用某一个函数值作为总体未知参数的估计值; 区间估计是对未知参数在一定可靠度下落入某个区间进行估计. 例如, 灯泡的寿命 X 是一个总体, 根据实际经验知道 $X \sim E(\lambda)$, 但对每一批灯泡而言, 参数 λ 是未知的, 要确定具体的分布函数, 就必须确定参数. 若用一个数值作为 λ 的估计, 即为点估计; 若用一个区间范围作为 λ 的估计, 即为区间估计.

下面将分别对这两种估计方法进行介绍.

第7章参数估计思维导图   第7章参数估计学习重难点及学习目标

7.1   点估计

> 统计学是根据对集团现象大量观察的基础上, 对人类生活实际状态及其所产生的规律性作有系统的表述和说明.
>
> ——格奥尔格·冯·梅尔

概率统计人物

格奥尔格·冯·梅尔（Georg von Mayr, 1841—1925）, 德国统计学家和社会学家, 社会统计学派的主要代表人物之一. 他先后出版的主要著作有《社会生活的规律性》和《统计学与社会学》, 后一著作分为三卷, 分别是《理论统计学》《人口统计学》以及《伦理统计学》, 涉及整个统计理论和人口统计学、伦理统计学等范畴.

假设总体 X 的分布函数为 $F(x;\theta)$, θ 为未知参数, $X_1, X_2, \cdots, X_n$ 是取自总体 X 的一个样本, $x_1, x_2, \cdots, x_n$ 是相应的样本值, 构造一个统计量 $\hat{\theta} = \hat{\theta}(X_1, X_2, \cdots, X_n)$ 估计未知参数 θ, 这

种方法称为**点估计**，$\hat{\theta}(X_1,X_2,\cdots,X_n)$ 称为参数 θ 的**估计量**，$\hat{\theta}(x_1,x_2,\cdots,x_n)$ 称为参数 θ 的**估计值**.

例如，某企业生产了大量的工业机器人关节部件. 由于部件数量庞大，对所有关节部件进行质量检测需要耗费巨大的人力、物力和时间，全面检查并不现实. 为了估算这批关节部件的合格率 p，随机抽取了 400 个部件进行详细检测. 检测结束后，统计得出其中有 372 个部件合格. 此时，可用 $\hat{p} = \dfrac{372}{400} = \dfrac{93}{100}$ 作为这批工业机器人关节部件合格率 p 的估计值，帮助企业评估生产质量状况，为改进生产流程提供数据支持.

又如，估计某学校全体学生的平均数学成绩，可以从全校学生中随机地抽取 n 个学生，得到他们的数学成绩 $x_1,x_2,\cdots,x_n$，用样本均值 $\bar{x} = \dfrac{1}{n}\sum_{i=1}^{n} x_i$ 作为全校学生数学成绩平均值的估计值.

构造估计量 $\hat{\theta}(X_1,X_2,\cdots,X_n)$ 的方法很多，根据估计原理的不同，点估计又分为**矩估计法**和**最（极）大似然估计法**.

7.1.1 矩估计法

矩估计法（Method of Moments，MoM）是一种古老的估计方法. 它是由英国统计学家卡尔·皮尔逊于 1894 年首创的，目前仍经常使用.

矩估计法的依据是辛钦大数定律及其推论，由于当样本容量 n 较大时，样本矩非常接近总体矩，故矩估计的**基本思想就是用样本矩估计总体矩**. 这里的矩可以是原点矩，也可以是中心距.

矩估计法的具体步骤如下：

假设总体 $X \sim F(x;\theta_1,\theta_2,\cdots,\theta_l)$，其中 $\theta_1,\theta_2,\cdots,\theta_l$ 均为未知参数，$X_1,X_2,\cdots,X_n$ 是来自总体 X 的样本，如果总体的 k 阶原点矩 $E(X^k)$ 存在，并设

$$E(X^k) = \mu_k(\theta_1,\theta_2,\cdots,\theta_l),$$

相应的 k 阶样本原点矩为

$$A_k = \frac{1}{n}\sum_{i=1}^{n} X_i^k,$$

以 A_k 替代 $E(X^k)$，即可得到关于 $\theta_1,\theta_2,\cdots,\theta_l$ 的方程组

$$\mu_k(\theta_1,\theta_2,\cdots,\theta_l) = \frac{1}{n}\sum_{i=1}^{n} X_i^k(k = 1,2,\cdots,l).$$

方程组的解

$$\hat{\theta}_k(X_1,X_2,\cdots,X_n)(k = 1,2,\cdots,l).$$

这些解称为参数 $\theta_k(k = 1,2,\cdots,l)$ 的**矩估计量**. 代入一组样本观测值 $x_1,x_2,\cdots,x_n$，则 $\hat{\theta}_k(x_1,x_2,\cdots,x_n)$ 称为参数 $\theta_k(k = 1,2,\cdots,l)$ 的**矩估计值**.

注：进行矩估计时，既可用原点矩也可用中心距，且矩的阶数有多

微课 1：矩估计法

种选择，因而矩估计是不唯一的．为计算方便，尽量采用低阶矩作为未知参数的矩估计．

进行估计时，最常估计的是均值与方差，接下来主要介绍均值与方差的估计，其余的高阶样本矩估计方法类似．

1. 均值的矩估计

由于总体均值表示总体取值的平均状况，因此，一般用样本均值

$$\bar{X} = \frac{1}{n} \sum_{i=1}^{n} X_i$$

作为总体均值 μ［即数学期望 $E(X)$］的估计量，即**用样本一阶原点矩估计总体一阶原点矩**，记为

$$\hat{\mu} = E(X) = \bar{X} = \frac{1}{n} \sum_{i=1}^{n} X_i.$$

2. 方差的矩估计

由于总体方差表示总体取值对总体均值的偏离程度，因此，一般用样本二阶中心矩

$$B_2 = \frac{1}{n} \sum_{i=1}^{n} (X_i - \bar{X})^2$$

作为总体方差 $D(X)$ 的估计量，即**用样本二阶中心矩估计总体二阶中心矩**，记为

$$\hat{\sigma}^2 = D(X) = B_2 = \frac{1}{n} \sum_{i=1}^{n} (X_i - \bar{X})^2.$$

例7.1 在智能制造中，某工厂生产的高精度齿轮的直径 X 服从正态分布 $N(\mu, \sigma^2)$，其中 μ 和 σ^2 未知．为了把控产品质量，随机抽取 10 个齿轮，测量其直径（单位：mm）分别为：50.2，49.8，50.5，49.6，50.1，49.9，50.3，49.7，50.0，50.4．计算这批齿轮直径的均值与方差的矩估计值．

解 由均值和方差的矩估计，这批齿轮直径的均值与方差的估计值分别为

$$\hat{\mu} = E(X) = \bar{X} = \frac{1}{10}(50.2 + 49.8 + 50.5 + \cdots + 50.4) = 50.05,$$

$$\hat{\sigma}^2 = D(X) = B_2$$

$$= \frac{1}{10}\left[(50.2 - 50.05)^2 + (49.8 - 50.05)^2 + (50.5 - 50.05)^2 + \cdots + (50.4 - 50.05)^2 \right]$$

$$= 0.082\,5.$$

综上，这批齿轮直径均值的矩估计值为 $\hat{\mu} = 50.05$，方差的矩估计值 $\hat{\sigma}^2 = 0.082\,5$．

注：作矩估计时并不是必须知道总体的概率分布，只要知道总体矩即可．但矩估计量有时不唯一，如总体 X 服从参数为 λ 的泊松分布时，$\bar{X}$ 和 B_2 都是参数 λ 的矩估计量．

例7.2 假设总体 $X \sim B(n, p)$，其中 n 已知，从中随机抽取样本 $X_1, X_2, \cdots, X_n$，求参数 p 的矩估计量．

解 二项分布的数学期望 $\mu_1 = E(X) = np$，则 $p = \frac{1}{n}E(X)$．

用样本一阶原点矩 $A_1 = \bar{X}$ 替换总体一阶原点矩 $\mu_1 = E(X)$，得 p 的矩估计量为

$$\hat{p} = \frac{1}{n}\bar{X} = \frac{1}{n^2}\sum_{i=1}^{n}X_i.$$

例 7.3 假设总体 $X \sim E(\lambda)$，其中 $\lambda > 0$ 是未知参数. $X_1, X_2, \cdots, X_n$ 是来自总体 X 的样本，求参数 λ 的矩估计量.

解 指数分布的数学期望 $\mu_1 = E(X) = \frac{1}{\lambda}$，由矩估计法知 $\bar{X} = \frac{1}{\lambda}$，得 $\hat{\lambda} = \frac{1}{\bar{X}}$，则参数 λ 的矩估计量为 $\hat{\lambda} = \frac{1}{\bar{X}} = \dfrac{1}{\frac{1}{n}\sum\limits_{i=1}^{n}X_i}$.

一般情况下，若总体 X 的分布中存在 m 个未知参数 $\theta_1, \theta_2, \cdots, \theta_m$，且 X 直到 m 阶矩都存在，用样本矩 $A_k = \sum_{i=1}^{n}X_i^k$ 估计相应的 k 阶总体矩，即可得到 $\theta_1, \theta_2, \cdots, \theta_m$ 的估计量.

例 7.4 假设总体 $X \sim U(a, b)$，其中 a, b 为未知量，从中随机抽取样本 $X_1, X_2, \cdots, X_n$，求参数 a, b 的矩估计量.

解 因为 $X \sim U(a, b)$，则

$$\mu_1 = E(X) = \frac{a+b}{2}, \mu_2 = E(X^2) = D(X) + [E(X)]^2 = \frac{(b-a)^2}{12} + \frac{(a+b)^2}{4},$$

由矩估计法得

$$\begin{cases} \dfrac{a+b}{2} = A_1 = \dfrac{1}{n}\sum_{i=1}^{n}X_i, \\ \dfrac{(b-a)^2}{12} + \dfrac{(a+b)^2}{4} = A_2 = \dfrac{1}{n}\sum_{i=1}^{n}X_i^2, \end{cases}$$

即

$$\begin{cases} a + b = 2A_1, \\ b - a = \sqrt{12(A_2 - A_1^2)}, \end{cases}$$

解得 a, b 的矩估计量为

$$\hat{a} = \bar{X} - \sqrt{\frac{3}{n}\sum_{i=1}^{n}(X_i - \bar{X})^2} = \bar{X} - \sqrt{3B_2},$$

$$\hat{b} = \bar{X} + \sqrt{\frac{3}{n}\sum_{i=1}^{n}(X_i - \bar{X})^2} = \bar{X} + \sqrt{3B_2}.$$

矩估计法的优点：简单易行，主要用于数字特征，特别是数学期望和方差的估计，并不一定要知道总体的分布类型，因而适用性强.

矩估计法的缺点：

（1）矩估计量并不唯一. 例如，总体 X 服从参数为 λ 的泊松分布，由于

$$E(X) = D(X) = \lambda.$$

故 $\bar{X}$ 和 B_2 都是参数 λ 的矩估计量，这就涉及用哪个估计量比较好的问题；

微课 2：例 7.4

（2）若总体矩不存在，则矩估计法失效．

为了弥补上述第（2）种缺点，接下来介绍另外一种应用广泛且效果更好的方法——最大似然估计法．

7.1.2 最大似然估计法

最大似然估计法又称极大似然估计法，最早由德国数学家高斯（Gauss）于 1821 年提出，英国统计学家罗纳德·艾尔默·费希尔在 1922 年再次提出了这种方法并证明了该方法的一些性质，使最大似然估计法得到了广泛的应用．

在总体分布类型已知的情况下，最大似然估计法是求未知参数点估计的一种重要方法．它的基本思想是：如果一个随机试验有若干个可能结果，某次试验后，某个结果 A 发生了，则一般认为试验的条件对结果 A 的出现有利，或认为结果 A 出现的概率最大．若 A 出现的概率 $P(A)$ 与某一参数 θ 有关，要估计 θ 的值，就可以用使 $P(A)$ 达到最大值的 θ 值作为 θ 的估计．这里先看一个例子．

例如，现在对班上学生的及格率进行估计，假设随机从班上抽取 10 个人，发现其中 8 个人及格，假设及格率为 p，用 X 表示抽取出来的及格人数，则 $X \sim B(10,p)$．出现的实验结果是 $X = 8$，而 $P(X = 8) = C_{10}^8 p^8 (1-p)^2$．因为随机抽取 10 个人就有 8 个人及格，所以认为在随机抽样的过程中，8 个人及格这件事情发生的概率最大，以至于在一次抽样中该结果就出现了．所以要对及格率 p 进行估计就是要找到一个估计值 $\hat{p}$ 使 $P(X = 8)$ 最大．根据求极值的方法，只需要找到使 $C_{10}^8 p^8 (1-p)^2$ 的导数为 0 的点即可．但是直接求导比较困难，由于对数函数具有单调性，故对数函数取到的极值也是似然函数取到的极值，所以这里先取对数

$$\ln P = \ln C_{10}^8 + 8\ln p + 2\ln(1-p),$$

再对其进行求导，并令其等于 0，即

$$\frac{\mathrm{d}\ln P}{\mathrm{d}p} = \frac{8}{p} - \frac{2}{1-p} = 0,$$

得到及格率的估计值 $\hat{p} = 0.8$．

从上例可以看出，最大似然估计法的思想是根据出现的结果估计参数，求参数的估计值使这个结果出现的概率最大．

如果总体分布类型已知，其中包含一个或者多个未知参数，将其总体分布记为 $F(x,\theta_1,\theta_2,\cdots,\theta_m)$，$X_1,X_2,\cdots,X_n$ 是从总体中随机抽取的样本，样本观测值为 $x_1,x_2,\cdots,x_n$．根据最大似然估计法的思想，需要寻找合适的参数估计值使随机事件 $\{X_i = x_i\}(i = 1,2,\cdots,n)$ 发生的概率最大．

当总体分别为离散型和连续型时，**最大似然估计法的具体步骤**如下：

（1）**构造似然函数**．

若总体 X 为离散型，其分布律为

微课 3：最大似然估计法

$$P\{X = x_i\} = p(x_i;\theta),$$

其中 θ 为待估的未知参数，假定 $x_1, x_2, \cdots, x_n$ 为样本 $X_1, X_2, \cdots, X_n$ 的一组观测值，则从总体中抽取样本的联合分布律为

$$P\{X_1 = x_1, X_2 = x_2, \cdots, X_n = x_n\} = P\{X_1 = x_1\}P\{X_2 = x_2\}\cdots P\{X_n = x_n\} = \prod_{i=1}^{n}P(x_i;\theta),$$

将 $\prod_{i=1}^{n}P(x_i;\theta)$ 看作是参数 θ 的函数，记为 $L(\theta)$，即

$$L(\theta) = L(x_1, x_2, \cdots, x_n;\theta) = \prod_{i=1}^{n}P(x_i;\theta).$$

若总体 X 为连续型，其概率密度函数为 $f(x;\theta)$，其中 θ 为待估的未知参数，则样本 X_1，$X_2, \cdots, X_n$ 的联合概率密度为

$$L(\theta) = L(x_1, x_2, \cdots, x_n;\theta) = \prod_{i=1}^{n}f(x_i;\theta).$$

上述得到的 $L(\theta)$ 是 θ 的函数，称它为样本的**似然函数**.

似然函数实质上就是样本的联合分布，求待估参数的最大似然估计，实际上就是求似然函数的最大值点.

（2）**求似然函数的最大值点**.

利用微积分方法，求似然函数的最大值点，可以解**似然方程**

$$\frac{\mathrm{d}L}{\mathrm{d}\theta} = 0,$$

得到参数 θ 的最大似然估计.

为了求解方便，根据对数函数的单调性，可以先将似然函数取对数，这时 $L(\theta)$ 和 $\ln L(\theta)$ 在同一点处取得最值，即求解**对数似然方程**

$$\frac{\mathrm{d}\ln L}{\mathrm{d}\theta} = 0,$$

若总体 X 的分布中含有 m 个未知待估参数 $\theta_1, \theta_2, \cdots, \theta_m$，此时需求解对数似然方程组

$$\frac{\partial \ln L}{\partial \theta_i} = 0(i = 1, 2, \cdots, m),$$

得到参数的最大似然估计 $\hat{\theta}_1, \hat{\theta}_2, \cdots, \hat{\theta}_m$.

注：若导数不存在，则无法得到驻点，这时就需要根据最大似然估计法的思想直接去寻求似然函数的最大值.

例7.5 假设总体 $X \sim E(\lambda)$，λ 为未知参数，从中随机抽取样本 X_1，$X_2, \cdots, X_n$，求 λ 的最大似然估计量.

解 对于样本观测值 $x_1, x_2, \cdots, x_n$，构造似然函数

$$L(\lambda) = \prod_{i=1}^{n}f(x_i, \lambda) = \begin{cases} \lambda^n e^{-\lambda \sum_{i=1}^{n} x_i}, & x_i > 0, \\ 0, & x_i \leqslant 0. \end{cases}$$

微课4：例7.5

对似然函数两边取对数，得到

$$\ln L(\lambda) = n\ln\lambda - \lambda\sum_{i=1}^{n}x_i, \quad x_i > 0(i = 1,2,\cdots,n),$$

对 λ 求导并令其等于 0，得似然方程

$$\frac{\mathrm{d}\ln L(\lambda)}{\mathrm{d}\lambda} = \frac{n}{\lambda} - \sum_{i=1}^{n}x_i = 0,$$

求得参数 λ 的最大似然估计值为 $\hat{\lambda} = \dfrac{n}{\sum\limits_{i=1}^{n}x_i} = \dfrac{1}{\bar{x}}$，

参数 λ 的最大似然估计量为 $\hat{\lambda} = \dfrac{n}{\sum\limits_{i=1}^{n}X_i} = \dfrac{1}{\bar{X}}$.

结合例 7.3 可知，指数分布中未知参数 λ 的矩估计和最大似然估计一致.

例 7.6 某高校选举校学生会主席，在全校学生中开展民意调查，求候选人 A 的支持率 p 的最大似然估计量.

解 设 $X_1,X_2,\cdots,X_n$ 为全体学生总体 X 的一个样本，则 $X_i \sim B(1,p)$，得到似然函数

$$L(p) = p^{\sum\limits_{i=1}^{n}x_i}(1-p)^{n-\sum\limits_{i=1}^{n}x_i},$$

两边取对数，$\ln L(p) = \sum\limits_{i=1}^{n}x_i\ln p + (n - \sum\limits_{i=1}^{n}x_i)\ln(1-p)$，

两边对 p 求导，并令其等于 0，得似然方程

$$\frac{\mathrm{d}\ln L(p)}{\mathrm{d}p} = \frac{\sum\limits_{i=1}^{n}x_i}{p} - \frac{n - \sum\limits_{i=1}^{n}x_i}{1-p} = 0,$$

求出参数 p 的最大似然估计量为 $\hat{p} = \bar{X}$.

例 7.7 假设总体 $X \sim U(a,b)$，从中随机抽取样本 $X_1,X_2,\cdots,X_n$，求参数 a,b 的最大似然估计量.

解 因为 $X \sim U(a,b)$，则概率密度函数 $f(x) = \begin{cases} \dfrac{1}{b-a}, & a \leqslant x \leqslant b, \\ 0, & \text{其他,} \end{cases}$

对于样本观测值 $x_1,x_2,\cdots,x_n$，构造似然函数

$$L(a,b) = \frac{1}{(b-a)^n}(a \leqslant x_1,x_2,\cdots,x_n \leqslant b),$$

由于 $L(a,b)$ 无驻点，不能利用对数似然方程组求最大值. 根据最大似然估计法的基本思想，最大似然函数 $L(a,b)$ 的值越大越好，即 $b-a$ 尽可能小，因此需要 b 尽可能小，a 尽可能大，故参数 a,b 的最大似然估计值为

$$\hat{a} = \min\{x_1,x_2,\cdots,x_n\}, \quad \hat{b} = \max\{x_1,x_2,\cdots,x_n\}.$$

故参数 a,b 的最大似然估计量为

$$\hat{a} = \min\{X_1,X_2,\cdots,X_n\}, \quad \hat{b} = \max\{X_1,X_2,\cdots,X_n\}.$$

比较例 7.4 和例 7.7 可知，使用矩估计法和最大似然估计法得到的估计量不同．那么对于相同待估参数的不同估计量应该如何进行选择？哪个估计量更好？为了研究这个问题，接下来介绍估计量的评价标准．

7.2　估计量的评价标准

一个学科如果连定量都做不到一定是不成熟的．生物、医学、经济、金融、国防等社会生活的各个方面都需要数学来量化，任何一个体系运行的好坏都要通过数据来检验，现代科技的发展更是把改进技术指标的关键变成了统计问题．

——范剑青

概率统计人物

范剑青（1962—　），从事非参数建模、机器学习、生物统计、计量金融与生物信息等方面的研究，荣获 2000 年度的考普斯（COPSS）奖，该奖的授予由国际上五大权威的统计学和相关领域的学会会长组成的委员会投票决定，每年只有一个名额．范剑青是第一位获此殊荣的中国学者．2007 年荣获"晨兴应用数学金奖"，该奖被誉为华人数学界的最高奖．2004～2006 年范教授担任国际顶尖统计期刊《统计年鉴》主编，成为该杂志创刊近百年来的唯一的亚裔主编．同时他还当选美国统计学会院士、国际数理研究院院士、比利时皇家科学院外籍院士．2025 年任香港中文大学（深圳）人工智能学院院长．

通过上一节的讨论可知，同一参数的估计量可能不是唯一的，使用不同的点估计方法可能得到不同的估计量，即使使用相同的方法，也可能得到不同的估计量．未知参数的估计量是为了体现总体的真实参数，那么在同一个参数的多个估计量当中，哪一个是最好的估计量？这就需要给出评价估计量优劣的标准．下面介绍 3 种常用的评价标准．

7.2.1　无偏性

若 $\hat{\theta}$ 是 θ 的估计量，对于一次具体的观测结果来说，$\hat{\theta}$ 的取值与真实的参数值 θ 一般会有偏差，$\hat{\theta}$ 的取值在 θ 附近波动，$\hat{\theta}-\theta$ 的值越小越好，经过多次观测后，$\hat{\theta}$ 的平均值 $E(\hat{\theta})$ 最好能与 θ 吻合，由此引出了无偏性的概念．

定义 7.1　设 $\hat{\theta} = \hat{\theta}(X_1,X_2,\cdots,X_n)$ 是未知参数 θ 的一个点估计量，若满足
$$E(\hat{\theta}) = \theta,$$
则称 $\hat{\theta} = \hat{\theta}(X_1,X_2,\cdots,X_n)$ 是 θ 的**无偏估计量**．否则称 $\hat{\theta}$ 是 θ 的有偏估计量，记 $E(\hat{\theta}) - \theta$ 为估计量 $\hat{\theta}$ 的**偏差**．

若 $E(\hat{\theta}) \neq \theta$，但是 $\lim_{n \to \infty} E(\hat{\theta}) = \theta$，则称 $\hat{\theta}$ 是 θ 的**渐近无偏估计量**.

估计量的无偏性是指没有系统性的偏差，当大量重复使用无偏估计量进行估计时，根据大数定律，估计值的平均值依概率收敛于被估参数的真值. 如果估计量是有偏的，则无论估计多少次，估计值的平均值都与真值保持一定的距离，这个距离就是系统性偏差.

微课 5：无偏性和有效性

定理 7.1　设总体 X 的均值为 μ，方差为 σ^2，$X_1, X_2, \cdots, X_n$ 为来自总体 X 的样本，则样本均值 $\bar{X}$ 和样本方差 S^2 分别是总体均值 μ 和总体方差 σ^2 的无偏估计，其中 $S^2 = \dfrac{1}{n-1} \sum_{i=1}^{n} (X_i - \bar{X})^2$.

定理 7.1

注：样本二阶中心矩 $B_2 = \dfrac{1}{n} \sum_{i=1}^{n} (X_i - \bar{X})^2$ 和样本方差 $S^2 = \dfrac{1}{n-1} \sum_{i=1}^{n} (X_i - \bar{X})^2$ 都是总体方差 σ^2 的估计量. 由定理 7.1 的结论可得

$$E(B_2) = E\left(\frac{n-1}{n} S^2\right) = \frac{n-1}{n} E(S^2) = \frac{n-1}{n} \sigma^2 \neq \sigma^2,$$

所以样本二阶中心矩 B_2 不是总体方差 σ^2 的无偏估计量.

另外，无偏估计量的函数并不一定是未知参数相应函数的无偏估计量. 例如，**样本标准差不是总体标准差的无偏估计量**.

例 7.8　设总体 X 的 k 阶矩 $\mu_k = E(X^k)$ 存在，证明：不论 X 服从什么分布，样本 k 阶矩 $A_k = \dfrac{1}{n} \sum_{i=1}^{n} X_i^k$ 是总体 k 阶矩 μ_k 的无偏估计量.

证明　因为

$$E(A_k) = E\left(\frac{1}{n} \sum_{i=1}^{n} X_i^k\right) = \frac{1}{n} \sum_{i=1}^{n} E(X_i^k) = \frac{1}{n} \sum_{i=1}^{n} E(X^k) = E(X^k) = \mu_k,$$

所以 A_k 是 μ_k 的无偏估计量.

例 7.9　（**2014 年考研真题**）设总体 X 的概率密度为

$$f(x) = \begin{cases} \dfrac{2x}{3\theta^2}, & \theta < x < 2\theta, \\ 0, & \text{其他.} \end{cases}$$

其中 θ 是未知参数. $X_1, X_2, \cdots, X_n$ 是来自总体 X 的一个样本，确定常数 c，使 $c \sum_{i=1}^{n} X_i^2$ 是 θ^2 的无偏估计量.

解　因为 $c \sum_{i=1}^{n} X_i^2$ 是 θ^2 的无偏估计量，则

$$E\left(c \sum_{i=1}^{n} X_i^2\right) = \theta^2.$$

有

$$E\left(c \sum_{i=1}^{n} X_i^2\right) = c \sum_{i=1}^{n} E(X_i^2) = c \sum_{i=1}^{n} E(X^2),$$

其中

$$E(X^2) = \int_{-\infty}^{+\infty} x^2 f(x)\,\mathrm{d}x = \int_{\theta}^{2\theta} x^2 \frac{2x}{3\theta^2}\,\mathrm{d}x = \frac{5}{2}\theta^2,$$

所以

$$E\left(c\sum_{i=1}^{n} X_i^2\right) = \frac{5}{2}cn\theta^2 = \theta^2,$$

微课 6：例 7.9

得 $c = \dfrac{2}{5n}$.

例 7.10 设总体 X 均值为 μ，X_1, X_2, X_3 是来自总体 X 的样本，试判断下列估计量

$$\hat{\mu}_1 = \frac{1}{2}X_1 + \frac{1}{4}X_2 + X_3,\ \hat{\mu}_2 = \frac{1}{3}X_1 + \frac{1}{3}X_2 + \frac{1}{3}X_3,\ \hat{\mu}_3 = \frac{1}{4}X_1 + \frac{1}{4}X_2 + \frac{1}{2}X_3,$$

是不是 μ 的无偏估计量.

解 由于样本都是独立同分布的，可知 $E(X_i) = \mu$，因此

$$E(\hat{\mu}_1) = E\left(\frac{1}{2}X_1 + \frac{1}{4}X_2 + X_3\right) = \frac{1}{2}E(X_1) + \frac{1}{4}E(X_2) + E(X_3) = \frac{7}{4}\mu,$$

$$E(\hat{\mu}_2) = E\left(\frac{1}{3}X_1 + \frac{1}{3}X_2 + \frac{1}{3}X_3\right) = \frac{1}{3}E(X_1) + \frac{1}{3}E(X_2) + \frac{1}{3}E(X_3) = \mu,$$

$$E(\hat{\mu}_3) = E\left(\frac{1}{4}X_1 + \frac{1}{4}X_2 + \frac{1}{2}X_3\right) = \frac{1}{4}E(X_1) + \frac{1}{4}E(X_2) + \frac{1}{2}E(X_3) = \mu.$$

根据无偏性的定义知，$\hat{\mu}_1$ 不是 μ 的无偏估计，$\hat{\mu}_2, \hat{\mu}_3$ 均是 μ 的无偏估计.

由此可见，**参数的无偏估计量并不是唯一**的，当同一待估参数有多个无偏估计量时，如何进一步选择更好的，还需要给出另外的标准.

7.2.2　有效性

无偏性表明了估计值在被估参数的真值附近波动，但没有反映出波动的幅度大小，若 $\hat{\theta}$ 为 θ 的无偏估计量，则 $\hat{\theta}$ 与 θ 的偏差越小越好，由 $D(\hat{\theta}) = E[(\hat{\theta} - \theta)^2]$ 可知，$\hat{\theta}$ 的方差反映了 $\hat{\theta}$ 的取值在 θ 周围波动的大小，即 $\hat{\theta}$ 的方差越小越有效，由此给出**有效性**的概念.

定义 7.2 设 $\hat{\theta}_1, \hat{\theta}_2$ 均为参数 θ 的无偏估计量，若对任意的样本都有

$$D(\hat{\theta}_1) < D(\hat{\theta}_2),$$

则称 $\hat{\theta}_1$ 比 $\hat{\theta}_2$ 有效.

例 7.11 在例 7.10 中，$\hat{\mu}_2, \hat{\mu}_3$ 均是 μ 的无偏估计量，若总体的方差为 σ^2，试判断哪个更有效？

解 $D(\hat{\mu}_2) = D\left(\frac{1}{3}X_1 + \frac{1}{3}X_2 + \frac{1}{3}X_3\right) = \frac{1}{9}D(X_1) + \frac{1}{9}D(X_2) + \frac{1}{9}D(X_3) = \frac{1}{3}\sigma^2,$

$D(\hat{\mu}_3) = D\left(\frac{1}{4}X_1 + \frac{1}{4}X_2 + \frac{1}{2}X_3\right) = \frac{1}{16}D(X_1) + \frac{1}{16}D(X_2) + \frac{1}{4}D(X_3) = \frac{3}{8}\sigma^2,$

显然，$D(\hat{\mu}_2) < D(\hat{\mu}_3)$，故而 $\hat{\mu}_2$ 比 $\hat{\mu}_3$ 有效.

从上述例子，可以得出下面的结论．

若 $X_1, X_2, \cdots, X_n$ 是来自总体 X 的一个样本，则总体期望 $\mu = E(X)$ 的所有形如 $\hat{\mu} = \sum_{i=1}^{n} c_i X_i$（其中 $\sum_{i=1}^{n} c_i = 1$）的无偏估计量中，样本均值 $\overline{X} = \frac{1}{n} \sum_{i=1}^{n} X_i$ 最有效．

7.2.3 相合性

估计量的无偏性和有效性都是在样本容量 n 固定的前提下提出的，估计量作为样本的函数，如果样本容量越大，所含的总体分布的信息越多，对总体中未知参数的估计就越精确．即随着样本容量 n 的无限增大，估计量越来越逼近未知参数的真实值．估计量的这种性质称为**相合性（一致性）**．

定义 7.3 若 $\hat{\theta}(X_1, X_2, \cdots, X_n)$ 为未知参数 θ 的估计量，对任意的 $\varepsilon > 0$，都有

$$\lim_{n \to \infty} P\{|\hat{\theta} - \theta| < \varepsilon\} = 1,$$

即 $\hat{\theta}$ 依概率收敛于 θ，则称 $\hat{\theta}$ 为 θ 的**相合（一致）估计量**．

例 7.12 总体 X 的样本均值是 $\overline{X}$，证明：$\overline{X}$ 是 $E(X)$ 的相合估计量．

证明 由大数定律可知，当 $n \to \infty$ 时，

$$\lim_{n \to \infty} P\{|\overline{X} - E(X)| < \varepsilon\} = \lim_{n \to \infty} P\left\{\left|\frac{1}{n}\sum_{i=1}^{n} X_i - E(X)\right| < \varepsilon\right\} = 1,$$

所以 $\overline{X}$ 是 $E(X)$ 的相合估计量．

类似的，可得以下结论．

若总体 X 的 k 阶矩 $\mu_k = E(X^k)$ 存在，则样本 k 阶矩 $A_k = \frac{1}{n} \sum_{i=1}^{n} X_i^k$ 是总体 k 阶矩 μ_k 的相合估计量．

利用定义 7.3 判断估计量的相合性较为困难，一般利用下面定理判断．

定理 7.2 设 $\hat{\theta}(X_1, X_2, \cdots, X_n)$ 是 θ 的一个无偏估计量，即 $E(\hat{\theta}) = \theta$，若

$$\lim_{n \to \infty} D(\hat{\theta}) = 0,$$

则 $\hat{\theta}$ 是 θ 的相合估计量．

例 7.13 设总体 $X \sim U(\theta, 2\theta)$，其中 $\theta > 0$，且 θ 是未知参数，$X_1, X_2, \cdots, X_n$ 是来自 X 的样本．证明：$\hat{\theta} = \frac{2}{3}\overline{X}$ 是 θ 的相合估计量．

证明 因为 $X \sim U(\theta, 2\theta)$，所以

$$E(X) = \frac{3\theta}{2}, D(X) = \frac{\theta^2}{12}.$$

$$E(\hat{\theta}) = E\left(\frac{2}{3}\overline{X}\right) = \frac{2}{3}E(\overline{X}) = \frac{2}{3}E(X) = \frac{2}{3} \times \frac{3\theta}{2} = \theta,$$

$$D(\hat{\theta}) = D\left(\frac{2}{3}\overline{X}\right) = \frac{4}{9}D(\overline{X}) = \frac{4}{9}\frac{D(X)}{n} = \frac{4}{9n} \times \frac{\theta^2}{12} = \frac{\theta^2}{27n},$$

从而

$$\lim_{n \to \infty} D(\hat{\theta}) = 0.$$

由定理 7.2 知，$\hat{\theta} = \dfrac{2}{3}\bar{X}$ 是 θ 的相合估计量.

在实际问题中，估计量的无偏性、有效性和相合性通常不能同时满足. 这三种估计量的评价标准中，无偏性和有效性的应用场合较多.

微课 7：例 7.13

7.3 区间估计

在概率的世界里，我们不能完全依赖于直觉，而必须依靠数学的精确性.

——布莱士·帕斯卡

概率统计人物

布莱士·帕斯卡（Blaise Pascal，1623—1662），法国数学家、物理学家、哲学家、散文家. 他为概率论的发展奠定了坚实的基础. 帕斯卡的研究源于他对赌博问题的探索，这个研究开启了一个新的数学分支. 帕斯卡通过对赌博问题的分析，引入了帕斯卡三角形，这个数学工具为组合数学和概率统计领域的发展提供了强大的工具，他深入思考了赌博中的胜率与输率，通过系统地计算和探讨，揭示了背后的概率规律，这些思考和计算不仅启发了他自身的思想，还为后来数学家的研究提供了新的方向.

参数的点估计能得到未知参数的估计值，其优点是简单、易于计算，缺点是并未反映出估计值与真实值之间的误差范围，也不清楚估计值的精确程度. 区间估计正好可以弥补点估计的不足之处.

例如，甲估计某人的成绩在 75 到 85 分之间，乙估计某人的成绩在 60 到 90 分之间，显然甲估计的区间范围比乙估计的区间范围小，因而甲估计的精度较高，但是区间小包含真实成绩的可能性（概率）也就小，这个可能性即区间估计的可靠度. 因此，在实际问题中需要给出未知参数所在的一个区间范围，还要在给定的可靠度下保证这个范围包含未知参数.

区间估计的应用非常广泛. 例如，在工程领域，区间估计用于估计工程结构的可靠性参数，如桥梁的最大承载力或机械部件的使用寿命；在机器学习中，区间估计用于估计模型参数的不确定性，如在回归问题中估计目标变量的分布范围；在药品质量控制中，区间估计用于评估药品成分含量的一致性和稳定性，确保药品的安全性和有效性；在商务与经济统计中，区间估计用于预测经济指标，如 GDP 增长率或通货膨胀率，并给出预测的估计区间. 区间估计通过提供参数的估计区间和可靠度，增加了对估计结果的可信度和透明度.

下面介绍区间估计的基本概念.

7.3.1 区间估计的基本概念

现在常用的一种区间估计理论是由美国统计学家乔治·内曼在20世纪30年代提出的.

概率统计人物

乔治·内曼（Jerzy Neyman, 1894—1981），美国统计学家，出生于俄国，师从卡尔·皮尔逊.他是假设检验统计理论的创始人之一，提出了置信区间的概念，建立置信区间估计理论.他将统计理论应用于遗传学、医学诊断、天文学、气象学、农业统计学等方面.以他的姓氏命名的有内曼置信区间法、内曼–皮尔逊引理、内曼结构等.

定义 7.4 设 $X_1, X_2, \cdots, X_n$ 是来自总体 X 的一个样本，θ 是总体的未知参数，对于给定的常数 $\alpha(0 < \alpha < 1)$，存在两个统计量 $\hat{\theta}_1 = \hat{\theta}_1(X_1, X_2, \cdots, X_n)$，$\hat{\theta}_2 = \hat{\theta}_2(X_1, X_2, \cdots, X_n)$，使

$$P\{\hat{\theta}_1 \leq \theta \leq \hat{\theta}_2\} = 1 - \alpha,$$

则称随机区间 $[\hat{\theta}_1, \hat{\theta}_2]$ 为参数 θ 的**置信度**（或置信水平）为 $1 - \alpha$ 的**置信区间**，分别称 $\hat{\theta}_1$ 和 $\hat{\theta}_2$ 为**置信下限**和**置信上限**. α 称为**显著性水平**.

由定义知，α 越小，则 θ 落入 $[\hat{\theta}_1, \hat{\theta}_2]$ 的可能性越大，但随着区间的范围增大又会影响到估计的精度，因此 α 取值不能太小，为了计算方便，通常选 0.01，0.05，0.1 等值.

注：（1）置信区间 $[\hat{\theta}_1, \hat{\theta}_2]$ 是一个随机区间，置信度 $1 - \alpha$ 是在计算具体置信区间之前给定的，它反映了置信区间包含未知参数 θ 的可靠程度.

（2）随机区间 $[\hat{\theta}_1, \hat{\theta}_2]$ 包含参数 θ 真值的概率为 $1 - \alpha$，并不是指参数 θ 真值落入区间 $[\hat{\theta}_1, \hat{\theta}_2]$ 的概率为 $1 - \alpha$. 因为对于给定的样本观测值 $x_1, x_2, \cdots, x_n$，由 $\hat{\theta}_1(x_1, x_2, \cdots, x_n)$ 和 $\hat{\theta}_2(x_1, x_2, \cdots, x_n)$ 构成的置信区间 $[\hat{\theta}_1, \hat{\theta}_2]$ 可能包含 θ 真值，也可能不包含 θ 真值. 经过多次观测或试验，每一个样本都得到一个置信区间 $[\hat{\theta}_1, \hat{\theta}_2]$，在这些区间中，包含 θ 真值的区间大约占 $100 \times (1 - \alpha)\%$，不包含 θ 的约占 $100\alpha\%$. 例如，取 $\alpha = 0.05$，相当于在 100 次区间估计中，有 95 个区间包含真值，不包含 θ 的有 5 个.

区间估计既给出了参数估计的可靠程度（置信度），又给出了估计的精确程度（置信区间长度）. 显然，可靠度与精确度是相互矛盾的，当样本容量 n 固定时，要提高置信度，就要降低精度. 在实际应用中，需要通过增加样本容量 n 来达到平衡，即给定 α 后，n 越大，置信区间的长度越短，精确度越高.

置信区间的求解步骤.

设 $X_1, X_2, \cdots, X_n$ 是来自总体 X 的一个样本，θ 是未知参数，给定 $\alpha(0 < \alpha < 1)$.

（1）取一个关于参数 θ 的较优的点估计 $\hat{\theta}(X_1, X_2, \cdots, X_n)$，该估计量最好是无偏的.

（2）构造样本函数 $U = U(X_1, X_2, \cdots, X_n; \theta)$（称为**枢轴变量**），其中不含其他未知参数，

U 的分布已知且与未知参数 θ 无关.

（3）对于给定的置信度 $1-\alpha$，利用枢轴变量 U 的分位点确定常数 a，b，使

$$P(a \leqslant U \leqslant b) = 1-\alpha.$$

（4）从不等式 $a \leqslant U \leqslant b$ 中反解出 θ，得出上式的等价形式

$$P(\hat{\theta}_1 \leqslant \theta \leqslant \hat{\theta}_2) = 1-\alpha,$$

微课 8：置信
区间的求解步骤

即可得到参数 θ 的置信度为 $1-\alpha$ 的置信区间 $[\hat{\theta}_1, \hat{\theta}_2]$.

7.3.2 正态总体参数的区间估计

在大多数实际问题中，遇到的总体是服从或者近似服从正态分布的. 对于非正态总体的情况，一般采用大容量的样本，根据中心极限定理，按照正态分布近似处理. 下面给出正态总体参数区间估计的几种常见类型. 接下来分别讨论单个正态总体和两个正态总体的情况.

1. 单个正态总体的情形

设总体 $X \sim N(\mu, \sigma^2)$，$X_1, X_2, \cdots, X_n$ 是来自总体 X 的样本.

（1）**方差 σ^2 已知，均值 μ 的置信区间.**

由定理 7.1 知，$\bar{X}$ 是 μ 的无偏估计，$\bar{X} \sim N\left(\mu, \dfrac{\sigma^2}{n}\right)$，将之标准化后，得到枢轴变量

$$Z = \frac{\bar{X}-\mu}{\sigma/\sqrt{n}} \sim N(0,1),$$

对于给定的置信度 $1-\alpha$，根据标准正态分布的上侧 α 分位点定义，有

$$P\left\{-z_{\frac{\alpha}{2}} \leqslant Z \leqslant z_{\frac{\alpha}{2}}\right\} = 1-\alpha,$$

即

$$P\left\{-z_{\frac{\alpha}{2}} \leqslant \frac{\bar{X}-\mu}{\sigma/\sqrt{n}} \leqslant z_{\frac{\alpha}{2}}\right\} = 1-\alpha,$$

也就是

$$P\left\{\bar{X}-z_{\frac{\alpha}{2}}\frac{\sigma}{\sqrt{n}} \leqslant \mu \leqslant \bar{X}+z_{\frac{\alpha}{2}}\frac{\sigma}{\sqrt{n}}\right\} = 1-\alpha,$$

得到 μ 的置信度为 $1-\alpha$ 的置信区间为

$$\left[\bar{X}-z_{\frac{\alpha}{2}}\frac{\sigma}{\sqrt{n}}, \bar{X}+z_{\frac{\alpha}{2}}\frac{\sigma}{\sqrt{n}}\right].$$

（2）**方差 σ^2 未知，均值 μ 的置信区间.**

当 σ^2 未知时，$Z = \dfrac{\bar{X}-\mu}{\sigma/\sqrt{n}}$ 中包含了未知参数 σ，另考虑用 σ^2 的无偏估计量 S^2 代替 σ^2，得到枢轴变量

$$T = \frac{\bar{X}-\mu}{S/\sqrt{n}} \sim t(n-1),$$

对于给定的置信度 $1 - \alpha$，有

$$P\left\{ - t_{\frac{\alpha}{2}}(n - 1) \leqslant T \leqslant t_{\frac{\alpha}{2}}(n - 1)\right\} = 1 - \alpha,$$

即

$$P\left\{ - t_{\frac{\alpha}{2}}(n - 1) \leqslant \frac{\bar{X} - \mu}{S/\sqrt{n}} \leqslant t_{\frac{\alpha}{2}}(n - 1)\right\} = 1 - \alpha,$$

恒等变形得

$$P\left\{\bar{X} - t_{\frac{\alpha}{2}}(n - 1)\frac{S}{\sqrt{n}} \leqslant \mu \leqslant \bar{X} + t_{\frac{\alpha}{2}}(n - 1)\frac{S}{\sqrt{n}}\right\} = 1 - \alpha,$$

得到 μ 的置信度为 $1 - \alpha$ 的置信区间为

$$\left[\bar{X} - t_{\frac{\alpha}{2}}(n - 1)\frac{S}{\sqrt{n}}, \bar{X} + t_{\frac{\alpha}{2}}(n - 1)\frac{S}{\sqrt{n}}\right].$$

例 7.14 某工厂生产一种特殊的发动机套筒，假设套筒直径 X（单位：mm）服从正态分布 $N(\mu, 0.1^2)$，现从某天的产品中随机抽取 40 件，测得直径的样本均值为 5.426（mm），求 μ 的置信度为 0.95 的置信区间.

微课 9：例 7.14

解 因为 σ^2 已知，μ 的置信度为 $1 - \alpha$ 的置信区间为

$$\left[\bar{X} - z_{\frac{\alpha}{2}}\frac{\sigma}{\sqrt{n}}, \bar{X} + z_{\frac{\alpha}{2}}\frac{\sigma}{\sqrt{n}}\right].$$

由题意得，$n = 40, \sigma = 0.1, \alpha = 0.05, \bar{x} = 5.426$，查表（附表 2）得到 $z_{\frac{\alpha}{2}} = z_{0.025} = 1.96$，

则 μ 的置信度为 0.95 的置信区间为

$$\left[5.426 - 1.96 \times \frac{0.1}{\sqrt{40}}, 5.426 + 1.96 \times \frac{0.1}{\sqrt{40}}\right] \approx [5.395, 5.457].$$

例 7.15 在人工智能芯片的生产中，某款芯片的晶体管尺寸 X（单位：nm）服从正态分布 $N(\mu, \sigma^2)$. 为保证芯片性能的一致性，从当天生产的芯片中随机抽取 6 个，测得其晶体管尺寸分别为：5.2，4.8，5.1，4.9，5.3，4.7. 现在需要计算该款芯片晶体管尺寸均值 μ 的置信度为 0.95 的置信区间.

解 因为 σ^2 未知，μ 的置信度为 $1 - \alpha$ 的置信区间为

$$\left[\bar{X} - t_{\frac{\alpha}{2}}(n - 1)\frac{S}{\sqrt{n}}, \bar{X} + t_{\frac{\alpha}{2}}(n - 1)\frac{S}{\sqrt{n}}\right].$$

由题意，计算 $\bar{x} = \frac{1}{n}\sum_{i=1}^{n} x_i = 5, s = \sqrt{\frac{1}{n}\sum_{i=1}^{n}(x_i - \bar{x})^2} \approx 0.216$，

查表（附表 4）得 $t_{\frac{\alpha}{2}}(n - 1) = t_{0.025}(5) = 2.571$，

得到 μ 的置信度为 0.95 的置信区间为

$$\left[5 - 2.571 \times \frac{0.216}{\sqrt{6}}, 5 + 2.571 \times \frac{0.216}{\sqrt{6}}\right] \approx [4.773, 5.227].$$

所以，该款芯片晶体管尺寸均值 μ 的置信度为 0.95 的置信区间为 $[4.773, 5.227]$.

（3）**均值 μ 已知，方差 σ^2 的置信区间.**

构造一个关于 σ^2 的枢轴变量

$$\chi^2 = \frac{\sum_{i=1}^{n}(X_i - \mu)^2}{\sigma^2} \sim \chi^2(n),$$

由

$$P\{\chi^2_{1-\frac{\alpha}{2}}(n) \leqslant \chi^2 \leqslant \chi^2_{\frac{\alpha}{2}}(n)\} = 1 - \alpha,$$

可得 σ^2 的置信度为 $1 - \alpha$ 的置信区间为

$$\left[\frac{\sum_{i=1}^{n}(X_i - \mu)^2}{\chi^2_{\frac{\alpha}{2}}(n)}, \frac{\sum_{i=1}^{n}(X_i - \mu)^2}{\chi^2_{1-\frac{\alpha}{2}}(n)}\right].$$

（4）**均值 μ 未知，方差 σ^2 的置信区间.**

因为 S^2 是 σ^2 的无偏估计，构造枢轴变量为

$$\chi^2 = \frac{(n-1)S^2}{\sigma^2} \sim \chi^2(n-1),$$

由

$$P\{\chi^2_{1-\frac{\alpha}{2}}(n-1) \leqslant \chi^2 \leqslant \chi^2_{\frac{\alpha}{2}}(n-1)\} = 1 - \alpha,$$

得到 σ^2 的置信度为 $1 - \alpha$ 的置信区间为

$$\left[\frac{(n-1)S^2}{\chi^2_{\frac{\alpha}{2}}(n-1)}, \frac{(n-1)S^2}{\chi^2_{1-\frac{\alpha}{2}}(n-1)}\right].$$

例 7.16 某公司生产一批螺栓，其长度（单位：cm）服从正态分布，随机抽取 5 个样品，测得样本均值为 13.0 cm，样本方差为 0.1，求总体标准差 σ 的置信度为 0.95 的置信区间.

解 $n = 5, \alpha = 0.05$，查表（附表 3）得到

$$\chi^2_{1-\frac{\alpha}{2}}(n-1) = \chi^2_{0.975}(4) = 0.484, \chi^2_{\frac{\alpha}{2}}(n-1) = \chi^2_{0.025}(4) = 11.143.$$

因为 μ 未知，则总体标准差 σ 的置信度为 $1 - \alpha$ 的置信区间为

$$\left[\sqrt{\frac{(n-1)S^2}{\chi^2_{\frac{\alpha}{2}}(n-1)}}, \sqrt{\frac{(n-1)S^2}{\chi^2_{1-\frac{\alpha}{2}}(n-1)}}\right].$$

有

$$\left[\sqrt{\frac{(n-1)S^2}{\chi^2_{\frac{\alpha}{2}}(n-1)}}, \sqrt{\frac{(n-1)S^2}{\chi^2_{1-\frac{\alpha}{2}}(n-1)}}\right] = \left[\sqrt{\frac{4 \times 0.1}{11.143}}, \sqrt{\frac{4 \times 0.1}{0.484}}\right] \approx [0.189, 0.909].$$

故总体的标准差 σ 的置信度为 0.95 的置信区间为 $[0.189, 0.909]$.

对以上关于单个正态总体参数的区间估计讨论进行总结，如表 7.1 所示.

微课 10：例 7.16

表 7.1　单个正态总体参数的区间估计

待估参数	条件	枢轴变量	置信区间
μ	σ^2 已知	$Z = \dfrac{\bar{X} - \mu}{\sigma / \sqrt{n}} \sim N(0,1)$	$\left[\bar{X} - z_{\frac{\alpha}{2}} \dfrac{\sigma}{\sqrt{n}}, \bar{X} + z_{\frac{\alpha}{2}} \dfrac{\sigma}{\sqrt{n}} \right]$
	σ^2 未知	$T = \dfrac{\bar{X} - \mu}{S / \sqrt{n}} \sim t(n-1)$	$\left[\bar{X} - t_{\frac{\alpha}{2}}(n-1) \dfrac{S}{\sqrt{n}}, \bar{X} + t_{\frac{\alpha}{2}}(n-1) \dfrac{S}{\sqrt{n}} \right]$
σ^2	μ 已知	$\chi^2 = \dfrac{\sum\limits_{i=1}^{n}(X_i - \mu)^2}{\sigma^2} \sim \chi^2(n)$	$\left[\dfrac{\sum\limits_{i=1}^{n}(X_i - \mu)^2}{\chi_{\frac{\alpha}{2}}^2(n)}, \dfrac{\sum\limits_{i=1}^{n}(X_i - \mu)^2}{\chi_{1-\frac{\alpha}{2}}^2(n)} \right]$
	μ 未知	$\chi^2 = \dfrac{(n-1)S^2}{\sigma^2} \sim \chi^2(n-1)$	$\left[\dfrac{(n-1)S^2}{\chi_{\frac{\alpha}{2}}^2(n-1)}, \dfrac{(n-1)S^2}{\chi_{1-\frac{\alpha}{2}}^2(n-1)} \right]$

2. 两个正态总体的情形

假设总体 $X \sim N(\mu_1, \sigma_1^2)$，总体 $Y \sim N(\mu_2, \sigma_2^2)$，$X$ 与 Y 相互独立，样本 $X_1, X_2, \cdots, X_m$ 来自总体 X，样本 $Y_1, Y_2, \cdots, Y_n$ 来自总体 Y.

（1）σ_1^2 和 σ_2^2 已知，均值差 $\mu_1 - \mu_2$ 的置信区间

由于 $\bar{X} \sim N\left(\mu_1, \dfrac{\sigma_1^2}{m}\right)$，$\bar{Y} \sim N\left(\mu_2, \dfrac{\sigma_2^2}{n}\right)$，且 $\bar{X}$ 和 $\bar{Y}$ 相互独立，所以

$$\bar{X} - \bar{Y} \sim N\left(\mu_1 - \mu_2, \frac{\sigma_1^2}{m} + \frac{\sigma_2^2}{n}\right).$$

取枢轴变量为

$$Z = \frac{(\bar{X} - \bar{Y}) - (\mu_1 - \mu_2)}{\sqrt{\dfrac{\sigma_1^2}{m} + \dfrac{\sigma_2^2}{n}}} \sim N(0,1),$$

可得 $\mu_1 - \mu_2$ 的置信度为 $1 - \alpha$ 的置信区间为

$$\left[(\bar{X} - \bar{Y}) - z_{\frac{\alpha}{2}} \sqrt{\frac{\sigma_1^2}{m} + \frac{\sigma_2^2}{n}}, (\bar{X} - \bar{Y}) + z_{\frac{\alpha}{2}} \sqrt{\frac{\sigma_1^2}{m} + \frac{\sigma_2^2}{n}} \right].$$

（2）σ_1^2 和 σ_2^2 未知，但 $\sigma_1^2 = \sigma_2^2$，均值差 $\mu_1 - \mu_2$ 的置信区间

由于总体方差 σ_1^2 和 σ_2^2 未知，但 $\sigma_1^2 = \sigma_2^2$，故取枢轴变量

$$T = \frac{(\bar{X} - \bar{Y}) - (\mu_1 - \mu_2)}{S_w \sqrt{\dfrac{1}{m} + \dfrac{1}{n}}} \sim t(m+n-2),$$

且

$$S_w^2 = \frac{(m-1)S_1^2 + (n-1)S_2^2}{m+n-2}.$$

可得 $\mu_1 - \mu_2$ 的置信度为 $1 - \alpha$ 的置信区间为

$$\left[(\bar{X} - \bar{Y}) - t_{\frac{\alpha}{2}}(m+n-2)S_w\sqrt{\frac{1}{m}+\frac{1}{n}}, (\bar{X} - \bar{Y}) + t_{\frac{\alpha}{2}}(m+n-2)S_w\sqrt{\frac{1}{m}+\frac{1}{n}} \right].$$

（3）μ_1 和 μ_2 未知，方差比 $\dfrac{\sigma_1^2}{\sigma_2^2}$ 的置信区间

由于 μ_1 和 μ_2 未知，取枢轴变量为

$$F = \frac{S_1^2/S_2^2}{\sigma_1^2/\sigma_2^2} \sim F(m-1, n-1),$$

可得 $\dfrac{\sigma_1^2}{\sigma_2^2}$ 的置信度为 $1 - \alpha$ 的置信区间为

$$\left[\frac{S_1^2}{S_2^2}F_{1-\frac{\alpha}{2}}(n-1, m-1), \frac{S_1^2}{S_2^2}F_{\frac{\alpha}{2}}(n-1, m-1) \right].$$

例 7.17 在电机转速控制中，两台不同型号电机的转速误差分别服从正态分布 $N(\mu_1, \sigma_1^2)$ 和 $N(\mu_2, \sigma_2^2)$. 从两台电机分别抽取容量为 $m = 9$ 和 $n = 10$ 的独立样本，测得样本均值分别为 $\bar{x} = 15.2$ 和 $\bar{y} = 14.1$，样本方差分别为 $s_1^2 = 6.25$ 和 $s_2^2 = 9$.

（1）求它们的方差比 $\dfrac{\sigma_1^2}{\sigma_2^2}$ 的置信度为 0.95 的置信区间；

（2）若它们的方差相同，即 $\sigma_1^2 = \sigma_2^2 = \sigma^2$，求均值差 $\mu_1 - \mu_2$ 的置信度为 0.95 的置信区间.

解 （1）由于 μ_1 和 μ_2 未知，故方差比 $\dfrac{\sigma_1^2}{\sigma_2^2}$ 的置信度为 $1 - \alpha$ 的置信区间为

$$\left[\frac{S_1^2}{S_2^2}F_{1-\frac{\alpha}{2}}(n-1, m-1), \frac{S_1^2}{S_2^2}F_{\frac{\alpha}{2}}(n-1, m-1) \right].$$

由 $m = 9, n = 10, \alpha = 0.05$，查 F 分布表（附表5）可得

$$F_{0.025}(9,8) = 4.36, F_{0.975}(9,8) = \frac{1}{F_{0.025}(8,9)} \approx 0.244.$$

代入公式得方差比 $\dfrac{\sigma_1^2}{\sigma_2^2}$ 的置信区间为

$$\left[\frac{6.25}{9} \times 0.244, \frac{6.25}{9} \times 4.36 \right] \approx [0.169, 3.03].$$

（2）σ_1^2 和 σ_2^2 未知，但 $\sigma_1^2 = \sigma_2^2$，均值差 $\mu_1 - \mu_2$ 为 $1 - \alpha$ 置信区间为

$$\left[(\bar{X} - \bar{Y}) - t_{\frac{\alpha}{2}}(m+n-2)S_w\sqrt{\frac{1}{m}+\frac{1}{n}}, (\bar{X} - \bar{Y}) + t_{\frac{\alpha}{2}}(m+n-2)S_w\sqrt{\frac{1}{m}+\frac{1}{n}} \right].$$

其中 $S_w^2 = \dfrac{(m-1)S_1^2 + (n-1)S_2^2}{m+n-2} = \dfrac{8 \times 6.25 + 9 \times 9}{17} \approx 7.706$，

查 t 分布表（附表4），$t_{0.025}(17) = 2.110$，代入公式得均值差 $\mu_1 - \mu_2$ 的置信区间为

$$\left[1.1 - 2.11 \times \sqrt{7.706} \times \sqrt{\frac{1}{9}+\frac{1}{10}}, 1.1 + 2.11 \times \sqrt{7.706} \times \sqrt{\frac{1}{9}+\frac{1}{10}} \right]$$

$$\approx [-1.57, 3.77].$$

综上，方差比的置信度为 0.95 的置信区间为 $[0.169, 3.03]$，区间包含 1，说明两台电机转速误差的方差无显著差异，控制稳定性相当．均值差的置信度为 0.95 的置信区间为 $[-1.57, 3.77]$，区间包含 0，说明在该置信度下，无法判定两条生产线生产的零件平均尺寸有显著差异，后续可通过优化工艺参数或扩大样本量进一步分析．

对以上关于两个正态总体参数的区间估计讨论进行总结，如表 7.2 所示．

表 7.2　两个正态总体参数的区间估计

待估参数	条件	枢轴变量	置信区间
$\mu_1 - \mu_2$	σ_1^2, σ_2^2 已知	$Z = \dfrac{(\bar{X} - \bar{Y}) - (\mu_1 - \mu_2)}{\sqrt{\dfrac{\sigma_1^2}{m} + \dfrac{\sigma_2^2}{n}}} \sim$ $N(0,1)$	$\left[(\bar{X} - \bar{Y}) - z_{\frac{\alpha}{2}} \sqrt{\dfrac{\sigma_1^2}{m} + \dfrac{\sigma_2^2}{n}}, (\bar{X} - \bar{Y}) + z_{\frac{\alpha}{2}} \sqrt{\dfrac{\sigma_1^2}{m} + \dfrac{\sigma_2^2}{n}} \right]$
	σ_1^2, σ_2^2 未知 但 $\sigma_1^2 = \sigma_2^2$	$T = \dfrac{(\bar{X} - \bar{Y}) - (\mu_1 - \mu_2)}{S_w \sqrt{\dfrac{1}{m} + \dfrac{1}{n}}} \sim$ $t(m+n-2)$, 且 $S_w^2 = \dfrac{(m-1)S_1^2 + (n-1)S_2^2}{m+n-2}$	$\left[(\bar{X} - \bar{Y}) - t_{\frac{\alpha}{2}}(m+n-2) S_w \sqrt{\dfrac{1}{m} + \dfrac{1}{n}}, (\bar{X} - \bar{Y}) + t_{\frac{\alpha}{2}}(m+n-2) S_w \sqrt{\dfrac{1}{m} + \dfrac{1}{n}} \right]$
$\dfrac{\sigma_1^2}{\sigma_2^2}$	μ_1, μ_2 未知	$F = \dfrac{S_1^2/S_2^2}{\sigma_1^2/\sigma_2^2} \sim F(m-1, n-1)$	$\left[\dfrac{S_1^2}{S_2^2} F_{1-\frac{\alpha}{2}}(n-1, m-1), \dfrac{S_1^2}{S_2^2} F_{\frac{\alpha}{2}}(n-1, m-1) \right]$

7.3.3　单侧置信区间

上述讨论的置信区间都是既有置信上限又有置信下限的，这样的置信区间一般称为**双侧置信区间**，其应用最为广泛．但在某些实际问题中，往往只关心某些参数的下限或者上限．例如，买一批灯泡，希望寿命越长越好，因此关心的是它至少可以用多长时间，也即平均寿命的"下限"；又如，在购买家具时，希望甲醛含量越小越好，因此关心的是甲醛含量均值的"上限"．这样就引出了**单侧置信区间**的概念．

定义 7.5　设 θ 是总体 X 的未知参数，对于给定的 $\alpha(0 < \alpha < 1)$，若存在统计量 $\hat{\theta}_1 = \hat{\theta}_1(X_1, X_2, \cdots, X_n)$，$\hat{\theta}_2 = \hat{\theta}_2(X_1, X_2, \cdots, X_n)$，使

$$P\{\hat{\theta}_1 \leqslant \theta\} = 1 - \alpha \text{ 或 } P\{\theta \leqslant \hat{\theta}_2\} = 1 - \alpha,$$

则分别称 $\hat{\theta}_1$ 和 $\hat{\theta}_2$ 为 θ 的置信度为 $1 - \alpha$ 的**单侧置信下限**和**单侧置信上限**．

单侧置信区间的估计与双侧置信区间的估计是完全类似的，只需要将置信区间的一端换成 ∞，而将另一个端点中的 $\dfrac{\alpha}{2}$ 换成 α 即可．

微课 11：单侧
置信区间

关于单侧置信区间，有以下结论.

设总体 $X \sim N(\mu, \sigma^2)$，$X_1, X_2, \cdots, X_n$ 是来自总体 X 的样本.

1. 均值 μ 的单侧置信区间

1）**方差 σ^2 已知的情况.**

由

$$P\left\{\frac{\overline{X} - \mu}{\sigma / \sqrt{n}} \leqslant z_\alpha\right\} = P\left\{\overline{X} - z_\alpha \frac{\sigma}{\sqrt{n}} \leqslant \mu\right\} = 1 - \alpha,$$

得到 μ 的单侧置信下限为

$$\overline{X} - z_\alpha \frac{\sigma}{\sqrt{n}},$$

其单侧置信区间为

$$\left[\overline{X} - z_\alpha \frac{\sigma}{\sqrt{n}}, +\infty\right).$$

同理可得 μ 的单侧置信上限，请同学们自行练习.

2）**方差 σ^2 未知的情况.**

对于给定的正数 α，有

$$P\left\{\frac{\overline{X} - \mu}{S / \sqrt{n}} \leqslant t_\alpha(n - 1)\right\} = P\left\{\mu \geqslant \overline{X} - t_\alpha(n - 1)\frac{S}{\sqrt{n}}\right\} = 1 - \alpha$$

得到 μ 的单侧置信下限为

$$\overline{X} - t_\alpha(n - 1)\frac{S}{\sqrt{n}},$$

其单侧置信区间为

$$\left[\overline{X} - t_\alpha(n - 1)\frac{S}{\sqrt{n}}, +\infty\right).$$

同理可得 μ 的单侧置信上限，请同学们自行练习.

2. 方差 σ^2 的单侧置信区间

这里只对均值 μ 未知的情况进行分析. 同前面讨论双侧置信区间一样，有

$$P\left\{\frac{(n - 1)S^2}{\sigma^2} \leqslant \chi_\alpha^2(n - 1)\right\} = P\left\{\sigma^2 \geqslant \frac{(n - 1)S^2}{\chi_\alpha^2(n - 1)}\right\} = 1 - \alpha$$

则 σ^2 的单侧置信下限为

$$\frac{(n - 1)S^2}{\chi_\alpha^2(n - 1)},$$

其单侧置信区间为

$$\left[\frac{(n - 1)S^2}{\chi_\alpha^2(n - 1)}, +\infty\right).$$

同理可得其单侧置信上限为

$$\frac{(n-1)S^2}{\chi^2_{1-\alpha}(n-1)},$$

其单侧置信区间为

$$\left(-\infty,\frac{(n-1)S^2}{\chi^2_{1-\alpha}(n-1)}\right].$$

例 7.18 在新能源汽车技术领域，为考察某工厂生产的锂电池电极片的厚度 X（单位：mm），随机抽取 8 个电极片，测得其厚度数据为：0.13，0.15，0.14，0.12，0.16，0.14，0.13，0.15. 已知电极片厚度 $X \sim N(\mu,\sigma^2)$，给定 $\alpha = 0.05$，求解下列问题：

（1）若 $\sigma^2 = 0.0004$，求 μ 的单侧置信下限；

（2）若 σ^2 未知，求 μ 的单侧置信下限；

（3）若 μ 未知，求 σ^2 的单侧置信下限.

解 （1）当 σ^2 已知，根据计算可以得到 $\bar{x} = 0.14$，$\alpha = 0.05$，查表（附表 2）可得 $z_{0.05} = 1.645$，则 μ 的单侧置信下限为

$$\bar{X} - z_\alpha\frac{\sigma}{\sqrt{n}} = 0.14 - 1.645 \times \frac{\sqrt{0.0004}}{\sqrt{8}} \approx 0.129,$$

即以 95% 的可靠度保证锂电池电极片的厚度的均值不会低于 0.129 mm.

（2）当 σ^2 未知，经计算得 $s \approx 0.013$，查表（附表 4）可得 $t_{0.05}(7) = 1.895$，则 μ 的单侧置信下限为

$$\bar{X} - t_\alpha(n-1)\frac{s}{\sqrt{n}} = 0.14 - 1.895 \times \frac{0.013}{\sqrt{8}} \approx 0.131,$$

即在总体方差未知的情况下，以 95% 的可靠度保证锂电池电极片的厚度的均值不会低于 0.131 mm.

（3）当 μ 未知，计算得 $s^2 \approx 0.00017$，查表（附表 3）可得

$$\chi^2_\alpha(n-1) = \chi^2_{0.05}(7) = 14.067,$$

于是可以得到 σ^2 的单侧置信下限为

$$\frac{(n-1)S^2}{\chi^2_\alpha(n-1)} = \frac{7 \times 0.00017}{14.067} \approx 8.46 \times 10^{-5},$$

即以 95% 的可靠度保证锂电池电极片的厚度的方差不低于 8.46×10^{-5}.

概率统计故事

幸存者偏差

幸存者偏差（Survivorship Bias），又称**生存者偏差**或**存活者偏差**，是指在统计过程中，无意间将经过特定筛选的样本作为研究重点，忽略了样本背后隐藏的关键信息，最终得出的结论与实际情况存在巨大差距.

1. 二战飞机防护案例

1941 年，第二次世界大战期间，盟军的战机在多次空战中损失严重．为了减少战机被击落的概率，盟军总部邀请了一些物理学家、数学家和统计学家组成一个小组，专门研究如何加强飞机的防护．军方高层统计了所有返回的飞机的中弹情况，发现飞机的机翼部分中弹较为密集，而机身和机尾部分则中弹较为稀疏，因此，他们建议加强机翼部分的防护．然而，这一建议被研究小组中的一位来自哥伦比亚大学的统计学教授亚伯拉罕·沃德（Abraham Wald）驳回了，沃德教授提供了关于《飞机应该如何加强防护，才能降低被炮火击落的概率》的相关建议，他针对联军的轰炸机遭受攻击后返回营地的轰炸机数据，提出了完全相反的观点——应该加强机身和机尾部分的防护．

他的结论基于以下三个事实：

（1）统计的样本只是平安返回的战机；

（2）被多次击中机翼的飞机，似乎还是能够安全返航；

（3）而在机身和机尾的位置，很少发现弹孔的原因并非真的不会中弹，而是一旦中弹，其安全返航的概率极小．

军方最终采纳了沃德教授的建议，加强了机身和机尾的防护，后来的事实证明这一决策是无比正确的，盟军战机的被击落率大大降低．

2. 巴菲特的抛硬币比赛

巴菲特于 1984 年在哥伦比亚商学院的一次研讨会上讲了一个著名的实验：大猩猩抛硬币实验．他假设全美 2.25 亿人参加抛硬币比赛，每人手持 1 美元，猜中者赢得猜错者的 1 美元，第一轮后剩下 1.125 亿人，每人手持 2 美元．如此经过 20 轮之后，仅剩下 215 名获胜者，每人手持 100 万美元．这些胜出者可能会开始出书，书名是《如何在 20 天内，用 1 美元赚到 100 万美元》，并在全国做巡回演讲，教人们猜硬币的技巧．然而事实上，从统计学的角度，如果是 2.25 亿只大猩猩参加这场大赛，结果大致上也是如此——有 215 只大猩猩将连续赢得 20 次的投掷．

这个故事说明，我们往往只看到了那些成功的人，而忽略了那些失败的人，从而高估了成功的概率．

总结

幸存者偏差是指人们在观察、统计和分析问题时，往往只关注和搜集那些成功或幸存的样本，而忽略了失败或消失的部分，从而导致结论偏差．这种现象在历史事件、商业案例甚至个人决策中都广泛存在．为了避免这种偏差，需要全面考虑所有数据点，而不仅仅是那些幸存者．

7.4　应用案例分析

案例一　基于随机化应答模型的学生作弊行为调查与估计

学生作弊行为是一个严重影响校风的问题，为了对某校的作弊问题有一个定量的认识，需要通过统计调查对该问题进行分析．由于作弊行为并不光彩，故在进行调查时很有可能碰到学生不配合，或者不诚实的现象，因此需要针对该问题设计合理的调查问卷．

1965 年 Stanley·L. Warner 提出采用"随机化选答"的方法进行分析，目前这种方法已经成为敏感问题调查的常用方法．由于 Warner 提出的方法具有一定的局限性，1967 年 Simmons 等人对 Warner 提出的模型进行了修改，与之前模型最大的不同在于调查人员提出的是两个不相关的问题，其一为敏感问题，另一个为一般问题，通过这样的处理使被调查者的合作态度得到很大的提高．下面就 Simmons 等人提出的模型进行简单介绍．

假定被调查的学生有 n 个人，供学生回答的问题有 2 个：

问题 1：你在考试中作过弊吗？

问题 2：你的生日的月份是偶数吗？

答题的规则是，调查者准备一套 13 张同花色的扑克牌，在选择回答上述问题之前，先要求被调查者随机的抽取一张牌，若抽取到的是不超过 10 的数字，则回答问题 1，若抽取到的是字母 J，Q，K，则回答问题 2.

假设收回了 400 份有效的问卷，其中有 $n_1 = 80$ 个人回答"是"，接下来就这个问题给出该学校作弊人数比例的估计值．

首先引入随机变量

$$X_i = \begin{cases} 1, \text{若第 } i \text{ 个被调查的学生回答"是"}, \\ 0, \text{若第 } i \text{ 个被调查的学生回答"否"}. \end{cases}$$

显然 $X_i(i = 1,2,\cdots,n)$ 是独立同分布于两点的分布，若进一步假设对问题 1 和问题 2 回答"是"的概率为 m，对问题 1 回答"是"的概率是 m_1，对问题 2 回答"是"的概率是 m_2，选答问题 1 的概率是 p_1，选答问题 2 的概率是 $1 - p_1$，则可以得到 $E(X_i) = m, D(X_i) = m(1 - m)$，若认为每一个学生的回答是真实有效的，于是根据全概率公式可以得到

$$m = P(X_i = 1) = p_1 m_1 + (1 - p_1) m_2,$$

通过上式的变形可得：对问题 1 回答"是"的概率的估计值 $\hat{m}_1 = \dfrac{\hat{m} - (1 - p_1) m_2}{p_1}$，可以检验估计值的无偏性

$$E(\hat{m}_1) = E\left(\frac{\hat{m} - (1 - p_1) m_2}{p_1}\right) = \frac{1}{p_1} E\left(\frac{1}{n} \sum_{i=1}^{n} X_i - (1 - p_1) m_2\right)$$

$$= \frac{1}{p_1}\left[m - (1 - p_1)m_2 \right] = m_1,$$

因此该比例的估计值具有无偏性，其方差为

$$D(\hat{m}_1) = D\left[\frac{\hat{m} - (1 - p_1)m_2}{p_1} \right] = \frac{1}{p_1^2}D\left(\frac{1}{n}\sum_{i=1}^{n}X_i \right) = \frac{m(1 - m)}{np_1^2}.$$

实际上，由于问题 2 的设置中 $m_2 = \frac{1}{2}$，根据调查结果，可以得到，$\hat{m} = \frac{1}{5}$，$p_1 = \frac{10}{13}$，则有

$$\hat{m}_1 = \frac{\hat{m} - (1 - p_1)m_2}{p_1} = 0.11, \quad D(\hat{m}_1) = \frac{m(1 - m)}{np_1^2} = 0.000\ 7.$$

若用 2 倍标准差作为估计的精度，可认为有过作弊行为的学生的比例为 $(11 \pm 5.3)\%$.

在上述问题 2 中，回答"是"的概率是已知的，若设计问题 2 为"你喜欢运动吗？"，且调查者不知道喜欢运动的学生的比例，则需要再设计方案，寻求另外的估计方法了.

案例二　二手房交易定价的市场策略优化研究

为了估计某市二手房交易的平均价格，用以制定相应的营销策略，某知名房地产中介公司根据数据对如下问题进行分析：

（1）在 2021 年第四季度的二手房交易中，随机抽取 40 个交易作为样本，得到二手房交易价格（单位：10 万元）如表 7.3 所示，假定总体标准差 $\sigma = 15$，试在 95% 的置信水平下估计二手房平均价格的置信区间；

表 7.3　2021 年第四季度二手房交易价格

价格/10 万元							
48	52.4	36	45	80	19.9	44	60.5
33	39.5	21	58.1	72	36.6	51	49
73.5	16	65	48	102	37.5	42.8	48
36.5	27	46.2	33.5	41	56	58.5	39
40.5	35.4	22.5	41	50.8	38	34.2	43

（2）假定二手房的交易价格服从正态分布，试在 95% 的置信水平下估计二手房交易价格标准差的置信区间；

（3）假定该房地产公司在某日随机抽取 16 位二手房购买者，得到二手房交易价格如表 7.4 所示，根据以往交易情况得知：二手房交易价格服从正态分布，但总体方差未知，试在 95% 的置信水平下估计二手房交易平均价格的置信区间；

表 7.4　某日随机抽取的 16 个二手房交易价格

价格/10 万元							
63.4	22.6	55	48	79.4	37.5	42.8	48
36.5	27	45.2	33.5	41	36.2	30.5	49

（4）从 2022 年初开始，二手房交易价格攀升，为对比 2022 年第一季度与 2021 年第四季度二手房平均价格的差异，该房产中介公司从 2022 年第一季度的交易中随机抽取 36 个，得到二手房交易价格如表 7.5 所示．将以上数据和 2021 年第四季度二手房交易价格进行整理，得到表 7.6．根据以上数据，试以 95% 的置信水平估计 2022 年第一季度与 2021 年第四季度的二手房交易平均价格差值的置信区间．

表 7.5　2022 年第一季度二手房交易价格

价格/10 万元							
55.4	48.6	52	49	82.4	67.5	42.8	48
36.5	77	45.2	33.5	41	39.2	39	48.6
48	42.8	36	45	80	41.2	53.5	105
52	45.5	31	58.1	72	51	49	96

表 7.6　2021 年第四季度与 2022 年第一季度二手房交易价格数据

参数	2021 年第四季度	2022 年第一季度
样本容量	40	36
样本均值/10 万元	45.54	53.93
样本标准差/10 万元	16.87	17.84

解（1）已知 $n = 40, \sigma = 15$，计算得到样本均值 $\bar{x} = \sum_{i=1}^{n} \dfrac{x_i}{n} = 45.54$，由 $1 - \alpha = 0.95$，查标准正态分布表（附表 2）得 $z_{0.025} = 1.96$．于是，在 95% 的置信水平下的置信区间为

$$\bar{x} \pm z_{\frac{\alpha}{2}} \frac{\sigma}{\sqrt{n}} = 45.54 \pm 1.96 \times \frac{15}{\sqrt{40}} \approx 45.54 \pm 4.65,$$

即 [40.89, 50.19]．

结果表明

在 95% 的置信水平下，二手房平均价格（单位：10 万元）的置信区间为 [40.89, 50.19]．

（2）计算得 $s^2 = 284.79$，由 $\alpha = 0.05$，$\chi_{\frac{\alpha}{2}}^2(n-1) = \chi_{0.025}^2(39) = 57.505$，$\chi_{1-\frac{\alpha}{2}}^2(n-1) = \chi_{0.975}^2(39) = 23.654$．在 95% 的置信水平下的置信区间为

$$\frac{(40-1) \times 284.79}{57.505} \leqslant \sigma^2 \leqslant \frac{(40-1) \times 284.79}{23.654},$$

即 $[193.15，469.55]$，相应地，总体标准差的置信区间为 $[13.90，21.67]$．

结果表明

有 95% 的把握认为，2021 年第四季度二手房交易价格的标准差在 139 万元到 216.7 万元之间．

（3）已知 $n = 16$，计算得到样本均值 $\bar{x} = 43.475$，样本标准差 $s = 14.175$．由 $1 - \alpha = 0.95$，查表（附表 4）得 $t_{0.025}(15) = 2.131$，故在 95% 的置信水平下的置信区间为

$$\bar{x} \pm t_{\frac{\alpha}{2}} \frac{s}{\sqrt{n}} = 43.475 \pm 2.131 \times \frac{14.175}{16} \approx 43.475 \pm 7.552,$$

即 $[35.923，51.027]$．

结果表明

在 95% 的置信水平下，二手房交易平均价格的置信区间约为 $[35.923，51.027]$，即该公司可以有 95% 的把握认为，二手房交易平均价格在 359.23 万元到 510.27 万元之间．

（4）由于两个样本相互独立，且均为大样本，因此两个样本的均值之差服从正态分布．在 95% 的置信水平下做出区间估计如下：

$$(\bar{x}_1 - \bar{x}_2) \pm z_{\frac{\alpha}{2}} \sqrt{\frac{s_1^2}{n_1} + \frac{s_2^2}{n_2}} \approx -8.38 \pm 7.83,$$

即 $[-16.21，-0.55]$．

结果表明

有 95% 的把握认为，总体平均价格差（单位：10 万元）的置信区间为 $[-16.21，-0.55]$，即 2022 年第一季度比 2021 年第四季度的二手房平均交易价格显著上升．

案例三　基于统计推断的海鲜养殖种群比例建模与优化

自 2023 年 8 月 24 日，日本不顾国际社会强烈反对，执意将福岛核电站核污染水排入大海，2024 年 1 月 25 日，东京电力公司宣布，2024 年核污染水的排放量为 5.46 万吨，为 2023 年的 1.7 倍，截至 2024 年 1 月 30 日，已有超过 2.3 万吨核污水流入太平洋．

随着时间推移，越来越多人担心海鲜的质量问题，内陆地区已经开始养殖海鲜，海鲜陆养是将来水产养殖的大方向，令人难以相信的是，比起传统海鲜养殖方式，"陆养海鲜"的效益更大，但对技术的要求也很高．比如，虾苗大部分都是从海南等沿海地区进购，然后通过模拟海水环境进行工厂化养殖．因此随时了解海鲜的数量变化，以及掌握不同海鲜之间的比例等相关问题变得异常重要．

接下来以青蟹和对虾为例，对它们的数量比例进行估计，为了更好地讨论上述问题，将其简化描述如下：

某海鲜养殖场中混养了青蟹和对虾，估计青蟹和对虾的数量比例．

解　假设青蟹有 a 只，对虾数量为 $b = ka$，其中 k 为待估计的参数．从中任意抓一只，记

$$X = \begin{cases} 1, & \text{若是青蟹}, \\ 0, & \text{若是对虾}. \end{cases}$$

则 $P(X = 1) = \dfrac{a}{a + ka} = \dfrac{1}{1 + k}$，$P(X = 0) = 1 - P(X = 1) = \dfrac{k}{1 + k}$.

为了使抽取的样本为简单随机样本，从中有放回地捕捉 n 只（即任捕一只，记下其种类后放回，稍后再捕第二只，重复之前过程）得样本 $X_1, X_2, \cdots, X_n$. 显然各 X_i 相互独立，且均与总体 X 同分布. 设在这 n 次抽样中，捕得 m 只青蟹. 下面分别用矩估计法和最大似然估计法估计 k.

（1）矩估计法.

令 $\overline{X} = E(X) = \dfrac{1}{1 + k}$，可求得矩估计量 $\hat{k} = \dfrac{1}{\overline{X}} - 1$.

由具体抽样结果知，X 的观测值 $\overline{X} = \dfrac{m}{n}$，故 k 的矩估计值为 $\hat{k} = \dfrac{n}{m} - 1$.

（2）最大似然估计法.

由于每个 X_i 的分布为

$$P(X_i = x_i) = \left(\frac{k}{1 + k}\right)^{1 - x_i} \left(\frac{1}{1 + k}\right)^{x_i}, x_i = 0, 1,$$

设 $x_1, x_2, \cdots, x_n$ 为相应抽样结果（样本观测值），则似然函数为

$$L(k; x_1, x_2, \cdots, x_n) = \left(\frac{k}{1 + k}\right)^{n - \sum\limits_{i=1}^{n} x_i} \left(\frac{1}{1 + k}\right)^{\sum\limits_{i=1}^{n} x_i} = \frac{k^{n - m}}{(1 + k)^n},$$

$$\ln L(k; x_1, x_2, \cdots, x_n) = (n - m) \ln k - n \ln(1 + k),$$

令

$$\frac{\mathrm{d} \ln L(k; x_1, x_2, \cdots, x_n)}{\mathrm{d} k} = \frac{(n - m)}{k} - \frac{n}{1 + k} = 0,$$

可求得 k 的最大似然估计值为

$$\hat{k} = \frac{n}{m} - 1.$$

由此可知，两种估计法的结果一致.

微课 12：案例三

案例四　智能工厂中温度传感器精度的统计评估

在电气自动化领域，智能工厂的温度控制系统依赖高精度传感器实现闭环控制. 汽车零部件生产线使用某型号温度传感器监测热处理炉内温度（单位：℃）. 为验证传感器的长期稳定性，工程师随机选取 12 台传感器，在标准恒温环境（500 ℃）下连续采集 10 组数据，得到测量误差如下：

$$-0.8,\ 1.2,\ -0.5,\ 0.9,\ 0.3,\ -1.1,\ 0.6,\ -0.4,\ 1.0,\ -0.7$$

已知误差 $X \sim N(\mu, \sigma^2)$，给定置信水平 99%（$\alpha = 0.01$），需完成以下评估：

（1）传感器测量误差均值的区间估计；

（2）误差方差的单侧置信上限；

（3）基于参数估计的系统改进建议.

解 基础统计量的计算

样本均值：$\bar{x} = \dfrac{1}{10}\sum_{i=1}^{10} x_i = 0.05$,

样本方差：$s^2 = \dfrac{1}{9}\sum_{i=1}^{10}(\bar{x} - x_i)^2 = \dfrac{6.425}{9} \approx 0.714$,

（1）由于方差未知，$t_{\frac{\alpha}{2}}(n-1) = t_{0.005}(9) = 3.250$（附表4），传感器测量误差均值的区间估计（$t$分布）计算如下：

$$\bar{x} \pm t_{\frac{\alpha}{2}}(n-1)\frac{s}{\sqrt{n}} = 0.05 \pm 3.250 \times \frac{\sqrt{0.714}}{\sqrt{10}} \approx 0.05 \pm 0.868,$$

即：$[-0.818, 0.918]$℃.

（2）由于均值未知，$\chi_{1-\alpha}^2(n-1) = \chi_{0.99}^2(9) = 2.088$（附表3），方差的单侧置信上限的区间估计（$\chi^2$分布）计算如下：

$$\frac{(n-1)S^2}{\chi_{1-\alpha}^2(n-1)} = \frac{9 \times 0.714}{2.088} \approx 3.078.$$

（3）结果分析

①均值评估：99%置信区间显示误差均值在-0.818℃到0.918℃之间，表明传感器存在微小系统性偏差.需进行温度校准补偿，建议补偿值取区间中点0.05℃.

②方差评估：方差单侧上限为3.078℃，对应标准差上限为1.754℃.与行业标准（± 1.5℃）对比，精度不达标，需加强过程监控.

③系统改进方案

硬件升级：建议每季度进行多点温度校准.

算法优化：采用卡尔曼滤波对实时数据进行降噪处理.

维护策略：建立传感器寿命预测模型，当标准差超过1.2℃时强制更换.

7.5 参数估计的 Python 语言实验

7.5.1 矩估计的 Python 语言求解

例7.19 （二项分布参数的矩估计）设随机变量 X 服从二项分布 $X \sim B(n,p)$，其中 n 为试验次数，p 为事件发生的概率，现获得来自该总体的 9 个独立样本观测值为：3，4，2，5，3，6，4，1，4，求参数 n 和 p 的矩估计.

解 在 Jupyter Notebook 单元格中输入如下代码：

```
from scipy. optimize import fsolve
data =[3,4,2,5,3,6,4,1,4]
#统计样本观测值的数量
n =len(data)
#初始化求和变量
s1 =0
#初始化平方和变量
s2 =0
for i in range(0,n):
    k =data[i]
    s1 =s1 +k
#计算样本均值(一阶)
M =s1/n
#计算样本二阶中心矩
for i in range(0,n):
    k =data[i]
    s2 =s2 +(k -M)**2
#二阶中心矩
C =s2/n
#定义方程组:通过矩估计法求解二项分布参数 n 和 p
def func(i):
n,p =i[0],i[1]
    return [
        n*p -M,
        n*p -n*p**2 -C
    ]
#解方程组,初始值[11,0.3]需要合理猜测(n 应大于 max(data),p 在(0,1)之间)
r =fsolve(func,[11,0.3])
print(f"参数 n 的估计值:{r[0]}")
print(f"参数 p 的估计值:{r[1]}")
```

运行程序后，输出如下结果：

参数 n 的估计值:8.258064516123873

参数 p 的估计值:0.43055555555790165

由运算结果可知，参数 n 和 p 的矩估计值分别为：8.258 064 516 123 873 和 0.430 555 555 557 901 65.

例 7.20 （正态分布参数的矩估计）设随机变量 X 服从正态分布，即 $X \sim N(\mu, \sigma^2)$，其中 $X_1, X_2, \cdots, X_{26}$ 为来自该总体的样本，样本观测值为 55，72，81，90，65，68，77，63，74，79，76，62，69，89，64，78，92，120，125，130，61，78，123，121，127，125，求参数 μ 和 σ^2 的矩估计.

解 在 Jupyter Notebook 单元格中输入如下代码：

```python
import numpy as np


# 样本数据集
data = np.array([55,72,81,90,65,68,77,63,74,79,76,62,69,89,64,78,
92,120,125,130,61,78,123,121,127,125 ])
# 计算 μ 的矩估计(样本均值)
# np.mean()函数计算算术平均值
mu_estimate = np.mean(data)
# 计算 σ² 的矩估计(样本方差)
# np.var()函数是 NumPy 库中用于计算方差的核心函数
sigma_squared_estimate = np.var(data,ddof = 0)
# 结果输出
print(f"参数 mu 的估计值:{mu_estimate}")
print(f"参数 sigma_squared 的估计值:{sigma_squared_estimate}")
```

运行程序后，输出如下结果：

```
参数 mu 的估计值:87.07692307692308
参数 sigma_squared 的估计值:591.9940828402367
```

由运算结果可知，该正态分布参数 μ 和 σ^2 的矩估计值分别为：87.076 923 076 923 08 和 591.994 082 840 236 7.

7.5.2 最大似然估计的 Python 语言求解

微课 13：例 7.20

例 7.21 （泊松分布参数的最大似然估计）设随机变量 X 服从泊松分布，现从该总体中抽出容量为 6 的样本，得到样本观测值为 3，4，2，3，6，2，求参数 λ 的最大似然估计.

解 在 Jupyter Notebook 单元格中输入如下代码：

```python
import numpy as np
```

```
# 样本观测数据(单位时间内事件发生次数)
data = np. array([3,4,2,3,6,2])

# 计算样本均值(最大似然估计值)
# 泊松分布 MLE 就是样本均值
lambda_mle = np. mean(data)

# 输出结果
print(f"参数 lambda 的最大似然估计值:{lambda_mle}")
```

运行程序后,输出如下结果:

参数 lambda 的最大似然估计值:3.3333333333333335

由运算结果可知,该泊松分布参数 λ 的最大似然估计值为: 3. 333 333 333 333 333 5.

例 7.22　（**二项分布参数的最大似然估计**）设随机变量 X 服从二项分布 $X \sim B(n,p)$,若试验的总次数 n 为 25 次,现从该总体中抽出容量为 10 的样本,得到的样本观测值为 3,7,5,6,4,8,2,9,1,11,求参数 p 的最大似然估计.

解　在 Jupyter Notebook 单元格中输入如下代码:

```
import numpy as np
from scipy. stats import binom

# 样本数据
data = np. array([3,7,5,6,4,8,2,9,1,11])
# 试验的总次数
n_trials = 25

# 最大似然估计公式: p_hat = sum(data)/(n_samples* n_trials)
p_mle = np. sum(data)/(len(data)* n_trials)

print(f"最大似然估计值:{p_mle}")
```

运行程序后,输出如下结果:

最大似然估计值:0.224

由运算结果可知,该二项分布参数 p 的最大似然估计值为: 0.224.

7.5.3 区间估计的 Python 语言求解

例7.23 在一批新生产的产品中，随机抽取了 10 件产品进行质量检测，其质量（单位：kg）测得分别为：5.9、6.2、5.5、6.7、6.8、6.0、5.4、6.4、5.2、5.8，假设这批产品的质量为随机变量 X，且符合方差为 0.8 的正态分布，即 $X \sim N(\mu, 0.8)$，求期望 μ 置信水平为 0.95 的置信区间.

解 在 Jupyter Notebook 单元格中输入如下代码：

```python
import numpy as np
from scipy import stats


# 样本数据
data = np.array([5.9,6.2,5.5,6.7,6.8,6.0,5.4,6.4,5.2,5.8])
#方差
population_variance = 0.8
#置信水平
confidence_level = 0.95


#计算样本均值和标准误差
sample_mean = np.mean(data)
standard_error = np.sqrt(population_variance/len(data))


#计算临界值(Z 分数)
z_score = stats.norm.ppf(1 - (1 - confidence_level)/2)


#计算置信区间
lower = sample_mean - z_score * standard_error
upper = sample_mean + z_score * standard_error


print(f"mu 置信水平为 0.95 的置信区间:\n[{lower},{upper}]kg")
```

运行程序后，输出如下结果：

```
mu 置信水平为 0.95 的置信区间:
[5.435638470260129 5,6.544361529739871]kg
```

由运算结果可知，期望 μ 置信水平为 0.95 的置信区间为：[5.435 638 470 260 129 5，6.544 361 529 739 871] kg.

习题七

第7章【考研
真题选讲】

1. 设总体 X 服从参数为 λ 的泊松分布, 已知 $X_1, X_2, \cdots, X_n$ 为总体 X 的一组样本, 求参数 λ 的矩估计量和最大似然估计量.

2. 设总体 $X \sim E(\lambda)$, 若测得 λ 的观测值为

$$5.2, \ 4.8, \ 4.9, \ 5.3, \ 4.7, \ 5.0, \ 5.1, \ 5.4, \ 5.2, \ 4.9.$$

求出 λ 的矩估计值.

3. 在一批零件中, 随机抽取 8 个, 测得长度如下 (单位: mm):

$$53.001, \ 53.003, \ 53.001, \ 53.005, \ 53.000, \ 52.998, \ 53.002, \ 53.006.$$

设零件的长度测定值是服从正态分布的, 求均值 μ 和方差 σ^2 的矩估计值.

4. 随机变量 X 服从 $[0, \theta]$ 上的均匀分布, 今得 X 的样本观测值:

$$0.9, \ 0.8, \ 0.2, \ 0.8, \ 0.4, \ 0.4, \ 0.7, \ 0.6.$$

求 θ 的矩估计和最大似然估计, 它们是否为 θ 的无偏估计?

5. (**2007 年考研真题**) 设总体 X 的概率密度函数为

$$f(x, \theta) = \begin{cases} \dfrac{1}{2\theta}, & 0 < x < \theta, \\[2mm] \dfrac{1}{1(1-\theta)}, & \theta \leqslant x < 1, \\[2mm] 0, & \text{其他}. \end{cases}$$

设 $X_1, X_2, \cdots, X_n$ 为来自总体 X 的简单随机样本, $\bar{X}$ 是样本均值, 求:

(1) 参数 θ 的矩估计量 $\hat{\theta}$; (2) 判断 $4\bar{X}^2$ 是否为 θ^2 的无偏估计量, 并说明理由.

6. 设 $x_1, x_2, \cdots, x_n$ 是来自总体的一组观测值, 求下列概率密度函数中 θ 的矩估计量和最大似然估计量.

(1) $f(x, \theta) = \begin{cases} (\theta+1)x^{\theta}, & 0 < x < 1, \\ 0, & \text{其他}; \end{cases}$ (2) $f(x, \theta) = \begin{cases} \sqrt{\theta}\, x^{\sqrt{\theta}-1}, & 0 < x < 1, \theta > 0, \\ 0, & \text{其他}. \end{cases}$

7. 设总体 X 的概率密度为

$$f(x) = \begin{cases} \theta, & 0 < x < 1, \\ 1 - \theta, & 1 \leqslant x < 2, \\ 0, & \text{其他}. \end{cases}$$

其中, θ 是未知参数 $(0 < \theta < 1)$. $X_1, X_2, \cdots, X_n$ 为来自总体 X 的简单随机样本, 记 N 为样本值 $x_1, x_2, \cdots, x_n$ 中小于 1 的个数. 求: (1) θ 的矩估计值; (2) θ 的最大似然估计量.

8. (**2011 年考研真题**) 设 $X_1, X_2, \cdots, X_n$ 是来自总体 $N(\mu, \sigma^2)$ 的简单随机样本, 其中, μ 已知; σ^2 未知; $\bar{X}$ 和 S^2 分别表示样本均值和样本方差; 求参数 σ^2 的最大似然估计量 $\hat{\sigma}^2$.

9. 已知总体 X 的概率密度为

$$f(x) = \begin{cases} \dfrac{x}{\theta} e^{-\frac{x^2}{2\theta}}, & x > 0, \\ 0, & x \leqslant 0. \end{cases}$$

其中，$\theta > 0$ 且为未知参数；$X_1, X_2, \cdots, X_n$ 为总体 X 的简单随机样本．求 θ 的最大似然估计量，并讨论该估计量是否为 θ 的无偏估计量？

10. （**2019 年考研真题**）设总体 X 的概率密度为

$$f(x, \sigma^2) = \begin{cases} \dfrac{A}{\sigma} e^{-\frac{(x-\mu)^2}{2\sigma^2}}, & x \geqslant \mu, \\ 0, & x < \mu. \end{cases}$$

μ 是已知参数，$\sigma > 0$ 是未知参数，A 是常数，$X_1, X_2, \cdots, X_n$ 是来自总体 X 的简单随机样本．求（1）A；（2）σ^2 的最大似然估计量．

11. 设 X 具有分布律

X	1	2	3
P	θ^2	$2\theta(1-\theta)$	$(1-\theta)^2$

其中，θ 未知，$0 < \theta < 1$；已知取得一个样本值 $(x_1, x_2, x_3) = (1, 2, 1)$，求未知参数 θ 的最大似然估计量．

12. 假设有总体 $X \sim N(\mu, 1)$，其中 μ 未知，X_1, X_2, X_3 是来自该总体的样本，试判断下列估计量

$$\hat{\mu}_1 = \frac{1}{5}X_1 + \frac{3}{10}X_2 + \frac{1}{2}X_3, \quad \hat{\mu}_2 = \frac{1}{3}X_1 + \frac{1}{4}X_2 + \frac{5}{12}X_3, \quad \hat{\mu}_3 = \frac{1}{3}X_1 + \frac{1}{6}X_2 + \frac{1}{2}X_3,$$

是不是 μ 的无偏估计，谁最有效？

13. （**2010 年考研真题**）设总体的分布律为 $X \sim \begin{pmatrix} 1 & 2 & 3 \\ 1-\theta & \theta-\theta^2 & \theta^2 \end{pmatrix}$，其中 $\theta \in (0,1)$，为未知参数，以 N_i 表示来自总体 X 的简单随机样本（样本容量为 n）中等于 $i(i = 1,2,3)$ 的个数，求常数 a_1, a_2, a_3，使 $T = \sum\limits_{i=1}^{3} a_i N_i$ 为 θ 的无偏估计量．

14. 某工厂生产某种部件，其质量服从正态分布，今随机抽取 9 个，测得质量如下（单位：kg）：

$$14.6,\ 14.7,\ 15.1,\ 14.9,\ 14.8,\ 15.0,\ 15.1,\ 15.2,\ 14.8.$$

在（1）已知零件的标准差 $\sigma = 0.15$ kg；（2）未知零件标准差 σ 的条件下，求其平均质量 μ 的置信度为 0.95 的置信区间．

15. 设 $x_1, x_2, \cdots, x_{25}$ 为来自总体 X 的一个样本，$X \sim N(\mu, 5^2)$，求 μ 的置信度为 0.90 的置信区间长度．

16. 随机抽取某种炮弹 9 发做试验，得炮口速度大小的样本标准差为 $s = 10.5$ m/s，设炮口速度大小服从正态分布．求这种炮弹的炮口速度大小的标准差 σ 的置信度为 0.95 的置

信区间.

17. 对某钢材的抗剪力进行 10 次测试, 测得试验结果如下 (单位: kg):

56.8, 59.0, 56.2, 56.8, 56.2, 59.6, 59.0, 58.4, 58.0, 59.2.

已知抗剪力服从正态分布 $N(\mu, \sigma^2)$, 在 (1) 已知 $\sigma^2 = 1.23$; (2) σ^2 未知的条件下, 分别求 μ 的置信度为 0.9 的置信区间.

18. 设晶体管的寿命 X 服从正态分布 $N(\mu, \sigma^2)$, 从中随机抽取 100 个做寿命试验, 测得其平均寿命 $\overline{X} = 1\,000\,h$, 标准差 $s = 40\,h$, 求这批晶体管的平均寿命的置信度为 0.95 的置信区间.

19. 某种零件的加工时间 $X \sim N(\mu, \sigma^2)$, 现进行 30 次独立试验, 测得样本均值为 $\overline{x} = 5.5\,s$, 样本标准差 $s = 1.729\,s$, 若置信度为 0.95, 试估计加工时间的数学期望和标准差的置信区间.

20. 用铂球测定引力常数 (单位: $10^{-11}\,m^3 \cdot kg^{-1} \cdot s^{-2}$), 得测定值如下:

6.683, 6.681, 6.676, 6.678, 6.679, 6.672.

设引力常数 $X \sim N(\mu, \sigma^2)$, μ 和 σ^2 均未知, 求 σ^2 的置信度为 0.9 的置信区间.

21. 设某种清漆的干燥时间 (单位: h) $X \sim N(\mu, \sigma^2)$, 现有 9 个样本观测值:

6.0, 5.7, 5.8, 6.5, 7.0, 6.3, 5.6, 6.1, 5.0.

(1) 若已知 $\sigma = 0.6$ (h); (2) 若 σ 未知. 求 μ 的置信度为 0.95 的置信区间.

22. 从某汽车轮胎厂生产的某种轮胎中, 随机抽取 10 个样品进行磨损试验, 直至轮胎行驶磨坏为止, 测得他们的行驶路程如下 (单位: km):

41 250, 41 010, 42 650, 38 970, 40 200, 42 550, 43 500, 40 400, 41 870, 39 800.

设汽车轮胎行驶路程服从正态分布 $N(\mu, \sigma^2)$, 求

(1) μ 的置信度为 0.95 的置信下限; (2) σ 的置信度为 0.95 的置信上限.

23. 对于方差 σ^2 为已知的正态总体, 问需要取容量 n 为多大的样本才能使总体均值的置信度为 $1 - \alpha$ 的置信区间长度不大于 L?

24. 设总体为正态分布 $N(\mu, 1)$, 为得到 μ 的置信度为 0.95 的置信区间的长度不超过 1.2, 样本容量至少应为多大?

25. 已知灯泡寿命 X (单位: h) 服从正态分布, 从中随机抽取 5 只做寿命试验, 测得寿命分别为

1 050, 1 100, 1 120, 1 250, 1 280.

求灯泡寿命平均值的置信度为 0.95 的单侧置信下限.

微课 14: 习题七
(第 24 题)

26. 科学上的重大发现往往是由年轻人做出的, 表 7.7 列出了从 16 世纪中叶至 20 世纪早期的 12 项重大发现的科学家和他们当时年龄的相关数据. 设样本来自总体 $X \sim N(\mu, \sigma^2)$, 试求有重大发现时科学家的平均年龄的置信水平为 0.95 的单侧置信上限.

表 7.7　16 世纪中叶至 20 世纪早期科学家与年龄相关数据

发现者	科学发现	发现时期/年	年龄/岁
哥白尼	地球绕太阳运转	1543	40
伽利略	望远镜、天文学的基本定律	1600	34
牛顿	运动原理、重力、微积分	1665	23
富兰克林	电的本质	1746	40
拉瓦锡	燃烧是与氧气联系的	1774	31
莱尔	地球是渐进过程演化成的	1830	33
达尔文	自然选择控制演化的证据	1858	49
麦克斯威尔	光的场方程	1864	33
居里	放射性	1896	34
普朗克	量子论	1901	43
爱因斯坦	狭义相对论	1905	26
薛定谔	量子论的数学基础	1926	39

微课 15：习题七（第 26 题）

第8章　假设检验

> 在我看来，统计学是一门科学，它不仅仅是数学的一个分支，就像物理学、化学和经济学一样．如果其方法不能通过经验检验（而非仅仅是逻辑检验），那它们就会被抛弃．
>
> ——约翰·图基

概率统计人物

约翰·图基（John Tukey，1915—2000），美国著名的统计学家、数学家．他最为统计学家所熟知的工作是创立了探索性数据分析（EDA），推广了刀切法（Jackknife method）作为统计中度量不确定度的工具，引领并促进了稳健方法的研究．他还开创了统计学中用图形方法进行数据分析的研究领域，发明了许多极为有效的图形和数值方法，比如箱须图、茎叶图、图基多重比较法等．

本章将探讨统计推断的另一核心问题——假设检验．假设检验是根据样本数据，通过统计推断验证预先设定的总体参数或分布假设是否成立的方法．若总体的分布形式已知，针对其中未知参数进行假设的检验，称为**参数假设检验**．若总体的分布形式未知，此时针对总体分布本身进行假设的检验，称为**非参数假设检验**．

假设检验在实际问题中有着广泛的应用．例如，在药物研发的临床试验中，需要检验新药是否比现有药物更有效、更安全时，通过假设检验比较新药组和对照组的治愈率、不良反应发生率等指标，判断新药是否具有显著的疗效优势和可接受的安全性，从而决定新药是否能够推向市场；在市场策略效果评估中，企业在推出新的营销方案、产品改进或价格调整后，需要检验这些策略是否对销售业绩、市场份额等产生了显著影响；在工业生产中，假设生产线上产品的某一质量指标的均值等于规定的标准值，通过抽样检测产品，根据样本数据进行假设检验，若拒绝原假设，则说明生产过程出现异常，需要及时调整；在设计和优化电气自动化控制系统时，假设某自动化生产线的控制系统在稳态误差、超调量、调节时间等性能指标上达到了设计要求，通过对控制系统进行实际运行测试并收集数据，然后进行假设检验，如果拒绝原假设，就说明控制系统的性能未达到设计要求，需要对控制器的参数进行调整和优化，以提高控制系统的性能；在心理学实验中，经常需要检验不同实验条件下被测试的心理和行为反应是否存在显著差异；在教育政策评价中，政府在出台新的教育政策后，需要检验政策是否对教育质量、学生综合素质等产生了显著影响.

本章在介绍假设检验的基本概念与原理之后，将着重阐述在总体服从正态分布的前提下，如何实施参数假设检验的具体方法与步骤.

第 8 章假设检验思维导图

第 8 章假设检验学习重难点及学习目标

8.1 假设检验的基本概念

> 我相信，通过将数理统计教学主要委托给有自然科学研究亲身经历的人，可以最容易、最直接地恢复数理统计教学的理智和现实主义.
>
> ——罗纳德·艾尔默·费希尔

在很多实际问题中，我们常常需要先对总体分布中的某些参数或总体的分布函数做某种假设，然后抽取样本，利用样本的有关信息，对假设的正确性进行推断. 对任何一个总体的未知参数或分布所做的假设称为**统计假设**. 若总体的分布已知，对总体分布中所包含的未知参数做出的假设称为**参数假设**，相应的假设检验为**参数检验**. 若总体的分布未知，对总体分布函数做出的假设称为**非参数假设**，相应的假设检验为**非参数检验**.

微课 1：假设检验的基本概念 1

一般地，如果关于总体有两个假设，二者之间有且仅有一个成立，把其中的一个称为**原假设**或（**零假设**），用 H_0 表示；把另一个称为**备择假设**或（**对立假设**），用 H_1 表示.

例 8.1 在电子芯片制造业中，产品的质量控制至关重要. 芯片的次品率直接影响到企业的声誉、成本以及客户的使用体验. 某知名电子芯片制造企业生产了一批共 50 000 片的芯片，根据行业标准和客户要求，次品率不得超过 3%，只有通过严格检验的芯片批次才能被发往客户用于各类电子产品的组装.

该企业对这批芯片进行抽检，随机选取了 100 片芯片进行全面检测，结果发现有 5 片次品．请问，这批芯片能否出厂发往客户？

假设整批芯片的次品率 p 低于 3%，记原假设 $H_0 : p < 3\%$，备择假设 $H_1 : p \geqslant 3\%$，然后根据样本情况检验所做假设的正确性．

例 8.2 在航空航天领域，金属合金材料的性能至关重要，尤其是其抗疲劳强度，直接关系到飞行器结构的安全性和可靠性．某科研团队长期研究一种用于制造飞机机翼结构的新型铝合金材料，该材料的抗疲劳强度以往被证实符合正态分布．近期，为了进一步提升材料性能并降低成本，团队对合金的成分配比方案进行了调整．在投入大规模生产和实际应用前，需要确定调整配方后的材料抗疲劳强度是否依然符合正态分布．

科研团队从按照新配方生产的铝合金材料中随机抽取了 50 个样本，对每个样本进行疲劳测试，得到其抗疲劳强度数据．那么，在新配方下该铝合金材料的抗疲劳强度是否仍符合正态分布？

假设新配方下铝合金材料的抗疲劳强度 X 仍符合正态分布，记原假设 $H_0 : X \sim N(\mu, \sigma^2)$，备择假设 $H_1 : X$ 不服从 $N(\mu, \sigma^2)$，然后通过抽取样本推断上述假设的正确性．

微课 2：假设
检验的基本概念 2

8.1.1　假设检验的基本概念

如何检验一个统计假设呢？先看一个例子．

例 8.3 设总体 $X \sim N(\mu, 1)$，其中 μ 未知，现在欲检验统计假设 $H_0 : \mu = 0$．

这里只有一个未知参数及一个统计假设，一般将这类检验问题称为**显著性检验**．为了检验 H_0 的正确性（或真假），需要进行如下工作：

（1）对总体进行一定次数的观测，获得数据，即抽取样本（不妨设容量 $n = 10$）；

（2）由于样本来自总体，反映了总体的分布规律，因此样本中必然包含未知参数 μ 的信息．一般而言，直接从样本推断假设 H_0 的正确性是很困难的，还需要对样本进行加工，即构造一个适用于检验假设 H_0 的统计量，为的是将样本中关于未知参数 μ 的信息集中起来．

由于样本均值 $\bar{X}$ 是总体均值 μ 的无偏估计量，且 $D(\bar{X}) = \dfrac{1}{n} D(X) = \dfrac{1}{n}$，即 $\bar{X}$ 比样本的每个分量 X_i 更集中地分布在 μ 的周围；

（3）若从样本观测值计算得到 $\bar{X}$ 的观测值 $\bar{x} = 1.01$，那么该如何判断 H_0 的正确性呢？

假定 $H_0 (\mu = 0)$ 成立，$\bar{X}$ 的观测值应在 μ 的附近，否则，$\bar{X}$ 有偏离 μ 的趋势．给定一个临界概率 $\alpha (0 < \alpha < 1)$，确定常数 k，

$$P\{|\bar{X} - \mu| > k\} = \alpha,$$

将 $\bar{X}$ 的观测值 $\bar{x}$ 代入上式，如果 $|\bar{x} - \mu| > k$，说明小概率事件在一次试验中发生了，这与实际推断原理矛盾，拒绝 H_0；如果 $|\bar{x} - \mu| \leqslant k$，则接受 H_0．这个临界概率 α 称为**显著性水平**，一般取为一个较小的数．

以上处理方法的基本思想是应用**小概率原理**. 所谓小概率原理，是指发生概率很小的随机事件在一次试验中几乎不可能发生. 在假设 H_0 成立的条件下，如果出现了概率很小的事件，就怀疑 H_0 不成立！

当 H_0 成立时，统计量

$$\frac{\bar{X} - \mu}{\sigma/\sqrt{n}} \sim N(0,1),$$

对于 $\alpha > 0$，有

$$P\left\{\left|\frac{\bar{X} - \mu}{\sigma/\sqrt{n}}\right| > z_{\frac{\alpha}{2}}\right\} = P\left\{|\bar{X} - \mu| > \frac{\sigma}{\sqrt{n}} z_{\frac{\alpha}{2}}\right\} = \alpha.$$

使原假设 H_0 得以接受的检验统计量的取值区域称为**检验的接受域**，使原假设 H_0 被拒绝的检验统计量的取值区域称为**检验的拒绝域**.

例 8.3 中，假定 $\alpha = 0.05$，查表（附表 2）得 $z_{\frac{\alpha}{2}} = 1.96$，依题意计算

$$|z| = \frac{|1.01 - 0|}{1/\sqrt{10}} = 3.19 > 1.96,$$

故拒绝原假设 H_0，认为 $\mu = 0$ 不成立.

这里，检验水平 α 的意义是把概率不超过 α 的事件当作一次试验中实际不会发生的"小概率事件"，从而当这样的事件发生时就拒绝原假设 H_0. 但是，在一次试验中，小概率事件并非一定不发生，只不过其发生的概率不超过 α 而已. 因此，依据小概率原理进行实际推断可能会犯错误！

在进行假设检验时，一般有两种类型的错误：当 H_0 成立时，拒绝它，这类错误称为**第一类错误**，或称"弃真"的错误；当 H_0 不成立时，接受它，这类错误称为**第二类错误**，或称"**取伪**"的错误. 显然，当 H_0 成立时，只有发生了概率不超过 α 的事件时，才拒绝它，故犯第一类错误的概率

$$P\{拒绝 H_0 \mid H_0 \ 真\} \leqslant \alpha,$$

即 α 就是犯第一类错误的概率上限，因此显著性水平 α 可以用来控制犯第一类错误的可能性大小.

在确定检验方法时，自然希望犯这两类错误的概率越小越好. 但当样本容量固定时，若减少犯第一类错误的概率，则犯第二类错误的概率往往会增大，反之亦然. 若要使犯这两类错误的概率都减小，唯一的办法是增加样本容量. 一般采取的基本原则是"保一望二"，意思是在控制 α 前提下尽量减小犯第二类错误的概率，该原则的含义是，原假设要受到维护，使它不致被轻易否定，若要否定原假设，必须有充分的理由，即某一小概率事件发生了；若接受原假设，则说明否定它的理由还不充分.

8.1.2 假设检验的基本步骤

综上所述，假设检验的步骤如下：

（1）根据问题的具体要求，提出原假设 H_0；

（2）根据原假设 H_0，构造一个适合的检验统计量 U，确定统计量的分布；

（3）给出一个显著性水平 α，根据检验统计量的分布确定拒绝域；

（4）由样本观测值计算检验统计量的值，判断该值是在拒绝域还是在接受域，做出拒绝 H_0 或接受 H_0 的检验结论.

概率统计故事

女士品茶

20 世纪 20 年代后期，在英国剑桥一个夏日的午后，一群学者、他们的夫人以及访问学者们齐聚户外，惬意地享受着下午茶. 当时，英国人热衷于在茶中加入牛奶，这一次的下午茶也不例外.

在众人饮茶之际，一位女士声称自己能够品尝出一杯奶茶在调制时是先加奶还是先加茶. 在场的大多数学者对此说法嗤之以鼻，他们普遍认为，仅仅改变加茶加奶的顺序，并不会使茶和奶之间产生不同的化学反应.

然而，一位身材矮小、戴着厚眼镜、蓄着短尖胡须的先生却敏锐地察觉到了其中的趣味. 他便是现代统计学的奠基人之一——费希尔（R. A. Fisher）. 费希尔对这个说法充满兴趣，兴奋地提议通过实验来检验女士的能力.

他设计了这样一个实验：事先秘密调制八杯奶茶，其中四杯先放奶后加茶，另外四杯先放茶后加奶. 然后，让这位女士品尝这八杯奶茶，并指出哪四杯是先加入奶的.

费希尔认为，若女士只是瞎猜，从八杯中选出四杯共有 $C_8^4 = 70$ 种选择方法，而完全正确的选择仅有 1 种，所以女士碰巧全猜对的概率只有约 1.4%，这是一个极小的概率. 费希尔设定了 5% 为显著性水平，他认为如果在"女士是完全瞎猜"这个假设下，发生概率小于 5% 的事件，那就有理由怀疑该假设的正确性，需要舍弃原假设.

实验结果判定规则如下：若女士全部答对，由于其猜对概率 1.4% 小于显著性水平 5%，就有理由相信女士并非瞎猜，而是具备品鉴奶茶添加顺序的能力；若女士答对 6 杯，经计算答对 6 杯及以上的概率约为 24.3%，远大于 5%，属于大概率事件，此时无法舍弃"女士是完全瞎猜"的假设，仍有理由怀疑女士是瞎猜的.

费希尔设计的这个实验，蕴含了假设检验的典型要素：提出待检验的原始假设，即"女士对奶茶中奶和茶的加入顺序的判断是瞎猜的"；设计实验让女士辨识奶茶的添加顺序；确定以概率论为依据的检验标准，通过计算事件的 p 值，并与显著性水平比较，来决定是否舍弃原始假设.

8.2 参数的假设检验

> 一个正确问题的近似答案要比一个近似问题的精确答案更有价值.
>
> ——约翰·图基

考虑到正态总体的广泛性，本节仅就正态总体的均值 μ 及方差 σ^2 进行讨论，详细地介绍几种常用的检验方法.

8.2.1 均值的检验

1. 方差 σ^2 已知，均值 μ 的检验（Z 检验法）

设样本 X_1，X_2，$\cdots$，X_n 来自正态总体 $N(\mu, \sigma^2)$，总体方差 σ^2 已知，现欲检验假设 $H_0 : \mu = \mu_0$.

当 H_0 成立时，由于总体 $X \sim N(\mu_0, \sigma^2)$，统计量

$$Z = \frac{\bar{X} - \mu_0}{\sigma / \sqrt{n}} \sim N(0, 1). \tag{8.1}$$

利用统计量 Z 进行的假设检验称为 Z 检验法．具体步骤如下：

（1）提出原假设 $H_0 : \mu = \mu_0$，备择假设 $H_1 : \mu \neq \mu_0$；

（2）选取统计量 $Z = \dfrac{\bar{X} - \mu_0}{\sigma / \sqrt{n}}$，当 H_0 成立时，$Z \sim N(0, 1)$；

（3）给定显著水平 α，查标准正态分布表（附表 2），求出使 $P\{|Z| \geqslant z_{\frac{\alpha}{2}}\} = \alpha$ 成立的临界值 $z_{\frac{\alpha}{2}}$；

微课 3：例 8.4

（4）根据样本观测值，计算统计量 Z，当 $|Z| < z_{\frac{\alpha}{2}}$ 时接受 H_0；否则拒绝 H_0，接受 H_1.

例 8.4 某市历年来对 7 岁男孩的统计资料表明，他们的身高服从均值为 1.32 m、标准差为 0.12 m 的正态分布．现从各个学校随机抽取 25 个 7 岁男学生，测得他们平均身高 1.36 m，若已知今年全市 7 岁男孩身高的标准差仍为 0.12 m，问与历年 7 岁男孩的身高相比是否有显著差异（取 $\alpha = 0.05$）．

解 （1）建立假设

待检验的假设为：$H_0 : \mu = \mu_0 = 1.32$，$H_1 : \mu \neq \mu_0 = 1.32$，其中，$\mu_0 = 1.32$ 为历年均值；μ 为今年总体均值.

（2）选择检验统计量.

因为总体方差 σ^2 已知（$\sigma^2 = 0.12^2$），样本容量 $n = 25$，选择 Z 检验统计量 $Z = \dfrac{\bar{X} - \mu}{\sigma / \sqrt{n}} \sim$

$N(0,1)$，其中，$\bar{X}$ 是样本均值，$\bar{x} = 1.36$；$\mu_0 = 1.32$；$\sigma = 0.12$.

（3）确定拒绝域.

已知显著性水平 $\alpha = 0.05$，查附表 2 可得 $z_{\frac{\alpha}{2}} = z_{0.025} = 1.96$，拒绝域为 $|Z| > z_{0.025} = 1.96$. 因为 $Z = \dfrac{\bar{X} - \mu}{\sigma / \sqrt{n}} = \dfrac{1.36 - 1.32}{0.12 / \sqrt{25}} = \dfrac{0.04}{\dfrac{0.12}{5}} \approx 1.67$.

（4）做出决策.

比较 Z 值与临界值 $Z_{\frac{\alpha}{2}}$，因为 $1.67 < 1.96$，即检验统计量的值不在拒绝域内，所以接受原假设 H_0.

结论　在显著性水平 $\alpha = 0.05$ 下，认为今年 7 岁男孩的身高与历年 7 岁男孩的身高相比没有显著差异.

例 8.5　在自然语言处理领域，语言模型的性能评估至关重要. 某研究团队开发了一款新的文本生成语言模型，此前成熟的同类型语言模型在生成连贯文本方面，生成文本的平均连贯度得分服从均值为 80 分（满分 100 分）、标准差为 6 分的正态分布. 为了确定新模型的表现，需要对比其生成文本的连贯度与成熟模型是否有显著差异，从而判断新模型是否达到预期效果或还需要进一步优化.

研究人员使用特定的连贯度评估指标，从新模型生成的大量文本中随机抽取 36 个样本进行打分，得到这些样本的平均连贯度得分为 82 分. 已知新模型生成文本连贯度得分的标准差与成熟模型相同，仍为 6 分. 在显著性水平 $\alpha = 0.05$ 的条件下，判断新模型生成文本的连贯度与成熟模型相比是否有显著差异.

解　（1）建立假设.

原假设 $H_0: \mu = 80$（即新模型生成文本的平均连贯度与成熟模型相同）；

备择假设 $H_1: \mu \neq 80$（即新模型生成文本的平均连贯度与成熟模型不同）.

（2）确定检验统计量.

由于总体服从正态分布且总体标准差 $\sigma = 6$ 已知，样本容量 $n = 36$，选用 Z 检验统计量，公式为 $Z = \dfrac{\bar{X} - \mu_0}{\sigma / \sqrt{n}}$，其中，$\bar{X}$ 是样本均值；μ_0 是原假设中的总体均值；σ 是总体标准差；n 是样本容量.

（3）代入数据计算检验统计量的值.

已知 $\bar{x} = 82$，$\mu_0 = 80$，$\sigma = 6$，$n = 36$，代入可得 $Z = \dfrac{82 - 80}{6 / \sqrt{36}} = 2$.

（4）确定临界值.

因为显著性水平 $\alpha = 0.05$，查附表 2 可得 $Z_{\frac{\alpha}{2}} = Z_{0.025} = 1.96$.

（5）做出决策.

比较 Z 值与临界值 $Z_{\frac{\alpha}{2}}$，由于 $|2| > 1.96$，即 $2 > 1.96$，所以拒绝原假设 H_0.

结论　在显著性水平 $\alpha = 0.05$ 的情况下，根据抽样评估数据，有足够证据表明新模型生成文本的平均连贯度与成熟模型相比有显著差异. 这意味着新模型在文本连贯度方面的表现与成熟模型不同，后续可进一步分析差异原因，以优化或推广新模型.

例 8.6 在电商行业竞争日益激烈的当下，销售额是衡量电商平台运营状况的关键指标之一. 某知名电商平台长期对其每日销售额进行监测和分析，历史数据显示该平台的日销售额服从正态分布. 在过去的运营年度中，该平台的日均销售额为 53.6 万元，销售额的方差为 36. 这一数据不仅用于评估平台的整体经营业绩，还为成本控制、市场推广策略制定等提供重要参考. 进入新的年度，平台进行了一系列运营策略调整，如优化用户界面、拓展营销渠道等. 为了解这些调整对销售额的影响，需要分析今年的日均销售额与去年相比是否有显著变化.

从今年的销售数据中随机抽取 10 个日销售额数据，分别是 57.2 万元，57.8 万元，58.4 万元，59.3 万元，60.7 万元，71.3 万元，56.4 万元，58.9 万元，47.5 万元，49.5 万元. 根据以往经验和数据监测，销售额的方差没有发生变化，仍为 36. 在显著性水平 $\alpha = 0.05$ 的情况下，判断今年该电商平台的日均销售额与去年相比是否有显著变化.

解 （1）建立假设.

原假设 $H_0: \mu = 53.6$（即今年的日均销售额与去年相同）；

备择假设 $H_1: \mu \neq 53.6$（即今年的日均销售额与去年不同）.

（2）计算样本均值.

样本数据 $x_1 = 57.2$，$x_2 = 57.8$，$\cdots$，$x_{10} = 49.5$，样本容量 $n = 10$.

样本均值 $\bar{x} = \dfrac{1}{n} \sum\limits_{i=1}^{n} x_i =$

$$\frac{57.2 + 57.8 + 58.4 + 59.3 + 60.7 + 71.3 + 56.4 + 58.9 + 47.5 + 49.5}{10} = 57.6（万元）$$

（3）确定检验统计量.

因为总体服从正态分布且总体方差 $\sigma^2 = 36$（则总体标准差 $\sigma = 6$）已知，样本容量 $n = 10$，所以使用 Z 检验统计量，公式为 $Z = \dfrac{\bar{X} - \mu_0}{\sigma / \sqrt{n}}$，其中，$\bar{X}$ 是样本均值；μ_0 是原假设中的总体均值；σ 是总体标准差；n 是样本容量.

（4）代入数据计算检验统计量的值.

已知 $\bar{x} = 57.6$，$\mu_0 = 53.6$，$\sigma = 6$，$n = 10$，代入可得 $Z = \dfrac{57.6 - 53.6}{6 / \sqrt{10}} \approx 2.11$.

（5）确定临界值.

因为显著性水平 $\alpha = 0.05$，查附表 2 可得 $Z_{\frac{\alpha}{2}} = Z_{0.025} = 1.96$.

（6）做出决策.

比较 Z 值与临界值 $Z_{\frac{\alpha}{2}}$，由于 $|2.11| > 1.96$，即 $2.11 > 1.96$，所以拒绝原假设 H_0.

结论 在显著性水平 $\alpha = 0.05$ 的情况下，根据抽样数据，有足够证据表明今年该电商平台的日均销售额与去年相比有显著变化. 这意味着平台今年实施的运营策略调整对销售额产生了影响，后续可进一步分析销售额变化的具体原因，以便优化运营策略.

2. 方差 σ^2 未知，均值 μ 的检验（t 检验法）

在许多实际问题中，总体的方差往往是未知的，要想检验 $H_0:\mu = \mu_0$，这时由于 $Z = \dfrac{\bar{X} - \mu_0}{\sigma/n}$ 不再是统计量，比较自然的想法是用总体方差的无偏估计量，即样本方差代替总体方差，构造新的统计量——T 统计量

$$T = \frac{\bar{X} - \mu_0}{S/\sqrt{n}}. \tag{8.2}$$

当 H_0 成立时，$T \sim t(n-1)$，因为这个 T 统计量服从 t 分布，所以称为 t **检验法**.

具体步骤如下：

（1）提出假设 $H_0:\mu = \mu_0$，备择假设 $H_1:\mu \neq \mu_0$；

（2）选取统计量 $T = \dfrac{\bar{X} - \mu_0}{S/\sqrt{n}}$，当 H_0 成立时，$T \sim t(n-1)$；

（3）给定显著水平 α，查 t 分布表，求出使 $P\{|T| > t_{\frac{\alpha}{2}}\} = \alpha$ 成立的临界值 $t_{\frac{\alpha}{2}}$；

（4）根据样本观测值，计算统计量 T，当 $|T| < t_{\frac{\alpha}{2}}$ 时接受 H_0；否则拒绝 H_0，接受 H_1.

微课 4：例 8.7

例 8.7　某工厂生产一批钢材时，已知这种钢材强度 X 服从正态分布，今从中随机抽取 6 件，测得数据为（单位：kg/cm²）：

$$48.5,\ 49.0,\ 53.5,\ 49.5,\ 56.0,\ 52.5.$$

那么，能否认为这批钢材的平均强度为 52 kg/cm²？（$\alpha = 0.05$）

解　这里 $X \sim N(\mu,\sigma^2)$，方差 σ^2 未知，待检验的假设为

$$H_0:\mu = 52.$$

查附表 4，得 $t_{\frac{\alpha}{2}}(6-1) = t_{0.025}(5) = 2.571$，

又根据样本值算得 $\bar{x} = 51.5$，$S^2 = \dfrac{1}{n-1}\sum_{i=1}^{n}(x_i - \bar{x})^2 = 6.9$，

则

$$|T| = \frac{|\bar{X} - 52|}{S/\sqrt{6}} = \frac{|51.5 - 52|}{\sqrt{6.9}/\sqrt{6}} \approx 0.41 < 2.571,$$

因此，接受 H_0，即可认为这批钢材的平均强度为 52 kg/cm².

注：进行假设检验时，若样本容量比较小，则需给出统计量的精确分布，而对于样本容量较大的情形，则可利用统计量的极限分布作为近似. 在例 8.7 中，当总体方差未知时检验均值，由于 $n = 6$，用 t 检验法是恰当的；随着样本容量 n 的增大，t 分布趋近于标准正态分布，所以在大样本情况下（$n > 30$），总体方差未知时，对均值 μ 的假设检验通常近似采用 Z 检验法. 同样，大样本情况下非正态总体均值的检验也可用 Z 检验法. 因为，根据大样本的抽样分布定理，总体分布形式不明或为非正态总体时，样本均值的分布趋近于正态分布. 这

时，检验统计量 Z 中的总体标准差 σ 用样本标准差 S 代替.

3. 两个正态总体均值差的检验

设 $X_1, X_2, \cdots, X_m$ 是从正态总体 $N(\mu_1, \sigma_1^2)$ 中抽出的样本，$Y_1, Y_2, \cdots, Y_n$ 是从正态总体 $N(\mu_2, \sigma_2^2)$ 中抽出的样本，σ_1^2, σ_2^2 可以已知，也可以未知，原假设为 $H_0 : \mu_1 = \mu_2$，即比较两个正态总体的均值是否有显著差异.

对此分两种情形讨论.

（1）当总体方差 σ_1^2, σ_2^2 已知时，用 Z 检验法：

由于 $\bar{X} \sim N\left(\mu_1, \dfrac{\sigma_1^2}{m}\right)$，$\bar{Y} \sim N\left(\mu_2, \dfrac{\sigma_2^2}{n}\right)$，且 $\bar{X}$，$\bar{Y}$ 相互独立，由定理 6.2 有

$$\bar{X} - \bar{Y} \sim N\left(\mu_1 - \mu_2, \frac{\sigma_1^2}{m} + \frac{\sigma_2^2}{n}\right),$$

将 $\bar{X} - \bar{Y}$ 标准化，得到

$$Z = \frac{(\bar{X} - \bar{Y}) - (\mu_1 - \mu_2)}{\sqrt{\dfrac{\sigma_1^2}{m} + \dfrac{\sigma_2^2}{n}}} \sim N(0,1),$$

当 H_0 成立时，统计量

$$Z = \frac{(\bar{X} - \bar{Y})}{\sqrt{\dfrac{\sigma_1^2}{m} + \dfrac{\sigma_2^2}{n}}} \tag{8.3}$$

服从 $N(0,1)$ 分布.

对给定的水平 α，查标准正态分布表（附表 2），求出临界值 $z_{\frac{\alpha}{2}}$，使其满足

$$P\left\{|Z| \geqslant z_{\frac{\alpha}{2}}\right\} = \alpha,$$

由样本观测值 $x_1, x_2, \cdots, x_m, y_1, y_2, \cdots, y_n$ 计算统计量 Z 的值时，当 $|Z| < z_{\frac{\alpha}{2}}$ 时，则接受 H_0（或认为 H_0 是相容的）；否则就拒绝 H_0，即认为两个正态总体的均值有显著差异.

（2）当总体方差 σ_1^2，σ_2^2 未知，但 $\sigma_1^2 = \sigma_2^2$ 时，用 t 检验法：

由于

$$\frac{(\bar{X} - \bar{Y}) - (\mu_1 - \mu_2)}{\sqrt{\dfrac{\sigma_1^2}{m} + \dfrac{\sigma_2^2}{n}}} = \frac{(\bar{X} - \bar{Y}) - (\mu_1 - \mu_2)}{S_w \sqrt{\dfrac{1}{m} + \dfrac{1}{n}}},$$

且

$$S_w^2 = \frac{(m-1)S_1^2 + (n-1)S_2^2}{m+n-2},$$

由定理 6.2，有

$$T = \frac{(\bar{X} - \bar{Y}) - (\mu_1 - \mu_2)}{\sqrt{\dfrac{(m-1)S_1^2 + (n-1)S_2^2}{m+n-2}} \sqrt{\dfrac{1}{m} + \dfrac{1}{n}}} \sim t(m+n-2),$$

当 H_0 成立时，统计量

$$T = \frac{(\bar{X} - \bar{Y})}{\sqrt{\dfrac{(m-1)S_1^2 + (n-1)S_2^2}{m+n-2}} \sqrt{\dfrac{1}{m} + \dfrac{1}{n}}} \tag{8.4}$$

服从 $t(m+n-2)$ 分布，同前面一样，给定水平 α，查 t 分布表（附表4）得 $t_{\frac{\alpha}{2}}(m+n-2)$，然后由样本观测值计算统计量 T 的值，比较 $|T|$ 与 $t_{\frac{\alpha}{2}}(m+n-2)$ 的大小，若 $|T| > t_{\frac{\alpha}{2}}(m+n-2)$，则拒绝假设 H_0。

例8.8 在机器学习领域，图像分类模型的准确率是衡量其性能的关键指标．某科研团队开发了两种不同架构的图像分类模型 A 和 B，用于动物图像识别．为评估这两种模型的平均准确率差异，团队对模型进行了测试并做抽样分析．在实际情况中，总体方差可能已知或未知，这会影响所采用的统计检验方法．

科研团队从模型 A 的测试结果中随机抽取了 $m = 30$ 个样本，平均准确率 $\bar{x} = 82\%$；从模型 B 的测试结果中随机抽取了 $n = 30$ 个样本，平均准确率 $\bar{y} = 85\%$．

条件一：经过长期大量测试数据积累，已知模型 A 识别结果准确率的标准差 $\sigma_1 = 5\%$，模型 B 识别结果准确率的标准差 $\sigma_2 = 4\%$，且两者的准确率都服从正态分布．在显著性水平 $\alpha = 0.05$ 的情况下，判断模型 A 和模型 B 的平均准确率是否存在显著差异．

条件二：若总体方差 σ_1^2，σ_2^2 未知，但假定 $\sigma_1^2 = \sigma_2^2 = \sigma^2$，同时已知模型 A 抽样样本的方差 $s_1^2 = 0.003$，模型 B 抽样样本的方差 $s_2^2 = 0.002$．在显著性水平 $\alpha = 0.05$ 的情况下，判断模型 A 和模型 B 的平均准确率是否存在显著差异．

解 **条件一**（总体方差已知，用 Z 检验法）

（1）建立假设

原假设 $H_0 : \mu_1 = \mu_2$（即模型 A 和模型 B 的平均准确率无显著差异）；

备择假设 $H_1 : \mu_1 \neq \mu_2$（即模型 A 和模型 B 的平均准确率有显著差异）．

（2）确定检验统计量

使用 Z 检验统计量：$Z = \dfrac{(\bar{X} - \bar{Y}) - (\mu_1 - \mu_2)}{\sqrt{\dfrac{\sigma_1^2}{m} + \dfrac{\sigma_2^2}{n}}}$，

在原假设 H_0 成立时，$\mu_1 - \mu_2 = 0$．

（3）代入数据计算检验统计量的值．

已知 $\bar{x} = 0.82$，$\bar{y} = 0.85$，$\sigma_1 = 0.05$，$\sigma_2 = 0.04$，$m = n = 30$，代入可得

$$z = \frac{(0.82 - 0.85) - 0}{\sqrt{\dfrac{0.05^2}{30} + \dfrac{0.04^2}{30}}} = \frac{-0.03}{\sqrt{\dfrac{0.0025 + 0.0016}{30}}} = \frac{-0.03}{\sqrt{\dfrac{0.0025}{30} + \dfrac{0.0016}{30}}}$$

$$= \frac{-0.03}{\sqrt{\dfrac{0.0041}{30}}} = \frac{-0.03}{\sqrt{0.000137}} \approx \frac{-0.03}{0.0117} \approx -2.56.$$

（4）确定临界值.

因为显著性水平 $\alpha = 0.05$，查附表 2 可得 $Z_{\frac{\alpha}{2}} = Z_{0.025} = 1.96$.

（5）做出决策.

比较 Z 值与临界值 $Z_{\frac{\alpha}{2}}$，由于 $|-2.56| > 1.96$，即 $2.56 > 1.96$，所以拒绝原假设 H_0.

条件二（总体方差未知但相等，用 t 检验法）

（1）建立假设.

同条件一.

原假设 $H_0 : \mu_1 = \mu_2$；

备择假设 $H_1 : \mu_1 \neq \mu_2$.

（2）计算 S_w^2.

代入 $m = 30, n = 30, s_1^2 = 0.003, s_2^2 = 0.002$ 可得

$$S_w^2 = \frac{(m-1)S_1^2 + (n-1)S_2^2}{m+n-2} = \frac{(30-1) \times 0.003 + (30-1) \times 0.002}{30+30-2}$$

$$= \frac{29 \times (0.003 + 0.002)}{58} = \frac{29 \times 0.005}{58} = 0.0025.$$

（3）确定检验统计量 T.

检验统计量 T 的计算公式为 $T = \dfrac{(\bar{X} - \bar{Y}) - (\mu_1 - \mu_2)}{S_w \sqrt{\dfrac{1}{m} + \dfrac{1}{n}}}$，

在原假设 H_0 成立时，$\mu_1 - \mu_2 = 0$，代入数据可得

$$t = \frac{(0.82 - 0.85) - 0}{\sqrt{0.0025} \times \sqrt{\dfrac{1}{30} + \dfrac{1}{30}}} = \frac{-0.03}{0.05 \times \sqrt{\dfrac{2}{30}}} = \frac{-0.03}{0.05 \times \sqrt{\dfrac{1}{15}}}$$

$$= \frac{-0.03}{0.05 \times \dfrac{1}{\sqrt{15}}} = \frac{-0.03\sqrt{15}}{0.05} \approx -2.32.$$

（4）确定自由度和临界值.

自由度为 $m + n - 2 = 30 + 30 - 2 = 58$.

因为显著性水平 $\alpha = 0.05$，查 t 分布表（附表 4）可得 $t_{\frac{\alpha}{2}}(58) \approx 2.002$.

（5）做出决策.

比较 $|t|$ 值与临界值 $t_{\frac{\alpha}{2}}$，由于 $|-2.32| > 2.002$，即 $2.32 > 2.002$，所以拒绝原假设 H_0.

结论 在两种不同条件下，在显著性水平 $\alpha = 0.05$ 的情况下，均有足够证据表明模型 A 和模型 B 的平均准确率存在显著差异.

例 8.9 为研究正常成年男女血液红细胞平均数的差别，检查某地成年男子 156 名、女子 74 名；计算得男子红细胞平均数为 465.13 万 mm^{-3}，样本方差为 3 022.414 4 万 mm^{-3}；女子红细胞平均数为 422.16 万 mm^{-3}，样本方差为 2 453.799 4 万 mm^{-3}；试检验该地正常成

年人的红细胞的平均数是否与性别有关？（ $\alpha = 0.01$ ）

解　（1）建立假设.

μ_1 为成年男子红细胞平均数， μ_2 为成年女子红细胞平均数.

原假设 $H_0 : \mu_1 = \mu_2$ ，即该地正常成年人的红细胞平均数与性别无关；

备择假设 $H_1 : \mu_1 \neq \mu_2$ ，即该地正常成年人的红细胞平均数与性别有关.

（2）选择检验统计量.

当两总体方差未知但相等（先进行方差齐性检验，本题默认满足该条件）时，采用两独立样本 T 检验统计量： $T = \dfrac{(\bar{X} - \bar{Y}) - (\mu_1 - \mu_2)}{S_w \sqrt{\dfrac{1}{m} + \dfrac{1}{n}}}$.

其中， $\bar{X}$, $\bar{Y}$ 分别为两样本均值； m , n 分别为两样本容量； S_w 为合并标准差，计算公式为 $S_w = \sqrt{\dfrac{(m-1)S_1^2 + (n-1)S_2^2}{m+n-2}}$, S_1^2 , S_2^2 分别为两样本方差.

（3）计算相关统计量.

已知 $m = 156$, $\bar{X} = 465.13$, $S_1^2 = 3\,022.414\,4$ ； $n = 74$, $\bar{Y} = 422.16$, $S_2^2 = 2\,453.799\,4$.

计算合并标准差 S_w ：

$$S_w = \sqrt{\dfrac{(m-1)S_1^2 + (n-1)S_2^2}{m+n-2}}$$

$$= \sqrt{\dfrac{(156-1) \times 3\,022.4144 + (74-1) \times 2\,453.799\,4}{156 + 74 - 2}} \approx 53.29 .$$

计算统计量的值：

$$T = \dfrac{(\bar{X} - \bar{Y}) - (\mu_1 - \mu_2)}{S_w \sqrt{\dfrac{1}{m} + \dfrac{1}{n}}} = \dfrac{(465.13 - 422.16) - 0}{53.29 \sqrt{\dfrac{1}{156} + \dfrac{1}{74}}} \approx 5.728 .$$

（4）确定拒绝域.

已知 $\alpha = 0.01$ ，自由度 $m + n - 2 = 156 + 74 - 2 = 228$ ，双侧检验时，查附表 4 得 $t_{0.005}(228) = 2.576$ ，拒绝域为 $|T| = 5.73 > t_{\frac{\alpha}{2}}(m+n-2)$ ，即 $|T| > 2.576$.

（5）做出决策.

因为 $|T| = 5.73 > 2.576$ ，检验统计量的值在拒绝域内，所以拒绝原假设 H_0 .

结论　在显著性水平 $\alpha = 0.01$ 下，认为该地正常成年人的红细胞平均数与性别有关.

例 8.10　在自然语言处理的机器翻译领域，不同的翻译模型对于同一语言的翻译质量可能存在差异. 翻译质量的一个重要衡量指标是双语评估替代（Bilingual Evaluation Understudy，BLEU）得分，它能够反映机器翻译结果与人工参考译文的相似程度. 某研究机构开发了两种新型的机器翻译模型 A 和 B，用于将中文翻译成英文. 为了评估这两种模型的平均 BLEU 得分是否有显著差异，以便确定更优的模型，研究人员进行了相关测试.

研究人员从大量的中文文本中随机选取了 200 个句子作为测试集，分别使用模型 A 和模型 B 对这些句子进行翻译，并计算其 BLEU 得分. 最终得到模型 A 的样本数量 $n_1 = 200$，平均 BLEU 得分 $\bar{x}_1 = 32.5$，样本方差 $s_1^2 = 10.24$；模型 B 的样本数量 $n_2 = 200$，平均 BLEU 得分 $\bar{x}_2 = 30.8$，样本方差 $s_2^2 = 8.41$. 在显著性水平 $\alpha = 0.01$ 的情况下，检验这两种机器翻译模型的平均 BLEU 得分是否与模型类型有关，即判断模型 A 和模型 B 的平均 BLEU 得分是否存在显著差异.

解 （1）建立假设.

原假设 $H_0 : \mu_1 = \mu_2$（即模型 A 和模型 B 的平均 BLEU 得分无差异，平均 BLEU 得分与模型类型无关）；

备择假设 $H_1 : \mu_1 \neq \mu_2$（即模型 A 和模型 B 的平均 BLEU 得分有差异，平均 BLEU 得分与模型类型有关）.

（2）计算 S_w^2.

S_w^2 的计算公式为 $S_w^2 = \dfrac{(m-1)S_1^2 + (n-1)S_2^2}{m+n-2}$，

代入 $n_1 = 200, n_2 = 200, s_1^2 = 10.24, s_2^2 = 8.41$ 可得

$$S_w^2 = \frac{(200-1) \times 10.24 + (200-1) \times 8.41}{200 + 200 - 2}$$

$$= \frac{199 \times (10.24 + 8.41)}{398} = \frac{199 \times 18.65}{398} = 9.325.$$

（3）确定检验统计量 T.

检验统计量 T 的计算公式为 $T = \dfrac{(\overline{X_1} - \overline{X_2}) - (\mu_1 - \mu_2)}{S_w \sqrt{\dfrac{1}{n_1} + \dfrac{1}{n_2}}}$

在原假设 H_0 成立时，$\mu_1 - \mu_2 = 0$，代入 $\bar{x}_1 = 32.5, \bar{x}_2 = 30.8$ 可得

$$t = \frac{(32.5 - 30.8) - 0}{\sqrt{9.325} \times \sqrt{\dfrac{1}{200} + \dfrac{1}{200}}} = \frac{1.7}{\sqrt{9.325} \times \sqrt{\dfrac{2}{200}}} = \frac{1.7}{\sqrt{9.325} \times \sqrt{\dfrac{1}{100}}}$$

$$= \frac{1.7}{\sqrt{9.325} \times 0.1} = \frac{1.7}{0.1 \times 3.0537} \approx 5.57$$

（4）确定自由度和临界值.

自由度为 $m + n - 2 = 200 + 200 - 2 = 398$.

因为显著性水平 $\alpha = 0.01$，查附表 4 可得 $t_{\alpha/2}(398) \approx 2.58$.

（5）做出决策.

比较 $|t|$ 值与临界值 $t_{\alpha/2}$，由于 $|-2.32| > 2.002$，即 $2.32 > 2.002$，所以拒绝原假设 H_0.

结论 在两种不同条件下，在显著性水平 $\alpha = 0.01$ 的情况下，均有足够证据表明模型 A 和模型 B 的平均准确率存在显著差异.

8.2.2 方差的检验

在许多实际问题中，需要对方差进行假设检验．方差的检验包括一个正态总体的方差检验和两个正态总体的方差比的检验．例如，当一种产品的质量问题主要在于波动太大时，就需要检验方差；关于两个方差是否相等的假设需要用方差比的检验．

1. 一个正态总体方差 σ^2 的检验

设总体 $X \sim N(\mu, \sigma^2)$，其中 μ，σ^2 均未知，要检验的假设为 $H_0: \sigma^2 = \sigma_0^2$．

构造检验统计量

$$\chi^2 = \frac{(n-1)S^2}{\sigma^2} \sim \chi^2(n-1). \tag{8.5}$$

若显著性水平为 α，则

$$P\left\{\chi_{1-\frac{\alpha}{2}}^2(n-1) \leqslant \frac{(n-1)S^2}{\sigma_0^2} \leqslant \chi_{\frac{\alpha}{2}}^2(n-1)\right\} = 1 - \alpha \tag{8.6}$$

根据式（8.6），查自由度为 $n-1$ 的 χ^2 分布表（附表3），得两个临界值 $\chi_{1-\frac{\alpha}{2}}^2$ 及 $\chi_{\frac{\alpha}{2}}^2$，根据样本观测值，计算统计量 $\chi^2 = \frac{(n-1)S^2}{\sigma_0^2}$ 的值，当 $\chi_{1-\frac{\alpha}{2}}^2 < \chi^2 < \chi_{\frac{\alpha}{2}}^2$ 时，则接受 H_0，否则，就拒绝 H_0．由于用到的统计量服从 χ^2 分布，故称这种方法为 χ^2 **检验法**．

微课5：例8.11

例8.11 已知维尼纶的纤度在正常条件下服从正态分布 $N(1.405, 0.048^2)$，某日抽取 5 根纤维，测得其纤度如下：

$$1.32, \ 1.55, \ 1.36, \ 1.40, \ 1.44.$$

问这一天纤维的总标准差是否正常？（$\alpha = 0.1$）

解 待检验假设为

$$H_0: \sigma^2 = 0.048^2.$$

当 H_0 成立时，统计量

$$\chi^2 = \frac{(n-1)S^2}{\sigma_0^2} \sim \chi^2(n-1),$$

题中给定 $\alpha = 0.1$，查表（附表3）得

$$\chi_{1-\frac{\alpha}{2}}^2(n-1) = \chi_{0.95}^2(4) = 0.711, \quad \chi_{\frac{\alpha}{2}}^2(n-1) = \chi_{0.05}^2(4) = 9.488,$$

由题中数据，计算观测值

$$\bar{x} = \frac{1}{5}(1.32 + \cdots + 1.44) = 1.414,$$

$$s^2 = \frac{1}{4}\left[(1.32 - 1.414)^2 + \cdots + (1.44 - 1.414)^2\right] = 0.007\,78$$

$$\Rightarrow \chi^2 = \frac{(n-1)S^2}{\sigma_0^2} = \frac{4 \times 0.007\,78^2}{0.048^2} = 13.507.$$

由于 $\chi^2 = 13.507 > 9.488$，故拒绝假设 H_0，即认为总体标准差显著地变大了．

2. 两个正态总体方差比的检验

设总体 X, Y 相互独立，且 $X \sim N(\mu_1, \sigma_1^2)$，$Y \sim N(\mu_2, \sigma_2^2)$，从两个总体中分别抽取容量为 m 和 n 的样本 $(X_1, X_2, \cdots, X_m)$ 和 $(Y_1, Y_2, \cdots, Y_n)$，其样本均值分别为 $\overline{X}, \overline{Y}$，样本方差为 S_1^2, S_2^2，要检验的假设为 $H_0: \sigma_1^2 = \sigma_2^2$．

很自然地，想到应用它们的估计量 s_1^2 和 s_2^2 进行比较．若假设 H_0 成立，则它们两者的比值不能太大，也不能太小，即统计量 $F = \dfrac{s_1^2}{s_2^2}$ 的值不应太大或太小．

由定理 6.2 知

$$F = \frac{S_1^2/\sigma_1^2}{S_2^2/\sigma_2^2} \sim F(m-1, n-1),$$

取统计量

$$F = \frac{S_1^2}{S_2^2} \tag{8.7}$$

当 H_0 成立时，它服从第一自由度为 $m-1$，第二自由度为 $n-1$ 的 F 分布．

给定 α，查附表 5 求出临界值 $F_{\frac{\alpha}{2}}$ 及 $F_{1-\frac{\alpha}{2}}$，使它们满足

$$P\{F > F_{\frac{\alpha}{2}}\} = p\{F < F_{1-\frac{\alpha}{2}}\} = \frac{\alpha}{2}. \tag{8.8}$$

然后根据样本值计算统计量 F 的值，若 $F_{1-\frac{\alpha}{2}} < F < F_{\frac{\alpha}{2}}$，则接受假设 H_0，否则拒绝．由于检验中用到的统计量服从 F 分布，故这种方法称为 F **检验法**．

例 8.12 在人工智能的图像分类领域，不同模型对图像特征的提取和处理方式不同，其结果的稳定性（可通过方差衡量）也可能存在差异．某研究团队开发了模型 C 和模型 D 用于植物叶片图像分类，为了后续能合理选择统计方法对比两个模型的性能（如平均准确率），需要先检验两个模型分类结果的方差是否相等．

研究人员使用模型 C 和模型 D 对相同的 100 张植物叶片图像进行分类，然后通过特定的评估指标计算分类结果．最终得到模型 C 的样本数量 $n_1 = 121$，样本方差 $s_1^2 = 15.64$；模型 D 的样本数量 $n_2 = 121$，样本方差 $s_2^2 = 12.38$．现在假设模型 C 和模型 D 分类结果分布的方差相等，检验这一假设 $\sigma_1^2 = \sigma_2^2$，给定 $\alpha = 0.01$．

解 （1）计算 F 统计量．

根据公式 $F = \dfrac{S_1^2}{S_2^2}$，将 $s_1^2 = 15.64, s_2^2 = 12.38$ 代入可得 $F = \dfrac{15.64}{12.38} \approx 1.26$．

（2）确定临界值．

已知 $\alpha = 0.01$，自由度为 $(n_1 - 1, n_2 - 1) = (120, 120)$．

利用 $F_{1-\alpha}(m, n) = \dfrac{1}{F_\alpha(n, m)}$，通过查 F 分布表（附表 5）可得

$$F_{0.005}(120, 120) \approx 1.61,$$

$$F_{1-\frac{\alpha}{2}}(120,120) = F_{0.995}(120,120) = \frac{1}{F_{0.005}(120,120)} \approx \frac{1}{1.61} \approx 0.621.$$

（3）做出决策．

比较值 F 与临界值，因为

$$F_{0.995}(120,120) \approx 0.621 < F \approx 1.26 < 1.61 \approx F_{0.005}(120,120),$$

所以接受原假设 H_0．

结论　在显著性水平 $\alpha = 0.01$ 的情况下，有足够证据表明模型 C 和模型 D 分类结果分布的方差相等，这为后续进一步对比两个模型的其他性能指标（如平均准确率等）时选择合适的统计方法提供了依据．

一般地，对于两个正态总体，如果它们的方差是未知的，需要比较均值是否相等时，可以先用 F 检验法检验它们的方差是否相等，如果检验结果是接受方差相等这一假设，再用 t 检验法比较它们的均值．

例 8.13　在智能汽车领域，续航里程是衡量车辆性能的关键指标之一．不同品牌的智能汽车，由于电池技术、能量管理系统以及车身设计等因素的差异，其续航表现也有所不同．为了帮助消费者更好地了解市场上不同品牌智能汽车的续航能力差异，同时也为汽车制造商提供市场分析数据，相关研究机构对不同品牌智能汽车的续航里程进行了调查分析．

某研究机构从甲品牌智能汽车中随机抽取 11 辆，通过标准测试流程，测得这些车在满电状态下的平均续航里程 $\bar{x}_1 = 450$ km，样本方差 $s_1^2 = 53.14$；从乙品牌智能汽车中随机抽取 11 辆，同样条件下测得平均续航里程 $\bar{x}_2 = 460$ km，样本方差 $s_2^2 = 60.22$．在显著性水平 $\alpha = 0.1$ 的情况下，检验这两个品牌智能汽车的平均续航里程有无显著差异．

解　（1）建立假设．

原假设 $H_0: \mu_1 = \mu_2$（即甲、乙两品牌智能汽车的平均续航里程无显著差异）；

备择假设 $H_1: \mu_1 \neq \mu_2$（即甲、乙两品牌智能汽车的平均续航里程有显著差异）．

（2）判断总体方差是否相等（**先进行 F 检验**）．

计算 F 统计量：$F = \dfrac{S_1^2}{S_2^2} = \dfrac{53.14}{60.22} \approx 0.88$，

确定自由度：$m - 1 = 11 - 1 = 10$，$n - 1 = 11 - 1 = 10$，

查 F 分布表（附表 5），对于 $\alpha = 0.1$，$F_{\frac{\alpha}{2}}(10,10) = 3.72$，

$$F_{1-\frac{\alpha}{2}}(10,10) = \frac{1}{F_{\frac{\alpha}{2}}(10,10)} = \frac{1}{3.72} \approx 0.27.$$

比较值 F 与临界值：因为 $0.27 < 0.88 < 3.72$，所以接受两总体方差相等的假设，即 $\sigma_1^2 = \sigma_2^2$．

（3）计算 S_w^2．

S_w^2 的计算公式为 $S_w^2 = \dfrac{(m-1)S_1^2 + (n-1)S_2^2}{m+n-2} = \dfrac{(11-1) \times 53.14 + (11-1) \times 60.22}{11+11-2}$

$$= \frac{10 \times (53.14 + 60.22)}{20} = \frac{10 \times 113.36}{20} = 56.68.$$

（4）确定检验统计量 T.

检验统计量 T 的计算公式为 $T = \dfrac{(\bar{X}_1 - \bar{X}_2) - (\mu_1 - \mu_2)}{S_w \sqrt{\dfrac{1}{m} + \dfrac{1}{n}}}$.

在原假设 H_0 成立时，$\mu_1 - \mu_2 = 0$，代入 $\bar{x}_1 = 450, \bar{x}_2 = 460$ 可得

$$t = \frac{450 - 460}{\sqrt{56.68} \times \sqrt{\dfrac{1}{11} + \dfrac{1}{11}}} = \frac{-10}{\sqrt{56.68} \times \sqrt{\dfrac{2}{11}}} \approx \frac{-10}{7.53 \times 0.43} \approx -3.08$$

（5）确定自由度和临界值.

自由度为 $m + n - 2 = 11 + 11 - 2 = 20$.

因为显著性水平 $\alpha = 0.1$，且是双侧检验，查 t 分布表（附表 4）可得 $t_{\frac{\alpha}{2}}(20) = 1.725$.

（6）做出决策.

比较 $|t|$ 值与临界值 $t_{\frac{\alpha}{2}}$，由于 $|-3.08| > 1.725$，即 $3.08 > 1.725$，所以拒绝原假设 H_0.

结论　在显著性水平 $\alpha = 0.1$ 的情况下，有足够证据表明甲、乙两品牌智能汽车的平均续航里程存在显著差异. 这意味着消费者在选择智能汽车时，如果续航里程是重要的考虑因素，那么这两个品牌的车辆在续航表现上不能被视为相同，研究机构也可进一步分析差异产生的原因.

现将本节所介绍的检验方法列表总结，如表 8.1 所示：

表 8.1　正态总体参数的假设检验方法

检验参数	假设 H_0	统计量	分布
均值 μ	$\mu = \mu_0$ ($\sigma = \sigma_0$)	$Z = \dfrac{\bar{X} - \mu_0}{\sigma / \sqrt{n}}$	$N(0,1)$
	$\mu_1 = \mu_2$ (σ_1, σ_2 已知)	$Z = (\bar{X} - \bar{Y}) \bigg/ \sqrt{\dfrac{\sigma_1^2}{m} + \dfrac{\sigma_2^2}{n}}$	
	$\mu = \mu_0$ (σ^2 未知)	$T = \dfrac{\bar{X} - \mu_0}{S / \sqrt{n}}$	$t(n-1)$
	$\mu_1 = \mu_2$ ($\sigma_1 = \sigma_2$ 未知)	$T = \dfrac{\bar{X} - \bar{Y}}{\sqrt{(m-1)S_1^2 + (n-1)S_2^2}} \sqrt{\dfrac{mn(m+n-2)}{m+n}}$	$t(m+n-2)$
方差 σ^2	$\sigma^2 = \sigma_0^2$	$\chi^2 = \dfrac{(n-1)S^2}{\sigma^2}$	$\chi^2(n-1)$
	$\sigma_1^2 = \sigma_2^2$	$F = S_1^2 / S_2^2$	$F(m-1, n-1)$

8.3 分布的假设检验

> 做好工作，确保人们知道它，尽管去做就好．就像一场大型的广告宣传活动将会使你的生活变得更美好，不是靠福利传播，而是要悄悄地与人们合作，在不知不觉中唤醒他们的统计思维．
>
> ——戴维·科克斯

概率统计人物

戴维·科克斯（David Roxbee Cox，1924.07—2022.01）英国统计学家，主要学术贡献包括 Cox 过程，Box – Cox 变换和影响深远且应用广泛的 Cox 比例风险模型等．其 1972 年发表的关于 Cox 比例风险模型的论文提出了迄今生存分析中应用最多的多因素分析方法，是所有医学文献中最常被引用的文章之一．

他著有许多统计学领域的书籍，包括《随机过程理论》（1965），《理论统计学》（1974），《生存数据分析》（1984），以及《统计推断原理》（2006）.2010 年，他因"对统计理论和应用的开创性贡献"被授予英国皇家学会科普利奖章.2017 年，他成为首个获得国际统计奖的学者．

前面讨论的关于正态总体参数的检验，都是先假定总体的分布已知且服从正态分布，然而在许多情况下，事先并不知道总体分布的类型，需要根据样本对总体的分布类型进行假设检验．**分布拟合检验**就是为了检验观察到的一批数据是否与某种理论分布符合．例如，考察某一产品的质量指标，采用正态分布模型，或考察一种元件的寿命，采用指数分布模型．事先可以依据一些理论或经验，但这究竟是否可行？有时就需要通过样本去进行检验．例如，抽取若干产品测定其质量指标，得 $X_1, X_2, \cdots, X_n$，然后依据它们来决定"总体分布是正态分布"这样的原假设能否被接受．又如，有人制造了一个骰子，此人声称是均匀的，即出现各面的概率都是 $\frac{1}{6}$．骰子是否均匀单凭审视骰子外形是难以进行判断的，于是把骰子投掷若干次，记下其出现 1 点，2 点，$\cdots$，6 点的次数，再来检验投掷结果与"各面概率都是 $\frac{1}{6}$"的说法能否吻合．

在实际应用中，分布拟合检验很重要．统计分析方法在 19 世纪时多用于分析生物数据，那时曾流行一种看法，认为正态分布普遍地适用于这类数据．到 19 世纪末，卡尔·皮尔逊对此提出疑问，他指出有些数据有显著的偏态，不适于用正态模型．于是他提出了一个以他的名字命名的分布族，其中包含正态分布和偏态分布．皮尔逊认为：第一步是根据数据从这一大族分布中挑出一个最能反映所得数据形态的分布；第二步就是要检验所得数据与这个分布的拟合结果．他为此引进了著名的 χ^2 检验法．后来，罗纳德·费希尔对 χ^2 检验法就总体分布中含有未知参数的情形作了重要的修正．

8.3.1 χ^2 检验法

下面就总体的分布未知且只取有限个值的情况，介绍 χ^2 检验法的基本概念．

设总体 X 是仅取 k 个值 $a_1,a_2,\cdots,a_k$ 的离散型随机变量，假设其概率分布为

$$H_0 : P\{X = a_i\} = p_i(i = 1,\cdots,k). \tag{8.9}$$

其中，$a_i,p_i(i = 1,\cdots,k)$ 都已知，且 $p_i > 0(i = 1,\cdots,k)$．

从该总体中抽取样本 $X_1,X_2,\cdots,X_n$（或称对 X 进行 n 次观测，得到 $X_1,X_2,\cdots,X_n$），样本观测值记为 $(x_1,x_2,\cdots,x_n)$．现要根据它们检验式（8.9）中的原假设 H_0 是否成立．

记 n_i 为观测值 $(x_1,x_2,\cdots,x_n)$ 中取值为 a_i 的个数，即观测出现事件 $(X = a_i)$ 的频数，相应地得到 $n_1,n_2,\cdots,n_k$．当观测次数（或样本数）n 足够大时，由伯努利大数定律可知，事件 $(X = a_i)$ 的频率 $\dfrac{n_i}{n}$ 与其概率 p_i 有较大偏差的可能性很小，即 $\dfrac{n_i}{n} \approx p_i$．很自然地，频率 $\dfrac{n_i}{n}$ 与概率 p_i 的差异越小，则 H_0 越可能是成立的．因而问题就归结为要找出一个适当的量反映这种差异，皮尔逊首先提出用下面的统计量衡量它们的差异程度

$$\chi^2 = \sum_{i=1}^{k} \frac{(n_i - np_i)^2}{np_i}. \tag{8.10}$$

这个统计量称为**皮尔逊 χ^2 统计量**，后面简称为 **χ^2 统计量**．

将这个统计量改写如下：

$$\chi^2 = \sum_{i=1}^{k} \left(\frac{n_i}{n} - p_i\right)^2 \frac{n}{p_i}. \tag{8.11}$$

因为当 H_0 成立时，$\left|\dfrac{n_i}{n} - p_i\right|$ 应该比较小，于是统计量 χ^2 也应该比较小．式（8.11）中的因子 $\dfrac{n}{p_i}$ 起一种"平衡"的作用，如果没有这一因子，则当 p_i 很小时，即使频率 $\dfrac{n_i}{n}$ 与概率 p_i 的差异相对于 p_i 来说很大，$\left(\dfrac{n_i}{n} - p_i\right)^2$ 也仍然会很小，这就导致小概率部分的吻合程度好坏得不到充分的反映，从而影响检验的可靠性．

1900 年皮尔逊证明了如下的定理：

定理 8.1 设总体 X 是仅取 k 个值 $a_1,a_2,\cdots,a_k$ 的离散型随机变量，假设其概率分布为

$$H_0 : P\{X = a_i\} = p_i(i = 1,\cdots,k).$$

其中，$a_i,p_i(i = 1,\cdots,k)$ 都已知，且 $p_i > 0(i = 1,\cdots,k)$．

微课 6：定理 8.1

当原假设 H_0 成立时，则

$$\chi^2 = \sum_{i=1}^{k} \frac{(n_i - np_i)^2}{np_i} \sim \chi^2(k-1). \tag{8.12}$$

即统计量 χ^2 的分布趋近于自由度为 $k-1$ 的 χ^2 分布．

用以上定理就可以检验 H_0．当样本容量 n 足够大时，可以近似地认为式（8.10）中的统计量 $\chi^2 \sim \chi^2(k-1)$，给定显著性水平 α，查附表 3 求出临界值 $C = \chi_\alpha^2(k-1)$，再由样本观测值计算出统计量 χ^2 的值，若 $\chi^2 \geq C$，则拒绝假设 H_0．

微课 7：例 8.14

例 8.14　某工厂近 5 年来共发生了 63 次事故，按星期几分类如下：

星期	1	2	3	4	5	6
次数	9	10	11	8	13	12

问事故发生是否与星期几有关？（$\alpha = 0.10$）

解　设某一随机变量 X，$X = i$ 表示事故发生在星期 $i(i = 1,2,\cdots,6)$，若事故发生与星期几无关，则应有 $P\{X = i\} = \frac{1}{6}$，因而要检验的假设为

$$H_0: P\{X = i\} = \frac{1}{6}(i = 1,2,\cdots,6),$$

在 H_0 成立的条件下，由式（8.12），统计量

$$\chi^2 = \frac{\sum_{i=1}^{6}\left(n_i - \frac{n}{6}\right)^2}{\frac{n}{6}} \sim \chi^2(5),$$

由已知，$n = 63$，　$\alpha = 0.10$，　$\chi_{0.10}^2(5) = 9.236$，

计算可得 $\chi^2 = 1.67 < 9.236$，即接受 H_0，不能认为事故与星期几有关．

8.3.2　总体分布为连续型的分布拟合检验

χ^2 检验法也可用来检验总体分布为连续型的情形．假设样本 $X_1, X_2, \cdots, X_n$ 来自分布函数为 $F(x)$ 的总体，要检验的假设为

$$H_0: \text{总体 } X \text{ 的分布函数为 } F(x). \tag{8.13}$$

其中 $F(x)$ 可以完全已知，也可以带有未知参数．检验方法是，通过区间划分把它转化为前面讨论过的情形．设 $F(x)$ 为连续函数，在实数轴上取 $k-1$ 个点 $a_1 < a_2 < \cdots < a_{k-1}$，将 $(-\infty, +\infty)$ 划分为 $-\infty < a_1 < a_2 < \cdots < a_{k-1} < +\infty$，一共得到 k 个区间，记为

$$I_1 = (-\infty, a_1], \quad I_2 = (a_1, a_2], \quad \cdots, \quad I_{k-1} = (a_{k-2}, a_{k-1}], \quad I_k = (a_{k-1}, +\infty),$$

用 n_i 表示观测值 $(x_1, x_2, \cdots, x_n)$ 落在区间 I_i 内的频数，$i = 1, 2, \cdots, k$，而 $\frac{n_i}{n}$ 为相应的频

率. 当假设 H_0 成立时，记总体 X 在区间 I_i 内取值的概率为 p_i，则有

$$p_1 = p\{X \leqslant a_1\} = F(a_1),$$

$$p_2 = p\{a_1 < X \leqslant a_2\} = F(a_2) - F(a_1),$$

$$\cdots \tag{8.14}$$

$$p_{k-1} = p\{a_{k-2} < X \leqslant a_{k-1}\} = F(a_{k-1}) - F(a_{k-2}),$$

$$p_k = p\{X > a_{k-1}\} = 1 - F(a_{k-1}).$$

接下来的讨论与 X 为离散型的情形完全一样. 若 $F(x)$ 中带有未知参数，不妨设 $F(x)$ 中有 r 个未知参数 $\theta_1, \theta_2, \cdots, \theta_r$，这时将很难算出式（8.14）中的概率，相应地，$\chi^2$ 统计量也就无法算出，故上述检验方法不能直接运用，需要进行修改. 很自然的想法是在式（8.14）中用未知参数的估计量 $\hat{\theta}_1, \hat{\theta}_2, \cdots, \hat{\theta}_r$ 代替未知参数 $\theta_1, \theta_2, \cdots, \theta_r$（一般采用最大似然估计）. 1924 年，罗纳德·费希尔证明了如下的定理.

定理 8.2 设样本 $X_1, X_2, \cdots, X_n$ 是来自分布函数为 $F(x)$ 的总体，

$$H_0: \text{总体 } X \text{ 的分布函数为 } F(x).$$

$F(x)$ 中有 r 个未知参数 $\theta_1, \theta_2, \cdots, \theta_r$. 若原假设 H_0 成立，则当样本容量 $n \to \infty$ 时，

$$\chi^2 = \sum_{i=1}^{k} \frac{(n_i - np_i)^2}{np_i} \sim \chi^2(k-1-r). \tag{8.15}$$

即统计量 χ^2 趋近于自由度为 $k-1-r$ 的 χ^2 分布.

与定理 8.1 相比，差别在于自由度减少了 r 个，即减少的个数正好等于要估计的参数个数.

此时，将 $\hat{\theta}_1, \hat{\theta}_2, \cdots, \hat{\theta}_r$ 代入式（8.14）中得到 $\hat{p}_1, \hat{p}_2, \cdots, \hat{p}_k$，且式（8.10）中的统计量变成

$$\chi^2 = \sum_{i=1}^{k} \frac{(n_i - n\hat{p}_i)^2}{n\hat{p}_i}. \tag{8.16}$$

例 8.15 在人工智能深度学习领域，神经网络模型的输出特征分布对于模型的性能和泛化能力有着重要影响. 某科研团队开发了一种用于图像特征提取的卷积神经网络（CNN）模型，该模型会对输入的图像数据进行处理，输出一系列特征值. 为了更好地理解模型的输出特性，以便优化模型结构和训练策略，需要检验模型输出的特征值是否服从某种已知的连续型分布，假设这里认为其可能服从正态分布，现使用卡方检验法进行检验.

科研团队从大量不同类型的图像数据集中随机选取了 200 张图像，输入到开发的 CNN 模型中，提取每个图像对应的特征值（这里只关注某一特定维度的特征值）. 在显著性水平 $\alpha = 0.05$ 的情况下，检验这些特征值是否服从正态分布.

解 （1）分组

将这 200 个特征值按从小到大的顺序排列，根据特征值的取值范围，合理地划分为 10 个区间，记为 $I_1 = (-\infty, a_1]$, $I_2 = (a_1, a_2]$, $\cdots$, $I_{10} = (a_9, +\infty)$. 统计每个区间内特征值的频数 n_i（$i = 1, 2, \cdots, 10$），假设各区间频数分别为 $n_1 = 10$, $n_2 = 15$, $n_3 = 22$, $n_4 = 30$, $n_5 =$

40，$n_6 = 35$，$n_7 = 20$，$n_8 = 15$，$n_9 = 8$，$n_{10} = 5$.

（2）估计总体参数.

计算样本均值 $\bar{x} = \dfrac{1}{n} \sum\limits_{j=1}^{n} x_j$（其中 $n = 200$，x_j 为每个特征值），假设计算结果为 $\bar{x} = 50$.

计算样本标准差 $s = \sqrt{\dfrac{1}{n-1} \sum\limits_{j=1}^{n} (x_j - \bar{x})^2}$，假设得到 $s = 10$. 这里估计了均值和标准差两个参数，即 $r = 2$.

（3）计算理论概率和理论频数.

对于正态分布 $N(\bar{x}, s^2)$，也就是 $N(50, 10^2)$，利用标准正态分布表或统计软件计算每个区间的理论概率 $\hat{p}_i$.

例如，对于区间 $I_2 = (a_1, a_2]$，$\hat{p}_2 = \Phi\left(\dfrac{a_2 - 50}{10}\right) - \Phi\left(\dfrac{a_1 - 50}{10}\right)$（$\Phi$ 为标准正态分布的分布函数）.

进而得到每个区间的理论频数 $n\hat{p}_i$，假设设计算后各区间理论频数分别为 $n\hat{p}_1 = 8$，$n\hat{p}_2 = 12$，$n\hat{p}_3 = 20$，$n\hat{p}_4 = 32$，$n\hat{p}_5 = 42$，$n\hat{p}_6 = 30$，$n\hat{p}_7 = 22$，$n\hat{p}_8 = 14$，$n\hat{p}_9 = 8$，$n\hat{p}_{10} = 4$.

（4）计算卡方统计量 χ^2.

根据公式 $\chi^2 = \sum\limits_{i=1}^{k} \dfrac{(n_i - n\hat{p}_i)^2}{n\hat{p}_i}$（这里 $k = 10$）进行计算

$$\chi^2 = \dfrac{(10-8)^2}{8} + \dfrac{(15-12)^2}{12} + \dfrac{(22-20)^2}{20} + \dfrac{(30-32)^2}{32} + \dfrac{(40-42)^2}{42} +$$

$$\dfrac{(35-30)^2}{30} + \dfrac{(20-22)^2}{22} + \dfrac{(15-14)^2}{14} + \dfrac{(8-8)^2}{8} + \dfrac{(5-4)^2}{4}$$

$$= \dfrac{4}{8} + \dfrac{9}{12} + \dfrac{4}{20} + \dfrac{4}{32} + \dfrac{4}{42} + \dfrac{25}{30} + \dfrac{4}{22} + \dfrac{1}{14} + 0 + \dfrac{1}{4}$$

$$= 0.5 + 0.75 + 0.2 + 0.125 + 0.095 + 0.833 + 0.182 + 0.071 + 0 + 0.25 \approx 2.906$$

（5）确定自由度和临界值.

已知自由度为 $k - 1 - r = 10 - 1 - 2 = 7$. 对于显著性水平 $\alpha = 0.05$，查附表 3 可得临界值 $\chi_\alpha^2(7) = 14.067$.

（6）做出决策.

比较 χ^2 值与临界值 χ_α^2，由于 $2.906 < 14.067$，即 $\chi^2 < \chi_\alpha^2(7)$，所以不拒绝原假设.

结论

在显著性水平 $\alpha = 0.05$ 的情况下，没有足够的证据拒绝该 CNN 模型输出的特征值服从正态分布的假设，即可以认为这些特征值服从正态分布. 这一结果有助于科研团队基于正态分布的性质对模型进行进一步分析和优化，例如在后续的模型训练中调整参数以更好地适应这种分布特性，提高模型的性能和泛化能力.

主场优势：规律还是假象？

主场优势，作为体育界自然形成的一种"规律"，即便主客场队伍在相同的天气与场地条件下竞技，主场队伍却往往展现出更为出色的表现．这一优势究竟是媒体炒作的产物，还是确有其事？让我们从两项广为人知的赛事中探寻答案．

微课8：【统计故事】
主场优势：规律还是假象？

NBA 的主场优势

北美职业篮球联盟（NBA），作为篮球运动的巅峰舞台，其赛季横跨每年的十月至次年六月．联盟的三十支队伍分为东西两个赛区，进行激烈的角逐．赛季分为常规赛与季后赛两个阶段，前者为循环赛制，每队需完成 82 场比赛；后者则是东西赛区排名前八的队伍参与的七场四胜淘汰赛．季后赛的紧张氛围尤为浓厚，主场优势在此阶段尤为显著．主队的每一次精彩表现都能激发球迷的狂热欢呼，而客队球员则不得不面对球迷们肆意的干扰．统计数据显示，2014—2015 赛季 NBA 常规赛，主队胜率高达 57.5%；季后赛阶段，主队胜率更是攀升至 59.3%．这些数据无疑从统计学的角度证明了主场优势的存在．然而，勇士队与骑士队在 2014—2015 赛季总决赛中各胜三场，以及马刺队与热火队在 2013—2014 赛季总决赛中客队获胜次数多于主队等，这些案例提醒我们，主场优势并非绝对．

世界杯的主场优势

2014 年 6 月 12 日，第 20 届世界杯在巴西拉开序幕．作为东道主的巴西队，以及同样来自南美的阿根廷队，均展现出了强大的竞争力，并成功晋级半决赛．然而，在半决赛中，巴西队遭遇了德国队的重创，以 1∶7 的悬殊比分告负；而阿根廷队则在点球大战中击败荷兰队，挺进决赛．决赛中，面对实力略胜一筹的德国队，阿根廷队虽表现不俗，却终因一次防守失误而遗憾落败．值得注意的是，美洲举办的世界杯历史上，美洲球队夺冠次数占据优势，且多次战胜欧洲球队夺冠．此外，巴西及南美球迷对阿根廷队的支持几乎将决赛场地变成了阿根廷队的主场．这些现象进一步凸显了主场优势在世界杯赛事中的影响力．

综上所述，无论是 NBA 还是世界杯，无论是篮球还是足球，主场优势都是一个备受关注的话题．统计数据为我们提供了有力的证据支持其存在性，但同时也有众多球队成功逆势取胜的案例．因此，在看待主场优势时，我们应保持理性与客观的态度，从假设检验的角度，"主场优势"现象可以通过统计学方法进行验证和分析．以下是对这一现象的分析：

1. 定义与假设

"主场优势"是指在主场比赛时，球队的表现优于在客场比赛时的表现．通常用胜率差、净胜球数等指标度量. 在假设检验中，可以设定如下假设：

原假设（H_0）：主场优势不存在，即主队和客队的胜率或表现指标没有显著差异.

备择假设（H_1）：主场优势存在，即主队的表现显著优于客队.

2. 检验方法

（1）卡方检验：用于检验主客场胜率的差异是否显著. 例如，在 2018—2019 赛季 CBA 联赛的研究中，通过卡方检验发现常规赛阶段存在显著的主场优势，而季后赛阶段则不明显.

（2）t 检验：用于比较主客场的得分、净胜球等连续变量是否存在显著差异.

（3）非参数检验：如威尔科森符号秩检验，适用于不满足正态分布假设的数据.

3. 影响因素

（1）观众因素：观众的支持可以提升主队士气，同时可能对客队产生心理压力. 研究表明，观众数量越多、情绪越高涨，主场优势越明显.

（2）裁判因素：裁判在主场比赛中可能受到观众情绪的影响，从而做出有利于主队的判罚. 不过，某些研究也发现裁判偏见并非主场优势的唯一成因.

（3）环境因素：主队对主场场地、气候等环境因素更为熟悉，这可能对比赛结果产生影响.

4. 实际应用与案例

（1）在足球比赛中，主队通常在主场获得更多的净胜球和更高的胜率.

（2）在 NBA 比赛中，主队的胜率也显著高于客队，主场优势系数通常为正值.

（3）在冬奥会等重大赛事中，东道主国家的运动员在主场表现往往优于其他比赛，这种主场优势在冰上项目中更为明显.

5. 结论

通过假设检验的方法，可以量化并验证"主场优势"的存在. 虽然主场优势是一个复杂的多因素现象，但统计学方法能够帮助更好地理解和分析这一现象.

8.4　应用案例分析

案例一　NBA 主客场差异显著性研究——基于胜率差的 Z 检验统计推断

假设检验作为统计推断的常用方法，其核心在于"先假设、再检验". 现应用假设检验的原理，对主场优势的存在性进行验证.

在 NBA 常规赛季中，每队需完成 82 场比赛，主客场各占 41 场. 赛季结束后，会生成一份战绩记录表，如表 8.2 所示，该表为 2014—2015 赛季 NBA 常规赛战绩汇总，详细列出了 30 支队伍的总战绩及主客场具体战绩．NBA 联盟会计算各队的胜率，即胜场数与总场次之比，以量化球队表现．表 8.2 还展示了各队的总胜率与主客场胜率．主场优势，即指球队在主场的表现相较于客场更为优异．为此，采用胜率差作为衡量标准，即主场胜率与客场胜率的差值，以此反映球队主客场表现的差异．

表 8.2 2014—2015 赛季 NBA 常规赛战绩表

	排名	球队	总战绩	主场战绩	客场战绩	总胜率/%	主场胜率/%	客场胜率/%	胜率差/%
东部赛区排名	1	老鹰	60 胜 22 负	35 胜 6 负	25 胜 16 负	73.20	85.37	60.98	24.39
	2	骑士	53 胜 29 负	31 胜 10 负	22 胜 19 负	64.60	75.61	53.66	21.95
	3	公牛	50 胜 32 负	27 胜 14 负	23 胜 18 负	61.00	65.85	56.10	9.76
	4	猛龙	49 胜 33 负	27 胜 14 负	22 胜 19 负	59.80	65.85	53.66	12.20
	5	奇才	46 胜 36 负	29 胜 12 负	17 胜 24 负	56.10	70.73	41.46	29.27
	6	雄鹿	41 胜 41 负	23 胜 18 负	18 胜 23 负	50.00	56.10	43.90	12.20
	7	凯尔特人	40 胜 42 负	21 胜 20 负	19 胜 22 负	48.80	51.22	46.34	4.88
	8	篮网	38 胜 44 负	19 胜 22 负	19 胜 22 负	46.30	46.34	46.34	0.00
	9	步行者	38 胜 44 负	23 胜 18 负	15 胜 26 负	46.30	56.10	36.59	19.51
	10	热火	37 胜 45 负	20 胜 21 负	17 胜 24 负	45.10	48.78	41.46	7.32
	11	黄蜂	33 胜 49 负	19 胜 22 负	14 胜 27 负	40.20	46.34	34.15	12.20
	12	活塞	32 胜 50 负	18 胜 23 负	14 胜 27 负	39.00	43.90	34.15	9.76
	13	魔术	25 胜 57 负	13 胜 28 负	12 胜 29 负	30.50	31.71	29.27	2.44
	14	76 人	18 胜 64 负	12 胜 29 负	6 胜 35 负	22.00	29.27	14.63	14.63
	15	尼克斯	17 胜 65 负	10 胜 31 负	7 胜 34 负	20.70	31.71	17.07	14.63
西部赛区排名	1	勇士	67 胜 15 负	39 胜 2 负	28 胜 13 负	81.70	95.12	68.29	26.83
	2	火箭	56 胜 26 负	30 胜 11 负	26 胜 15 负	68.30	73.17	63.41	9.76
	3	快船	56 胜 26 负	30 胜 11 负	26 胜 15 负	68.30	73.17	63.41	9.76
	4	开拓者	51 胜 31 负	32 胜 9 负	19 胜 22 负	62.20	78.05	46.34	31.71
	5	灰熊	55 胜 27 负	31 胜 10 负	24 胜 17 负	67.10	75.61	58.54	17.07
	6	马刺	55 胜 27 负	33 胜 8 负	22 胜 19 负	67.10	80.49	53.66	26.83
	7	小牛	50 胜 32 负	27 胜 14 负	23 胜 18 负	61.00	65.85	56.10	9.76
	8	鹈鹕	45 胜 37 负	28 胜 13 负	17 胜 24 负	54.90	68.29	41.46	26.83
	9	雷霆	45 胜 37 负	29 胜 12 负	16 胜 25 负	54.90	70.73	39.02	31.71
	10	太阳	39 胜 43 负	22 胜 19 负	17 胜 24 负	47.60	53.66	41.46	12.20
	11	爵士	38 胜 44 负	21 胜 20 负	17 胜 24 负	46.30	51.22	41.46	9.76

续表

	排名	球队	总战绩	主场战绩	客场战绩	总胜率 /%	主场胜率 /%	客场胜率 /%	胜率差 /%
西部赛区排名	12	掘金	30 胜 52 负	19 胜 22 负	11 胜 30 负	36.60	46.34	26.83	19.51
	13	国王	29 胜 53 负	18 胜 23 负	11 胜 30 负	35.40	43.90	26.83	17.07
	14	湖人	21 胜 61 负	12 胜 29 负	9 胜 32 负	25.60	29.27	21.95	7.32
	15	森林狼	16 胜 66 负	9 胜 32 负	7 胜 34 负	19.50	21.95	17.07	4.88

从表 8.2 所列出的 30 支队伍的胜率差可以看出，除篮网队外，其余队伍的胜率差均大于 0，且开拓者队的胜率差更是高达 30%．直观上，这几乎可以确认主场优势的存在．接下来我们使用假设检验的方法看看主场优势是否真的存在．

下面采用 Z 检验的方法．主场优势通常可以通过计算主客场胜率差的均值进行度量．具体而言，如果经过统计检验，能够证明主客场胜率差的均值显著大于零，则说明主场优势的确存在．

观察表 8.2 中的数据可以发现，有 6 支球队的胜率差十分接近 10%，因此，不妨令 $\mu_0 = 0.1$，假设已知胜率差 X 服从正态分布 $N(\mu, \sigma^2)$，标准差 σ 为 0.9（由 30 支球队战绩估算的总体标准差），即 $X \sim N(\mu, 0.9^2)$．

构造如下两个假设：$H_0: \mu = 0.1$；$H_1: \mu \neq 0.1$．

假设 H_0 成立，则 $X \sim N(0.1, 0.9^2)$．表 8.2 中的胜率差一列是 X 的 30 个采样数据，$Z = \dfrac{\bar{X} - 0.1}{0.9/\sqrt{30}}$ 服从 $N(0,1)$，采样数据的均值为 0.15，对应的 Z 值为 $\dfrac{0.15 - 0.1}{0.9/\sqrt{30}}$．取显著性水平 $\alpha = 0.05$，对应的临界点为 -1.96 和 1.96．由于 $-1.96 < \dfrac{0.15 - 0.1}{0.9/\sqrt{30}} < 1.96$，采样数据的均值没有落入拒绝域，因此接受 H_0 假设，即"主客场胜率差的均值为 10%"是正确的．

如果把 μ_0 设为较大的值，则会使均值落入拒绝域中．

例如，构造假设：$H_0: \mu = 0.5$；$H_1: \mu \neq 0.5$．

假设 H_0 成立，则 $X \sim N(0.5, 0.9^2)$，$Z = \dfrac{\bar{X} - 0.5}{0.9/\sqrt{30}}$ 服从 $N(0,1)$，采样数据的均值为 0.15，对应的 Z 值为 $\dfrac{0.15 - 0.5}{0.9/\sqrt{30}} = -2.13$．取显著性水平 $\alpha = 0.05$，对应的临界点为 -1.96 和 1.96．由于 $-2.13 < -1.96$，采样数据的均值落入拒绝域，因此拒绝 H_0 假设，即"主客场胜率差的均值为 50%"是不正确的．

在每一次的 Z 检验中，均预设 X 服从 $N(\mu, \sigma^2)$，其中 σ^2 设定为 0.9^2，此设定为实施 Z 检验不可或缺的前提．然而，值得注意的是，此处的 0.9^2 仅为通过样本数据估算得出的总体标准差的近似值，未必能准确反映总体的真实标准差．若事先对总体标准差一无所知，仍可借助另一假设检验方法——t 检验达成检验目的．

案例二　假设检验在半导体芯片尺寸精度控制中的应用

在半导体芯片制造中，芯片的尺寸精度是决定其性能和质量的关键因素之一．芯片上的电路元件极其微小，尺寸的细微偏差都可能影响芯片的功能和稳定性．为了确保芯片符合设计要求，需要对生产线上的芯片尺寸进行严格检测．由于芯片生产是一个连续且大规模的过程，对每一个芯片都进行全面检测是既耗时又不经济的，因此通常采用抽样检验的方法．同时，考虑到生产过程中存在各种随机因素，如设备的微小波动、原材料的细微差异等，根据中心极限定理，假设芯片尺寸服从正态分布是合理的，在此基础上可以运用假设检验的方法评估生产过程是否正常．

某半导体制造企业生产一种新型的微处理器芯片，其关键尺寸的设计标准为 50 nm．芯片的合格尺寸范围规定在 49.8 nm 到 50.2 nm 之间．为了监控生产过程，企业每隔 2 h 从生产线上随机抽取 8 个芯片，测量其关键尺寸，记为 $X_1, X_2, \cdots, X_8$．已知在生产稳定的情况下，芯片尺寸的方差 σ^2 为一个常数．现在企业需要确定当前的生产过程是否正常，即在显著性水平 $\alpha = 0.05$ 下，检验芯片的平均尺寸是否符合设计标准 50 nm．

解　（1）建立假设．

原假设 $H_0: \mu = \mu_0 = 50$（芯片的平均尺寸等于设计标准 50 nm，生产过程正常）；

备择假设 $H_1: \mu \neq \mu_0 = 50$（芯片的平均尺寸不等于设计标准 50 nm，生产过程异常）．

（2）构造统计量．

因为总体方差 σ^2 未知，且样本量 $n = 8$，故采用 t **检验法**，构造统计量 $T = \dfrac{\bar{X} - \mu_0}{S/\sqrt{n}} \sim$ $t(7)$．

（3）确定拒绝域．

对于给定的显著性水平 $\alpha = 0.05$，查附表 4 得 $t_{\frac{\alpha}{2}}(n-1) = t_{0.025}(7) = 2.365$．

拒绝域为 $|t| > t_{\frac{\alpha}{2}}(n-1)$，即 $|t| > 2.365$．

（4）抽样并计算．

按照抽样规则抽取芯片并测量尺寸，

计算样本均值 $\bar{x} = \dfrac{1}{n}\sum\limits_{i=1}^{n} x_i = \dfrac{1}{8}\sum\limits_{i=1}^{8} x_i$，

计算样本标准差 $s = \sqrt{\dfrac{1}{n-1}\sum\limits_{i=1}^{n}(x_i - \bar{x})^2} = \sqrt{\dfrac{1}{7}\sum\limits_{i=1}^{8}(x_i - \bar{x})^2}$，

进而得到统计量 $t = \dfrac{\bar{X} - \mu_0}{S/\sqrt{n}}$ 的实测值．

（5）做出决策．

将计算得到的 $t = \dfrac{\bar{X} - \mu_0}{S/\sqrt{n}}$ 值与拒绝域进行比较．

如果 $|t| > 2.365$，则拒绝原假设 H_0，认为当前生产过程不正常，芯片平均尺寸不符合设计标准.

如果 $|t| \leqslant 2.365$，则不拒绝原假设 H_0，认为当前生产过程正常，没有足够证据表明芯片平均尺寸不符合设计标准.

结论

通过上述假设检验的方法，该半导体制造企业能够在保证生产效率的同时，有效地监控芯片生产过程的质量，及时发现并处理可能出现的生产异常情况，确保生产出的芯片尺寸符合设计标准，提高产品的合格率和市场竞争力.

案例三 角色扮演游戏中随机数生成器的均匀性假设检验

在电子游戏开发领域，尤其是涉及随机元素的游戏中，随机数生成器的公平性至关重要. 以一款角色扮演游戏为例，游戏中玩家的攻击伤害判定常常依赖于随机数生成器模拟类似掷骰子的结果，以增加游戏的趣味性和不确定性. 若随机数生成器存在偏差，会导致游戏体验失衡，影响玩家的公平性感受. 因此，游戏开发者需要对随机数生成器进行严格检验，确保其生成的结果是均匀分布的，而卡方检验是一种有效的检验方法.

某游戏开发公司新设计了一款大型多人在线角色扮演游戏，其中角色的技能伤害数值由内置的随机数生成器模拟 10 面骰子的掷出结果决定（结果为 1 到 10 的整数）. 为检验该随机数生成器生成的结果是否均匀，开发团队进行了 600 次模拟测试，记录每次模拟得到的数值. 测试后，数字 1 到 10 出现的次数分别为 $n_1 = 52, n_2 = 65, n_3 = 48, n_4 = 58, n_5 = 60, n_6 = 63, n_7 = 55, n_8 = 62, n_9 = 57, n_{10} = 70$. 在显著性水平 $\alpha = 0.05$ 的情况下，使用卡方检验判断该随机数生成器生成的结果是否均匀.

解 （1）建立假设.

原假设 H_0：随机数生成器生成的结果是均匀分布的，即每个数字出现的概率为 $p_1 = p_2 = \cdots = p_{10} = \dfrac{1}{10}$.

备择假设 H_1：随机数生成器生成的结果不是均匀分布的.

（2）计算理论频数.

已知总测试次数 $n = 600$，若结果均匀分布，则每个数字出现的理论频数 $np_k = 600 \times \dfrac{1}{10} = 60$（$k = 1, 2, \cdots, 10$）.

（3）计算卡方统计量 χ^2.

根据卡方统计量公式 $\chi^2 = \sum\limits_{k=1}^{m} \dfrac{(n_k - np_k)^2}{np_k}$（$m = 10$ 为数字的类别数）则

$$\chi^2 = \frac{(52-60)^2}{60} + \frac{(65-60)^2}{60} + \frac{(48-60)^2}{60} + \frac{(58-60)^2}{60} + \frac{(60-60)^2}{60} + \frac{(63-60)^2}{60} +$$

$$\frac{(55-60)^2}{60}+\frac{(62-60)^2}{60}+\frac{(57-60)^2}{60}+\frac{(70-60)^2}{60}$$

$$=\frac{(-8)^2}{60}+\frac{5^2}{60}+\frac{(-12)^2}{60}+\frac{(-2)^2}{60}+\frac{0^2}{60}+\frac{3^2}{60}+\frac{(-5)^2}{60}+\frac{2^2}{60}+\frac{(-3)^2}{60}+\frac{10^2}{60}$$

$$=\frac{64}{60}+\frac{25}{60}+\frac{144}{60}+\frac{4}{60}+0+\frac{9}{60}+\frac{25}{60}+\frac{4}{60}+\frac{9}{60}+\frac{100}{60}$$

$$=\frac{64+25+144+4+0+9+25+4+9+100}{60}=\frac{384}{60}=6.4.$$

（4）确定自由度和临界值.

自由度为 $m-1=10-1=9$.

对于显著性水平 $\alpha=0.05$，查附表3可得 $\chi^2_{0.05}(9)=16.919$.

（5）做出决策.

比较 χ^2 值与临界值 $\chi^2_{0.05}(9)$，由于 $6.4<16.919$，即 $\chi^2<\chi^2_{0.05}(9)$，所以无法拒绝原假设 H_0.

结论

在显著性水平 $\alpha=0.05$ 的情况下，没有足够证据拒绝该随机数生成器生成的结果是均匀分布的假设，即可以认为该随机数生成器生成的结果是均匀的，能为游戏提供相对公平的随机判定机制.

8.5　假设检验的 Python 语言实验

例8.16　一家工厂声称其生产的电池平均寿命为200 h，为了验证这一声明，质量控制部门随机抽取了30块电池进行测试，测得的平均寿命为195 h，标准差为20 h. 假设电池寿命服从正态分布，使用显著性水平 $\alpha=0.05$，进行双侧检验，判断工厂的声明是否可靠.

解　在 Jupyter Notebook 单元格中输入如下代码：

```
from scipy import stats
import numpy as np


#定义变量
#样本平均寿命
sample_mean =195
#工厂声称的平均寿命
population_mean =200
#样本标准差
std_dev =20
```

```
#样本大小
sample_size =30
#显著性水平
alpha =0.05
#计算 t 统计量和 p 值
#ttest_1samp 单样本 t 检验函数
t_statistic,p_value =stats.ttest_1samp(np.random.normal(sample_
mean,std_dev,sample_size),population_mean)


#判断并输出结果
if p_value <alpha:
print(f"拒绝原假设,因为 p 值({p_value:.4f})小于显著性水平{alpha},数据
表明电池的平均寿命与工厂声称的 200 h 存在显著差异.")
    else:
        print(f"未能拒绝原假设,因为 p 值({p_value:.4f})大于显著性水平{al-
pha},数据支持工厂的声明,电池平均寿命约为 200 h.")
```

运行程序后,输出如下结果:

未能拒绝原假设,因为 p 值(0.1312)大于显著性水平 0.05,数据支持工厂的声明,电池平均寿命约为 200 h.

微课 9:例 8.16

例 8.17　一个研究团队声称,经过改进的教学方法能够显著降低学生在某门课程期末考试成绩的标准差,使成绩更加集中,以往该课程的成绩标准差为 20 分,为了验证这一说法,团队从采用新教学方法的班级中随机抽取了 30 名学生的期末考试成绩,得到的样本标准差为 16 分.假设成绩服从正态分布,使用显著性水平 $\alpha = 0.05$,进行单侧检验(即检验新方法是否降低了成绩的波动性),判断新教学方法是否有效降低了成绩的标准差.

解　在 Jupyter Notebook 单元格中输入如下代码:

```
from scipy.stats import f
import numpy as np
#定义变量,样本标准差
sample_std_dev =16
#已知的总体方差(旧标准差的平方)
known_var =20 ** 2
#样本大小
```

```
sample_size = 30
#显著性水平
alpha = 0.05
#计算 F 统计量
f_statistic = (known_var/(sample_size - 1))/(sample_std_dev ** 2)
#计算右侧临界值(因为是单侧检验,且我们检验方差是否减小)
#分子自由度
dfn = sample_size - 1
#分母自由度,在单样本方差检验中,当检验已知方差时,分母自由度视为无穷大
dfd = np.inf
critical_f = f.ppf(1 - alpha,dfn,dfd)
#判断并输出结果
if f_statistic < critical_f:
    print(f"拒绝原假设,因为 F 统计量({f_statistic:.4f})小于右侧临界值
({critical_f:.4f}),数据支持新教学方法显著降低了成绩的波动性.")
    else:
    print(f"未能拒绝原假设,因为 F 统计量({f_statistic:.4f})大于等于右
侧临界值({critical_f:.4f}),没有足够证据表明新教学方法降低了成绩的标准差.")
```

运行程序后，输出如下结果：

未能拒绝原假设,因为 F 统计量(0.053 9)大于等于右侧临界值(nan),没有足够证据表明新教学方法降低了成绩的标准差.

例 8.18 一项调查研究想要探究大学生选择专业是否与性别有关，研究者随机选择了 200 名大学生作为样本，其中 120 名为理科专业学生，80 名为文科专业学生．在理科专业学生中，有 70 名男生和 50 名女生；在文科专业学生中，有 30 名男生和 50 名女生．使用卡方检验（χ^2 检验），在显著性水平 $\alpha = 0.05$ 下，分析性别与专业选择之间是否存在显著关联．

解 在 Jupyter Notebook 单元格中输入如下代码：

```
from scipy.stats import chi2_contingency

#定义观察频数矩阵
observed_values = [
    #理科男生、理科女生
    [70,50],
    #文科男生、文科女生
```

```
        [30,50]
    ]
    #执行卡方检验
    chi2,p,dof,expected_values=chi2_contingency(observed_values)
    #结果解释
    alpha=0.05
    if p<=alpha:
        conclusion="拒绝原假设,性别与专业选择之间存在显著关联(P 值={:.4f}
<α={:.4f})".format(p,alpha)
    else:
        conclusion="未能拒绝原假设,没有足够证据表明性别与专业选择之间存在
显著关联(P 值={:.4f}>α={:.4f})".format(p,alpha)

    #打印结果
    print("卡方统计量:",chi2)
    print("P 值:",p)
    print("自由度:",dof)
    print("期望频数:\n",expected_values)
    print(conclusion)
```

运行程序后，输出如下结果：

卡方统计量:7.520833333333334

P 值:0.006098945931214352

自由度:1

期望频数:

[60.60.]

[40.40.]

拒绝原假设,性别与专业选择之间存在显著关联(P 值=0.0061<α=0.0500)

习题八

1. 某种产品的质量 $X \sim N(12,1)$（单位：g），更新设备后，从新生产的产品中，随机地抽取 100 个，测得样本均值 $\bar{x}=12.5$（g）. 如果方差没有变化，问设备更新后产品的平均质量是否有显著变化？（$\alpha=0.1$）

2. 某高校大一新生进行数学期中考试，测得平均成绩为 75.6 分，标准差为 7.4 分. 从

第 8 章【考研真题选讲】

该校某专业随机抽取 50 名学生，测得数学平均成绩为 78 分，试问该专业学生与全校学生数学成绩有无明显差异？（$\alpha = 0.05$）

微课 10：习题八
（第 2 题）

3. 一种燃料的辛烷等级服从正态分布，平均等级为 98.0，标准差为 0.8. 今从一批新油中抽出 25 桶，算得样本均值为 97.7，假定标准差与原来一样，问新油的辛烷平均等级是否比原燃料平均等级偏低？（$\alpha = 0.05$）

4. 某饲料公司用自动打包机打包，每包标准质量为 100 kg，每天开工后需检验一次打包机是否正常工作，某日开工后测得九包质量为

99.3，98.7，100.5，101.2，98.3，99.7，99.5，102.1，100.5.

假设每包的质量服从正态分布. 在显著性水平为 $\alpha = 0.05$ 下，打包机工作是否正常？

5. 正常人的脉搏平均为 72 次/min，现某医生测得 10 例慢性四乙基铅中毒患者的脉搏如下：

54，68，65，77，70，64，69，72，62，71（次/min）.

设患者的脉搏次数 X 服从正态分布，试检验患者的脉搏与正常人的脉搏有无显著差异？（$\alpha = 0.05$）

6. 有甲、乙两台机床加工同样产品，从这两台机床生产的产品中随机抽取若干件，测得产品直径（单位：mm）为

机床甲	20.5	19.8	19.7	20.4	20.1	20.0	19.0	19.9
加床乙	19.7	20.8	20.5	19.8	19.4	20.6	19.2	—

假定两台机床加工的产品直径都服从正态分布，且总体方差相等，问甲、乙两台机床加工的产品直径有无显著差异？（$\alpha = 0.05$）

7. 某汽车配件厂在新工艺下，对加工好的 25 个活塞的直径进行测量，得样本方差 $s^2 = 0.000\,66$. 已知旧工艺生产的活塞直径的方差为 $0.000\,40$. 问新工艺下方差有无显著变化？（$\alpha = 0.05$）

8. 某厂商生产出一种新型的饮料装瓶机器，按设计要求，该机器装一瓶一升（$1\,000\ cm^3$）的饮料误差上下不超过 $1 cm^3$. 如果达到设计要求，表明机器的稳定性非常好. 现从该机器装完的产品中随机抽取 25 瓶，分别进行测定（用样本减 $1\,000\ cm^3$），得到如下结果. 检验该机器的性能是否达到设计要求？（$\alpha = 0.05$）

微课 11：习题八
（第 8 题）

0.3	−0.4	−0.7	1.4	−0.6	−0.3	−1.5	0.6	−0.9	1.3
−1.3	0.7	1	−0.5	0	−0.6	0.7	−1.5	−0.2	−1.9
−0.5	1	−0.2	−0.6	1.1	—	—	—	—	—

9. 在正常生产条件下，某产品的测试指标总体 $X \sim N(\mu, 0.23^2)$，后来改变生产水平出了新产品，此时产品的测试指标总体 $X \sim N(\mu, \sigma^2)$. 现在从新产品中随机抽取 10 件测试，

计算出样本标准差为 0.33，若显著水平为 $\alpha = 0.05$，问方差有没有显著变化？

10. 设有甲、乙两台机床加工同样产品．分别从甲、乙机床加工的产品中随机抽取 8 件和 7 件，测得产品直径（单位：mm）为

件数	1	2	3	4	5	6	7	8
甲	20.5	19.8	19.7	20.4	20.1	20.0	19.0	19.9
乙	19.7	20.8	20.5	19.8	19.4	20.6	19.2	—

已知两台机床加工产品的直径长度分别服从方差为 $\sigma_1^2 = 0.3^2, \sigma_2^2 = 1.2^2$ 的正态分布，问两台机床加工产品直径的长度有无显著差异？（$\alpha = 0.01$）

11. 为比较甲、乙两种安眠药的疗效，将 20 名患者分成两组，每组 10 人，若服药后延长睡眠的时间都近似服从正态分布（假设标准差相同），数据如下：

甲	1.9	0.8	1.1	0.1	−0.1	4.4	5.5	1.6	4.6	3.4
乙	0.7	−1.6	−0.2	−1.2	−0.1	3.4	3.7	0.8	0	2.2

问：两种安眠药的疗效有无显著差异？（$\alpha = 0.05$）

12. 在针织品的漂白工艺过程中，要考察温度对针织品断裂程度的影响．根据经验可以认为在不同温度下断裂强度都服从正态分布，且方差相等．现在 70 ℃ 和 80 ℃ 两种温度下断裂强度都服从正态分布，且方差相等．在 70 ℃ 和 80 ℃ 两种温度下各做 8 次实验，得到强力的数据（单位：kg）如下：

70 ℃	20.5	18.8	19.8	20.9	21.5	19.5	21.0	21.2
80 ℃	17.7	20.3	20.0	18.8	19.0	20.1	20.2	19.1

试问在不同温度下强力是否有显著差异？（$\alpha = 0.05$）

13. 根据某地环境保护的规定，倾入河流的废水中某种有毒化学物质的平均含量不得超过 3 ppm（parts per million，百万分之一）．已知废水中该有毒化学物质的含量 X 服从正态分布．该地区环保组织对沿河一工厂进行检查，测定其每天倾入河流废水中该有毒物质的含量，15 天的数据如下（单位：ppm）：

3.1	3.2	3.3	2.9	3.5	3.4	2.5	4.3
2.9	3.6	3.2	3.0	2.7	3.5	2.9	—

试在 $\alpha = 0.05$ 的水平上判断该工厂的排放是否符合环保规定？

14. 一骰子投掷了 120 次，得到下列结果：

点数	1	2	3	4	5	6
出现次数	23	26	21	20	15	15

问这个骰子是否均匀？（$\alpha = 0.05$）

15. 1 h 内电话交换台呼叫次数按每分钟统计如下：

每分钟呼叫次数	0	1	2	3	4	5	6
频数	8	16	17	10	6	2	1

用卡方检验法检验每分钟内电话呼唤次数是否服从泊松分布？（$\alpha = 0.05$）

16. 从一批滚珠中随机抽取了 50 个，测得它们的直径为（单位：mm）

15.0	15.8	15.2	15.1	15.9	14.7	14.8	15.5	15.6	15.3
15.1	15.3	15.0	15.6	15.7	14.8	14.5	14.2	14.9	14.9
15.2	15.0	15.3	15.6	15.1	14.9	14.2	14.6	15.8	15.2
15.9	15.2	15.0	14.9	14.8	14.5	15.1	15.5	15.5	15.1
15.1	15.0	15.3	14.7	14.5	15.5	15.0	14.7	14.6	14.2

能否认为这批滚珠直径服从正态分布？（$\alpha = 0.05$）

第9章　回归分析

有人讨厌统计学这个名字，但我发现它充满美感和趣味．每当它们不被残酷虐待，而是被更高级的方法巧妙处理，并被谨慎地解释时，它们处理复杂现象的能力是非凡的．它们是唯一的工具，通过它，可以在阻挡人类科学前进的巨大困难中打开一个突破口．

——弗朗西斯·高尔顿

概率统计人物

弗朗西斯·高尔顿（Francis Galton，1822—1911），英国统计学家、生物学家，是查尔斯·达尔文的表弟．他在人类学、地理学、数学、力学、气象学、心理学、统计学等各个方面都有非凡的成就，被称为"优生学之父"．在对人体遗传学的研究中，高尔顿根据实验数据，发现个子高的父母其子女也较高，但平均来看，却不比他们的父母高；同样，个子矮的父母其子女也较矮，但平均来看，却不比他们的父母矮，即子代的平均高度向中心回归了．正是因为子代的身高有回到同龄人平均身高的这种趋势，才使人类的身高在一定时间内相对稳定，没有出现父辈个子高其子女更高，父辈个子矮其子女更矮的两极分化现象．

他与卡尔·皮尔逊共同创办了《生物统计学》杂志，提出"均值回归"和"相关系数"等概念，他还发明了高尔顿板，以演示二项分布下的中心极限定理．1889 年，高尔顿出版了著作《自然遗传》，书中概括了作者关于遗传的相关和回归概念及技巧方面的工作，引进了"回归"这个名词描述父母身高与子女身高的关系，明确思考了它们在研究生命形式中的可用性和价值．

在自然现象和社会现象中，变量之间普遍存在着关系，这些关系一般可以分类为确定性关系和不确定性关系．例如，在理想状态下，电路中的电压、电流和电阻之间的关系 $U = IR$；

梁的弯矩、弹性模量、惯性矩以及跨度之间的关系 $M = EI/L$. 这类可以用函数表示的关系称为确定性关系，又称函数关系. 又如，机器学习模型在预测系统性能或行为时产生的不确定性，可能是受数据的不完整性、噪声或模型本身的限制影响，而这些因素不能严格决定机器学习模型是否产生不确定性；材料在重复加载和卸载过程中的疲劳寿命与加载速率、温度、材料成分等因素有一定的关系，而这些因素也不能严格决定材料的疲劳寿命. 这类有一定的关联但不能用普通的函数表示的非确定性关系称为**相关关系**. 回归分析是研究相关关系的重要统计方法之一. 根据已有的实验结果和以往经验建立统计模型，研究变量间的相关关系，建立起变量间近似的函数关系即**回归方程**，接着对回归方程、参数估计值的有效性进行显著性检验. 最后，利用回归方程对相应变量进行预测和控制.

回归分析在数据分析中扮演着至关重要的角色，是预测未来趋势、优化决策过程的强大工具. 例如，在商业领域，通过回归分析，企业可以预测市场需求，从而调整生产计划，避免库存积压或短缺，实现资源的最优配置；在经济学领域，回归分析广泛应用于政策效果评估、经济增长预测等方面，有助于政府科学决策，提高政策的有效性和针对性；在医学研究中，回归分析帮助科学家揭示疾病风险因素与疾病发生之间的关联，为疾病的预防和治疗提供科学依据；在机械工程领域，通过回归分析建立结构材料的性能、几何尺寸等因素与结构强度之间的关系模型，可用于预测不同设计参数下结构的承载能力，为结构的安全设计提供依据，避免因结构强度不足而导致的安全事故；在智能制造中，通过回归分析建立生产效率、产品质量等关键指标与生产设备参数、工艺参数、原材料特性等之间的关系模型，根据模型确定最优的生产参数组合，以提高生产效率、降低成本和提升产品质量，实现智能化的生产过程优化；在电气自动化控制系统中，利用回归分析对系统的输入输出数据进行建模，建立被控对象的数学模型，进而根据模型设计和优化控制器的参数，提高控制系统的控制精度和稳定性，实现自动化生产过程的精确控制.

本章内容包括一元回归分析，多元回归分析和非线性回归分析. 一元回归分析研究两个变量之间的相关关系，多元回归分析研究多个变量之间的相关关系，它们都是线性回归.

第 9 章回归分析思维导图　　　　　　　第 9 章回归分析学习重难点及学习目标

9.1　回归分析的基本概念

算术要达到精确，统计则要完成估测.

——阿瑟·莱昂·鲍利

回归分析是处理两个或多个变量之间相关关系的一种重要方法. 考察目标的变量 Y 称为**因变量**, 影响 Y 的各种因素 $x_1, x_2, \cdots, x_k$ 称为**自变量**, 例如, 在流体力学中, 流体在管道或通道中的流速作为考查目标称为因变量, 而管道直径、压力差、流体黏度等影响流体流速的因素称为自变量. 由于因变量与自变量之间没有确定的函数关系, 因此还可能存在其他随机因素的影响, 统称为**随机误差**, 记为 ε.

自变量的影响记为 $\mu(x_1, x_2, \cdots, x_k)$, 它和随机误差 ε 的影响共同决定因变量 Y 的值. 则

$$Y = \mu(x_1, x_2, \cdots, x_k) + \varepsilon \tag{9.1}$$

称为 Y 对 $x_1, x_2, \cdots, x_k$ 的**回归方程**. 其中, 随机误差 ε 通常满足 $E(\varepsilon) = 0, D(\varepsilon) = \sigma^2$. 函数 $\mu(x_1, x_2, \cdots, x_k)$ 称为 Y 对 $x_1, x_2, \cdots, x_k$ 的**回归函数**, 以上统称为**回归模型**.

9.1.1　一元线性回归模型

当 Y 与 x 之间存在线性相关关系, 即只有一个自变量 x 对变量 Y 产生影响时, 考虑建立一元线性回归模型如下:

$$\begin{cases} Y = a + bx + \varepsilon, \\ \varepsilon \sim N(0, \sigma^2). \end{cases} \tag{9.2}$$

其中 a, b, σ^2 为不依赖于 x 的未知常数, 有 $Y \sim N(a + bx, \sigma^2)$. 令 $y = E(Y)$, 得到回归函数

$$y = a + bx. \tag{9.3}$$

称为 y 对 x 的**一元线性回归**, a, b 称为**回归系数**.

9.1.2　多元线性回归模型

当 Y 与 $x_1, x_2, \cdots, x_k$ 之间存在线性相关关系, 即有多个自变量 $x_1, x_2, \cdots, x_k$ 对因变量 Y 产生影响时, 考虑建立多元线性回归模型如下:

$$\begin{cases} Y = b_0 + b_1 x_1 + b_2 x_2 + \cdots + b_k x_k + \varepsilon, \\ \varepsilon \sim N(0, \sigma^2). \end{cases} \tag{9.4}$$

其中 $b_0, b_1, \cdots, b_k, \sigma^2$ 为不依赖于 $x_1, x_2, \cdots, x_k$ 的未知常数. 记 $y = E(Y)$, 得到回归函数

$$y = b_0 + b_1 x_1 + b_2 x_2 + \cdots + b_k x_k. \tag{9.5}$$

称为 y 对 $x_1, x_2, \cdots, x_k$ 的**多元线性回归**, $b_0, b_1, \cdots, b_k$ 称为**回归系数**.

9.1.3　散点图

在用线性回归模型描述 Y 与 x 关系之前, 应该先了解 Y 与 x 之间是否具有线性相关关系. 通过绘制散点图可以进行初步判断. 当 x 取固定值 $x_1, x_2, \cdots, x_n$ 时, 对随机变量 Y 进行观测或试验后, 得到具体数值 $y_1, y_2, \cdots, y_n$, 将样本观测值

$$(x_1, y_1), (x_2, y_2), \cdots, (x_n, y_n),$$

这 n 个数据在平面直角坐标系中对应的 n 个点标记出来, 形成的图像称为**散点图**.

当 n 较大时, 若散点图上的 n 个点近似地分布在一条直线附近, 就可以粗略地认为, Y 与 x 之间有线性相关关系. 此时, 可以选取线性回归模型描述 Y 与 x 之间的关系.

例 9.1 为研究一家外卖配送公司配送员人均负荷（一天需配送的订单量）与订单的准时送达率之间的关系，把准时送达率记为 Y，把人均负荷记为 x。测得数据如表 9.1 所示，试画出配送员人均负荷与准时送达率的散点图。

表 9.1 某配送公司配送员人均负荷与准时送达率数据

人均负荷 x_i/件	10	11	12	13	14	15	16	17	18	19
准时送达率 y_i/%	95	94.7	93.9	92.1	90.6	89.1	86.2	83.5	79	76.6

解 根据表 9.1，将人均负荷 x_i 作为横坐标，准时送达率 y_i 作为纵坐标标注出 (x_i, y_i)，$i = 1, 2, \cdots, 10$，散点图如图 9.1 所示。

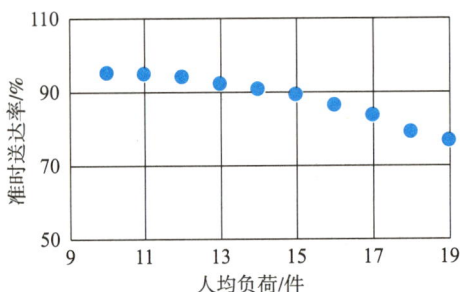

图 9.1 配送员人均负荷与准时送达率的散点图

可以看到样本数据 (x_i, y_i)，$i = 1, 2, \cdots, 10$，呈现在一条直线附近，这说明变量 x 虽然不能完全确定变量 Y，但它们之间具有明显的线性相关关系，适合于用一元线性回归模型描述。

根据散点图可以大致确定变量之间存在相关关系，简单直观，但是精度差、局限性大且无法确定回归函数中的回归系数 a, b。为了得到回归系数 a, b，引入常用的估计方法——最小二乘法。

9.1.4 参数估计：最小二乘法

最小二乘法（least-squares method）是一种广泛应用于参数估计、曲线拟合的数学优化技术，由**阿德里安·玛利·勒让德**（Adrien-Marie Legendre）于 1806 年首次提出。**高斯**于 1809 年在他的著作《天体运动论》中使用最小二乘法计算出谷神星的轨道，使最小二乘法得到广泛应用。

概率统计人物

阿德里安·玛利·勒让德（Adrien-Marie Legendre，1752—1833），法国数学家，勒让德是数学教科书中经常出现的名词，如勒让德多项式、勒让德变换。他的名字已列入巴黎埃菲尔铁塔内科学名人纪念名单中。勒让德的主要研究领域是分析学（尤其是椭圆积分理论）、数论、初等几何与天体力学，在关于行星形状和球体引力的研究中，他陈述了最小二乘法，提出了关于二次变分的"勒让德条件"。

对于一元线性回归模型，样本观察值 $y_1, y_2, \cdots, y_n$ 满足

$$y_i = a + bx_i + \varepsilon_i, \quad i = 1, 2, \cdots, n \tag{9.6}$$

其中 $\varepsilon_1, \varepsilon_2, \cdots, \varepsilon_n$ 相互独立，且均服从正态分布 $N(0, \sigma^2)$. 在大多数情况下，无法找到一条直线经过所有的样本观测点 (x_i, y_i). 因此，尝试用 a, b 的参数估计值 $\hat{a}, \hat{b}$ 代替回归模型中的未知参数 a, b，使模型在各个样本观测点处达到最佳拟合状态. 这样，就能得到一元线性回归方程

$$\hat{y}_i = \hat{a} + \hat{b}x_i. \tag{9.7}$$

$\hat{y}_i$ 即为 y_i 的估计值. 如此，会产生误差 $y_i - (\hat{a} + \hat{b}x_i)$，又称**残差**. 残差的值可能为正数也可能为负数. 为了避免某些点的残差为很大的正数，而某些点的残差为很小的负数时，相加后 $\sum\limits_{i=1}^{n} [y_i - (\hat{a} + \hat{b}x_i)]$ 却很小的情况，应该考虑用残差的绝对值相加，但这样不好计算. **最小二乘法的原理就是使全部残差的平方和** $\sum\limits_{i=1}^{n} [y_i - (\hat{a} + \hat{b}x_i)]^2$ **达到最小**，即认为与所有点的残差平方最小的那条直线与所有样本观测值拟合得最好，这样就解决了上述两个问题.

利用微分学中的极值原理，可以求出使 $\sum\limits_{i=1}^{n} [y_i - (\hat{a} + \hat{b}x_i)]^2$ 达到最小值的 $\hat{a}, \hat{b}$. 先分别求出 $\sum\limits_{i=1}^{n} [y_i - (\hat{a} + \hat{b}x_i)]^2$ 关于 $\hat{a}, \hat{b}$ 的偏导数，并分别令其等于零，可以得出如下方程组

$$\begin{cases} -2\sum\limits_{i=1}^{n} (y_i - \hat{a} - \hat{b}x_i) = 0, \\ -2\sum\limits_{i=1}^{n} (y_i - \hat{a} - \hat{b}x_i)x_i = 0. \end{cases}$$

变形得

$$\begin{cases} n\hat{a} + \left(\sum\limits_{i=1}^{n} x_i\right)\hat{b} = \sum\limits_{i=1}^{n} y_i, \\ \left(\sum\limits_{i=1}^{n} x_i\right)\hat{a} + \left(\sum\limits_{i=1}^{n} x_i^2\right)\hat{b} = \sum\limits_{i=1}^{n} x_i y_i. \end{cases}$$

解得

$$\hat{a} = \bar{y} - \hat{b}\bar{x}, \quad \hat{b} = \frac{\sum\limits_{i=1}^{n} (x_i - \bar{x})(y_i - \bar{y})}{\sum\limits_{i=1}^{n} (x_i - \bar{x})^2},$$

微课1：最小二乘法

其中，$\bar{x} = \dfrac{1}{n}\sum\limits_{i=1}^{n} x_i$；$\bar{y} = \dfrac{1}{n}\sum\limits_{i=1}^{n} y_i$；为了方便计算，令

$$L_{xy} = \sum\limits_{i=1}^{n} (x_i - \bar{x})(y_i - \bar{y}) = \sum\limits_{i=1}^{n} x_i y_i - n\bar{x}\bar{y},$$

$$L_{xx} = \sum\limits_{i=1}^{n} (x_i - \bar{x})^2 = \sum\limits_{i=1}^{n} x_i^2 - n(\bar{x})^2,$$

$$L_{yy} = \sum_{i=1}^{n} (y_i - \bar{y})^2 = \sum_{i=1}^{n} y_i^2 - n(\bar{y})^2.$$

这样，$\hat{a},\hat{b}$ 可以重写为 $\hat{a} = \bar{y} - \hat{b}\bar{x}$，$\hat{b} = \dfrac{L_{xy}}{L_{xx}}$.

例 9.2 为研究某一化学反应过程中温度 x 对产品得率 Y 的影响．测得数据如表 9.2 所示，求产品得率 Y 关于温度 x 的回归方程．

解 根据表 9.2，将温度 x_i 作为横坐标，产品得率 y_i 作为纵坐标，画出 (x_i, y_i)，$i = 1$，$2,\cdots,n$ 的散点图，如图 9.2 所示．

表 9.2 某化学反应中温度与产品得率数据

温度 x_i /℃	100	110	120	130	140	150	160	170	180	190
得率 y_i /%	45	51	54	61	66	70	74	78	85	89

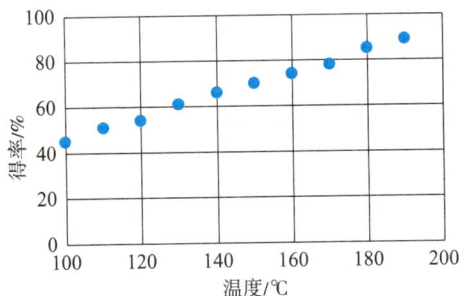

图 9.2 温度与产品得率的散点图

样本数据大致落在一条直线附近，这说明变量 x 与 Y 之间具有明显的线性相关关系，设化学反应过程中产品得率与温度的数据有如下结构

$$y_i = a + bx_i + \varepsilon_i (i = 1, 2, \cdots, 10),$$

计算得

$$\sum_{i=1}^{10} x_i = 1\ 450, \quad \sum_{i=1}^{10} y_i = 673,$$

$$\sum_{i=1}^{10} x_i y_i = 101\ 570, \quad \sum_{i=1}^{10} x_i^2 = 218\ 500,$$

于是

$$\hat{b} = \frac{\sum_{i=1}^{10} x_i y_i - 10\bar{x}\bar{y}}{\sum_{i=1}^{10} x_i^2 - 10\bar{x}^2} \approx 0.483\ 0,$$

$$\hat{a} = \bar{y} - \hat{b}\bar{x} \approx -2.739\ 4.$$

所以回归直线方程为 $\hat{y} = -2.739\ 4 + 0.483\ 0x$.

多元线性回归同样使用最小二乘法估计未知参数 $b_0, b_1, \cdots, b_k$，仅在计算方面更复杂，实际应用中通常借助于统计分析软件完成多元线性回归分析．

样本观测值 $y_1, y_2, \cdots, y_n$，满足

$$y_i = b_0 + b_1 x_{i1} + b_2 x_{i2} + \cdots + b_k x_{ik} + \varepsilon_i \quad (i = 1, 2, \cdots, n) \tag{9.8}$$

其中 $\varepsilon_1, \varepsilon_2, \cdots, \varepsilon_n$ 相互独立，且均服从正态分布 $N(0, \sigma^2)$。类似地取使全部残差的平方和最小的 $\hat{b}_0, \hat{b}_1, \cdots, \hat{b}_k$ 作为所求 $b_0, b_1, \cdots, b_k$ 的参数估计值，得出多元线性回归方程

$$\hat{y} = \hat{b}_0 + \hat{b}_1 x_1 + \hat{b}_2 x_2 + \cdots + \hat{b}_k x_k. \tag{9.9}$$

利用多元微分学，可以求出 $\sum_{i=1}^{n} \left[y_i - (\hat{b}_0 + \hat{b}_1 x_{i1} + \hat{b}_2 x_{i2} + \cdots + \hat{b}_k x_{ik}) \right]^2$ 分别关于 $\hat{b}_0, \hat{b}_1, \cdots, \hat{b}_k$ 的偏导数，并分别令其等于零，可以得出如下方程组

$$\begin{cases} -2 \sum_{i=1}^{n} (y_i - \hat{b}_0 - \hat{b}_1 x_{i1} - \hat{b}_2 x_{i2} - \cdots - \hat{b}_k x_{ik}) = 0, \\ -2 \sum_{i=1}^{n} (y_i - \hat{b}_0 - \hat{b}_1 x_{i1} - \hat{b}_2 x_{i2} - \cdots - \hat{b}_k x_{ik}) x_{ij} = 0, \end{cases} \quad (j = 1, 2, \cdots, k).$$

进一步化简得

$$\begin{cases} \hat{b}_0 n + \hat{b}_1 \sum_{i=1}^{n} x_{i1} + \hat{b}_2 \sum_{i=1}^{n} x_{i2} + \cdots + \hat{b}_k \sum_{i=1}^{n} x_{ik} = \sum_{i=1}^{n} y_i, \\ \hat{b}_0 \sum_{i=1}^{n} x_{i1} + \hat{b}_1 \sum_{i=1}^{n} x_{i1}^2 + \hat{b}_2 \sum_{i=1}^{n} x_{i1} x_{i2} + \cdots + \hat{b}_k \sum_{i=1}^{n} x_{i1} x_{ik} = \sum_{i=1}^{n} x_{i1} y_i, \\ \cdots \\ \hat{b}_0 \sum_{i=1}^{n} x_{ik} + \hat{b}_1 \sum_{i=1}^{n} x_{i1} x_{ik} + \hat{b}_2 \sum_{i=1}^{n} x_{i2} x_{ik} + \cdots + \hat{b}_k \sum_{i=1}^{n} x_{ik}^2 = \sum_{i=1}^{n} x_{ik} y_i. \end{cases}$$

令

$$X = \begin{bmatrix} 1 & x_{11} & x_{12} & \cdots & x_{1k} \\ 1 & x_{21} & x_{22} & \cdots & x_{2k} \\ \vdots & \vdots & \vdots & & \vdots \\ 1 & x_{n1} & x_{n2} & \cdots & x_{nk} \end{bmatrix}, Y = \begin{bmatrix} y_1 \\ y_2 \\ \vdots \\ y_n \end{bmatrix}, \hat{B} = \begin{bmatrix} \hat{b}_0 \\ \hat{b}_1 \\ \vdots \\ \hat{b}_k \end{bmatrix}.$$

于是上述方程组可以改写为

$$X^{\mathrm{T}} X \hat{B} = X^{\mathrm{T}} Y,$$

若 $X^{\mathrm{T}} X$ 是满秩矩阵，则 $(X^{\mathrm{T}} X)^{-1}$ 存在，可以解得：

$$\hat{B} = (X^{\mathrm{T}} X)^{-1} X^{\mathrm{T}} Y.$$

例 9.3　表 9.3 所示为合金元素及铸品数据，x_1 和 x_2 表示某一特定的合金中所含的 A 及 B 两种元素的百分数，现对 x_1 和 x_2 各选 4 种，共有 16 种不同组合，y 表示各种不同成分的铸品数，根据表中资料求二元线性回归方程。

表 9.3　合金元素及铸品数据

所含 A x_1	5	5	5	5	10	10	10	10	15	15	15	15	20	20	20	20
所含 B x_2	1	2	3	4	1	2	3	4	1	2	3	4	1	2	3	4
铸品数 y	28	30	48	74	29	50	57	42	20	24	31	47	9	18	22	31

解 根据最小二乘法及表 9.3 中数据，得到方程组.

$$\begin{cases} 16b_0 + 200b_1 + 40b_2 = 560, \\ 200b_0 + 3\,000b_1 + 500b_2 = 6\,110, \\ 40b_0 + 500b_1 + 120b_2 = 1\,580. \end{cases}$$

解得

$$\hat{b}_0 = 34.75, \quad \hat{b}_1 = -1.78, \quad \hat{b}_2 = 9.$$

所以回归直线方程为 $\hat{y} = 34.75 - 1.78x_1 + 9x_2$.

9.1.5 显著性检验

在上述步骤中，用最小二乘法求出回归系数，得回归方程，是建立在假设因变量 Y 与自变量 $x_1, x_2, \cdots, x_k$ 之间有线性相关关系的基础之上. 而就最小二乘法本身而言，任意一组数据都可以找到一条直线来描述变量之间的关系. 若 Y 与 $x_1, x_2, \cdots, x_k$ 之间实际上没有线性相关关系，此时求出的线性回归方程是没有实用价值的. 因此，对于给定的观测数据，需要进行假设检验，判断 Y 与 $x_1, x_2, \cdots, x_k$ 之间是否真的存在线性相关关系.

1. 可决系数

一般情况下，观测点不可能全部落在样本回归线上. 可用拟合优度描述样本回归线对样本数据的拟合程度，显然，观测值离回归线越近，拟合程度越好. 回归方程 $\hat{y} = \hat{a} + \hat{b}x$ 中不包含随机因素 ε 的影响，因此，回归值 $\hat{y}_i = \hat{a} + \hat{b}x_i$ 只反映出观测值 y_i 受 x_i 影响.

显然，观测值 y_i 可以分解为回归值与残差 $y_i - \hat{y}_i$ 之和，即

$$y_i = \hat{y}_i + (y_i - \hat{y}_i),$$

且 y_i 与其均值 $\bar{y}$ 的偏差可分解成

$$y_i - \bar{y} = (\hat{y}_i - \bar{y}) + (y_i - \hat{y}_i),$$

两边平方求和可得

$$\sum (y_i - \bar{y})^2 = \sum (y_i - \hat{y}_i)^2 + \sum (\hat{y}_i - \bar{y})^2,$$

记

$$\text{TSS} = \sum (y_i - \bar{y}_i)^2 \text{ 为总平方和},$$

$$\text{ESS} = \sum (y_i - \hat{y}_i)^2 \text{ 为残差平方和},$$

$$\text{RSS} = \sum (\hat{y}_i - \bar{y})^2 \text{ 为回归平方和}.$$

显然

总平方和 TSS = 残差平方和 ESS + 回归平方和 RSS.

因此，通过分析 ESS 和 RSS 可以得出结论，ESS 的大小反映出误差等随机因素对实验结果的影响，ESS 越小，回归直线与样本点的拟合优度越高；RSS 的大小反映出自变量 x 对实验结果的重要程度，RSS 越大，自变量对因变量的决定能力越强.

用回归平方和 RSS 占总平方和 TSS 的比重大小衡量回归直线的拟合优度，定义**可决系数**为

$$r^2 = \frac{\text{RSS}}{\text{TSS}} = 1 - \frac{\text{ESS}}{\text{TSS}}. \tag{9.10}$$

显然，可决系数 $0 \le r^2 \le 1$. r^2 越大，拟合程度越好，自变量对因变量的决定能力越强. 当 $r^2 = 1$ 时，误差等随机因素不影响实验结果，因变量的变化只由自变量决定；当 $r^2 = 0$ 时，自变量不对因变量变化产生任何影响，即自变量与因变量之间不存在线性关系. 回归方程的偏差和残差如图 9.3 所示.

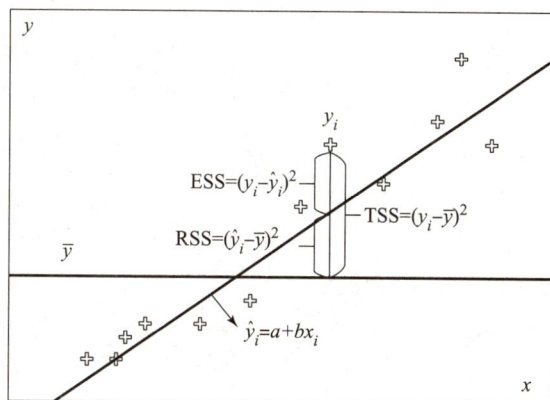

图 9.3　回归方程的偏差和残差

2. F 检验

F 检验又称方程的显著性检验，主要用于检验模型中因变量与自变量之间的线性关系在总体上是否显著成立.

以模型 $Y = b_0 + b_1 x_1 + b_2 x_2 + \cdots + b_k x_k + \varepsilon$ 为例，若 $b_1 = b_2 = \cdots = b_k = 0$，则说明无论 $x_1, x_2, \cdots, x_k$ 如何变化都不影响 Y 的值，该线性回归模型中的 Y 与 $x_1, x_2, \cdots, x_k$ 之间不具有相关关系. 因此，为了判断得出的模型中 Y 与 $x_1, x_2, \cdots, x_k$ 之间是否存在线性相关关系，需要进行方程的显著性检验. 检验的步骤如下：

（1）提出假设 $H_0 : b_1 = b_2 = \cdots = b_k = 0$；

（2）构造统计量 $F = \dfrac{\text{RSS}/k}{\text{ESS}/(n-k-1)}$，可以证明，当假设 H_0 成立时，$F \sim F(k, n-k-1)$（若为一元线性回归模型，$k = 1$）；

（3）给定显著性水平 α，查 F 分布表（附表 5），得出临界值 $F_\alpha(k, n-k-1)$；

（4）由样本值计算统计量 F 的值，若 $F \ge F_\alpha$，则拒绝假设 H_0，认为 Y 与 $x_1, x_2, \cdots, x_k$ 之间存在显著线性相关关系；若 $F < F_\alpha$，则接受假设 H_0，即认为 Y 与 $x_1, x_2, \cdots, x_k$ 之间不存在显著线性相关关系.

3. t 检验

方程总体具有显著线性关系不代表每个自变量对因变量都有显著的影响. 因此，必须对

每个自变量进行显著性检验，以决定该自变量是否保留在模型中．检验的步骤如下：

（1）提出假设 $H_0 : b_1 = b_2 = \cdots = b_k = 0$；

（2）构造统计量 $t = \dfrac{\hat{b}_i - b_i}{\sqrt{c_{ii} \dfrac{\sum \varepsilon_i^2}{n-k-1}}}$，可以证明，当假设 H_0 成立时，$t \sim t(n-k-1)$，

其中 $\sum \sigma^2 = c_{ii} \sum \varepsilon_i^2$；

（3）给定显著性水平 α，查 t 分布表（附表4），得出临界值 $t_{\frac{\alpha}{2}}(n-k-1)$；

（4）由样本值计算统计量 t 的值，若 $|t| \geqslant t_{\frac{\alpha}{2}}$，则拒绝假设 H_0，认为 x_i 对 Y 有显著影响；若 $|t| < t_{\frac{\alpha}{2}}$，则接受假设 H_0，认为 x_i 对 Y 没有显著影响．

在一元线性回归分析中，F 检验与 t 检验等价，实际应用中只需要选择其中一种方法进行检验即可．

9.1.6 预测

由于自变量 x 与因变量 Y 之间没有确定性关系，给定任意 $x = x_0$ 无法精确得出相应 y_0 值，而回归模型通过显著性检验后就可以用于预测因变量的新观测值 y_0，预测分为**点预测**和**区间预测**.

1. 点预测

将给定的 x_0 代入得到的回归方程中，有

$$\hat{y}_0 = \hat{a} + \hat{b} x_0 \tag{9.11}$$

其中，$\hat{y}_0$ 就是 $x = x_0$ 时因变量 y_0 的预测值．

例如，在例9.2中回归方程为

$$\hat{y} = -2.739\,4 + 0.483\,0x,$$

对 $x_0 = 150$，预测值为 $\hat{y} = -2.739\,4 + 0.483\,0 \times 150 = 69.710\,6$，根据例9.2可知，$y$ 的观测值为70，相差不大，说明预测效果较好．

2. 区间预测

在实际应用中，预测常给出当 $x = x_0$ 时，对应因变量实际值的置信区间．即在给定显著性水平 α 下，寻找正数 $\delta(x_0)$，使实际观测值 y_0 以 $1 - \alpha$ 的概率落入区间 $[\hat{y}_0 - \delta(x_0), \hat{y}_0 + \delta(x_0)]$ 内．

$$\delta(x_0) = t_{\frac{\alpha}{2}}(n-2)\hat{\sigma} \sqrt{1 + \frac{1}{n} + \frac{(x_0 - \bar{x})^2}{\sum\limits_{i=1}^{n} x_i^2 - n(\bar{x})^2}},$$

其中，$\hat{\sigma} = \sqrt{\dfrac{\text{ESS}}{n-2}}$ 是 σ 的估计值．

若 $\hat{a}, \hat{b}$ 分别是 a, b 的最小二乘估计，那么 $\hat{a}, \hat{b}$ 分别是 a, b 的无偏估计，且有 $\hat{a} \sim$

$$N\left\{a, \sigma^2\left[\frac{1}{n} + \frac{\bar{x}^2}{\sum\limits_{i=1}^{n} x_i^2 - n(\bar{x})^2}\right]\right\}, \hat{b} \sim N\left(b, \frac{\sigma^2}{\sum\limits_{i=1}^{n} x_i^2 - n(\bar{x})^2}\right),$$

则

$$Y_0 - \hat{y}_0 \sim N\left\{0, \left[1 + \frac{1}{n} + \frac{(x_0 - \bar{x})^2}{\sum\limits_{i=1}^{n} x_i^2 - n(\bar{x})^2}\right]\sigma^2\right\}.$$

又因为在线性模型中，若假设 $a = 0$，$\hat{b}$ 与 ESS 相互独立，且 $\dfrac{\text{ESS}}{\sigma^2} \sim \chi^2(n-2)$. 记 $\hat{\sigma} = \sqrt{\dfrac{\text{ESS}}{n-2}}$，则有 $\dfrac{(n-2)\hat{\sigma}^2}{\sigma^2} \sim \chi^2(n-2)$. $Y_0 - \hat{y}_0$ 与 $\hat{\sigma}^2$ 相互独立，所以

$$\frac{Y_0 - \hat{y}_0}{\hat{\sigma}\sqrt{1 + \dfrac{1}{n} + \dfrac{(x_0 - \bar{x})^2}{\sum\limits_{i=1}^{n} x_i^2 - n(\bar{x})^2}}} \sim t(n-2).$$

故对于给定的显著性水平 α，$\delta(x_0) = t_{\frac{\alpha}{2}}(n-2)\hat{\sigma}\sqrt{1 + \dfrac{1}{n} + \dfrac{(x_0 - \bar{x})^2}{\sum\limits_{i=1}^{n} x_i^2 - n(\bar{x})^2}}$.

绘制如图 9.4 所示的曲线

$$\hat{y}_1 = \hat{y} - \delta(x),$$
$$\hat{y}_2 = \hat{y} + \delta(x),$$

从图中可以看出，这两条曲线将回归直线 $\hat{y} = \hat{a} + \hat{b}x$ 夹在中间，且形成的带形域中在 $x_0 = x$ 处最窄，这说明在一定的置信度下，x_0 越接近 $\bar{x}$，预测区间越小，预测精度越高，反之，x_0 离 $\bar{x}$ 越远，预测区间越大，预测精度也就越低.

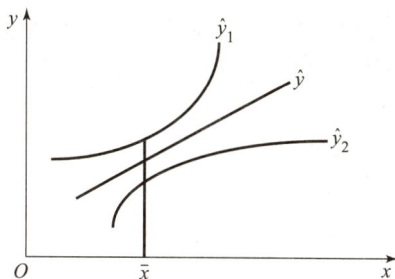

图 9.4　预测区间与回归直线关系图

微课 2：区间预测

例 9.4　为研究某单位职工月收入与其月生活费用支出的关系（单位：100 元），随机抽取了 10 个职工，得到 10 个样本观测数据，用 x 表示职工的月收入，y 表示月生活费用支出，根据样本观测数据计算得到

$$\sum_{i=1}^{10} x_i = 293, \sum_{i=1}^{10} y_i = 81, \sum_{i=1}^{10} x_i y_i = 2\,574, \sum_{i=1}^{10} x_i^2 = 9\,577, \sum_{i=1}^{10} y_i^2 = 701.$$

求：（1）建立职工生活费用月支出对职工月收入的回归直线方程；

（2）检验职工生活费用月支出与职工月收入之间的线性关系是否显著（$\alpha = 0.05$）；

（3）预测当职工月收入为 4 200 元时，职工的生活费用月支出及其置信度为 95% 的预测区间.

解 （1）$\bar{x} = \dfrac{293}{10} = 29.3, \bar{y} = \dfrac{81}{10} = 8.1$,

$$L_{xy} = \sum_{i=1}^{n} x_i y_i - n\bar{x}\bar{y} = 200.7,$$

$$L_{xx} = \sum_{i=1}^{n} x_i^2 - n\bar{x}^2 = 992.1,$$

$$L_{yy} = \sum_{i=1}^{n} y_i^2 - n\bar{y}^2 = 44.9,$$

根据最小二乘法可得

$$\hat{b} = \frac{L_{xy}}{L_{xx}} = 0.2023,$$

$$\hat{a} = \bar{y} - \hat{b}\bar{x} = 2.1727,$$

所以，职工生活费用月支出对职工月收入的样本回归直线方程为

$$\hat{y}_0 = \hat{a} + \hat{b}x = 2.1727 + 0.2023x.$$

（2）$H_0 : b = 0, H_1 : b \neq 0$.

$$\mathrm{RSS} = \hat{b}^2 L_{xx} = 40.601\,980\,209,$$

$$\mathrm{ESS} = \mathrm{TSS} - \mathrm{RSS} = L_{yy} - \hat{b}^2 L_{xx} = 4.2983,$$

而 $\dfrac{\mathrm{RSS}(n-2)}{\mathrm{ESS}} = 75.508 > F_{0.05}(1, n-2) = 5.32$，故拒绝 H_0，说明职工生活费用月支出与职工月收入之间回归关系显著.

（3）当职工月收入 $x_0 = 42$（单位：100 元）时，支出预测为

$$\hat{y}_0 = \hat{a} + \hat{b} \times 42 = 10.6693 \text{（单位：100 元）},$$

置信度为 95% 的预测区间为 $[\hat{y}_0 - \delta(x_0), \hat{y}_0 + \delta(x_0)]$,

其中，$\delta(x_0) = t_{\frac{\alpha}{2}}(n-2)\hat{\sigma}\sqrt{1 + \dfrac{1}{n} + \dfrac{(x_0 - \bar{x})^2}{\sum\limits_{i=1}^{n} x_i^2 - n(\bar{x})^2}}$,

因为

$$t_{\frac{\alpha}{2}}(n-2) = t_{0.025}(8) = 2.306,\ \hat{\sigma} = \sqrt{\frac{\mathrm{ESS}^2}{n-2}} = \sqrt{\frac{4.2983}{8}} = 0.7329,$$

得出

$$\delta(x_0) = 0.7329 \times 1.1236 \times 2.306 = 1.899,$$

从而

$$[\hat{y}_0 - \delta(x_0), \hat{y}_0 + \delta(x_0)] = [8.7703, 12.5683].$$

微课 3：例 9.4

即在 95% 的置信度下当职工月收入为 4 200 元时，月生活费支出额在 877.03 元到 1 256.83 元之间.

9.1.7 非线性回归问题的线性化处理

前面讨论的回归模型都是线性的，但在实际问题中，变量之间的相关关系往往不一定是线性的，这时就需要建立更复杂的非线性回归模型. 一般地，通过适当的变量替换，将非线性回归问题转化成线性回归问题，然后再用前面介绍的线性回归的方法解决.

1. 对数模型

形如

$$Y = Ax^b e^{\varepsilon}. \tag{9.12}$$

两边取对数得出

$$\ln Y = a + b\ln x + \varepsilon. \tag{9.13}$$

其中，$a = \ln A$. 例如，指数函数 $Y = ae^{bx}$（见图 9.5），幂函数 $Y = ax^b$（见图 9.6），对其两边取自然对数，可分别得出

$$\ln Y = \ln a + bx,$$
$$\ln Y = \ln a + b\ln x,$$

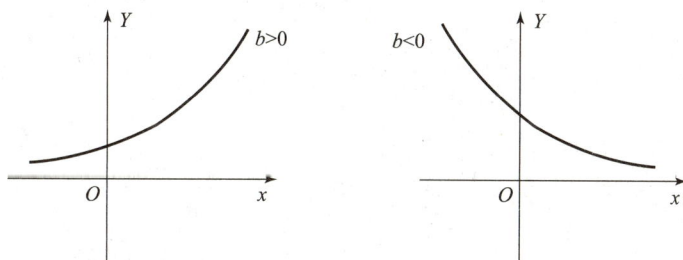

图 9.5 指数函数曲线示意图

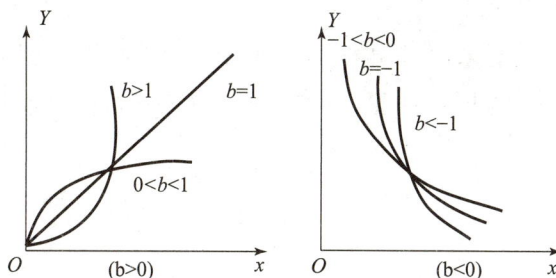

图 9.6 幂函数曲线示意图

令 $z = \ln Y, t = \ln x$，可分别得到

$$z = \ln a + bx,$$
$$z = \ln a + bt.$$

这样，类似于 $Y = Ax^b e^\varepsilon$ 形式的模型就转化成了线性模型．对观测值取对数，将取对数后的观测值 $(\ln x, \ln Y)$ 描成散点图，如果近似为一条直线，则适合用对数线性模型描述 Y 与 x 之间的变量关系．对数模型常应用于实际经济活动分析中．

2. 倒数模型

形如

$$\frac{1}{Y} = a + bx + \varepsilon \tag{9.14}$$

或

$$\frac{1}{Y} = a + b\frac{1}{x} + \varepsilon. \tag{9.15}$$

令 $z = \dfrac{1}{Y}, t = \dfrac{1}{x}$，即可将非线性模型转化为线性模型．例如双曲线函数 $\dfrac{1}{Y} = a + \dfrac{b}{x}$（见图 9.7），$S$ 形曲线 $Y = \dfrac{1}{a + be^{-x}}$（见图 9.8）．

令 $z = \dfrac{1}{Y}, t = \dfrac{1}{x}, s = e^{-x}$，可分别得到

$$z = a + bt,$$
$$z = a + bs.$$

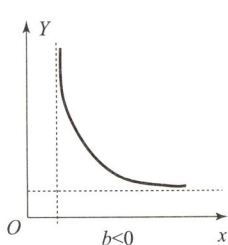

图 9.7　双曲线函数曲线示意图

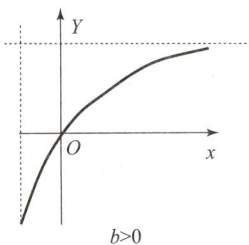

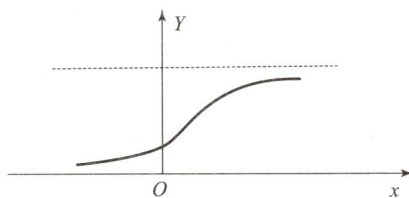

图 9.8　S 形曲线示意图

倒数模型随着 x 的无限扩大，Y 将趋于极限值，即有一个渐近下限或上限．平均固定成本曲线、商品的成本曲线、恩格尔曲线、菲利普斯曲线等经济现象有类似的变动规律，可以用倒数模型进行描述．

3. 多项式模型

形如

$$y = b_0 + b_1 x + b_2 x^2 + \cdots + b_k x^k \tag{9.16}$$

令 $x_i = x^i (i = 1, 2, \cdots, k)$，得到

$$y = b_0 + b_1 x_1 + b_2 x_2 + \cdots + b_k x_k. \tag{9.17}$$

也即可把多项式模型转化为线性模型．多项式模型广泛应用在生产与成本函数分析的问题中．

9.2　一元线性回归应用案例分析

案例一　高强度螺栓扭矩与轴力关系分析

高强度螺栓广泛应用于各类高压罐体中，为了量化装配过程中的检验标准，需要建立高强度螺栓扭矩与轴力的对应关系模型. 已知螺栓规格为 M30，螺栓材料为 20MnTiB，连接板厚度 30 mm. 现利用轴力计测得实验过程中在不同扭矩的作用下螺栓所受的轴力数据，如表 9.4 所示. 判断扭矩与轴力之间是否有相关关系，若有相关关系，相关程度如何，检验其相关系数，给出适当回归方程.

表 9.4　高强度螺栓扭矩与轴力数据

扭矩	轴力	扭矩	轴力
500	92.3	1 300	272.7
600	125.4	1 400	295.6
700	150.1	1 450	308.9
800	169.3	1 500	313.2
900	184.3	1 550	328.7
1 000	210.6	1 600	345.5
1 100	237.5	1 650	367.2
1 200	260.2	—	—

解　（1）首先绘制散点图，大致判断高强度螺栓扭矩 x 与轴力 Y 之间是否具有线性相关关系. 利用 EXCEL 软件进行数据分析，插入散点图 9.9，观测点近似服从线性关系. 建立一元线性回归模型如下：

$$y_i = a + bx_i + \varepsilon_i, (i = 1, 2, \cdots, 15).$$

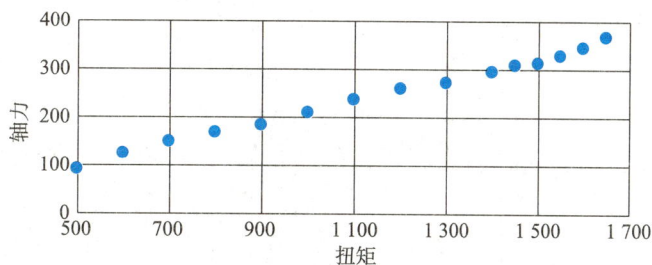

图 9.9　高强度螺栓扭矩 x_i 与轴力 y_i 散点图

（2）接着利用 EXCEL 软件进行回归分析．操作步骤如下：在 EXCEL 中录入数据，从主菜单上单击"数据"菜单，选择"数据分析"→"回归"选项，如图 9.10 所示，输入 Y 值所在区域，X 值所在区域，输出区域，单击"确定"按钮．

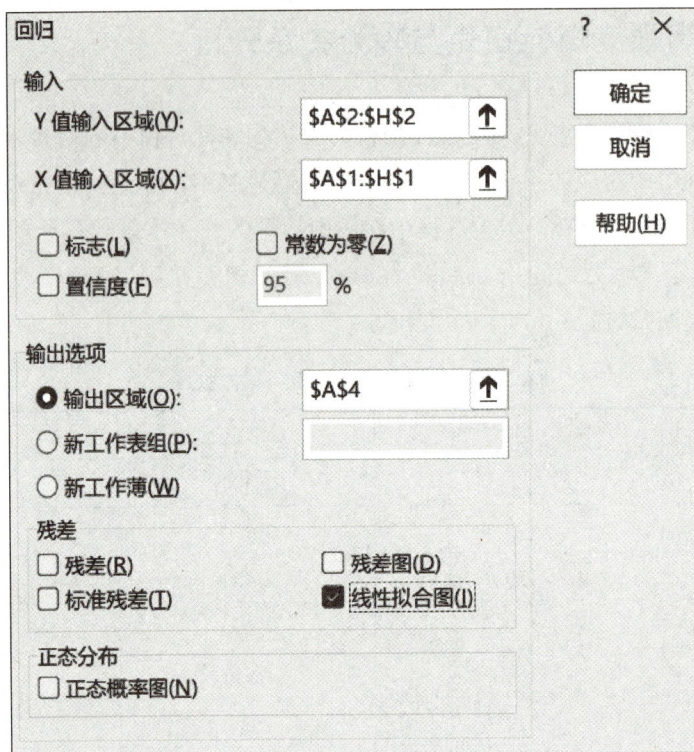

图 9.10　EXCEL "回归"对话框

EXCEL 输出结果如图 9.11 所示．下面分析输出结果．图 9.11 中的第一部分，R Square 即为可决系数 r^2，$r^2 = 0.995\ 508$ 表示自变量扭矩对因变量轴力的决定能力较好．图 9.11 的第二部分为方程的显著性检验——F 检验的结果，F 统计量为 $F = 2\ 881.206$，因为 $F_{0.05}(1, 13) = 4.67$，显然，$F > F_{0.05}(1,13)$，则建立一元线性回归模型是有效的，即认为 Y 与 x 之间显著存在线性相关关系．Coefficients 即为回归系数，Intercept 为截距项，即 $a = -11.343$，高强度螺栓扭矩的系数为 $b = 0.222\ 1$．

根据 EXCEL 输出结果，写出回归方程如下：

$$\hat{y}_i = -11.343 + 0.222\ 1x_i, r^2 = 0.995\ 5,$$

因此，高强度螺栓扭矩与轴力之间存在显著相关关系，并且线性回归方程为 $\hat{y}_i = -11.343 + 0.222\ 1x_i$．

微课 4：案例一

SUMMARY OUTPUT								
回归统计								
Multiple	0.997 752							
R Square	0.995 508							
Adjusted	0.995 163							
标准误差	5.924 969							
观测值	15							
方差分析								
	df	SS	MS	F	nificance F			
回归分析	1	101 145.5	101 145.5	2 881.206	1.2E-16			
残差	13	456.368 3	35.105 25					
总计	14	101 601.8						
	Coefficien	标准误差	t Stat	P-value	Lower 95%	Upper 95%	下限 95.0%	上限 95.0%
Intercept	-11.343	4.998 752	-2.269 18	0.040 931	-22.142 2	-0.543 9	-22.142 2	-0.543 9
X Variab	0.222 124	0.004 138	53.676 86	1.2E-16	0.213 184	0.231 064	0.213 184	0.231 064

图 9.11　EXCEL 输出结果

案例二　伊犁州卫生机构从业人数分析

伊犁哈萨克自治州位于我国的西北部，是我国唯一的一个副省级自治州．现以伊犁州卫生机构 2007 年至 2016 年从业人数为数据基础，如表 9.5 所示，构建伊犁州卫生机构从业人数需求的回归模型，以 2017 年、2018 年的从业人数检验该模型，进而对 2019 年至 2021 年伊犁州卫生机构从业人数进行科学预测．

表 9.5　伊犁州卫生机构从业人数

年份	2007	2008	2009	2010	2011	2012	2013	2014	2015	2016
人数	17 808	19 465	19 829	21 274	21 769	25 558	26 918	28 885	30 771	31 772

解　（1）首先绘制散点图，大致判断年份与从业人数之间是否具有线性相关关系，以年份为自变量 x，从业人数为因变量 Y，利用 EXCEL 软件进行数据分析，插入散点图 9.12，观测点近似服从线性关系．建立一元线性回归模型如下：

$$y_i = a + bx_i + \varepsilon_i, (i = 1, 2, \cdots, 10).$$

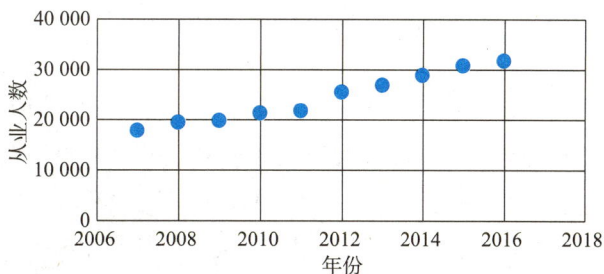

图 9.12　年份 x_i 与从业人数 y_i 散点图

（2）利用 EXCEL 软件进行回归分析．EXCEL 输出结果如图 9.13 所示．图中 R Square 即为可决系数 r^2，$r^2 = 0.9742$ 表示年份与卫生机构从业人数具有较强的线性关系．观测方程的显著性检验——F 检验，F 统计量为 $F = 302.498$，F 分布的临界值 $F_{0.05}(1,8) = 5.32$，$F > F_{0.05}(1,8)$，则建立一元线性回归模型是有效的，即认为年份与卫生机构从业人数之间显著存在线性相关关系．截距项为 $a = -3\,277\,125$，卫生机构从业人数的系数为 $b = 1\,641.327$．

根据 EXCEL 输出结果，写出回归方程如下：

$$\hat{y}_i = -3\,277\,125 + 1\,641.327x_i, r^2 = 0.9742,$$

SUMMARY OUTPUT

回归统计	
Multiple R	0.987 033
R Square	0.974 235
Adjusted R	0.971 014
标准误差	857.158 1
观测值	10

方差分析

	df	SS	MS	F	ignificance F
回归分析	1	2.22E+08	2.22E+08	302.498	1.22E-07
残差	8	5 877 760	734 719.9		
总计	9	2.28E+08			

	Coefficients	标准误差	t Stat	P-value	Lower 95%	Upper 95%	下限 95.0%	上限 95.0%
Intercept	-3 277 125	189 825.4	-17.263 9	1.29E-07	-3 714 863	-2 839 387	-3 714 863	-2 839 387
X Variable	1 641.327	94.37	17.392 47	1.22E-07	1 423.71	1 858.945	1 423.71	1 858.945

图 9.13　EXCEL 输出结果

现已知伊犁州 2017 年与 2018 年的卫生机构从业人数为 32 761 人与 33 205 人，依据上述所得到的一元线性回归方程进行分析并与原始数值进行对比．2017 年该行业的预计岗位数的预测值应为 $\hat{y} = -3\,277\,125 + 1\,641.327x \approx 33\,431$，2018 年该行业的预计岗位数的点估计应为 $\hat{y} = -3\,277\,125 + 1\,641.327x \approx 35\,073$，偏差率较小．

所以，能够使用本章得到的模型对 2019 年至 2021 年伊犁州卫生机构从业人数进行较为科学的判断，2019 年预计岗位数的预测值为 36 714；2020 年该行业的预计岗位数的预测值应为 38 355，2021 年该行业的预计岗位数的预测值应为 39 997.

案例三　克孜尔水库总渗透量与库水位分析

克孜尔水库位于阿克苏地区拜城县境内，是塔里木河水系渭干河流域上的一座以灌溉、防洪为主，兼有水力发电等综合效益的大型控制性水利枢纽工程．为了分析克孜尔水库总渗透量（单位时间内通过土中与渗透水流方向垂直的横断面的水量）与库水位之间是否有相关关系，收集 36 组库水位与对应总渗透量数据，如表 9.6 所示．

表 9.6　克孜尔水库总渗透量与库水位数据

序号	水库位/ m	总渗流量/ (L·s^{-1})	序号	水库位/ m	总渗流量/ (L·s^{-1})
1	1 140.79	3.94	19	1 145.79	7.41
2	1 141.00	4.99	20	1 146.05	7.78
3	1 141.27	4.10	21	1 146.33	7.96
4	1 141.78	4.26	22	1 146.54	7.92
5	1 141.78	4.81	23	1 147.01	8.95
6	1 142.89	5.68	24	1 147.24	8.28
7	1 142.81	5.24	25	1 147.71	8.74
8	1 142.57	5.58	26	1 147.79	10.37
9	1 142.72	6.44	27	1 147.94	10.39
10	1 142.88	6.36	28	1 148.1	10.47
11	1 143.42	6.48	29	1 148.26	10.59
12	1 143.73	6.22	30	1 148.44	10.85
13	1 144.43	6.92	31	1 148.57	10.71
14	1 144.68	6.84	32	1 148.72	11.48
15	1 144.85	7.06	33	1 148.86	11.48
16	1 145.00	7.38	34	1 149.26	11.75
17	1 145.26	7.75	35	1 149.39	11.96
18	1 145.51	7.51	36	1 149.48	11.65

解　（1）首先绘制散点图，大致判断克孜尔水库总渗透量与库水位之间是否线性相关，以库水位为自变量 x，总渗透量为因变量 Y，利用 EXCEL 软件进行数据分析，插入散点图 9.14，观测点近似服从线性关系．建立一元线性回归模型如下：

$$y_i = a + bx_i + \varepsilon_i, i = 1, 2, \cdots, 36.$$

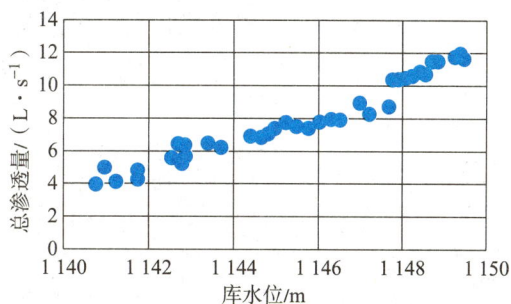

图 9.14　库水位 x_i 与总渗透量 y_i 散点图

（2）利用 EXCEL 软件进行回归分析. EXCEL 输出结果如图 9.15 所示. 图中 $r^2 = 0.948\ 679$ 表示自变量对因变量的解释能力较强. 观测方程的显著性检验——F 检验，F 统计量为 $F = 628.492\ 6$，F 分布的临界值 $F_{0.05}(1,34) = 4.13$，$F > F_{0.05}(1,34)$，则建立一元线性回归模型是有效的，即认为克孜尔水库总渗透量与库水位之间显著存在线性相关关系. 截距项为 $a = -991.981$，克孜尔水库水位的系数为 $b = 0.872\ 9$.

根据 EXCEL 输出结果，写出回归方程如下：

$$\hat{y}_i = -991.981 + 0.872\ 9x_i,\quad r^2 = 0.948\ 6.$$

SUMMARY OUTPUT							
回归统计							
Multiple R	0.974 001						
R Square	0.948 679						
Adjusted R	0.947 169						
标准误差	0.559 252						
观测值	36						
方差分析							
	df	SS	MS	F	ignificance F		
回归分析	1	196.569 2	196.569 2	628.492 6	1.66E-23		
残差	34	10.633 94	0.312 763				
总计	35	207.203 1					
	Coefficients	标准误差	t Stat	P-value	Lower 95%	Upper 95%	下限 95.0%	上限 95.0%
Intercept	-991.981	39.886 15	-24.870 3	2.14E-23	-1 073.04	-910.922	-1 073.04	-910.922
X Variable	0.872 905	0.034 819	25.069 75	1.66E-23	0.802 144	0.943 666	0.802 144	0.943 666

图 9.15　EXCEL 输出结果

9.3　多元线性回归应用案例分析

案例一　化妆品销售情况分析与预测

关于某化妆品销售情况可能与地区人口数和人均月收入有关，给出 15 组调查数据，如表 9.7 所示，试根据二元线性回归销售模型找出该化妆品销售情况与地区人口数和人均月收入的关系，考虑某地区有人口 25 万人，人均月收入为 2 700 元，试对该化妆品打入这个地区后的销售情况做出预测.

表 9.7　某化妆品销售情况的样本数据

序号	年销售量/万瓶	地区人口/万人	人均月收入/(1 000 元·月$^{-1}$)
1	1.62	27.4	2.45
2	1.2	18	3.254

序号	年销售量/万瓶	地区人口/万人	人均月收入/(1 000 元·月$^{-1}$)
3	2.23	37.5	3.802
4	1.31	20.5	2.838
5	0.67	8.6	2.347
6	1.69	26.5	3.782
7	0.81	9.8	3.008
8	1.92	33	2.45
9	1.16	19.5	2.137
10	0.55	5.3	2.56
11	2.52	43	4.02
12	2.32	37.2	4.427
13	1.44	23.6	2.66
14	1.03	15.7	2.088
15	2.12	37	2.605

解（1）首先绘制散点图，大致判断地区人口，人均月收入与年销售量之间是否线性相关，以地区人口，人均月收入为自变量 x_1, x_2，年销售量为因变量 Y，建立散点图考察 Y 与 x_1 和 x_2 之间的相关关系，如图 9.16 所示.

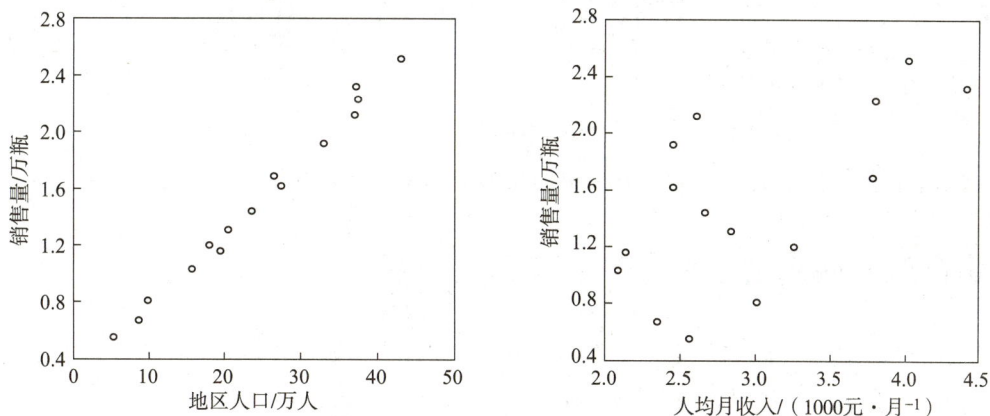

图 9.16　地区人口 x_{1t}，人均月收入 x_{2t} 与年销售量 y_t 的散点图

建立如下线性回归方程

$$y_t = b_0 + b_1 x_{1t} + b_2 x_{2t} + \varepsilon_t, (t = 1,2,3,\cdots,15).$$

（2）利用 EXCEL 软件进行回归分析. EXCEL 输出结果如图 9.17 所示，可决系数 $r^2 = 0.998\,9$ 表示自变量对被解释变量的解释能力较强. 首先观察图 9.17 中方程的显著性检验——F 检验. F 统计量为 $F = 5\,679.466$，F 分布的临界值 $F_{0.05}(2,12) = 3.89$，$F > F_{0.05}(2,$

12)，则建立二元线性回归模型是有效的，即认为 Y 与 x_1, x_2 之间显著存在线性相关关系.

再根据变量的显著性检验——t 检验显示，地区人口 x_1 的 t 统计量 $t = 81.924$，t 分布的临界值 $t_{0.025}(12) = 2.1788$，$|t| > t_{0.025}(12)$，则认为 x_1 对 Y 具有显著影响. 人均月收入 x_2 的 t 统计量 $t = 9.502$，t 分布的临界值 $t_{0.025}(12) = 2.1788$，$|t| > t_{0.025}(12)$，即认为 x_2 对 Y 具有显著影响. 截距项 $b_0 = 0.0345$，回归系数 $b_1 = 0.0496$，$b_2 = 0.0920$.

根据 EXCEL 输出结果，估计的回归模型为

$$\hat{y}_t = 0.0345 + 0.0496x_{1t} + 0.0920x_{2t}, \quad r^2 = 0.9989.$$

SUMMARY OUTPUT					
回归统计					
Multiple R	0.9994722				
R Square	0.998944678				
Adjusted R Squ	0.998768791				
标准误差	0.021772223				
观测值	15				
方差分析					
	df	SS	MS	F	Significance F
回归分析	2	5.384472	2.692236	5679.466	1.38137E-18
残差	12	0.005688	0.000474		
总计	14	5.39016			
	Coefficients	标准误差	t Stat	P-value	Lower 95%	Upper 95%	下限 95.0%	上限 95.0%
Intercept	0.034526128	0.024307	1.420448	0.180935	-0.018433197	0.087485	-0.01843	0.08748
x_{1t}(地区月人口)	0.049600498	0.000605	81.92415	7.3E-18	0.048281348	0.05092	0.048281	0.0509
x_{2t}(人均月收入)	0.091990809	0.009681	9.502065	6.2E-07	0.070897419	0.113084	0.070897	0.11308

图 9.17　EXCEL 输出结果

（3）所有自变量都通过了显著性检验，说明估计回归模型是合理的，可以用于相关预测. 因此，考虑某地区有人口 25 万人，人均月收入为 2 700 元，对该化妆品打入这个地区后的销售情况做出预测

$$\hat{y}_t = 0.0345 + 0.0496 \times 25 + 0.0920 \times 2.7 = 1.5229,$$

即对该化妆品打入这个地区后的销售情况的预测值为 1.522 9 万瓶.

案例二　四川省住户存款影响因素分析

住户的存款直接反映当前经济发展的成效，通常认为，城镇及农村居民人均可支配收入、居民消费价格指数、失业率、人口总数等因素可能与住户存款有关，试以表 9.8 中所示四川省 2002—2019 年国民经济和社会发展相关数据为例，分析这些因素与住户存款的关系.

表 9.8　四川省国民经济和社会发展相关数据

年份	住户存款/元	城镇居民人均可支配收入/元	农村居民人均可支配收入/元	居民消费价格指数	失业率/%	人口总数/万人
2002	3 665.2	6 661	2 108	99.7	4.5	8 110
2003	4 333.8	7 042	2 230	101.7	4.4	8 176

续表

年份	住户存款/元	城镇居民人均可支配收入/元	农村居民人均可支配收入/元	居民消费价格指数	失业率/%	人口总数/万人
2004	5 019.4	7 710	2 580	104.9	4.4	8 090
2005	5 902.7	8 386	2 803	101.7	4.6	8 212
2006	6 787.7	9 350	3 013	102.3	4.5	8 169
2007	7 450.9	11 098	3 547	105.9	4.2	8 127
2008	9 646.7	12 633	4 121	105.1	4.6	8 138
2009	11 575.2	13 904	4 462	100.8	4.3	8 185
2010	13 650.8	15 461	5 140	103.2	4.1	8 045
2011	16 147.3	17 899	6 129	105.3	4.2	8 050
2012	19 438.3	20 307	7 001	102.5	4.0	8 076
2013	22 956.68	22 228	8 381	102.8	4.1	8 107
2014	25 731.62	24 234	9 348	101.6	4.2	8 140
2015	28 575.90	26 205	10 247	101.5	4.1	8 204
2016	31 950.42	28 335	11 203	101.9	4.2	8 262
2017	34 800.89	30 727	12 227	101.4	4.0	8 302
2018	38 402.77	33 216	13 331	101.7	3.5	8 341
2019	43 214.16	36 154	14 670	103.2	3.3	8 375

注：2012 年及 2012 年以前的城镇、农村居民人均可支配收入由四川省国民经济和社会发展统计公报得到，2013 年及 2013 年以后的城镇、农村居民人均可支配收入由国家统计局得到，其他指标由国家统计局、中国人民银行成都分行及《四川统计年鉴》得到.

解　（1）首先绘制散点图. 大致判断城镇及农村居民人均可支配收入、居民消费价格指数、失业率、人口总数与住户存款之间是否线性相关，以城镇及农村居民人均可支配收入、居民消费价格指数、失业率、人口总数为自变量：x_1, x_2, x_3, x_4, x_5，用户存款为因变量 Y，建立散点图考察 Y 与 x_1, x_2, x_3, x_4, x_5 之间的相关关系，如图 9.18 所示.

建立如下线性回归方程

$$y_t = b_0 + b_1 x_{1t} + b_2 x_{2t} + b_3 x_{3t} + b_4 x_{4t} + b_5 x_{5t} + \varepsilon_t, (t = 1, 2, 3, \cdots, 18).$$

（2）给定显著性水平 $\alpha = 0.05$，利用 EXCEL 软件进行回归分析. EXCEL 输出结果如图 9.19 所示，可决系数 $r^2 = 0.999\ 5$ 表示自变量对被解释变量的解释能力较强.

下面分析估计结果. 城镇居民人均可支配收入系数为 0.28，这说明居民的可支配收入越高，居民住户存款数量越多，但是相关程度较弱，回归系数的 t 检验结果 P 值 = 0.085 > 0.05，说明城镇居民人均可支配收入与住户存款关系不显著. 农村居民人均可支配收入系数为 2.354，回归系数的 t 检验结果 P 值 = 0 < 0.05，这说明农村居民收入越高，居民住户存款数量越多且具有显著影响.

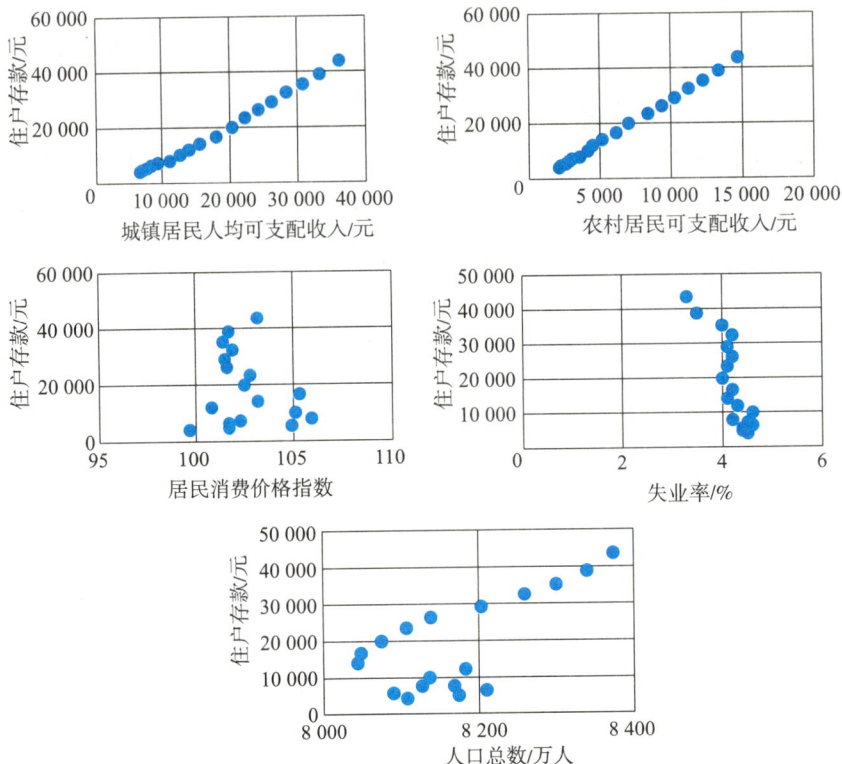

图 9.18　散点图

图 9.19　EXCEL 输出结果

居民消费价格指数的系数为 −104.283，回归系数的 t 检验结果 P 值 $= 0.068 > 0.05$，这说明物价越高，住户存款越少，但两个变量之间的关系不显著. 失业率的系数为 −909.053，

回归系数的 t 检验结果 P 值 $=0.067>0.05$，即居民的失业率越高，住户存款数量就越少，但住户存款跟失业率之间的相关关系并不显著．人口总数的系数为 1.482，回归系数的 t 检验结果 P 值 $=0.351>0.05$，这说明人口总数越大，住户存款就越多．但人口总数对住户存款的影响程度很小，二者关系不显著．因此，影响住户存款的主要因素是农村居民的可支配收入，其他因素影响不显著．

根据 EXCEL 输出结果，截距项 $b_0=-510.646$，回归系数 $b_1=0.28$，$b_2=2.354$，$b_3=-104.283$，$b_4=-909.035$，$b_5=1.482$．估计的回归模型为

$$\hat{y}_t=-510.646+0.28x_{1t}+2.354x_{2t}-104.283x_{3t}-909.035x_{4t}+1.482x_{5t},$$
$$r^2=0.999\,542.$$

案例三　四川省居民当期消费影响因素分析

消费对经济增长的支撑促进作用日益强劲，现给出四川省居民当期消费及相关数据，如表 9.9 所示，试分析居民收入、上期消费水平和物价等因素对当期消费的影响及程度．

表 9.9　四川省居民当期消费及相关数据

年份	居民消费性支出/元	居民可支配收入/元	居民上期消费支出/元	居民消费价格指数	恩格尔系数
1995	3 429.00	4 002.91	2 981.00	111.4	51.34
1996	3 733.36	4 406.09	3 429.00	107.8	51.35
1997	4 092.59	4 763.26	3 733.36	110.7	49.1
1998	4 382.59	5 127.08	4 092.59	105.9	44.92
1999	4 499.19	5 477.89	4 382.59	105.4	43.88
2000	4 855.78	5 894.27	4 499.19	105.4	41.48
2001	5 176.17	6 360.47	4 855.78	104.2	40.23
2002	5 413.03	6 610.76	5 176.17	109.9	39.83
2003	5 759.09	7 041.51	5 413.03	106.0	38.91
2004	6 371.14	7 709.83	5 759.09	107.8	40.19

注：数据由《四川统计年鉴》得到

解　（1）首先绘制散点图，大致判断居民可支配收入、居民上期消费支出、居民消费价格指数与居民消费性支出之间是否具有线性相关关系，以居民可支配收入、居民上期消费支出、居民消费价格指数为自变量 x_1,x_2,x_3，居民消费性支出为因变量 Y，建立散点图考察 Y 与 x_1,x_2,x_3 之间的相关关系，如图 9.20 所示．

建立如下线性回归方程

$$y_t=b_0+b_1x_{1t}+b_2x_{2t}+b_3x_{3t}+\varepsilon_t,(t=1,2,3,\cdots,10).$$

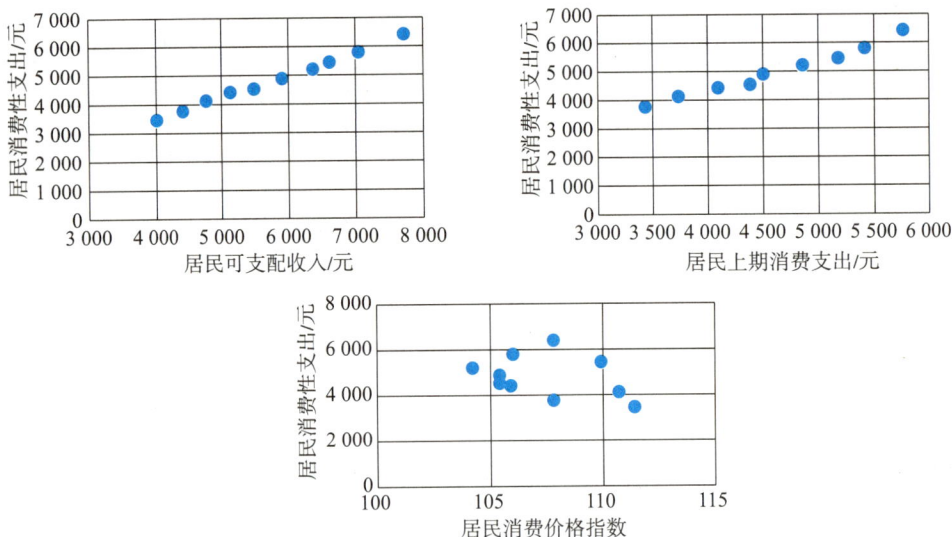

图 9.20　散点图

（2）给定显著性水平 $\alpha = 0.05$，利用 EXCEL 软件进行回归分析．EXCEL 输出结果如图 9.21 所示，可决系数 $r^2 = 0.996\,5$ 表示自变量对被解释变量的解释能力较强．

SUMMARY OUTPUT

回归统计	
Multiple R	0.998 282 35
R Square	0.996 567 64
Adjusted R	0.994 851 46
标准误差	66.295 655 9
观测值	10

方差分析

	df	SS	MS	F	gnificance F
回归分析	3	765 659 6	2 552 199	580.69	8.83E-08
残差	6	26 370.68	4 395.114		
总计	9	7 682 966			

	Coefficients	标准误差	t Stat	P-value	Lower 95%	Upper 95%	下限 95.0%	上限 95.0%
Intercept	-829.115 12	1 156.411	-0.716 97	0.500 336	-3 658.75	2 000.521	-3 658.75	2 000.521
X Variable	0.782 549 82	0.168 357	4.648 162	0.003 51	0.370 595	1.194 504	0.370 595	1.194 504
X Variable	-0.006 707 8	0.229 387	-0.029 24	0.977 62	-0.568	0.554 581	-0.568	0.554 581
X Variable	10.597 182 8	10.147 19	1.044 346	0.336 564	-14.232 1	35.426 47	-14.232 1	35.426 47

图 9.21　EXCEL 输出结果

下面分析估计结果．居民可支配收入系数为 0.783，这说明居民的可支配收入越高，居民消费性支出越多，回归系数的 t 检验结果 P 值 = 0.003 5 < 0.05，说明居民可支配收入与居民消费性支出关系显著．居民上期消费支出系数为 -0.007，回归系数的 t 检验结果 P 值 = 0.978 > 0.05，说明居民上期消费支出越多，居民当期消费性支出越少，但是相关程度弱，关系不显著．居民消费价格指数的系数为 10.597，回归系数的 t 检验结果 P 值 = 0.337 > 0.05，说明物价越高，居民当期消费支出越多，但两个变量之间的关系不显著．

根据 EXCEL 输出结果，截距项 $b_0 = -829.115$，回归系数 $b_1 = 0.783$，$b_2 = -0.007$，

$b_3 = 10.597.$ 估计的回归模型为

$$\hat{y}_t = -829.115 + 0.783x_{1t} - 0.007x_{2t} + 10.597x_{3t},\ r^2 = 0.9965.$$

9.4 非线性回归应用案例分析

案例一 德阳市国内生产总值影响因素分析

已知四川省德阳市 2001 年至 2009 年的国内生产总值及全社会固定资产投资、户籍人口的数据，如表 9.10 所示，试分析全社会固定资产投资和户籍人口数对德阳市国内生产总值的影响.

表 9.10　2001—2009 德阳市国内生产总值及全社会固定资产投资、户籍人口的数据

年份	国内生产总值（亿元）	全社会固定资产投资（亿元）	户籍人口数（万人）
2001	286.01	55.59	379.2
2002	315.11	67.38	380.1
2003	355.38	81.37	380.6
2004	424.78	90.51	381.0
2005	426.17	110.55	382.4
2006	539.20	123.44	383.8
2007	648.40	164.87	385.3
2008	695.04	218.88	387.4
2009	779.89	747.60	388.4

注：数据由《四川统计年鉴》得到

解　（1）根据柯布－道格拉斯生产函数

$$q = aL^\alpha K^\beta,$$

将其线性化

$$\ln q = \ln a + \alpha\ln L + \beta\ln K,$$

其中，L 为劳动力；K 为资产；本案例中将国内生产总值作为产出 q，户籍人口数作为劳动力变量 L，全社会固定资产投资作为资产变量 K.

（2）利用 EXCEL 软件进行数据分析，插入散点图 9.22，观测点近似服从线性关系. 建立二元线性回归模型如下：

$$\ln q_i = \ln a + \alpha\ln L_i + \beta\ln K_i + \varepsilon_i, i = 1,2,\cdots,9.$$

（3）EXCEL 输出结果如图 9.23 所示. 可决系数 $r^2 = 0.956$ 表示自变量对因变量的决定能力较强. 方程的显著性检验——F 检验，F 统计量为 $F = 65.181$，F 分布的临界值 $F_{0.05}(2,$

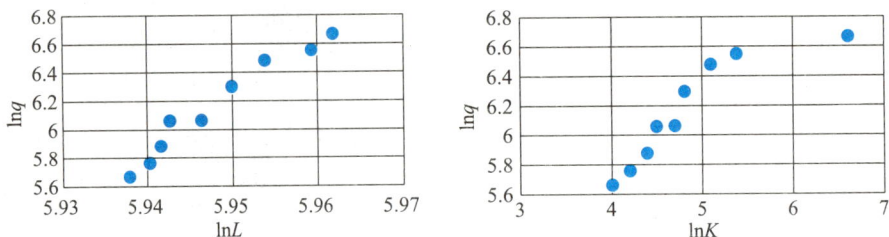

图 9.22　散点图

$6)=5.14$，$F>F_{0.05}(2,6)$，则认为 $\ln q$ 与 $\ln K$、$\ln L$ 之间显著存在线性相关关系. 变量的显著性检验——t 检验，变量 $\ln L$ 的统计量 $t=4.5267$，t 分布的临界值 $t_{0.025}(6)=2.4469$，$|t|>t_{0.025}(6)$，则认为 $\ln L$ 对 $\ln q$ 具有显著影响；变量 $\ln K$ 的 t 统计量 $t=-0.4264$，t 分布的临界值 $t_{0.025}(6)=2.4469$，$|t|<t_{0.025}(6)$，认为 $\ln K$ 对 $\ln q$ 影响不显著. 截距项 $\ln a=-260.128$，回归系数 $\alpha=44.803$，$\beta=-0.0463$.

　　根据 EXCEL 输出结果，写出回归方程如下：

$$\ln q=-260.128+44.803\ln L-0.0463\ln K，r^2=0.956，$$

$$q=e^{-260.128}L^{44.803}K^{-0.0463}.$$

图 9.23　EXCEL 输出结果

案例二　毛栗坡右线隧道岩体变形量与时间关系分析

　　毛栗坡隧道位于国道主干线贵阳环城公路西南段第七合同段，宽度为 12 m，取断面为毛栗坡隧道右线 YK27+718 断面，该断面围岩为Ⅲ级，覆盖层厚度 <50 m. YK27+718 断面布置了三条收敛测线，通过三条收敛测线的数值计算拱顶下沉量，由于测量误差等各方面的原因，使初期现场测量所取得的原始数据具有一定的离散性，不能直接利用，要经过数学处

理后才能使用．现已知拱顶下沉实测数据如表 9.11 所示，试分析毛栗坡右线隧道岩体变形量与时间的关系．

表 9.11 拱顶下沉实测数据

编号	1	2	3	4	5	6	7	8	9	10	11
时间/t	1	2	3	4	5	6	7	10	11	14	16
下沉量/u	0.81	1.48	2.25	2.80	3.24	3.59	3.72	3.92	3.93	4.33	4.59

解 （1）取指数函数

$$u = ae^{-\frac{b}{t}},$$

将其线性化 $\ln u = \ln a - \dfrac{b}{t}$，令 $u' = \ln u$，$t' = \dfrac{1}{t}$，$a' = \ln a$，$b' = -b$，则有 $u' = a' + b't'$．

（2）利用 EXCEL 软件进行数据分析，插入散点图 9.24，观测点近似服从线性关系．建立一元线性回归模型如下：

$$u' = a' + b't'.$$

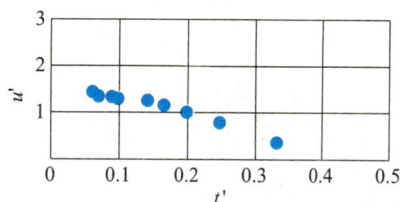

图 9.24 散点图

（3）EXCEL 输出结果如图 9.25 所示．可决系数 $r^2 = 0.967\,9$ 表示自变量对因变量的决定能力强．方程的显著性检验——F 检验，F 统计量为 $F = 271.48$，由于 $F_{0.05}(2,9) = 4.26$，$F > F_{0.05}(2,9)$，则认为隧道岩体变形量与时间之间显著存在线性相关关系．

SUMMARY OUTPUT

回归统计	
Multiple R	0.983 825
R Square	0.967 912
Adjusted R	0.964 347
标准误差	0.100 197
观测值	11

方差分析

	df	SS	MS	F	ignificance F
回归分析	1	2.725 496	2.725 496	271.480 9	4.98E-08
残差	9	0.090 354	0.010 039		
总计	10	2.815 851			

	Coefficient:	标准误差	t Stat	P-value	Lower 95%	Upper 95%	下限 95.0%	上限 95.0%
Intercept	1.547 283	0.042 846	36.112 84	4.74E-11	1.450 359	1.644 207	1.450 359	1.644 207
X Variable	-1.887 32	0.114 545	-16.476 7	4.98E-08	-2.146 44	-1.628 2	-2.146 44	-1.628 2

图 9.25 EXCEL 输出结果

根据 EXCEL 输出结果，写出回归方程如下：

$$u' = 1.547 - 1.887t',\quad r^2 = 0.967\,9.$$

由函数变换式求出 $a = e^{a'} = e^{1.547} = 4.697$，$b = -b' = 1.887$，则所选的指数函数方程为

$$u = ae^{-\frac{b}{t}} = 4.697e^{\frac{-1.887}{t}}.$$

（4）还可选用其他函数（此处仅给出最终结果），如取对数函数 $u_1 = a + b\lg t$，可得出

$$u_1 = 0.803 + 3.190\lg t.$$

若取双曲函数 $\dfrac{1}{u_2} = a + \dfrac{b}{t}$，可得出

$$u_2 = \frac{t}{1.093 + 0.122t}.$$

9.5 回归分析的 Python 语言实验

例 9.5 某房产中介为了研究该区域在售二手房面积与价格之间的关系，收集了区域内 50 套房屋面积及其售价，如表 9.12 所示，试预测该区域内一套 100m² 左右的房屋售价大约为多少万元？

表 9.12 某区域部分在售二手房面积（单位：m²）及其售价（单位：万元）

面积	价格	面积	价格	面积	价格	面积	价格	面积	价格
94	114.4	115	126.5	119	130.9	67	105.7	68	98.8
144	112.4	135	121.5	57	112.7	68	114.8	130	109
117	130.7	133	114.3	140	109	113	118.3	124	119.4
107	126.7	81	104.1	97	111.7	145	118.5	91	114.1
121	123.1	98	120.8	150	113	129	119.9	89	123.9
129	129.9	66	103.6	97	108.7	71	125.1	140	106
79	124.9	136	110.6	139	133.9	53	113.3	129	128.9
53	100.3	81	112.1	121	121.1	135	132.5	78	97.8
143	118.3	74	117.4	80	114	65	117.5	133	133.3
112	112.2	128	117.8	97	113.7	64	115.4	136	113.6

解 在 Jupyter Notebook 单元格中输入如下代码：

```
import numpy as np
import matplotlib.pyplot as plt
#利用 sklearn 机器学习库进行回归分析
from sklearn.linear_model import LinearRegression
#定义特征向量 x 和目标变量 y
# x 表示房屋面积
x = np.array([94,144,117,107,121,129,79,53,143,112,115,135,133,81,98,
66,136,81,74,128,119,57,140,97,150,97,139,121,80,97,67,68,113,145,129,
71,53,135,65,64,68,130,124,91,89,140,129,78,133,136]).reshape(-1,1)
```

```
# y 表示房屋价格
y = np.array([114.4,112.4,130.7,126.7,123.1,129.9,124.9,100.3,
118.3,112.2,126.5,121.5,114.3,104.1,120.8,103.6,110.6,112.1,117.4,
117.8,130.9,112.7,109,111.7,113,108.7,133.9,121.1,114,113.7,105.7,
114.8,118.3,118.5,119.9,125.1,113.3,132.5,117.5,115.4,98.8,109,119.4,
114.1,123.9,106,128.9,97.8,133.3,113.6])
#创建线性回归模型实例
model = LinearRegression()
#拟合模型
model.fit(x,y)
#预测
x_new = np.linspace(x.min(),x.max(),100).reshape(-1,1)
y_new = model.predict(x_new)
#绘制散点图和回归线
plt.scatter(x,y,color = 'blue',label = 'Actual Data')
plt.plot(x_new,y_new,color = 'red',label = 'Regression Line')
#假设要预测面积为100m² 的房屋价格
x_predict = np.array([[100]])
predicted_price = model.predict(x_predict)
#在图中标出预测点
plt.scatter(x_predict,predicted_price,color = 'green',label = f'
Predicted Price(100 sqm) = {predicted_price[0]:.2f}')
#设置图表标题和坐标轴标签
plt.title('Linear Regression of House Prices')
plt.xlabel('House Area')
plt.ylabel('Price')
plt.legend()
plt.show()
```

运行程序后，输出如下结果：

该区域100m^{2}左右的房屋售价大约为[116.07322144]

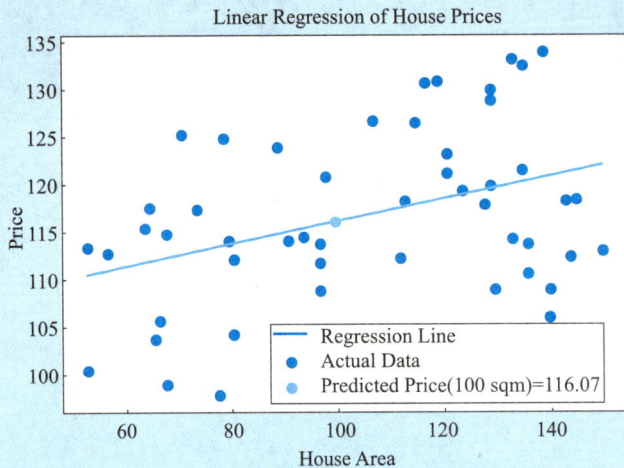

Linear Regression of House Prices

例 9.6　某房产中介为了研究该区域在售二手房面积、房屋房间数量与价格之间的关系，收集了区域内 30 套房屋面积及其售价，如表 9.13 所示，试预测该区域内一套 150 m^2 左右且有 4 个房间的房屋售价大约为多少万元？

表 9.13　某区域部分在售二手房面积（单位：m^2）、房间数量（单位：个）及其售价（单位：万元）

面积	房间数量	价格	面积	房间数量	价格	面积	房间数量	价格
97	2	162	190	2	158	198	5	180
167	2	322	108	3	293	165	1	132
117	2	223	89	5	136	129	5	282
153	4	182	137	4	366	132	4	228
59	4	327	138	5	186	149	3	394
71	3	248	131	5	143	79	1	375
86	4	309	75	5	460	197	2	274
137	1	150	127	4	111	197	2	142
120	4	370	122	5	358	192	4	471
138	5	141	59	5	407	82	1	284

解　在 Jupyter Notebook 单元格中输入如下代码：

```
import pandas as pd
import numpy as np
from sklearn.model_selection import train_test_split
from sklearn.linear_model import LinearRegression
```

```
from sklearn.metrics import mean_squared_error
data = {
    '房屋面积':
    [97,167,117,153,59,71,86,137,120,138,190,108,89,137,138,131,
75,127,122,59,198,165,129,132,149,79,197,197,192,82],
    '房屋房间数':
    [2,2,2,4,4,3,4,1,4,5,2,3,5,4,5,5,5,4,5,5,5,1,5,4,3,1,2,2,4,1],
    '房屋售价':
    [162,322,223,182,327,248,309,150,370,141,158,293,136,366,186,
143,460,111,358,407,180,132,282,228,394,375,274,142,471,284]
}
#将数据转换为 DataFrame
df = pd.DataFrame(data)
#构造多元线性回归模型的特征和目标变量
X = df[['房屋面积','房屋房间数']]
y = df['房屋售价']
#划分训练集和测试集
X_train,X_test,y_train,y_test = train_test_split(X,y,test_size =
0.2,random_state =0)
#构建模型
model = LinearRegression()
#训练模型
model.fit(X_train,y_train)
#预测测试集
y_pred = model.predict(X_test)
#计算模型的均方误差
mse = mean_squared_error(y_test,y_pred)
print("模型的均方误差为:",mse)
#打印模型的系数
print("模型的系数为:",model.coef_)
#使用模型预测某一房屋的售价
new_house_data = pd.DataFrame({
    '房屋面积':[150],
    '房屋房间数':[4]
})
```

```
predicted_price =model.predict(new_house_data)
print("预测的售价为:",predicted_price[0])
```

运行程序后，输出如下结果：

```
模型的均方误差为 30581.132802416414
模型的系数为[ -1.40708106  4.67791447]
预测的售价为205.70041646766404
```

习题九

1. 某班 15 位学生某门课程期中成绩 x 和期末成绩 y 如下：

x	65	63	67	62	61	64	70	66	67	68	69	71	69	61	72
y	68	66	68	65	69	66	68	65	71	67	68	70	75	63	70

（1）画出散点图；

（2）求 y 关于 x 的回归方程 $\hat{y} = \hat{a} + \hat{b}x$.

2. 在某种产品的表面进行腐蚀刻线实验，得到腐蚀浓度 y 和时间 x 对应的数据如下表：

时间 x /s	1.5	1.8	2.4	3.0	3.5	3.9	4.4	4.8	5.0
浓度 y /μm	4.8	5.7	7.0	8.3	10.9	12.4	13.1	13.6	15.3

求回归方程 $\hat{y} = \hat{a} + \hat{b}x$.

3. 考察硫酸铜在水中的溶解度 y 与温度 x 的关系时，做了 9 组实验，其数据如下：

温度 x /℃	0	10	20	30	40	50	60	70	80
重量 y /g	14.0	17.5	21.2	26.1	29.2	33.3	40.0	48.0	54.8

求（1）回归方程 $\hat{y} = \hat{a} + \hat{b}x$；（2）相关系数 r，并说明 r 在题中表示的意义.

4. 对某批发市场连续 12 天批发橘子的价格和销售量的调查数据如下：

x /(元/500 g)	1	0.9	0.8	0.7	0.7	0.7	0.7	0.65	0.6	0.6	0.55	0.5
y /(5×10^4 g)	55	70	90	100	90	105	80	110	120	115	130	130

求（1）销售量对价格的回归方程 $\hat{y} = \hat{a} + \hat{b}x$；（2）相关系数 r；

（3）检验回归的显著性（$a = 0.05$）.

5. 为确定某化妆品广告费用与销售额的关系，统计得到如下数据：

广告费 x/万元	41	24	20	28	40	43	25	22	55	20	50	52
销售额 y/万元	490	395	420	475	385	525	480	400	560	365	510	540

求（1）销售额对广告费的回归方程 $\hat{y} = \hat{a} + \hat{b}x$；

（2）检验回归的显著性（ $a = 0.05$ ）；

（3）确定当广告费用为 43 万元时，销售额的预测值．

6. 下面列出了 10 对父子的身高（单位：in）数据：

x	60	62	64	65	66	67	68	70	72	74
y	63.6	65.2	66	65.5	66.9	67.1	67.4	63.3	70.1	70

（1）建立 y 关于 x 的回归方程；

（2）检验回归的显著性（ $a = 0.05$ ）；

（3）求出 $x_0 = 71$ 时，y_0 置信度为 95% 的置信区间．

7. 实验室做陶粒混凝土实验中，考察混凝土用量（kg）对混凝土抗压强度（kg/cm^3）的影响，测得数据如下：

混凝土用量 x/kg	抗压强度 y/(kg·cm^{-3})
150	56.9
160	58.3
170	61.6
180	64.6
190	68.1
200	71.3
210	74.1
220	77.4
230	80.2
240	82.6
250	86.4
260	89.7

（1）建立 y 关于 x 的回归方程；

（2）检验回归的显著性（ $a = 0.05$ ）；

（3）当 $x_0 = 225$ kg 时，求 y 的预测值及置信度 95% 下的预测区间．

各章习题答案

附　　表

附表 1　泊松分布表

$$P\{X \geqslant x\} = \sum_{k=x}^{r=\infty} \frac{\lambda^k}{k!} \mathrm{e}^{-\lambda}, \ \lambda = np$$

x	$\lambda = 0.2$	$\lambda = 0.3$	$\lambda = 0.4$	$\lambda = 0.5$	$\lambda = 0.6$
0	1. 000 000 0	1. 000 000 0	1. 000 000 0	1. 000 000 0	1. 000 000
1	0. 181 269 2	0. 259 181 8	0. 329 680 0	0. 323 469	0. 451 188
2	0. 017 523 1	0. 036 936 3	0. 061 551 9	0. 090 204	0. 121 901
3	0. 001 148 5	0. 003 599 5	0. 007 926 3	0. 014 388	0. 023 115
4	0. 000 056 8	0. 000 265 8	0. 000 776 3	0. 001 752	0. 003 358
5	0. 000 002 3	0. 000 015 8	0. 000 061 2	0. 000 172	0. 000 394
6	0. 000 000 1	0. 000 000 8	0. 000 004 0	0. 000 014	0. 000 039
7			0. 000 000 2	0. 000 000 1	0. 000 003
x	$\lambda = 0.7$	$\lambda = 0.8$	$\lambda = 0.9$	$\lambda = 1.0$	$\lambda = 1.2$
0	1. 000 000	1. 000 000	1. 000 000	1. 000 000	1. 000 000
1	0. 503 415	0. 550 671	0. 593 430	0. 632 121	0. 698 806
2	0. 155 805	0. 191 208	0. 227 518	0. 264 241	0. 337 373
3	0. 034 142	0. 047 423	0. 062 857	0. 080 301	0. 120 513
4	0. 005 753	0. 009 080	0. 013 459	0. 018 988	0. 033 769
5	0. 000 786	0. 001 411	0. 002 344	0. 003 660	0. 007 746
6	0. 000 090	0. 000 184	0. 000 343	0. 000 594	0. 001 500
7	0. 000 009	0. 000 210	0. 000 043	0. 000 083	0. 000 251

x	$\lambda = 0.7$	$\lambda = 0.8$	$\lambda = 0.9$	$\lambda = 1.0$	$\lambda = 1.2$
8	0.000 001	0.000 002	0.000 005	0.000 010	0.000 037
9				0.000 001	0.000 005
10					0.000 001

x	$\lambda = 1.4$	$\lambda = 1.6$	$\lambda = 1.8$	$\lambda = 2.0$	$\lambda = 2.2$
0	1.000 000	1.000 000	1.000 000	1.000 000	1.000 000
1	0.753 403	0.798 103	0.834 701	0.864 665	0.889 197
2	0.408 167	0.475 069	0.537 163	0.593 994	0.645 430
3	0.166 502	0.216 642	0.269 379	0.323 324	0.377 286
4	0.053 725	0.078 813	0.108 708	0.142 877	0.180 648
5	0.014 253	0.023 682	0.036 407	0.052 653	0.072 496
6	0.003 201	0.006 040	0.010 378	0.016 564	0.024 910
7	0.000 622	0.001 336	0.002 569	0.004 534	0.007 461
8	0.000 107	0.000 260	0.000 562	0.001 097	0.001 978
9	0.000 016	0.000 045	0.000 110	0.000 237	0.000 470
10	0.000 002	0.000 007	0.000 019	0.000 046	0.000 101
11		0.000 001	0.000 003	0.000 008	0.000 020

x	$\lambda = 2.5$	$\lambda = 3.0$	$\lambda = 3.5$	$\lambda = 4.0$	$\lambda = 4.5$	$\lambda = 5.0$
0	1.000 000	1.000 000	1.000 000	1.000 000	1.000 000	1.000 000
1	0.917 915	0.950 213	0.969 803	0.981 684	0.988 891	0.993 262
2	0.712 703	0.800 852	0.864 121	0.908 422	0.938 901	0.959 572
3	0.456 187	0.576 810	0.679 153	0.761 897	0.826 422	0.875 348
4	0.242 424	0.352 768	0.463 367	0.566 530	0.657 704	0.734 974
5	0.108 822	0.184 737	0.274 555	0.371 163	0.467 896	0.559 507
6	0.042 021	0.083 918	0.142 386	0.214 870	0.297 070	0.384 039
7	0.014 187	0.033 509	0.065 288	0.110 674	0.168 949	0.237 817
8	0.004 247	0.011 905	0.026 739	0.051 134	0.086 586	0.133 372
9	0.001 140	0.003 803	0.009 874	0.021 363	0.040 257	0.068 094
10	0.000 277	0.001 102	0.003 315	0.008 132	0.017 093	0.031 828
11	0.000 062	0.000 292	0.001 019	0.002 840	0.006 669	0.013 695
12	0.000 013	0.000 071	0.000 289	0.000 915	0.002 404	0.005 453
13	0.000 002	0.000 016	0.000 076	0.000 274	0.000 805	0.002 019
14		0.000 003	0.000 019	0.000 076	0.000 252	0.000 698

续表

x	$\lambda = 2.5$	$\lambda = 3.0$	$\lambda = 3.5$	$\lambda = 4.0$	$\lambda = 4.5$	$\lambda = 5.0$
15		0.000 001	0.000 004	0.000 020	0.000 074	0.000 226
16			0.000 001	0.000 005	0.000 020	0.000 069
17				0.000 001	0.000 050	0.000 020
18					0.000 001	0.000 001
19						

附表 2　标准正态分布表

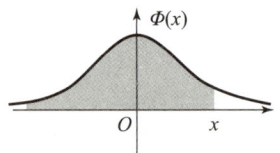

$$\Phi(x) = P\{X \leqslant x\} = \int_{-\infty}^{x} \frac{1}{\sqrt{2\pi}} e^{-\frac{t^2}{2}} dt$$

x	0.00	0.01	0.02	0.03	0.04	0.05	0.06	0.07	0.08	0.09
0.0	0.500 0	0.504 0	0.508 0	0.512 0	0.516 0	0.519 9	0.523 9	0.527 9	0.531 9	0.535 9
0.1	0.539 8	0.543 8	0.547 8	0.551 7	0.555 7	0.559 6	0.563 6	0.567 5	0.571 4	0.575 3
0.2	0.579 3	0.583 2	0.587 1	0.591 0	0.594 8	0.598 7	0.602 6	0.606 4	0.610 3	0.614 1
0.3	0.617 9	0.621 7	0.625 5	0.629 3	0.633 1	0.636 8	0.640 4	0.644 3	0.648 0	0.651 7
0.4	0.655 4	0.659 1	0.662 8	0.666 4	0.670 0	0.673 6	0.677 2	0.680 8	0.684 4	0.687 9
0.5	0.691 5	0.695 0	0.698 5	0.701 9	0.705 4	0.708 8	0.712 3	0.715 7	0.719 0	0.722 4
0.6	0.725 7	0.729 1	0.732 4	0.735 7	0.738 9	0.742 2	0.745 4	0.748 6	0.751 7	0.754 9
0.7	0.758 0	0.761 1	0.764 2	0.767 3	0.770 3	0.773 4	0.776 4	0.779 4	0.782 3	0.785 2
0.8	0.788 1	0.791 0	0.793 9	0.796 7	0.799 5	0.802 3	0.805 1	0.807 8	0.810 6	0.813 3
0.9	0.815 9	0.818 6	0.821 2	0.823 8	0.826 4	0.828 9	0.835 5	0.834 0	0.836 5	0.838 9
1.0	0.841 3	0.843 8	0.846 1	0.848 5	0.850 8	0.853 1	0.855 4	0.857 7	0.859 9	0.862 1
1.1	0.864 3	0.866 5	0.868 6	0.870 8	0.872 9	0.874 9	0.877 0	0.879 0	0.881 0	0.883 0
1.2	0.884 9	0.886 9	0.888 8	0.890 7	0.892 5	0.894 4	0.896 2	0.898 0	0.899 7	0.901 5
1.3	0.903 2	0.904 9	0.906 6	0.908 2	0.909 9	0.911 5	0.913 1	0.914 7	0.916 2	0.917 7
1.4	0.919 2	0.920 7	0.922 2	0.923 6	0.925 1	0.926 5	0.927 9	0.929 2	0.930 6	0.931 9
1.5	0.933 2	0.934 5	0.935 7	0.937 0	0.938 2	0.939 4	0.940 6	0.941 8	0.943 0	0.944 1
1.6	0.945 2	0.946 3	0.947 4	0.948 4	0.949 5	0.950 5	0.951 5	0.952 5	0.953 5	0.953 5
1.7	0.955 4	0.956 4	0.957 3	0.958 2	0.959 1	0.959 9	0.960 8	0.961 6	0.962 5	0.963 3
1.8	0.964 1	0.964 8	0.965 6	0.966 4	0.967 2	0.967 8	0.968 6	0.969 3	0.970 0	0.970 6
1.9	0.971 3	0.971 9	0.972 6	0.973 2	0.973 8	0.974 4	0.975 0	0.975 6	0.976 2	0.976 7

x	0.00	0.01	0.02	0.03	0.04	0.05	0.06	0.07	0.08	0.09
2.0	0.977 2	0.977 8	0.978 3	0.978 8	0.979 3	0.979 8	0.980 3	0.980 8	0.981 2	0.981 7
2.1	0.982 1	0.982 6	0.983 0	0.983 4	0.983 8	0.984 2	0.984 6	0.985 0	0.985 4	0.985 7
2.2	0.986 1	0.986 4	0.986 8	0.987 1	0.987 4	0.987 8	0.988 1	0.988 4	0.988 7	0.989 0
2.3	0.989 3	0.989 6	0.989 8	0.990 1	0.990 4	0.990 6	0.990 9	0.991 1	0.991 3	0.991 6
2.4	0.991 8	0.992 0	0.992 2	0.992 5	0.992 7	0.992 9	0.993 1	0.993 2	0.993 4	0.993 6
2.5	0.993 8	0.994 0	0.994 1	0.994 3	0.994 5	0.994 6	0.994 8	0.994 9	0.995 1	0.995 2
2.6	0.995 3	0.995 5	0.995 6	0.995 7	0.995 9	0.996 0	0.996 1	0.996 2	0.996 3	0.996 4
2.7	0.996 5	0.996 6	0.996 7	0.996 8	0.996 9	0.997 0	0.997 1	0.997 2	0.997 3	0.997 4
2.8	0.997 4	0.997 5	0.997 6	0.997 7	0.997 7	0.997 8	0.997 9	0.997 9	0.998 0	0.998 1
2.9	0.998 1	0.998 2	0.998 2	0.998 3	0.998 4	0.998 4	0.998 5	0.998 5	0.998 6	0.998 6
3.0	0.998 7	0.998 7	0.998 7	0.998 8	0.998 9	0.998 9	0.998 9	0.998 9	0.999 0	0.999 0
3.1	0.999 0	0.999 1	0.999 1	0.999 1	0.999 2	0.999 2	0.999 2	0.999 2	0.999 3	0.999 3
3.2	0.999 3	0.999 3	0.999 4	0.999 4	0.999 5	0.999 6	0.999 7	0.999 8	0.999 8	0.999 8

附表 3　χ^2 分布表

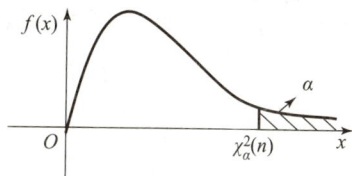

$$P\{\chi^2(n) > \chi_\alpha^2(n)\} = \alpha$$

n	$a = 0.995$	0.99	0.975	0.95	0.9	0.75
1	0.000	0.000	0.001	0.004	0.016	0.102
2	0.010	0.020	0.051	0.103	0.211	0.575
3	0.072	0.115	0.216	0.352	0.584	1.213
4	0.207	0.297	0.484	0.711	1.064	1.923
5	0.412	0.554	0.831	1.145	1.610	2.675
6	0.676	0.872	1.237	1.635	2.04	3.455
7	0.989	1.236	1.690	2.167	2.833	4.255
8	1.344	1.646	2.180	2.733	3.490	5.071
9	1.735	2.088	2.700	3.325	4.168	5.899
10	2.156	2.558	3.247	3.940	4.865	6.737
11	2.603	3.053	3.816	4.575	5.578	7.584
12	3.074	3.571	4.404	5.226	6.034	8.438
13	3.565	4.107	5.009	5.892	7.042	9.299

续表

n	a=0.995	0.99	0.975	0.95	0.9	0.75
14	4.075	4.660	5.629	6.571	7.790	10.165
15	4.601	5.299	6.262	7.261	8.547	11.037
16	5.142	5.812	6.908	7.962	9.312	11.912
17	5.697	6.408	7.564	8.672	10.085	12.792
18	6.265	7.015	8.231	9.390	10.865	13.675
19	6.844	7.633	8.907	10.117	11.651	14.562
20	7.434	8.260	9.591	10.851	12.443	15.452
21	8.034	8.897	10.283	11.591	13.240	16.344
22	8.643	9.542	10.982	12.338	14.042	17.240
23	9.260	10.196	11.689	13.091	14.848	18.137
24	9.886	10.856	12.401	13.848	15.659	19.037
25	10.520	11.524	13.120	14.611	16.473	19.939
26	11.160	12.198	13.844	15.376	17.292	20.843
27	11.808	12.879	14.573	16.151	18.114	21.749
28	12.461	13.565	15.308	16.928	18.939	22.657
29	13.121	14.257	16.047	17.708	19.768	23.567
30	13.787	14.954	16.791	18.493	20.599	24.478
35	17.192	18.509	20.569	22.465	24.797	29.054
39	19.996	21.164	23.654	25.695	28.869	34.267
40	20.707	22.164	24.433	26.509	29.051	35.325
45	24.311	25.901	28.366	30.612	33.350	38.291
n	a=0.25	0.1	0.05	0.025	0.01	0.005
1	1.323	2.706	3.841	5.024	6.635	7.879
2	2.773	4.605	5.991	7.378	9.210	10.597
3	4.108	6.251	7.815	9.348	11.345	12.838
4	5.385	7.779	9.488	11.143	13.277	14.860
5	6.626	9.236	11.071	12.833	15.086	16.750
6	7.841	10.645	12.592	14.449	16.812	18.548
7	9.037	12.017	14.067	16.013	18.475	20.278
8	10.219	13.362	15.507	17.535	20.090	21.955
9	11.389	14.684	16.919	19.023	21.666	23.589
10	12.549	15.987	18.307	20.483	23.209	25.188

n	$a = 0.25$	0.1	0.05	0.025	0.01	0.005
11	13.701	17.275	19.675	21.920	24.725	26.757
12	14.845	18.549	21.026	23.337	26.217	28.299
13	15.984	19.812	22.362	24.736	27.688	29.819
14	17.117	21.064	23.685	26.119	29.141	31.319
15	18.245	22.307	24.996	27.488	30.578	32.801
16	19.369	23.542	26.296	28.845	32.000	34.267
17	20.489	24.769	27.587	30.191	33.409	35.718
18	21.605	25.989	28.869	31.526	34.805	37.156
19	22.718	27.204	30.144	32.852	36.191	38.582
20	23.828	28.412	31.410	34.170	37.566	39.997
21	24.935	29.615	32.671	35.479	38.932	41.401
22	26.039	30.813	33.924	36.781	40.289	42.796
23	27.141	32.007	35.172	38.076	41.638	44.181
24	28.241	33.196	36.415	39.364	42.980	45.559
25	29.339	34.382	37.652	40.646	44.314	46.928
26	30.435	35.563	38.885	41.923	45.642	48.290
27	31.528	36.741	40.113	43.194	46.963	49.645
28	32.620	37.916	41.337	44.461	48.278	50.993
29	33.711	39.087	42.557	45.722	49.588	52.336
30	34.800	40.256	43.773	46.979	50.892	53.672
35	40.223	46.059	49.802	53.203	57.342	60.275
39	44.314	50.892	54.572	57.505	61.717	64.278
40	45.616	51.805	55.758	59.342	63.691	66.766
45	50.985	57.505	61.656	65.410	69.957	73.166

注：当 $n > 40$ 时，$\chi_\alpha^2 \approx \frac{1}{2}(z_\alpha + \sqrt{2n-1})^2$.

附表 4　t 分布表

$$P\{t(n) > t_\alpha(n)\} = \alpha$$

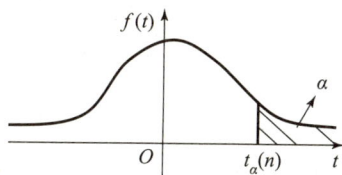

n	$a = 0.25$	0.1	0.05	0.025	0.01	0.005
1	1.000	3.078	6.314	12.706	31.821	63.657
2	0.816	1.886	2.920	4.303	6.965	9.925

续表

n	$a = 0.25$	0.1	0.05	0.025	0.01	0.005
3	0.765	1.638	2.353	3.182	4.541	5.841
4	0.741	1.533	2.132	2.776	3.747	4.604
5	0.727	1.476	2.015	2.571	3.365	4.032
6	0.718	1.440	1.943	2.447	3.143	3.707
7	0.711	1.415	1.895	2.365	2.998	3.499
8	0.706	1.397	1.860	2.306	2.896	3.355
9	0.703	1.383	1.833	2.262	2.821	3.250
10	0.700	1.372	1.812	2.228	2.764	3.169
11	0.697	1.363	1.796	2.201	2.718	3.106
12	0.695	1.356	1.782	2.179	2.681	3.055
13	0.694	1.350	1.771	2.160	2.650	3.012
14	0.692	1.345	1.761	2.145	2.624	2.977
15	0.691	1.341	1.753	2.131	2.602	2.947
16	0.690	1.337	1.746	2.120	2.583	2.921
17	0.689	1.333	1.740	2.110	2.567	2.898
18	0.688	1.330	1.734	2.101	2.552	2.878
19	0.688	1.328	1.729	2.093	2.539	2.861
20	0.687	1.325	1.725	2.086	2.528	2.845
21	0.686	1.323	1.721	2.080	2.518	2.831
22	0.686	1.321	1.717	2.074	2.508	2.819
23	0.685	1.319	1.714	2.069	2.500	2.807
24	0.685	1.318	1.711	2.064	2.492	2.797
25	0.684	1.316	1.708	2.060	2.485	2.787
26	0.684	1.315	1.706	2.056	2.479	2.779
27	0.684	1.314	1.703	2.052	2.473	2.771
28	0.683	1.313	1.701	2.048	2.467	2.763
29	0.683	1.311	1.699	2.045	2.462	2.756
30	0.683	1.310	1.697	2.042	2.457	2.750
40	0.681	1.303	1.684	2.021	2.423	2.704
50	0.679	1.299	1.676	2.009	2.403	2.678
60	0.679	1.296	1.671	2.000	2.390	2.660
80	0.678	1.292	1.664	1.990	2.374	2.639
100	0.677	1.290	1.660	1.984	2.364	2.626
120	0.677	1.289	1.658	1.980	2.358	2.617
∞	0.675	1.282	1.645	1.960	2.326	2.576

附表 5 F 分布表

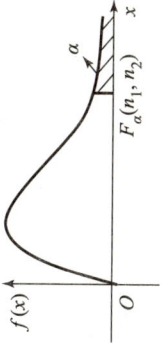

$$P\{F > F_\alpha(n_1, n_2)\} = \alpha$$

$\alpha = 0.10$

$n_2 \backslash n_1$	1	2	3	4	5	6	7	8	9	10	12	15	20	24	30	40	60	120	∞
1	39.86	49.50	53.59	55.83	57.24	58.20	58.91	59.44	59.86	60.19	60.71	61.22	61.74	62.00	62.26	62.53	62.79	63.06	63.33
2	8.53	9.00	9.16	9.24	9.29	9.33	9.35	9.37	9.38	9.39	9.41	9.42	9.44	9.45	9.46	9.47	9.47	9.48	9.49
3	5.54	5.46	5.39	5.34	5.31	5.28	5.27	5.25	5.24	5.23	5.22	5.20	5.18	5.18	5.17	5.16	5.15	5.14	5.13
4	4.54	4.32	4.19	4.11	4.05	4.01	3.98	3.95	3.94	3.92	3.90	3.87	3.84	3.83	3.82	3.80	3.79	3.78	3.76
5	4.06	3.78	3.62	3.52	3.45	3.40	3.37	3.34	3.32	3.30	3.27	3.24	3.21	3.19	3.17	3.16	3.14	3.12	3.10
6	3.78	3.46	3.29	3.18	3.11	3.05	3.01	2.98	2.96	2.94	2.90	2.87	2.84	2.82	2.80	2.78	2.76	2.74	2.72
7	3.59	3.26	3.07	2.96	2.88	2.83	2.78	2.75	2.72	2.70	2.67	2.63	2.59	2.58	2.56	2.54	2.51	2.49	2.47
8	3.46	3.11	2.92	2.81	2.73	2.67	2.62	2.59	2.56	2.54	2.50	2.46	2.42	2.40	2.38	2.36	2.34	2.32	2.29
9	3.36	3.01	2.81	2.69	2.61	2.55	2.51	2.47	2.44	2.42	2.38	2.34	2.30	2.28	2.25	2.23	2.21	2.18	2.16
10	3.29	2.92	2.73	2.61	2.52	2.46	2.41	2.38	2.35	2.32	2.28	2.24	2.20	2.18	2.16	2.13	2.11	2.08	2.06
11	3.23	2.86	2.66	2.54	2.45	2.39	2.34	2.30	2.27	2.25	2.21	2.17	2.12	2.10	2.08	2.05	2.03	2.00	1.97
12	3.18	2.81	2.61	2.48	2.39	2.33	2.28	2.24	2.21	2.19	2.15	2.10	2.06	2.04	2.01	1.99	1.96	1.93	1.90
13	3.14	2.76	2.56	2.43	2.35	2.28	2.23	2.20	2.16	2.14	2.10	2.05	2.01	1.98	1.96	1.93	1.90	1.88	1.85
14	3.10	2.73	2.52	2.39	2.31	2.24	2.19	2.15	2.12	2.10	2.05	2.01	1.96	1.94	1.91	1.89	1.86	1.83	1.80
15	3.07	2.70	2.49	2.36	2.27	2.21	2.16	2.12	2.09	2.06	2.02	1.97	1.92	1.90	1.87	1.85	1.82	1.79	1.76
16	3.05	2.67	2.46	2.33	2.24	2.18	2.13	2.09	2.06	2.03	1.99	1.94	1.89	1.87	1.84	1.81	1.78	1.75	1.72

$\alpha = 0.10$

n_2 \ n_1	1	2	3	4	5	6	7	8	9	10	12	15	20	24	30	40	60	120	∞
17	3.03	2.64	2.44	2.31	2.22	2.15	2.1	2.06	2.03	2.00	1.96	1.91	1.86	1.84	1.81	1.78	1.75	1.72	1.69
18	3.01	2.62	2.42	2.29	2.20	2.13	2.08	2.04	2.00	1.98	1.93	1.89	1.84	1.81	1.78	1.75	1.72	1.69	1.66
19	2.99	2.61	2.40	2.27	2.18	2.11	2.06	2.02	1.98	1.96	1.91	1.86	1.81	1.79	1.76	1.73	1.70	1.67	1.63
20	2.97	2.59	2.38	2.25	2.16	2.09	2.04	2.00	1.96	1.94	1.89	1.84	1.79	1.77	1.74	1.71	1.68	1.64	1.61
21	2.96	2.57	2.36	2.23	2.14	2.08	2.02	1.98	1.95	1.92	1.87	1.83	1.78	1.75	1.72	1.69	1.66	1.62	1.59
22	2.95	2.56	2.35	2.22	2.13	2.06	2.01	1.97	1.93	1.90	1.86	1.81	1.76	1.73	1.70	1.67	1.64	1.60	1.57
23	2.94	2.55	2.34	2.21	2.11	1.05	1.99	1.95	1.92	1.89	1.84	1.80	1.74	1.72	1.69	1.66	1.62	1.59	1.55
24	2.93	2.54	2.33	2.19	2.10	2.04	1.98	1.94	1.91	1.88	1.83	1.78	1.73	1.70	1.67	1.64	1.61	1.57	1.53
25	2.92	2.53	2.32	2.18	2.09	2.02	1.97	1.93	1.89	1.87	1.82	1.77	1.72	1.69	1.66	1.63	1.59	1.56	1.52
26	2.91	2.52	2.31	2.17	2.08	2.01	1.96	1.92	1.88	1.86	1.81	1.76	1.71	1.68	1.65	1.61	1.58	1.54	1.50
27	2.90	2.51	2.30	2.17	2.07	2.00	1.95	1.91	1.87	1.85	1.80	1.75	1.70	1.67	1.64	1.60	1.57	1.53	1.49
28	2.89	2.50	2.29	2.16	2.06	2.00	1.94	1.90	1.87	1.84	1.79	1.74	1.69	1.66	1.63	1.59	1.56	1.52	1.48
29	2.89	2.50	2.28	2.15	2.06	1.99	1.93	1.89	1.86	1.83	1.78	1.73	1.68	1.65	1.62	1.58	1.55	1.51	1.47
30	2.88	2.49	2.28	2.14	2.05	1.98	1.93	1.88	1.85	1.82	1.77	1.72	1.67	1.64	1.61	1.57	1.54	1.50	1.46
40	2.84	2.44	2.23	2.09	2.00	1.93	1.87	1.83	1.79	1.76	1.71	1.66	1.61	1.57	1.54	1.51	1.47	1.42	1.38
60	2.79	2.39	2.18	2.04	1.95	1.87	1.82	1.77	1.74	1.71	1.66	1.60	1.54	1.51	1.48	1.44	1.40	1.35	1.29
120	2.75	2.35	2.13	1.99	1.90	1.82	1.77	1.72	1.68	1.65	1.60	1.55	1.48	1.45	1.41	1.37	1.32	1.26	1.19
∞	2.71	2.30	2.08	1.94	1.85	1.77	1.72	1.67	1.63	1.60	1.55	1.49	1.42	1.38	1.34	1.30	1.24	1.17	1.00

续表

$\alpha = 0.05$

n_1 / n_2	1	2	3	4	5	6	7	8	9	10	12	15	20	24	30	40	60	120	∞
1	161.4	199.5	215.7	224.6	230.2	234	236.8	238.9	240.5	241.9	243.9	245.9	248	249.1	250.1	251.1	252.2	253.3	254.3
2	18.51	19.00	19.16	19.25	19.30	19.33	19.35	19.37	19.38	19.40	19.41	19.43	19.45	19.45	19.46	19.47	19.48	19.49	19.50
3	10.13	9.55	9.28	9.12	9.01	8.94	8.89	8.85	8.81	8.79	8.74	8.70	8.66	8.64	8.62	8.59	8.57	8.55	8.53
4	7.71	6.94	6.59	6.39	6.26	6.16	6.09	6.04	6.00	5.96	5.91	5.86	5.80	5.77	5.75	5.72	5.69	5.66	5.63
5	6.61	5.79	5.41	5.19	5.05	4.95	4.88	4.82	4.77	4.74	4.68	4.62	4.56	4.53	4.50	4.46	4.43	4.40	4.36
6	5.99	5.14	4.76	4.53	4.39	4.28	4.21	4.15	4.10	4.06	4.00	3.94	3.87	3.84	3.81	3.77	3.74	3.70	3.67
7	5.59	4.74	4.35	4.12	3.97	3.87	3.79	3.73	3.68	3.64	3.57	3.51	3.44	3.41	3.38	3.34	3.30	3.27	3.23
8	5.32	4.46	4.07	3.84	3.69	3.58	3.50	3.44	3.39	3.35	3.28	3.22	3.15	3.12	3.08	3.04	3.01	2.97	2.93
9	5.12	4.26	3.86	3.63	3.48	3.37	3.29	3.23	3.18	3.14	3.07	3.01	2.94	2.90	2.86	2.83	2.79	2.75	2.71
10	4.96	4.10	3.71	3.48	3.33	3.22	3.14	3.07	3.02	2.98	2.91	2.85	2.77	2.74	2.70	2.66	2.62	2.58	2.54
11	4.84	3.98	3.59	3.36	3.20	3.09	3.01	2.95	2.90	2.85	2.79	2.72	2.65	2.61	2.57	2.53	2.49	2.45	2.40
12	4.75	3.89	3.49	3.26	3.11	3.00	2.91	2.85	2.80	2.75	2.69	2.62	2.54	2.51	2.47	2.43	2.38	2.34	2.30
13	4.67	3.81	3.41	3.18	3.03	2.92	2.83	2.77	2.71	2.67	2.60	2.53	2.46	2.42	2.38	2.34	2.30	2.25	2.21
14	4.60	3.74	3.34	3.11	2.96	2.85	2.76	2.70	2.65	2.60	2.53	2.46	2.39	2.35	2.31	2.27	2.22	2.18	2.13
15	4.54	3.68	3.29	3.06	2.90	2.79	2.71	2.64	2.59	2.54	2.48	2.40	2.33	2.29	2.25	2.20	2.16	2.11	2.07
16	4.49	3.63	3.24	3.01	2.85	2.74	2.66	2.59	2.54	2.49	2.42	2.35	2.28	2.24	2.19	2.15	2.11	2.06	2.01
17	4.45	3.59	3.20	2.96	2.81	2.70	2.61	2.55	2.49	2.45	2.38	2.31	2.23	2.19	2.15	2.10	2.06	2.01	1.96
18	4.41	3.55	3.16	2.93	2.77	2.66	2.58	2.51	2.46	2.41	2.34	2.27	2.19	2.15	2.11	2.06	2.02	1.97	1.92
19	4.38	3.52	3.13	2.90	2.74	2.63	2.54	2.48	2.42	2.38	2.31	2.23	2.16	2.11	2.07	2.03	1.98	1.93	1.88

续表

$\alpha = 0.05$

n_1 \ n_2	1	2	3	4	5	6	7	8	9	10	12	15	20	24	30	40	60	120	∞
20	4.35	3.49	3.10	2.87	2.71	2.60	2.51	2.45	2.39	2.35	2.28	2.20	2.12	2.08	2.04	1.99	1.95	1.90	1.84
21	4.32	3.47	3.07	2.84	2.68	2.57	2.49	2.42	2.37	2.32	2.25	2.18	2.10	2.05	2.01	1.96	1.92	1.87	1.81
22	4.30	3.44	3.05	2.82	2.66	2.55	2.46	2.40	2.34	2.30	2.23	2.15	2.07	2.03	1.98	1.94	1.89	1.84	1.78
23	4.28	3.42	3.03	2.80	2.64	2.53	2.44	2.37	2.32	2.27	2.20	2.13	2.05	2.01	1.96	1.91	1.86	1.81	1.76
24	4.26	3.40	3.01	2.78	2.62	2.51	2.42	2.36	2.30	2.25	2.18	2.11	2.03	1.98	1.94	1.89	1.84	1.79	1.73
25	4.24	3.39	2.99	2.76	2.60	2.49	2.40	2.34	2.28	2.24	2.16	2.09	2.01	1.96	1.92	1.87	1.82	1.77	1.71
26	4.23	3.37	2.98	2.74	2.59	2.47	2.39	2.32	2.27	2.22	2.15	2.07	1.99	1.95	1.90	1.85	1.80	1.75	1.69
27	4.21	3.35	2.96	2.73	2.57	2.46	2.37	2.31	2.25	2.20	2.13	2.06	1.97	1.93	1.88	1.84	1.79	1.73	1.67
28	4.20	3.34	2.95	2.71	2.56	2.45	2.36	2.29	2.24	2.19	2.12	2.04	1.96	1.91	1.87	1.82	1.77	1.71	1.65
29	4.18	3.33	2.93	2.70	2.55	2.43	2.35	2.28	2.22	2.18	2.10	2.03	1.94	1.90	1.85	1.81	1.75	1.70	1.64
30	4.17	3.32	2.92	2.69	2.53	2.42	2.33	2.27	2.21	2.16	2.09	2.01	1.93	1.89	1.84	1.79	1.74	1.68	1.62
40	4.08	3.23	2.84	2.61	2.45	2.34	2.25	2.18	2.12	2.08	2.00	1.92	1.84	1.79	1.74	1.69	1.64	1.58	1.51
60	4.00	3.15	2.76	2.53	2.37	2.25	2.17	2.10	2.04	1.99	1.92	1.84	1.75	1.70	1.65	1.59	1.53	1.47	1.39
120	3.92	3.07	2.68	2.45	2.29	2.17	2.09	2.02	1.96	1.91	1.83	1.75	1.66	1.61	1.55	1.5	1.43	1.35	1.25
∞	3.84	3.00	2.60	2.37	2.21	2.10	2.01	1.94	1.88	1.83	1.75	1.67	1.57	1.52	1.46	1.39	1.32	1.22	1.00

$\alpha = 0.025$

n_1 \ n_2	1	2	3	4	5	6	7	8	9	10	12	15	20	24	30	40	60	120	∞
1	647.80	799.50	864.20	899.60	921.80	937.10	948.20	956.70	963.30	968.60	976.70	984.90	993.10	997.20	1001	1006	1010	1014	1018
2	38.51	39.00	39.17	39.25	39.30	39.33	39.36	39.37	39.39	39.40	39.41	39.43	39.45	39.46	39.46	39.47	39.48	39.40	39.50
3	17.44	16.04	15.44	15.10	14.88	14.73	14.62	14.54	14.47	14.42	14.34	14.25	14.17	14.12	14.08	14.04	13.99	13.95	13.90

续表

$\alpha = 0.025$

n_2 \\ n_1	1	2	3	4	5	6	7	8	9	10	12	15	20	24	30	40	60	120	∞
4	12.22	10.65	9.98	9.60	9.36	9.20	9.07	8.98	8.90	8.84	8.75	8.66	8.56	8.51	8.46	8.41	8.36	8.31	8.26
5	10.01	8.43	7.76	7.39	7.15	6.98	6.85	6.76	6.68	6.62	6.52	6.43	6.33	6.28	6.23	6.18	6.12	6.07	6.02
6	8.81	7.26	6.60	6.23	5.99	5.82	5.70	5.60	5.52	5.46	5.37	5.27	5.17	5.12	5.07	5.01	4.96	4.90	4.85
7	8.07	6.54	5.89	5.52	5.29	5.12	4.99	4.90	4.82	4.76	4.67	4.57	4.47	4.42	4.36	4.31	4.25	4.20	4.14
8	7.57	6.06	5.42	5.05	4.82	4.65	4.53	4.43	4.36	4.30	4.20	4.10	4.00	3.95	3.89	3.84	3.78	3.73	3.67
9	7.21	5.71	5.08	4.72	4.48	4.23	4.20	4.10	4.03	3.96	3.87	3.77	3.67	3.61	3.56	3.51	3.45	3.39	3.33
10	6.94	5.46	4.83	4.47	4.24	4.07	3.95	3.85	3.78	3.72	3.62	3.52	3.42	3.37	3.31	3.26	3.20	3.14	3.08
11	6.72	5.26	4.63	4.28	4.04	3.88	3.76	3.66	3.59	3.53	3.43	3.33	3.23	3.17	3.12	3.06	3.00	2.94	2.88
12	6.55	5.10	4.47	4.12	3.89	3.73	3.61	3.51	3.44	3.37	3.28	3.18	3.07	3.02	2.96	2.91	2.85	2.79	2.72
13	6.41	4.97	4.35	4.00	3.77	3.60	3.48	3.39	3.31	3.25	3.15	3.05	2.95	2.89	2.84	2.78	2.72	2.66	2.60
14	6.30	4.86	4.24	3.89	3.66	3.50	3.38	3.29	3.21	3.15	3.05	2.95	2.84	2.79	2.73	2.67	2.61	2.55	2.49
15	6.20	4.77	4.15	3.80	3.58	3.41	3.29	3.20	3.12	3.06	2.96	2.86	2.76	2.70	2.64	2.59	2.52	2.46	2.40
16	6.12	4.69	4.08	3.73	3.50	3.34	3.22	3.12	3.05	2.99	2.89	2.79	2.68	2.63	2.57	2.51	2.45	2.38	2.32
17	6.04	4.62	4.01	3.66	3.44	3.28	3.16	3.06	2.98	2.92	2.82	2.72	2.62	2.56	2.50	2.44	2.38	2.32	2.25
18	5.98	4.56	3.95	3.61	3.38	3.22	3.10	3.01	2.93	2.87	2.77	2.67	2.56	2.50	2.44	2.38	2.32	2.26	2.19
19	5.92	4.51	3.90	3.56	3.33	3.17	3.05	2.96	2.88	2.82	2.72	2.62	2.51	2.45	2.39	2.33	2.27	2.20	2.13
20	5.87	4.46	3.86	3.51	3.29	3.13	3.01	2.91	2.84	2.77	2.68	2.57	2.46	2.41	2.35	2.29	2.22	2.16	2.09
21	5.83	4.42	3.82	3.48	3.25	3.09	2.97	2.87	2.80	2.73	2.64	2.53	2.42	2.37	2.31	2.25	2.18	2.11	2.04
22	5.79	4.38	3.78	3.44	3.22	3.05	2.93	2.84	2.76	2.70	2.60	2.50	2.39	2.33	2.27	2.21	2.14	2.08	2.00

续表

$\alpha = 0.025$

n_2 \ n_1	1	2	3	4	5	6	7	8	9	10	12	15	20	24	30	40	60	120	∞
23	5.75	4.35	3.75	3.41	3.18	3.02	2.90	2.81	2.73	2.67	2.57	2.47	2.36	2.30	2.24	2.18	2.11	2.04	1.97
24	5.72	4.32	3.72	3.38	3.15	2.99	2.87	2.78	2.70	2.64	2.54	2.44	2.33	2.27	2.21	2.15	2.08	2.01	1.94
25	5.69	4.29	3.69	3.35	3.13	2.97	2.85	2.75	2.68	2.61	2.51	2.41	2.30	2.24	2.18	2.12	2.05	1.98	1.91
26	5.66	4.27	3.67	3.33	3.10	2.94	2.82	2.73	2.65	2.59	2.49	2.39	2.28	2.22	2.16	2.09	2.03	1.95	1.88
27	5.63	4.24	3.65	3.31	3.08	2.92	2.80	2.71	2.63	2.57	2.47	2.36	2.25	2.19	2.13	2.07	2.00	1.93	1.85
28	5.61	4.22	3.63	3.29	3.06	2.90	2.78	2.69	2.61	2.55	2.45	2.34	2.23	2.17	2.11	2.05	1.98	1.91	1.83
29	5.59	4.20	3.61	3.27	3.04	2.88	2.76	2.67	2.59	2.53	2.43	2.32	2.21	2.15	2.09	2.03	1.96	1.89	1.81
30	5.57	4.18	3.59	3.25	3.03	2.87	2.75	2.65	2.57	2.51	2.41	2.31	2.2	2.14	2.07	2.01	1.94	1.87	1.79
40	5.42	4.05	3.46	3.13	3.90	2.74	2.62	2.53	2.45	2.39	2.29	2.18	2.07	2.01	1.94	1.88	1.80	1.72	1.64
60	5.29	3.93	3.34	3.01	2.79	2.63	2.51	2.41	2.33	2.27	3.17	2.06	1.94	1.88	1.82	1.74	1.67	1.58	1.48
120	5.15	3.80	3.23	2.89	2.67	2.52	2.39	2.30	2.22	2.16	2.05	1.94	1.82	1.76	1.69	1.61	1.53	1.43	1.31
∞	5.02	3.69	3.12	2.79	2.57	2.41	2.29	2.19	2.11	2.05	1.94	1.83	1.71	1.64	1.57	1.48	1.39	1.27	1.00

$\alpha = 0.01$

n_2 \ n_1	1	2	3	4	5	6	7	8	9	10	12	15	20	24	30	40	60	120	∞
1	4 052	4 999.50	5 403	5 625	5 764	5 859	5 928	5 982	6 022	6 056	6 106	6 157	6 209	6 235	6 261	6 287	6 313	6 339	6 366
2	98.50	99.00	99.17	99.25	99.30	99.33	99.36	99.37	99.39	99.40	99.42	99.43	99.45	99.46	99.47	99.47	99.48	99.49	99.50
3	34.12	30.82	29.46	28.71	28.24	27.91	27.67	27.49	27.35	27.23	27.05	26.87	26.69	26.60	26.50	26.41	26.32	26.22	26.13
4	21.20	18.00	16.69	15.98	15.52	15.21	14.98	14.80	14.66	14.55	14.37	24.20	14.02	13.93	13.84	13.75	13.65	13.56	13.46
5	16.26	13.27	12.06	11.39	10.97	10.67	10.46	10.29	10.16	10.05	9.89	9.72	9.55	9.47	9.38	9.29	9.20	9.11	9.02
6	13.75	10.93	9.78	9.15	8.75	8.47	8.26	8.10	7.98	7.87	7.72	7.56	7.4	7.31	7.23	7.14	7.06	6.97	6.88

$\alpha = 0.01$

$n_2 \backslash n_1$	1	2	3	4	5	6	7	8	9	10	12	15	20	24	30	40	60	120	∞
7	12.25	9.55	8.45	7.85	7.46	7.19	6.99	6.84	6.72	6.62	6.47	6.31	6.16	6.07	5.99	5.91	5.82	5.74	5.65
8	11.26	8.65	7.59	7.01	6.63	6.37	6.18	6.03	5.91	5.81	5.67	5.52	5.36	5.28	5.20	5.12	5.03	4.95	4.86
9	10.56	8.02	6.99	6.42	6.06	5.80	5.61	5.47	5.35	5.26	5.11	4.96	4.81	4.73	4.65	4.57	4.48	4.40	4.31
10	10.04	7.56	6.55	5.99	5.64	5.39	5.20	5.06	4.94	4.85	4.71	4.56	4.41	4.33	4.25	4.17	4.08	4.00	3.91
11	9.65	7.21	6.22	5.67	5.32	5.07	4.89	4.74	4.63	4.54	4.40	4.25	4.10	4.02	3.94	3.86	3.78	3.69	3.60
12	9.33	6.93	5.95	5.41	5.06	4.82	4.64	4.50	4.39	4.30	4.16	4.01	3.86	3.78	3.70	3.62	3.54	3.45	3.36
13	9.07	6.70	5.74	5.21	4.86	4.62	4.44	4.30	4.19	4.10	3.96	3.82	3.66	3.59	3.51	3.43	3.34	3.25	3.17
14	8.86	6.51	5.56	5.04	4.69	4.46	4.28	4.14	4.03	3.94	3.80	3.66	3.51	3.43	3.35	3.27	3.18	3.09	3.00
15	8.68	6.36	5.42	4.89	4.56	4.32	4.14	4.00	3.89	3.80	3.67	3.52	3.37	3.29	3.21	3.13	3.05	2.96	2.87
16	8.53	6.23	5.29	4.77	4.44	4.20	4.03	3.89	3.78	3.69	3.55	3.41	3.26	3.18	3.10	3.02	2.93	2.84	2.75
17	8.40	6.11	5.18	4.67	4.34	4.10	3.93	3.79	3.68	3.59	3.46	3.31	3.16	3.08	3.00	2.92	2.83	2.75	2.65
18	8.29	6.01	5.09	4.58	4.25	4.01	3.94	3.71	3.60	3.51	3.37	3.23	3.08	3.00	2.92	2.84	2.75	2.66	2.57
19	8.18	5.93	5.01	4.50	4.17	3.94	3.77	3.63	3.52	3.43	3.30	3.15	3.00	2.92	2.84	2.76	2.67	2.58	2.49
20	8.10	5.85	4.94	4.43	4.10	3.87	3.70	3.56	3.46	3.37	3.23	3.09	2.94	2.86	2.78	2.69	2.61	2.52	2.42
21	8.02	5.78	4.87	4.37	4.04	3.81	3.64	3.51	3.40	3.31	3.17	3.03	2.88	2.80	2.72	2.64	2.55	2.46	2.36
22	7.95	5.72	4.82	4.31	3.99	3.76	3.59	3.45	3.35	3.26	3.12	2.98	2.83	2.75	2.67	2.58	2.50	2.40	2.31
23	7.88	5.66	4.76	4.26	3.94	3.71	3.54	3.41	3.30	3.21	3.07	2.93	2.78	2.70	2.62	2.54	2.45	2.35	2.26
24	7.82	5.61	4.72	4.22	3.90	3.67	3.50	3.36	3.26	3.17	3.03	2.89	2.74	2.66	2.58	2.49	2.40	2.31	2.21
25	7.77	5.57	4.68	4.18	3.85	3.63	3.46	3.32	3.22	3.13	2.99	2.85	2.70	2.62	2.54	2.45	2.36	2.27	2.17

续表

$\alpha = 0.01$

n_2 \ n_1	1	2	3	4	5	6	7	8	9	10	12	15	20	24	30	40	60	120	∞
26	7.72	5.53	4.64	4.14	3.82	3.59	3.42	3.29	3.18	3.09	2.96	2.81	2.66	2.58	2.5	2.42	2.33	2.23	2.13
27	7.68	5.49	4.60	4.11	3.78	3.56	3.39	3.26	3.15	3.06	2.93	2.78	2.63	2.55	2.47	2.38	2.29	2.20	2.10
28	7.64	5.45	4.57	4.07	3.75	3.53	3.36	3.23	3.12	3.03	2.90	2.75	2.6	2.52	2.44	2.35	2.26	2.17	2.06
29	7.60	5.42	4.54	4.04	3.73	3.50	3.33	3.20	3.09	3.00	2.87	2.73	2.57	2.49	2.41	2.33	2.23	2.14	2.03
30	7.56	5.39	4.51	4.02	3.70	3.47	3.30	3.17	3.07	2.98	2.84	2.70	2.55	2.47	2.39	2.30	2.21	2.11	2.01
40	7.31	5.18	4.31	3.83	3.51	3.29	3.12	2.99	2.89	2.80	2.66	2.52	2.37	2.29	2.20	2.11	2.02	1.92	1.80
60	7.08	4.98	4.13	3.65	3.34	3.12	2.95	2.82	2.72	2.63	2.50	2.35	2.20	2.12	2.03	1.94	1.84	1.73	1.60
120	6.85	4.79	3.95	3.48	3.17	2.96	2.79	2.66	2.56	2.47	2.34	2.19	2.03	1.95	1.86	1.76	1.66	1.53	1.38
∞	6.63	4.61	3.78	3.32	3.02	2.80	2.64	2.51	2.41	2.32	2.18	2.04	1.88	1.79	1.70	1.59	1.47	1.32	1.00

$\alpha = 0.005$

n_2 \ n_1	1	2	3	4	5	6	7	8	9	10	12	15	20	24	30	40	60	120	∞
1	16 211	20 000	21 615	22 500	23 056	23 437	23 715	23 925	24 091	24 224	24 426	24 630	24 836	24 940	25 044	25 148	35 253	25 359	25 465
2	198.50	199.00	199.20	199.20	199.30	199.30	199.40	199.40	199.40	199.40	199.40	199.40	199.40	199.50	199.50	199.50	199.50	199.50	199.50
3	55.55	49.80	47.47	46.19	45.39	44.84	44.43	44.13	43.88	43.69	43.39	43.08	42.78	42.62	42.47	42.31	42.15	41.99	41.83
4	31.33	26.28	24.26	23.15	22.46	21.97	21.62	21.35	21.14	20.97	20.70	20.44	20.17	20.03	19.89	19.75	19.61	19.47	19.32
5	22.78	18.31	16.53	15.56	14.94	14.51	14.20	13.96	13.77	13.62	13.38	13.15	12.90	12.78	12.66	12.53	12.40	12.27	12.14
6	18.63	14.54	12.92	12.03	11.46	11.07	10.79	10.57	10.39	10.25	10.03	9.81	9.59	9.47	9.36	9.24	9.12	9.00	8.88
7	16.24	12.4	10.88	10.05	9.52	9.16	8.89	8.68	8.51	8.38	8.18	7.97	7.75	7.65	7.53	7.42	7.31	7.19	7.08
8	14.69	11.04	9.60	8.81	8.30	7.95	7.69	7.50	7.34	7.21	7.01	6.81	6.61	6.50	6.40	6.29	6.18	6.06	5.95
9	13.61	10.11	8.72	7.96	7.47	7.13	6.88	6.69	6.54	6.42	6.23	6.03	5.83	5.73	5.62	5.52	5.41	5.30	5.19

续表

$\alpha = 0.005$

n_1 / n_2	1	2	3	4	5	6	7	8	9	10	12	15	20	24	30	40	60	120	∞
10	12.83	9.43	8.08	7.34	6.87	6.54	6.30	6.12	5.97	5.85	5.66	5.47	5.27	5.17	5.07	4.97	4.86	4.75	4.64
11	12.23	8.91	7.60	6.88	6.42	6.10	5.86	5.68	5.54	5.42	5.24	5.05	4.86	4.76	4.65	4.55	4.44	4.34	4.23
12	11.75	8.51	7.23	6.52	6.07	5.76	5.52	5.35	5.20	5.09	4.91	4.72	4.53	4.43	4.33	4.23	4.12	4.01	3.90
13	11.37	8.19	6.93	6.23	5.79	5.48	5.25	5.08	4.94	4.82	4.64	4.46	4.27	4.17	4.07	3.97	3.87	3.76	3.65
14	11.06	7.92	6.68	6.00	5.56	5.26	5.03	4.86	4.72	4.60	4.43	4.25	4.06	3.96	3.86	3.76	3.66	3.55	3.44
15	10.8	7.70	6.48	5.80	5.37	5.07	4.85	4.67	4.54	4.42	4.25	4.07	3.88	3.79	3.69	3.58	3.48	3.37	3.26
16	10.58	7.51	6.30	5.64	5.21	4.91	4.69	4.52	4.38	4.27	4.10	3.92	3.73	3.64	3.54	3.44	3.33	3.22	3.11
17	10.38	7.35	6.16	5.50	5.07	4.78	4.56	4.39	4.25	4.14	3.97	3.79	3.61	3.51	3.41	3.31	3.21	3.10	2.98
18	10.22	7.21	6.03	5.37	4.96	4.66	4.44	4.28	4.14	4.03	3.86	3.68	3.50	3.40	3.30	3.20	3.10	2.99	2.87
19	10.07	7.09	5.92	5.27	7.85	4.56	4.34	4.18	4.04	3.93	3.76	3.59	3.40	3.31	3.21	3.11	3.00	2.89	2.78
20	9.94	6.99	5.82	5.17	4.76	4.47	4.26	4.09	3.96	3.85	3.68	3.50	3.32	3.22	3.12	3.02	2.92	2.81	2.69
21	9.83	6.89	5.73	5.09	4.68	4.39	4.18	4.01	3.88	3.77	3.60	3.43	3.24	3.15	3.05	2.95	2.84	2.73	2.61
22	9.73	6.81	5.65	5.02	4.61	4.32	4.11	3.94	3.81	3.70	3.54	3.36	3.18	3.08	2.98	2.88	2.77	2.66	2.55
23	9.63	6.73	5.58	4.95	4.54	4.26	4.05	3.88	3.75	3.64	3.47	3.30	3.12	3.02	2.92	2.82	2.71	2.60	2.48
24	9.55	6.66	5.52	4.89	4.49	4.20	3.99	3.83	3.69	3.59	3.42	3.25	3.06	2.97	2.87	2.77	2.66	2.55	2.43
25	9.48	6.60	5.46	4.84	4.43	4.15	3.94	3.78	3.64	3.54	3.37	3.20	3.01	2.92	2.82	2.72	2.61	2.50	2.38
26	9.41	6.54	5.41	4.79	4.38	4.10	3.89	3.73	3.60	3.49	3.33	3.15	2.97	2.87	2.77	2.67	2.56	2.45	2.33
27	9.34	6.49	5.36	4.74	4.34	4.06	3.85	3.69	3.56	3.45	3.28	3.11	2.93	2.83	2.73	2.63	2.52	2.41	2.29
28	9.28	6.44	5.32	4.70	4.30	4.02	3.81	3.65	3.52	3.41	3.25	3.07	2.89	2.79	2.69	2.59	2.48	2.37	2.25

续表

$\alpha = 0.005$

n_1 \ n_2	1	2	3	4	5	6	7	8	9	10	12	15	20	24	30	40	60	120	∞
29	9.23	6.40	5.28	4.66	4.26	3.98	3.77	3.61	3.48	3.38	3.21	3.04	2.86	2.76	2.66	2.56	2.45	2.33	2.21
30	9.18	6.35	5.24	4.62	4.23	3.95	3.74	3.58	3.45	3.34	3.18	3.01	2.82	2.73	2.63	2.52	2.42	2.30	2.18
40	8.83	6.07	4.98	4.37	3.99	3.71	3.51	3.35	3.22	3.12	2.95	2.78	2.60	2.50	2.40	2.30	2.18	2.06	1.93
60	8.49	5.79	4.73	4.14	3.76	3.49	3.29	3.13	3.01	2.90	2.74	2.57	2.39	2.29	2.19	2.08	1.96	1.83	1.69
120	8.18	5.54	4.50	3.92	3.55	3.28	3.09	2.93	2.81	2.71	2.54	2.37	2.19	2.09	1.98	1.87	1.75	1.61	1.43
∞	7.88	5.3	4.28	3.72	3.35	3.09	2.9	2.74	2.62	2.52	2.36	2.19	2.00	1.90	1.79	1.67	1.53	1.36	1.00

$\alpha = 0.001$

n_1 \ n_2	1	2	3	4	5	6	7	8	9	10	12	15	20	24	30	40	60	120	∞
1	4 053+	5 000+	5 404+	5 625+	5 764+	5 859+	5 929+	5 981+	6 023+	6 056+	6 107+	6 158+	6 209+	6 235+	6 261+	6 287+	6 313+	6 340+	6 366+
2	998.50	999.00	999.20	999.20	999.30	999.30	999.40	999.40	999.40	999.40	999.40	999.40	999.40	999.50	999.50	999.50	999.50	999.50	999.50
3	167.00	148.5	141.10	137.10	134.60	132.80	131.60	130.60	129.90	129.20	128.30	127.40	126.40	125.90	125.40	125.00	124.50	124.00	123.50
4	74.14	61.25	56.18	53.44	51.71	50.53	49.66	49.00	48.47	48.05	47.41	46.76	46.10	45.77	45.43	45.09	44.75	44.40	44.05
5	47.18	37.12	33.20	31.09	29.75	28.84	28.16	27.64	27.24	26.92	26.42	25.91	25.39	25.14	24.87	24.60	24.33	24.06	23.79
6	35.51	27.00	23.70	21.92	20.81	20.03	19.46	19.03	18.69	18.41	17.99	17.56	17.12	16.89	16.67	16.44	16.21	15.99	15.75
7	29.25	21.69	18.77	17.19	16.21	15.52	15.02	14.63	14.33	14.08	13.71	13.32	12.93	12.73	12.53	12.33	12.12	11.91	11.70
8	25.42	18.49	15.83	14.39	13.49	12.86	12.40	12.04	11.77	11.54	11.19	10.84	10.48	10.30	10.11	9.92	9.73	9.53	9.33
9	22.86	16.39	13.90	12.56	11.71	11.13	10.70	10.37	10.11	9.89	9.57	9.24	8.90	8.72	8.55	8.37	8.19	8.00	7.80
10	21.04	14.91	12.55	11.28	10.48	9.92	9.52	9.20	8.96	8.75	8.45	8.13	7.80	7.64	7.47	7.30	7.12	6.94	6.76
11	19.69	13.81	11.56	10.35	9.58	9.05	8.66	8.35	8.12	7.92	7.63	7.32	7.01	6.85	6.68	6.52	6.35	6.17	6.00
12	18.64	12.97	10.80	9.63	8.89	8.38	8.00	7.71	7.48	7.29	7.00	6.71	6.40	6.25	6.09	5.93	5.76	5.59	5.42

续表

$\alpha = 0.001$

n_2 \ n_1	1	2	3	4	5	6	7	8	9	10	12	15	20	24	30	40	60	120	∞
13	17.81	12.31	10.21	9.07	8.35	7.86	7.49	7.21	6.98	6.80	6.52	6.23	5.93	6.78	5.63	5.47	5.30	5.14	4.97
14	17.14	11.78	9.73	8.62	7.92	7.43	7.08	6.80	6.58	6.40	6.13	5.85	5.56	5.41	5.25	5.10	4.94	4.77	4.60
15	16.59	11.34	9.34	8.25	7.57	7.09	6.74	6.47	6.26	6.08	5.81	5.54	5.25	5.10	4.95	4.80	4.64	4.47	4.31
16	16.12	10.97	9.00	7.94	7.27	6.81	6.46	6.19	5.98	5.81	5.55	5.27	4.99	4.85	4.70	4.54	4.39	4.23	4.06
17	15.72	10.36	8.73	7.68	7.02	6.56	6.22	5.96	5.75	5.58	5.32	5.05	4.78	4.63	4.48	4.33	4.18	4.02	3.85
18	15.38	10.39	8.49	7.46	6.81	6.35	6.02	5.76	5.56	5.39	5.13	4.87	4.59	4.45	4.30	4.15	4.00	3.84	3.67
19	15.08	10.16	8.28	7.26	6.62	6.18	5.85	5.59	5.39	5.22	4.97	4.70	4.43	4.29	4.14	3.99	3.84	3.68	3.51
20	14.82	9.95	8.10	7.10	6.46	6.02	5.69	5.44	5.24	5.08	4.82	4.56	4.29	4.15	4.00	3.86	3.70	3.54	3.38
21	14.59	9.77	7.94	6.95	6.32	5.88	5.56	5.31	5.11	4.95	4.70	4.44	4.17	4.03	3.88	3.74	3.58	3.42	3.26
22	14.38	9.61	7.80	6.81	6.19	5.76	5.44	5.19	4.98	4.83	4.58	4.33	4.06	3.92	3.78	3.63	3.48	3.32	3.15
23	14.19	9.47	7.67	6.69	6.08	5.65	5.33	5.09	4.89	4.73	4.48	4.23	3.96	3.82	3.68	3.53	3.38	3.22	3.05
24	14.03	9.34	7.55	6.59	5.98	5.55	5.23	4.99	4.80	4.64	4.39	4.14	3.87	3.74	3.59	3.45	3.29	3.14	2.97
25	13.88	9.22	7.45	6.49	5.88	5.46	5.15	4.91	4.71	4.56	4.31	4.06	3.79	3.66	3.52	3.37	3.22	3.06	2.89
26	13.74	9.12	7.36	6.41	5.80	5.38	5.07	4.83	4.64	4.48	4.24	3.99	3.72	3.59	3.44	3.30	3.15	2.99	2.82
27	13.61	9.02	7.27	6.33	5.73	5.31	5.00	4.76	4.57	4.41	4.17	3.92	3.66	3.52	3.38	3.23	3.08	2.92	2.75
28	13.50	8.93	7.19	6.25	5.66	5.24	4.93	4.69	4.50	4.35	4.11	3.86	3.6	3.46	3.32	3.18	3.02	2.86	2.69
29	13.39	8.85	7.12	6.19	5.59	5.18	4.87	4.64	4.45	4.29	4.05	3.80	3.54	3.41	3.27	3.12	2.97	2.81	2.64
30	13.29	8.77	7.05	6.12	5.53	5.12	4.82	4.58	4.39	14.24	4.00	3.75	3.49	3.36	3.22	3.07	2.92	2.76	2.59
40	12.61	8.25	6.60	5.70	5.13	4.73	4.44	4.21	4.02	3.87	3.64	3.40	3.15	3.01	2.87	2.73	2.57	2.41	2.23

续表

n_1 n_2	1	2	3	4	5	6	7	8	9	10	12	15	20	24	30	40	60	120	∞
										$\alpha=0.001$									
60	11.97	7.76	6.17	5.31	4.76	4.37	4.09	3.87	3.69	3.54	3.31	3.08	2.83	2.69	2.55	2.41	2.25	2.08	1.89
120	11.38	7.32	5.79	4.95	4.42	4.04	3.77	3.55	3.38	3.24	3.02	2.78	2.53	2.40	2.26	2.11	1.95	1.76	1.54
∞	10.83	6.91	5.42	4.62	4.10	3.74	3.47	3.27	3.10	2.96	2.74	2.51	2.27	2.13	1.99	1.84	1.66	1.45	1.00

注：＋表示要将所列数乘以 100。

参 考 文 献

［1］ 同济大学数学科学学院．工程数学 – 概率统计简明教程［M］.3 版．北京：高等教育出版社，2021.

［2］ 张天德，叶宏．概率论与数理统计（慕课版）［M］.北京：人民邮电出版社，2020.

［3］ 韩旭里，谢永钦．概率论与数理统计［M］.北京：北京大学出版社，2018.

［4］ 茆诗松，程依明，濮晓龙．概率论与数理统计教程［M］.3 版．北京：高等教育出版社，2019.

［5］ 电子科技大学成都学院大学数学教研室．概率统计与数学模型［M］.2 版．北京：科学出版社，2017.

［6］ 金明．概率论与数理统计实用案例分析⌊M⌋.北京：中国统计出版社，2014.

［7］ 王蓉华，徐晓玲，顾蓓青．概率论与数理统计案例分析［M］.上海：上海交通大学出版社，2023.

［8］ 徐小平，郭高，肖燕婷，等．概率论与数理统计应用案例分析［M］.北京：科学出版社，2019.

［9］ 盛骤，谢式千，潘承毅．概率论与数理统计［M］.4 版．北京：高等教育出版社，2008.

［10］ 王国政，李秋敏，余步雷，等．概率论与数理统计［M］.北京：高等教育出版社，2010.

［11］ 易正俊．数理统计及其工程应用［M］.北京：清华大学出版社，2014.

［12］ 卫淑芝，熊德文，皮玲．概率论与数理统计—基于案例分析［M］.北京：高等教育出版社，2020.

［13］ 李永艳．概率论与数理统计［M］.北京：人民邮电出版社，2020.

［14］〔美〕萨尔斯伯格（David Salsburg）.女士品茶：20 世纪统计怎样变革了科学［M］.邱东，等译．北京：中国统计出版社，2004.

［15］ 李帅．世界是随机的：大数据时代的概率统计学［M］.北京：清华大学出版

社，2017.

[16] 柯忠义，周大镐. 概率论与数理统计方法与应用及 Python 实现 [M]. 北京：北京大学出版社，2023.

[17] 田霞，徐瑞民. 基于 Python 的概率论与数理统计实验 [M]. 北京：电子工业出版社，2022.

[18] 陈衍祥，罗小龙，余江鸿，等. 高强度螺栓轴力与扭矩关系线性回归分析及不确定度评定 [J]. 机电产品开发与创新，2024，37（2）：142-146.

[19] 殷钊，刘淼. 基于回归理论的伊犁州卫生机构从业人数实证分析与预测 [J]. 伊犁师范大学学报（自然科学版），2021，15（4）：16-20.

[20] 张桂发. 一元线性回归法在克孜尔水库总渗流量与库水位相关性分析中的应用 [J]. 水利科技与经济，2014，20（9）：15-17.

[21] 毛春梅. 基于多元回归模型的四川省住户存款影响因素的实证分析 [J]. 中国产经，2021（6）：49-51.

[22] 王军保，张乔，包太. 一元非线性回归分析在隧道监控中的应用 [J]. 贵州工业大学学报（自然科学版），2007，36（6）：63-66.